Erlebnis Algebra

Mathematik Primarstufe und Sekundarstufe I + II

Herausgegeben von

Prof. Dr. Friedhelm Padberg, Universität Bielefeld,
und Prof. Dr. Andreas Büchter, Universität Duisburg-Essen

Bisher erschienene Bände (Auswahl):

Didaktik der Mathematik

P. Bardy: Mathematisch begabte Grundschulkinder – Diagnostik und Förderung (P)
C. Benz/A. Peter-Koop/M. Grüßing: Frühe mathematische Bildung (P)
M. Franke: Didaktik der Geometrie (P)
M. Franke/S. Ruwisch: Didaktik des Sachrechnens in der Grundschule (P)
K. Hasemann/H. Gasteiger: Anfangsunterricht Mathematik (P)
K. Heckmann/F. Padberg: Unterrichtsentwürfe Mathematik Primarstufe, Band 1 (P)
K. Heckmann/F. Padberg: Unterrichtsentwürfe Mathematik Primarstufe, Band 2 (P)
F. Käpnick: Mathematiklernen in der Grundschule (P)
G. Krauthausen: Digitale Medien im Mathematikunterricht der Grundschule (P)
G. Krauthausen/P. Scherer: Einführung in die Mathematikdidaktik (P)
K. Krüger/H.-D. Sill/C. Sikora: Didaktik der Stochastik in der Sekundarstufe (S)
G. Krummheuer/M. Fetzer: Der Alltag im Mathematikunterricht (P)
F. Padberg/C. Benz: Didaktik der Arithmetik (P)
P. Scherer/E. Moser Opitz: Fördern im Mathematikunterricht der Primarstufe (P)
A.-S. Steinweg: Algebra in der Grundschule (P)
G. Hinrichs: Modellierung im Mathematikunterricht (P/S)
R. Danckwerts/D. Vogel: Analysis verständlich unterrichten (S)
G. Greefrath: Didaktik des Sachrechnens in der Sekundarstufe (S)
K. Heckmann/F. Padberg: Unterrichtsentwürfe Mathematik Sekundarstufe I (S)
F. Padberg: Didaktik der Bruchrechnung (S)
H.-J. Vollrath/H.-G. Weigand: Algebra in der Sekundarstufe (S)
H.-J. Vollrath/J. Roth: Grundlagen des Mathematikunterrichts in der Sekundarstufe (S)
H.-G. Weigand/T. Weth: Computer im Mathematikunterricht (S)
H.-G. Weigand et al.: Didaktik der Geometrie für die Sekundarstufe I (S)

Mathematik

M. Helmerich/K. Lengnink: Einführung Mathematik Primarstufe – Geometrie (P)
F. Padberg/A. Büchter: Einführung Mathematik Primarstufe – Arithmetik (P)
F. Padberg/A. Büchter: Vertiefung Mathematik Primarstufe – Arithmetik/Zahlentheorie (P)
K. Appell/J. Appell: Mengen – Zahlen – Zahlbereiche (P/S)
A. Filler: Elementare Lineare Algebra (P/S)
S. Krauter/C. Bescherer: Erlebnis Elementargeometrie (P/S)
H. Kütting/M. Sauer: Elementare Stochastik (P/S)
T. Leuders: Erlebnis Algebra (P/S)
T. Leuders: Erlebnis Arithmetik (P/S)
F. Padberg: Elementare Zahlentheorie (P/S)
F. Padberg/R. Danckwerts/M. Stein: Zahlbereiche (P/S)
A. Büchter/H.-W. Henn: Elementare Analysis (S)
B. Schuppar/H. Humenberger: Elementare Numerik für die Sekundarstufe (S)
G. Wittmann: Elementare Funktionen und ihre Anwendungen (S)

P: Schwerpunkt Primarstufe
S: Schwerpunkt Sekundarstufe

Weitere Bände in Vorbereitung

Timo Leuders

Erlebnis Algebra

zum aktiven Entdecken und
selbstständigen Erarbeiten

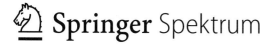 Springer Spektrum

Timo Leuders
Pädagogische Hochschule Freiburg
Freiburg, Deutschland

ISBN 978-3-662-46296-6   ISBN 978-3-662-46297-3 (eBook)
DOI 10.1007/978-3-662-46297-3

Die Deutsche Nationalbibliothek verzeichnet diese Publikation in der Deutschen Nationalbibliografie;
detaillierte bibliografische Daten sind im Internet über http://dnb.d-nb.de abrufbar.

Springer Spektrum
© Springer-Verlag Berlin Heidelberg 2016
Springer-Verlag GmbH Berlin Heidelberg ist Teil der Fachverlagsgruppe Springer Science+Business
Media
(www.springer.com)

Erlebnis Algebra

Zahlen, Operationen, Gleichungen und Symmetrien –
von der Schulmathematik zur modernen Mathematik

Was dem erwachsenen Mathematiker recht ist –
seine eigenen Begriffe zu erfinden und die anderer nachzuerfinden,
Mathematik nicht als einen Sachbestand, sondern als Tätigkeit zu üben,
ein Feld zu erkunden, Fehler zu machen und von seinen Fehlern zu lernen –,
das soll dem Lernenden von Kindesbeinen an billig sein.
Hans Freudenthal, „Mathematik als pädagogische Aufgabe" (1976)

Einführung

Die Mathematik hat über viele Jahrtausende eine universelle Sprache entwickelt, die besonders geeignet ist, Muster und Strukturen in unserer Vorstellung und in der realen Welt um uns herum zu beschreiben. Zu den Aha-Erlebnissen beim mathematischen Arbeiten – ob als Lernender in der Schule oder Universität, ob als beruflich Mathematiktreibender oder -anwender – zählt dabei die Erfahrung, dass sich viele einzelne Phänomene mit einigen übergreifenden und alles durchdringenden Prinzipien und Konzepten erfassen lassen. Dann erlebt man, dass die Mathematik nicht ein Sammelsurium von Fakten und Regeln ist, sondern ein Kosmos von ästhetischen Strukturen und wiederkehrenden Kernideen: Immer wieder geht es um Operationen, also systematische Beziehungen zwischen Zahlen oder zwischen anderen mathematischen Objekten. Immer wieder geht es um Symmetrien, mit denen man Phänomene des Wiederholens und Gleichbleibens beschreiben kann.

Ein Gebiet der Mathematik, das diesen vereinheitlichenden Blick ganz besonders repräsentiert, ist die Algebra. In der ursprünglichen Bedeutung des arabischen Wortes *al-gabr* geht es um die Rechenverfahren „durch Ergänzen und Ausgleichen" (Lehrbuch von al-Chwarizmi, 825 n. Chr.). Als Umformen von Termen und Lösen von Gleichungen ist uns diese „klassische Algebra" auch aus der Schule vertraut. Im 19. Jahrhundert hat sich die Algebra aber gewandelt und befasst sich nunmehr als „moderne Algebra" mit Verknüpfungen und ihren Strukturen. Dabei werden Zahlenräume und geometrische Abbildungen nur noch als konkrete Beispiele einer viel allgemeineren Sichtweise betrachtet.

Ziel des Buches ist es, diese moderne Algebra nicht nur systematisch darzustellen (dazu gibt es mittlerweile Hunderte von Lehrbüchern), sondern die *Bedeutung* der Konzepte der modernen Algebra (vor allem von Gruppen, Ringen und Körpern) erlebbar zu machen. Es will Gelegenheit schaffen, die Entstehung dieser Sprache, die mittlerweile die Grundlage der modernen Mathematik darstellt, mitzuerleben und sich aktiv an ihrer Entwicklung zu beteiligen. Den Kern aller Kapitel bilden immer wieder diese Fragen:

(1) Welche Phänomene gibt es in der Welt der Verknüpfungen in der Arithmetik, der Geometrie oder der Kombinatorik und wie kann man sie mathematisch systematisch beschreiben? – Die **aktive Konstruktion mathematischer Konzepte** zur Beschreibung von konkreten Phänomenen nennt man auch „horizontale Mathematisierung".

(2) Wie mündet diese mathematische Beschreibung in eine universelle Sprache über Verknüpfungen und ihre Strukturen? – Eine solche **Entwicklung einer verallgemeinernden Sprache** bezeichnet man auch als „vertikale Mathematisierung".

(3) Welches sind die Kernideen und auch die historischen Anlässe für solche Entwicklungen? – Den **Sinn** mathematischer Konzepte versteht man besser, wenn man erleben kann, (1) welche **konkreten Probleme** sie lösen und in welchen Situationen sie nützlich sind, (2) welche Bedeutung sie in der **Geschichte** der Mathematik hatten und (3) wie sie mit der **Schulmathematik** verknüpft sind.

(4) Wie kann man sich die zentralen Konzepte anschaulich vorstellen? – Auch (oder gerade) allgemeine, abstrakte mathematische Ideen brauchen konkrete Beispiele und Erfahrungen und eine Verankerung in anschaulichen Vorstellungen. Daher gründen sich alle Erkundungen und Erklärungen auf **interaktiven Erkundungen** von konkreten Phänomenen und **visuellen Darstellungen**.

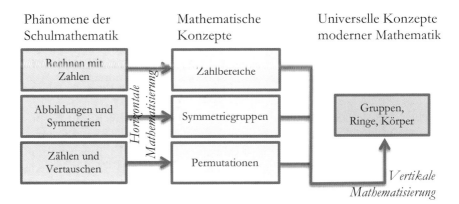

Die Kapitel und Unterkapitel dieses Buches sind so aufgebaut, dass sie sowohl vorlesungsbegleitend als auch zum Selbststudium zu verwenden sind.

Jeder neue Abschnitt beginnt zunächst mit einer Erkundung, die dazu auffordert, ein mathematisches Phänomen zu untersuchen:

Erkundung 3.3: Die ganzen Zahlen stellt man sich in der Regel als Zahlenstrahl vor.

Probieren Sie aus, wie gut sich diese Strategien und Vorstellungen übertragen lassen und wo sie ihre Grenze haben, weil der Zahlenkreis doch anders funktioniert.

→*Programm*
Zahlenstrahl_
aufwickeln

Zu den Erkundungen (und auch zu anderen Abschnitten des Buches) gibt es Computerprogramme, die zum einen das interaktive Explorieren unterstützen und zum anderen die mathematischen Konzepte anschaulich visualisieren. Alle Computerprogramme basieren auf der Software *GeoGebra* (Version 5) und *Cinderella* (Version 2). Diese Software ist unter www.geogebra.de bzw. unter www.cinderella.de frei erhältlich und für Windows und MacOS verfügbar. Die jeweiligen Programme und Dateien können Sie als Paket oder einzeln unter www.erlebnis-algebra.de herunterladen.

Im Anschluss an die Erkundungen werden die möglichen Ergebnisse vorgestellt, diskutiert und die sich daraus ergebenden mathematischen Begriffe und Verfahren begründet bzw. hergeleitet. Das Ergebnis dieser ausführlichen Überlegungen sind formale Definitionen, die noch einmal hervorgehoben werden:

Elemente a und b in einem Ring (also einer Struktur mit einer Addition und einer Multiplikation), für die $a \cdot b = 0$ (also das Nullelement der Addition) ist, obwohl weder $a = 0$ noch $b = 0$, heißen *Nullteiler*.

Weitere Anwendungen der neuen Begriffe werden vorgestellt und diskutiert. Übungsaufgaben innerhalb des Kapitelabschnitts und am Ende jedes Kapitels geben Gelegenheit für eine vertiefende Beschäftigung mit den neuen mathematischen Konzepten:

Übung 3.3: Untersuchen Sie die Gleichung $x^2 = a$ in verschiedenen $\mathbb{Z}_n$. Für welche a ist diese Gleichung lösbar? Wann besitzt sie keine, eine oder sogar mehrere Lösungen? Erkennen Sie eine Systematik?

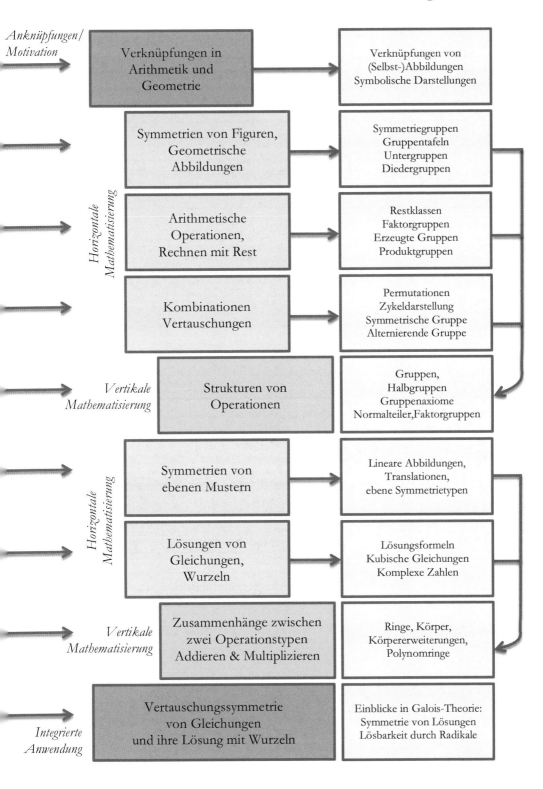

1 Muster und Strukturen
Anlässe zum Rechnen – nicht nur mit Zahlen

> Man muss mit allem rechnen, auch mit dem Schönen.
> *Daniel Barylli, „Butterbrot"* (1988)

Mathematik ist die Wissenschaft von Mustern und Strukturen – Muster in unserer Umwelt und in unserem Geist. Die besondere Stärke der Mathematik ist dabei, dass sie vom Konkreten und Speziellen abstrahiert und die universellen Strukturen und Prinzipien herausarbeitet. Diese Abstraktion und Universalität von Mathematik hat zwei Konsequenzen: Zum Ersten kann die Mathematik ihre Gegenstände besonders präzise definieren und die logischen Beziehungen zwischen ihnen streng beweisen – welche andere Wissenschaft kann das schon von sich sagen? Zum Zweiten lassen sich die Strukturen und Prinzipien in immer neuen und ganz verschiedenen Situationen anwenden – in der Physik der Elementarteilchen, in der Chemie der Moleküle oder in der Morphologie der Pflanzen.

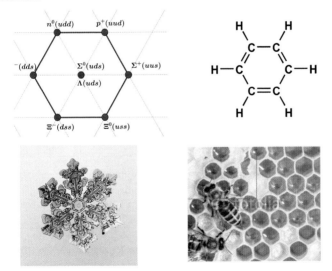

In diesem Kapitel sollen Sie die Gelegenheit haben, diese Qualität von Mathematik aktiv zu erleben. Die Muster und Strukturen, die Sie dabei untersuchen, erstrecken sich von den arithmetischen Erfahrungen, wie sie auch Grundschulkinder machen, bis zur Konzepten der modernen Mathematik, die heute zu den zentralen Werkzeugen in der Wissenschaft gehören.

1.1 Rechnen mit Resten

Erkundung 1.1: Die Einspluseinstafel und die Einmaleinstafel aus der Grundschule dienen nicht nur zum Auswendiglernen, sondern regen Kinder – und
hoffentlich auch Sie – an, nach Mustern und Regelmäßigkeiten zu suchen. Finden und beschreiben Sie möglichst viele verschiedene Muster, indem Sie besonders auf die Endziffern der Ergebnisse achten.

+	1	2	3	4	5	6	7	8	9	10
1	2	3	4	5	6	7	8	9	10	11
2	3	4	5	6	7	8	9	10	11	12
3	4	5	6	7	8	9	10	11	12	13
4	5	6	7	8	9	10	11	12	13	14
5	6	7	8	9	10	11	12	13	14	15
6	7	8	9	10	11	12	13	14	15	16
7	8	9	10	11	12	13	14	15	16	17
8	9	10	11	12	13	14	15	16	17	18
9	10	11	12	13	14	15	16	17	18	19
10	11	12	13	14	15	16	17	18	19	20

·	1	2	3	4	5	6	7	8	9	10
1	1	2	3	4	5	6	7	8	9	10
2	2	4	6	8	10	12	14	16	18	20
3	3	6	9	12	15	18	21	24	27	30
4	4	8	12	16	20	24	28	32	36	40
5	5	10	15	20	25	30	35	40	45	50
6	6	12	18	24	30	36	42	48	54	60
7	7	14	21	28	35	42	49	56	63	70
8	8	16	24	32	40	48	56	64	72	80
9	9	18	27	36	45	54	63	72	81	90
10	10	20	30	40	50	60	70	80	90	100

Die *Additionstafel* ist noch schön übersichtlich: Auf den Diagonalen von rechts
oben nach links unten finden sich jeweils gleiche Ergebnisse, diese steigen von
links oben nach rechts unten an. Die Additionstafel besitzt entlang der sogenannten Hauptdiagonalen eine Spiegelachse, welche die Kommutativität der
Addition widerspiegelt: $a + b = b + a$. Bei näherem Hinsehen findet man noch
weitere interessante Muster: Die Zahlen steigen längs der diagonalen Spiegelachse und auch längs der zu ihr parallelen Achsen immer um 2. Ist
Ihnen vielleicht außerdem aufgefallen, dass in einem 2×2-Quadrat
das Produkt der Nebendiagonale immer um eins größer ist als das

6	7
7	8

Produkt der Hauptdiagonale: $7 \cdot 7 = 6 \cdot 8 + 1$? Woran liegt das?
Wie würden Sie es sich selbst erklären? Wie würden Sie es einer Schülerin erklären, die es selbst entdeckt hat?

Die *Multiplikationstafel* hält neue Überraschungen bereit, besonders wenn man
sich nur die Muster in den Endziffern anschaut: In jeder Zeile (aber auch jeder
Spalte) stehen die Endziffern der Vielfachenreihe. Manchmal sind das nur bestimmte Ziffern, wie z.B. 2, 4, 6, 8, 0, manchmal werden aber auch alle Ziffern
in einer scheinbar durcheinandergewürfelten Reihenfolge abgearbeitet, wie z.B.
bei 3, 6, 9, 2, 5, 8, 1, 4, 7, 0. Spielt die Mathematik hier mit sich selbst Sudoku?
Genau besehen geschieht das gerade bei den Vielfachen einer Zahl, die keinen

gemeinsamen Teiler mit 10 hat, die also weder durch 2 noch durch 5 teilbar ist. Warum ist das so?

Wenn man die Tafel fortsetzt, z.B. nach rechts, so wiederholen sich diese Endziffernmuster wieder:

·	1	2	3	4	5	6	7	8	9	0	1	2	3	4	5	6	7	9
1	1	2	3	4	5	6	7	8	9	0	1	2	3	4	5	6	7	9
2	2	4	6	8	0	2	4	6	8	0	2	4	6	8	0	2	4	8
3	3	6	9	2	5	8	1	4	7	0	3	6	9	2	5	8	1	7

Ob man also $3 \cdot 2$ oder $3 \cdot 12$ oder $3 \cdot 22$ rechnet, das Ergebnis endet stets mit 6. Das gilt natürlich für die Fortsetzung nach unten, also z.B. $13 \cdot 2$, $13 \cdot 22$ usw. Die Wiederholung der Tabelle passt also zu der Feststellung, dass für die Multiplikation (und wenn Sie einmal zurückschauen, auch für die Addition) die Endziffern der Ergebnisse nur von den Endziffern der Ursprungszahlen abhängen. Und auch nach links kann man die Tabelle mit einer Spalte 0 fortsetzen: Für die Endziffer des Ergebnisses ist die Multiplikation mit 0 oder mit 10 von gleicher Wirkung.

Übung 1.1: Begründen Sie die gefundenen Muster in den Endziffern auf möglichst viele verschiedene Weisen: ikonisch oder rechnerisch auf dem Niveau der Grundschule oder auch in symbolischer Darstellung.

Sie haben sicher erkannt, dass sich die Endziffern regelmäßig wiederholen und dass das Schema eigentlich vollständig durch die Werte im ersten 10×10-Quadrat bestimmt sind. Symbolisch lässt sich das so begründen:

$$(10a + b)(10c + d) = 100ac + 10ad + 10bc + bd$$
$$= 10\,(10ac + ad + bc + y) + x \text{ mit } bd = 10y + x$$

Kinder, die mit Variablen nicht vertraut sind, können das vielleicht mit der schriftlichen Multiplikation, so wie im nebenstehenden Bild angedeutet, verstehen. Auf den Punkt gebracht bedeutet dies: Man kann mit den Zehnerresten von Zahlen rechnen: (Zahl mit Zehnerrest 3) · (Zahl mit Zehnerrest 4) = (Zahl mit Zehnerrest 2).

In der Grundschule haben Sie vielleicht noch ein anderes Phänomen zum ersten Mal kennengelernt:

Erkundung 1.2: Mit den beiden Eigenschaften „gerade" und „ungerade" kann man ebenfalls rechnen! Schreiben Sie alle Additions- und Multiplikationsaufgaben auf, wie z.B.:

gerade + gerade = gerade

- Welche Beobachtungen machen Sie?
- Begründen Sie Ihre Vermutungen bildlich oder symbolisch.
- Was ist gleich, ähnlich oder anders, verglichen mit den natürlichen Zahlen?

Übersichtlich zusammengefasst und vereinfacht geschrieben, könnten Ihre Ergebnisse z.B. so aussehen:

+	g	u
g	g	u
u	u	g

·	g	u
g	g	g
u	g	u

Die Situation ist, das haben Sie sicherlich bereits erkannt, ganz analog zu den Endziffern in Erkundung 1.1. Dort ging es um den Rest 0, ..., 9 bei Division durch 10. Gerade und ungerade stehen ja für den Rest bei Division durch 2. g entspricht dem Rest 0 und u dem Rest 1. Die Tabellen sind also gewissermaßen die Einspluseins- und Einmaleinstafeln einer „g-u"-Rechenlehre. Die „g-u-Arithmetik" ist so einfach, dass sie sogar die simpelste aller Intelligenzen beherrscht: den Computer, der ja mit nur zwei digitalen „Schaltzuständen" (Strom aus, Strom an) auskommen muss.

+	0	1
0	0	1
1	1	0*

·	0	1
0	0	0
1	0	1

An der Stelle * muss sich ein Addierelement, also die kleinste rechnende Einheit des Computers, noch merken, dass es den Nachbarn anstößt und einen Übertrag weitergibt. In Übung 1.8 (S. 16) finden Sie eine weitere Interpretation dieser Verknüpfungstafel. Diese zeigt, dass man nicht nur mit g/u oder mit 0/1, sondern auch mit wahr/falsch auf ganz analoge Weise rechnen kann – ein Beleg für die Universalität mathematischer Konzepte.

1.2 Rechnen, einmal anders

Die Grundrechenarten und die damit verbundenen Rechengesetze sind Ihnen so sehr vertraut, dass Sie sich sicher fragen, was es dabei noch zu erforschen gibt. Die Gesetze, die Ihnen von den natürlichen Zahlen $\mathbb{N}$ oder auch von den reellen Zahlen $\mathbb{R}$ her bekannt sind, sind wahrscheinlich diese:

- „Assoziativgesetze": $a + (b + c) = (a + b) + c,\ a \cdot (b \cdot c) = (a \cdot b) \cdot c$

- „Kommutativgesetze": $a + b = b + a,\ a \cdot b = b \cdot a$

- „Distributivgesetze": $a \cdot (b + c) = a \cdot b + a \cdot c, (a + b) \cdot c = a \cdot c + b \cdot c$

Sie kennen diese „Gesetze" vielleicht nicht mehr bewusst und mit Namen, aber Sie benutzen sie unentwegt beim Rechnen und beim Umformen von Termen. Sie können sich aber vielleicht nicht mehr explizit daran erinnern, irgendwann gelernt zu haben, *warum* solche Gesetze gelten (und z.B. andere nicht wie z.B. $a + (b \cdot c) = (a + b) \cdot (a + c)$). Die Herkunft dieser Gesetze liegt natürlich in den *inhaltlichen* Erfahrungen mit natürlichen Zahlen und deren Operationen begründet. Die Bedeutung der Addition ist zunächst einmal das Zusammenfügen – und die Eigenschaften dieser Handlung begründen das Assoziativgesetz der Addition:

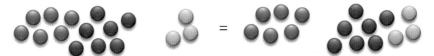

Auch die anderen Gesetze lassen sich ikonisch begründen. (Probieren Sie es einfach mal aus!)

In der Grundschule muss man lernen, dass die Operationen Division und Subtraktion nicht ohne Weiteres denselben Gesetzen genügen. (Welche bleiben erhalten? Welche gelten nicht? Welche können angepasst werden?). In der Mittelstufe kommt als neue Operation das Potenzieren (a^b) hinzu und man bemerkt, dass auch hier wieder einige Gesetze weiterhin gelten, während andere nicht vorschnell übertragen werden dürfen (Welche sind das?). Als neue Objekte, mit denen gerechnet wird, kommen in der Mittelstufe vor allem Variablen hinzu, die zwar keine neuen Rechenregeln erfordern, weil sie für Zahlen stehen, aber trotzdem hohe Anforderungen an Lernende stellen.

Erst in der Oberstufe treten ganz neue Objekte auf: Mathematische Konzepte, die in der Mittelstufe noch als mathematische Prozesse entwickelt wurden, werden nach und nach zu Objekten: Aus Zuordnungen ($x \rightarrow y$) werden Funktionsobjekte ($f(x)$), die man miteinander verknüpfen kann: $f + g,\ f \cdot g$ und $f \circ g$. Aus Spiegelungen und Drehungen werden Abbildungsmatrizen, die man verknüpfen kann. Vektoren als „mehrdimensionale Zahlen" treten hinzu, die sich in einigen Dingen analog zu natürlichen Zahlen verhalten ($\vec{a} + \vec{b} = \vec{b} + \vec{a}$), in anderen Dingen neue Eigenheiten zeigen: ($\vec{a} \times \vec{b} = -\vec{b} \times \vec{a}$).

Aber schon in der frühen Schulzeit können Schülerinnen und Schüler die vertrauten Objekte und Operationen besser verstehen, wenn sie deren Geltungsbereich zeitweise verlassen und die entstehenden Muster und Strukturen untersuchen. Solche Untersuchungen können Sie in den folgenden beiden Erkundung unternehmen. Zunächst bewegen Sie sich in den vertrauten reellen Zahlen.

Erkundung 1.3: Schülerinnen und Schüler haben eigene Rechenoperationen erfunden (Ludwig, 1998): Sabine (5. Klasse) hat sich die „Abblitzation" ausgedacht. Welche Rechengesetze erfüllt diese Operation? Und welche nicht?

Abblitzation

$$12 \uparrow 2 = (12 + 2) \cdot 2 = 28$$

Abblitzent ⬉ Abblitzator ⬊ Ergebnis der Abblitzation

Mit Fantasie lassen sich viele verschiedene Modifikationen von Addition und Multiplikation finden:

$$a \boxplus b := a + b + 1; \quad a \star b := a \times b + 1; \quad a \oplus b := 2 \times (a + b); \quad a \otimes b := 2 \times a \times b$$

Untersuchen Sie diese Operationen auf Gesetzmäßigkeiten:

- Welche Ergebnisse können herauskommen, welche nicht? Ist jedes Ergebnis möglich, wenn man nur die richtigen Zahlen miteinander verrechnet?
- Sind die Operationen kommutativ oder assoziativ? Warum (nicht)?
- Die Subtraktion ist die Umkehroperation zur Addition. Gibt es hier auch eine Umkehroperation von $\ominus$ oder $\boxminus$?
- Sind diese Varianten von Addition und Multiplikation durch Distributivgesetze miteinander verbunden?
- Das fortgesetzte Addieren führt auf die Multiplikation, das fortgesetzte Ausführen der Multiplikation führt zum Potenzieren. Zu welcher Operation führt das fortgesetzte Ausführen dieser Operation? Gibt es dafür so etwas wie „Potenzgesetze"?

Sie haben bemerkt, dass die wohlvertrauten „Rechengesetze" wie Kommutativ-, Assoziativ- und Distributivgesetz zwar wesentliche Eigenschaften der Addition und Multiplikation der vertrauten Zahlenräume sind. Sie sind aber nicht selbstverständlich für *jede* Operation. Zum Teil ist Ihnen das auch schon aus der Schule bekannt, wenn beispielsweise $3 - (4 - 5)$ und $(3 - 4) - 5$ durchaus nicht zu demselben Ergebnis führen. Viele Schülerinnen und Schüler verwirrt es, wenn „Gesetze" einmal gelten und dann wieder nicht. Warum gilt $a \cdot (b + c) = a \cdot b + a \cdot c$, aber z.B. nicht $a \cdot (b \cdot c) = a \cdot b \cdot a \cdot c$? Die Bezeichnung „Gesetz" ist möglicherweise irreführend, denn eigentlich handelt es sich ja nicht um eine Verhaltensvorschrift einer moralischen oder juristischen Instanz, sondern um Eigenschaften, die Operationen besitzen – oder auch nicht. Man spricht also besser von „Assoziativität" der Multiplikation bzw. Nicht-Assoziativität von $a \star b$. In der Schule sind solche Sichtweisen natürlich erst dann möglich, wenn genügend Operationen bekannt sind, die man auf ihre Eigenschaften überprüfen kann. Aufgaben wie die Erkundung 1.4 können hier bereits in frühen Schuljahren eine Sensibilität erzeugen.

1.3   Rechnen mit Abbildungen

Die folgende Erkundung zeigt weitere Situationen, die typischerweise in den Schuljahren 3 bis 6 untersucht werden und auf den ersten Blick zunächst einmal nichts mit „Rechnen" zu tun haben. Trotzdem werden Sie mit der „Operationsbrille" einiges an der Situation entdecken können.

Schon in der Grundschule untersuchen Kinder Spiegelsymmetrien in ihrer Umwelt. Dabei erleben sie zwei verschiedene Aspekte von Symmetrie:

(1) Symmetrie ist eine *Eigenschaft* einer Figur, man findet in der Figur „das Gleiche woanders" – und das auf ganz verschiedene Weisen.

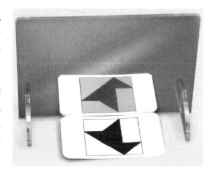

(2) Symmetrie ist eine *Operation*, also eine Handlung, die man an einer Figur ausführt, und die einen Teil der Figur identisch an einen anderen Ort transportiert – auch das ist wieder auf verschiedene Weisen möglich.

Stellt man einen halb durchlässigen Spiegel auf die Spiegelachse einer spiegelsymmetrischen Figur, aktiviert man beide Aspekte: Man transportiert einen Teil der Figur virtuell an eine andere Stelle und erkennt, dass dort bereits derselbe Teil existiert.

Natürlich sind diese beiden Aspekte (1) und (2) von Symmetrie – um eine bekannte Symmetriemetapher zu verwenden – „zwei Seiten derselben Medaille", sie sind „das Gleiche aus verschiedener Sicht". In den folgenden beiden Erkundungen werden Sie erleben, was alles passieren kann, wenn man nicht nur einmal, sondern gleich mehrfach spiegelt.

Erkundung 1.4: In einem „Polygon-Kaleidoskop" kann man zwei Spiegel in einem festen Winkel gegeneinander neigen und dann Gegenstände hineinlegen. Diese werden dann nicht nur in beiden Spiegeln gespiegelt, auch die Bilder in einem Spiegel werden im anderen gespiegelt usw. Untersuchen Sie diese Situation geometrisch, indem Sie einen Gegenstand (vielleicht erst einmal einen Punkt) möglichst oft spiegeln. Betrachten Sie verschiedene Spiegelstellungen und formulieren Sie möglichst viele Erkenntnisse.

→ *Programm* Kaleidoskop

Wenn Sie dazu ein Dynamisches Geometrie-System (DGS) verwenden, können Sie die Situation viel leichter untersuchen: Sie können nicht nur sehr oft spiegeln, sondern auch einzelne Elemente kontinuierlich verändern und beobachten, welche Auswirkungen das hat.

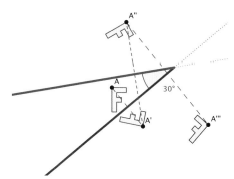

Offene Erkundung: Lassen Sie sich durch nichts einschränken und gehen Sie allen Phänomenen nach, die Sie entdecken können. Unter den vielen Erkundungsmöglichkeiten sollten Sie allerdings eine konkrete Frage genauer betrachten: Was ist das Ergebnis, wenn man mehrere Spiegelungen hintereinander ausführt?

Fokussierte Erkundung: Benennen Sie die Spiegelung an der einen Achse s_a und an der anderen s_b und untersuchen Sie die Verknüpfung von Spiegelungen. Welche Abbildung versteckt sich beispielsweise im folgenden Bild hinter dem „?".

$$A \xrightarrow{s_a} A' \xrightarrow{s_b} A'' \xrightarrow{s_a} A'''$$
$$?$$

Bilden Sie auch andere Verknüpfungen von s_a und s_b und untersuchen Sie deren Wirkung.

Die Zahl der Entdeckungen, die Sie bei der offenen Erkundung machen können, ist groß. Möglicherweise haben Sie eine der folgenden Beobachtungen gemacht: Wenn Sie zweimal an derselben Geraden spiegeln, landet der Punkt wieder am Ausgangspunkt.

$$s_a(s_a(A)) = A, \quad s_b(s_b(A)) = A$$

Wenn Sie aber abwechselnd an den beiden Geraden spiegeln, entsteht in der Regel immer wieder ein neuer Punkt:

$$s_a(A) = A', \quad s_b(s_a(A)) = A'', \quad s_a(s_b(s_a(A))) = A''', \quad s_b(s_a(s_b(s_a(A)))) = A^{iv}$$

Einzige Ausnahme: Wenn die Achsen im Winkel von 90° zueinander stehen, dann landet man nach vier Spiegelungen wieder am Ausgangspunkt.

$s_b(s_a(s_b(s_a(A)))) = A$ bei orthogonalen Achsen

Diese Eigenschaft gilt ganz unabhängig davon, mit welchem A man beginnt: Immer entsteht bei senkrechten Achsen ein Rechteck, bei nicht senkrechten Achsen eine „offene Figur".

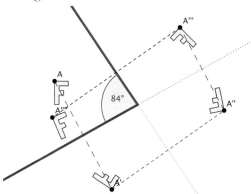

Wenn Sie noch weiter gespiegelt und dabei die Lage der Achsen variiert haben, konnten Sie solch eine Situation auch nach sechs Spiegelungen und bei einem Winkel von 60° herstellen:

$s_b(s_a(s_b(s_a(s_b(s_a(A)))))) = A$ bei einem Winkel von 60°

Es ergab sich eine geschlossene Figur, ein Art „Sechseck" mit Kantenüberschneidungen.

Wenn es Sie gedrängt hat, weiterzuspiegeln, so haben Sie solche geschlossenen Figuren auch bei 8, 10, 12, ... Spiegelungen entdeckt, und zwar jeweils bei bestimmten Winkeln zwischen den Achsen, nämlich bei 360° : 4 = 90°, 360° : 6 = 60°, 360° : 8 = 45°, 360° : 10 = 30° usw. Bei ungeraden Teilen war die Ausbeute an geschlossenen Figuren geringer. Bei 360° : 3 = 120° gab es „Sechsecke" (keine Dreiecke!), aber bei 360° : 5 = 72° keine „Fünfecke" oder Ähnliches. Sicher haben Sie sich gefragt, warum.

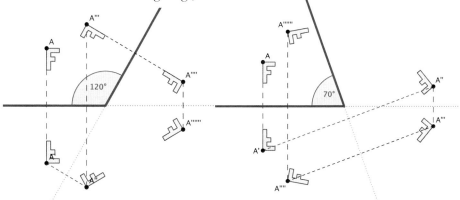

Einer Lösung dieses Problems waren Sie schon nahe, wenn Sie sich systematisch mit der Frage befasst haben, *welche* Abbildung durch das Hintereinanderschalten entsteht, und dabei bemerkt haben: An der Lage der Buchstaben kann man erkennen, dass die Verknüpfung von zwei Spiegelungen nicht wieder eine Spiegelung, sondern eine Drehung ist:

$$s_b(s_a(A)) = d_\alpha(A)$$

Wenn die Geraden im rechten Winkel stehen, liegt der doppelt gespiegelte Punkt gerade gegenüber, es handelt sich um eine Punktspiegelung, also eine Drehung um 180°:

$$s_b(s_a(A)) = p(A)$$

Der Drehwinkel scheint also gerade doppelt so groß zu sein wie der Winkel zwischen den Spiegelachsen.

Übung 1.2: Beweisen Sie, dass der Drehwinkel der Drehung, die aus zwei Spiegelungen entsteht, doppelt so groß ist wie der Winkel zwischen den beiden Spiegelachsen. Das linke Bild hilft Ihnen, die Winkelbeziehungen zu erkennen und für einen rechnerischen Beweis zu nutzen. Das rechte Bild gibt die Grundidee auf sehr plastische Weise wieder. Können Sie es deuten?

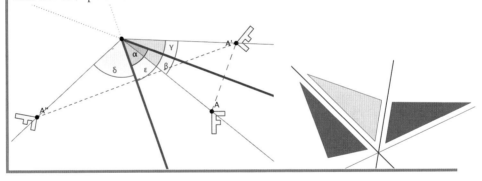

Mit diesem Wissen können Sie nun auch erklären, wann welche geschlossenen Figuren entstehen. Beispielsweise bedeutet das vierfache Spiegeln:

$$s_b(s_a(s_b(s_a(A)))) = s_b(s_a(d_\alpha(A))) = d_\alpha(d_\alpha(A)) = d_{2\alpha}(A)$$

Wenn also die Achsen senkrecht stehen, ist $\alpha = 2 \cdot 90° = 180°$ und die Drehung damit eine um 360°, die alle Punkte identisch lässt.

$$s_b(s_a(s_b(s_a(A)))) = d_{180}(d_{180}(A)) = d_{360}(A) = d_0(A) = A$$

Die „Nulldrehung" nennt man übrigens auch „identische Abbildung". So banal sie ist, sie wird Ihnen in diesem Buch in unterschiedlichen Formen immer wieder begegnen.

Vielleicht haben Sie auch in umgekehrter Reihenfolge, also erst an der Achse *t* und dann an *s* gespiegelt. Dann wird Ihnen inzwischen aufgefallen sein, dass das nicht zu demselben Ergebnis führt (auch hier mit der Ausnahme senkrecht stehender Achsen):

$$s_b(s_a(A)) \neq s_a(s_b(A))$$

Diese Nicht-Vertauschbarkeit ist ein nun gar nicht mehr banales Phänomen, das viele weitere mathematische Strukturen, die Ihnen in diesem Buch begegnen werden, erst richtig interessant werden lässt.

Unter bestimmten Bedingungen trifft einer der Punkte „zufällig" wieder einen seiner Vorgänger, dann schließt sich der Kreis bzw. der Spiegelweg läuft zurück. Eine solche Situation tritt z.B. dann auf, wenn ein Punkt genau auf eine Spiegelachse trifft. Wenn man dann aber den Ursprungspunkt bewegt, erkennt man, dass dieses Phänomen wieder verschwindet – es galt nicht für alle Punkte, sondern nur, wenn ein Punkt eine bestimmte besondere Position einnahm. Sie könnten weiter untersuchen, wo solche Positionen liegen.

Die meisten der Phänomene, die hier beschrieben wurden, gelten aber für alle Ausgangspunkte. Wenn Sie im Dynamischen Geometrie-System den Ausgangspunkt verschieben, ändert sich zwar die Form der Figur, nicht aber ihre Struktur. Das liegt daran, dass die Aussagen nicht nur Aussagen über bestimmte Punkte, sondern über die Abbildungen und deren Beziehungen untereinander sind.

Die oben stehenden Zusammenhänge beim Verknüpfen von Funktionen lassen sich also auch für alle Punkte – oder eine Stufe abstrakter – ganz ohne Punkte als Eigenschaften der Abbildungen schreiben, wenn man die Hintereinanderausführung von zwei Abbildungen f und g als eine Verknüpfung $\circ$ der beiden Abbildungen auffasst. Dabei entsteht eine neue Abbildung h durch Verknüpfen von f und g:

$$x \xrightarrow{\ f\ } y \xrightarrow{\ g\ } z \qquad h(x) = g(f(x))\ \forall x \ \text{(d.h. „für alle } x\text{")}$$

Da dies für alle x gilt, kann man es als Eigenschaft der Abbildungen f, g, und h auffassen. Die Abbildungen werden dadurch zu Objekten und man kann die Verknüpfungseigenschaft auch so schreiben: $h = g \circ f$. Möglicherweise sind Sie von der Reihenfolge irritiert und hätten lieber $h = f \circ g$ geschrieben, da ja zuerst f und dann g angewendet wird. In der Tat wäre das auch eine mögliche Variante gewesen, die Verknüpfung zu schreiben. Mann muss sich lediglich entscheiden, welche Schreibweise, also welche Deutung für $\circ$ einem besser gefällt:

$$(g \circ f)(x) := g(f(x))\ \forall x \ \text{ oder}$$

$$(f \circ g)(x) := g(f(x))\ \forall x \ ?$$

Für welche würden Sie sich entscheiden? Beide Definitionen beschreiben, dass zuerst f, dann g anwendet wird. Bei der ersten liest man $g \circ f$ von rechts nach links, ebenso wie man $g(f(x))$ liest. Bei der zweiten liest man $f \circ g$ von links nach rechts, so wie man einen Text zu lesen gewohnt ist. Welche Schreibweise man wählt, ist Geschmackssache, jede hat Vor- und Nachteile. Es gibt in der Literatur und je nach mathematischem Gegenstand auch beide Schreibweisen – umso wichtiger, dass der Autor den Leser hier nicht verwirrt und seine Wahl explizit macht. Für dieses Buch lautet die Wahl für die Verkettung ab sofort:

$$(g \circ f)(x) := g(f(x)) \; \forall x$$

In Worten kann man das so aussprechen: „g verknüpft mit f" (oder „g Kringel f") bedeutet „g angewendet *nach* f".

> Wie kommt es, dass eine so verwirrende Situation entsteht? Gäbe es eine Möglichkeit, dies zu umgehen, oder ist solch ein Rechts-Links-Durcheinander unvermeidbar? Die Ursache liegt im Zusammenstoßen zweier willkürlicher Konventionen: Die eine ist unsere Schreibkonvention, die für den westlichen Kulturkreis die Lese- und Schreibrichtung von links nach rechts festlegt. (Das Arabische schreibt von rechts nach links, im alten Griechisch gab es sogar die Möglichkeit „bustrophedonisch", d.h. abwechselnd von links nach rechts und zurück zu schreiben.) Die andere Konvention ist die Art, wie man Funktionen aufschreibt: Wenn ein x durch eine Funktion f auf ein y abgebildet wird, schreibt man: $y = f(x)$, und das ist ganz offensichtlich von rechts nach links gelesen, also gegen die Schreibrichtungskonvention. Genauso gut hätte man Funktionen von links nach rechts schreiben können, also $(x)f = y$, gelesen „auf x wirkt f und ergibt y". Dann wäre es auch dazu passend, die Verknüpfung von links nach rechts zu lesen: $(x)(f \circ g) := ((x)f)g$. Aber das noch einmal ändern zu wollen, wäre wohl so schwierig durchzusetzen wie eine Rechtschreibreform. So ist also auch die Mathematik durchdrungen von willkürlichen Konventionen, Vorlieben und Moden.

Übung 1.3: Mit diesen Schreibweisen gerüstet, können Sie nun versuchen, all die Entdeckungen von weiter oben als Eigenschaften der Abbildungen zu schreiben, also z.B. $s_2(s_1(A)) = d_\alpha(A) \forall A$ als $s_2 \circ s_1 = d_\alpha$.

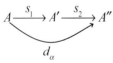

Dazu ist es nützlich, wenn man auch die „identische Abbildung" *id* verwendet. Diese bildet alle Punkte auf sich selbst ab: $id(A) = A$ für alle A.

Hier folgen einige der vorigen Erkenntnisse, aufgeschrieben als Eigenschaften für Abbildungen:

$$s_1 \circ s_1 = id \qquad s_2 \circ s_2 = id$$
$$s_2 \circ s_1 = d_\alpha$$
$$s_2 \circ s_1 \neq s_1 \circ s_2 \text{ (außer wenn die Achsen senkrecht stehen)}$$
$$s_2 \circ s_1 \circ s_2 \circ s_1 = (s_2 \circ s_1) \circ (s_2 \circ s_1) = d_\alpha \circ d_\alpha = d_{2\alpha}$$

Die „Umformung" der letzten Gleichungen kann man sich inhaltlich vorstellen: Die ersten beiden Spiegelungen führen zu einer Drehung, die letzten beiden zu einer weiteren Drehung. Rein formal, auch ganz ohne solche Vorstellungen von den Objekten, wurden hier Klammern in einem Ausdruck gesetzt, als wäre er ein Term mit Variablen oder Zahlen. Darf man das überhaupt? Konkret formuliert: Gilt für die Verknüpfung „$\circ$" ein solches „Klammersetzungsgesetz"? Nach Definition bedeutet der Term ja $s_2 \circ s_1 \circ s_2 \circ s_1(A) = s_2(s_1(s_2(s_1(A))))$. Das kann man sich am besten anhand des einfacheren Falles der Verknüpfung von drei Abbildungen vor Augen führen: Was bedeuten eigentlich $h \circ (g \circ f)$, $(h \circ g) \circ f$ und $(h \circ g \circ f)$?

$$(h \circ (g \circ f))(x) = h(g \circ f(x)) = h(g(f(x)))$$

$$((h \circ g) \circ f)(x) = (h \circ g(f(x)) = h(g(f(x)))$$

Damit ist ersichtlich, dass für die Verknüpfung „$\circ$" das Assoziativgesetz gilt, während das Kommutativgesetz offenbar je nach Achsenlage gültig oder ungültig ist. Möglicherweise hilft Ihnen die bildliche Darstellung mehr:

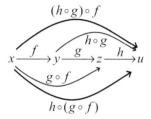

Mit einem solchen „Rechnen" mit Abbildungen haben Sie möglicherweise noch wenig Erfahrung. In diesem Bereich funktioniert einiges wie gewohnt, anderes wiederum nicht. Es ist daher angebracht, sich bei jedem Schritt vorsichtig zu vergewissern: „Geht das hier überhaupt? Gilt das auch für das Rechnen mit Abbildungen?"

Übung 1.4: Überlegen Sie beispielsweise, was die folgenden Terme bedeuten und ob die Umformungen zulässig sind:

$$s_1 \circ s_2 \circ s_1 \circ s_2 \circ s_1 \circ s_2 = (s_1 \circ s_2) \circ (s_1 \circ s_2) \circ (s_1 \circ s_2) = (s_1 \circ s_2)^3 = (d_\alpha)^3 = d_{3\alpha}$$

$$s_1 \circ s_2 \circ s_1 \circ s_2 \circ s_1 \circ s_2 = s_1 \circ s_1 \circ s_1 \circ s_2 \circ s_2 \circ s_2 = (s_1 \circ s_1) \circ s_1 \circ (s_2 \circ s_2) \circ s_2$$
$$= (id \circ s_1) \circ (id \circ s_2) = s_1 \circ s_2 = d_\alpha$$

$$s_1 \circ s_2 \circ s_2 \circ s_1 \circ s_1 \circ s_2 \circ s_2 \circ s_1 = s_1 \circ ((s_2 \circ s_2) \circ (s_1 \circ s_1) \circ (s_2 \circ s_2)) \circ s_1 = s_1 \circ (id \circ id \circ id) \circ s_1$$
$$= (s_1 \circ id) \circ (id \circ (id \circ s_1)) = s_1 \circ s_1 = id$$

Haben Sie bemerkt, dass die beiden verschiedenen Umformungsergebnisse in den ersten beiden Gleichungen darauf zurückzuführen waren, dass bei der zweiten Gleichung unpassenderweise das Kommutativgesetz angewendet wurde?

Die Beispiele für das „Rechnen mit Abbildungen" zeigen Ihnen: Es gibt nicht nur *die* Algebra, also das System von Umformungsregeln, wie es aus der Schule für die Gleichungen von reellen Zahlen bekannt ist. Vielmehr kann man von „verschiedenen Algebren" sprechen – und in jedem Bereich kann man aufs Neue fragen: Welches sind die Objekte? Welches sind die Operationen? Welche Eigenschaften haben die Operationen? Die Erkundung solcher „Algebren" (nun bewusst im Plural – in der Mathematik hat sich hierfür eher der Ausdruck „algebraische Strukturen" eingebürgert) eröffnet ein riesiges Feld für mathematische Erkundungen und führt Sie von der klassischen Mathematik in die moderne Mathematik.

Nach so viel Abstraktion können Sie nun noch versuchen, eine konkrete Frage zum Spiegelpolygon zu beantworten, die Sie möglicherweise zwischendurch irritiert hat: Wieso entstehen bei der Konstruktion oft *unendlich* viele Punkte, obwohl man beim echten Spiegel so ein Phänomen nicht beobachtet?

1.4   Rückblick: Mit allem rechnen

In diesem ersten Kapitel haben Sie gesehen, wie weit man das „Rechnen", welches einem für den Umgang mit Zahlen vertraut ist, auf weitere Bereiche ausdehnen kann: Rechnen kann man nicht nur mit Zahlen, sondern auch mit Resten, mit selbst definierten Rechenvorschriften, mit geometrischen Abbildungen – und mit vielem mehr, wie Sie in diesem Buch noch erleben werden. Ganz allgemein gesprochen geht es dabei immer wieder um Mengen von Objekten (Zahlen, Reste, Abbildungen) und um Operationen, die immer **zwei** Elemente verknüpfen und als Ergebnis ein weiteres Element **derselben Menge** zuordnen. Man spricht daher auch von „binären Operationen" und „inneren Verknüpfungen" (die Worte „Operation" und „Verknüpfung" werden gleichbedeutend verwendet).

> Eine *binäre, innere Verknüpfung* ∘ weist jeweils zwei Elementen x und y einer Menge M ein neues Element z zu:
>
> $$x, y \in M \longrightarrow z = x \circ y \in M$$
>
> Eine binäre Operation kann man auch auffassen als Funktion auf der Menge aller Paare (x,y) mit x und y aus M.
>
> $$(x, y) \in M \times M \xrightarrow{\circ} \circ(x, y) \in M$$
>
> Eine Menge zusammen mit der Operation $(M, \circ)$ bezeichnet man auch als „algebraische Struktur".

Es ist eine reine Konvention, dass man bei binären Operationen den Namen der Operation *zwischen* die Elemente schreibt: $a + b = c$. Ebenso könnte man es als Funktion aufschreiben, dann stünde der Name der Elemente *vor* der Operation: $+(a,b) = c$. Binäre Operationen kann man also als Verallgemeinerungen der sogenannten „*unären* Operationen" verstehen, die nur *einem* Element aus M ein anderes Element aus M zuweisen, also dem, was Ihnen schon lange als „Funktionen" vertraut ist.

$$x \in M \xrightarrow{\quad f \quad} f(x) \in M$$

Für jede Operation kann man fragen, welche Eigenschaften sie besitzt. Dabei gehören zu den grundlegenden möglichen Eigenschaften diejenigen, die von den Operationen mit Zahlen her vertraut sind:

Allgemeine Eigenschaften von Operationen sind z.B.:

Kommutativität:	$a \circ b = b \circ a \ \forall a,b \in M$
Assoziativität:	$(a \circ b) \circ c = a \circ (b \circ c) \ \forall a,b,c \in M$

Eigenschaften spezieller Elemente sind z.B.:

Neutrale Elemente:	$a \circ id = a \ \ \forall a \in M$
Involutorische Elemente:	$a \circ a = id$

Vereinfachende Schreibweisen und Definitionen sind z.B.:

$$a \circ b \circ c := (a \circ b) \circ c = a \circ (b \circ c) \ \text{- wenn das Assoziativgesetz gilt}$$

$$a^n = \underbrace{a \circ a \circ \dots \circ a}_{n \ \text{mal}}$$

Wenn in einer Menge mehrere Operationen definiert sind, kann man untersuchen, ob diese Operationen auf bestimmte Weise miteinander verbunden sind, ob z.B. gelten:

Distributivität:	$(a \square b) \circ c = (a \circ c) \square (b \circ c) \ \forall a,b,c \in M$
Binomische Formel:	$(a \square b)^2 = a^2 \square \ a \circ b \ \square \ a \circ b \ \square \ b^2 \ \forall a,b \in M$

Der Kosmos, der sich eröffnet, wenn man algebraische Strukturen von Mengen, die mit Operationen ausgestattet sind, untersucht, ist riesig. Die Forschung in beinahe jedem mathematischen Gebiet ist geprägt von der Untersuchung der jeweiligen algebraischen Strukturen. Daher kann dieses Buch auch nur Einblicke in die Untersuchung von Strukturen für einige wenige ausgewählte Gebieten geben. Viel wichtiger und interessanter ist es aber, die Gemeinsamkeiten dieser Sichtweise zu erleben und dabei die fundamentalen und universellen Konzepte kennenzulernen, die die gesamte Mathematik durchdringen.

1.5 Übungen

Übung 1.5: Setzen Sie die Multiplikationstabelle für ganze Zahlen nach links und nach oben fort. Sie stoßen auf das Problem, was denn der Rest von –8 bei Division durch 10 ist. Warum ist es nicht zielführend, die Endziffer als Rest zu betrachten? Was für Konsequenzen hätte das für die Addition und Multiplikation von Resten? Stattdessen kann man als Rest von –2 bei Division durch 10 die 8 festsetzen. Welches Prinzip liegt dem zugrunde? Welche Konsequenzen hat das für die Multiplikation und Addition von Resten?

Übung 1.6: In der Relativitätstheorie werden Geschwindigkeiten beispielsweise so addiert: Eine Rakete bewege sich mit der $\beta_1 = 0{,}5$-fachen Lichtgeschwindigkeit zu einem außen stehenden Beobachter. Aus Sicht eines Beobachters *in* der Rakete entfernt sich ein weiteres Raumschiff mit der $\beta_2 = 0{,}4$-fachen Lichtgeschwindigkeit. Die Gesamtgeschwindigkeit dieses zweiten Raumschiffes aus Sicht des ersten Beobachters ist dann nicht etwa $\beta_1 + \beta_2 = 0{,}9$, also 90 % Lichtgeschwindigkeit, sondern $\beta_1 \oplus \beta_2 = (\beta_1 + \beta_2):(1 + \beta_1\beta_2)$. Untersuchen Sie diese „Addition von Licht" näher. Welche Werte kann man für β_1, β_2 einsetzen? Welche Werte können bei der Addition herauskommen? Betrachten Sie insbesondere Werte größer als 1 oder kleiner als 0. Was bedeuten die Ergebnisse in der geschilderten Situation? Ist die Addition kommutativ? Ist sie assoziativ? Untersuchen Sie dies formal. Deuten Sie die Eigenschaften in der geschilderten Situation.

Übung 1.7: „Multiplikation verhält sich zur Addition genauso wie das Potenzieren zur Multiplikation." Finden Sie möglichst viele Indizien, die diese Aussage stützen. Welche Art von Distributivgesetz gilt für das Potenzieren? Welches nicht? Warum?

Übung 1.8: Untersuchen Sie die Verknüpfungen „oder" ($\vee$) sowie „und" ($\wedge$). Die zu verknüpfenden Objekte sind die beiden Wahrheitswerte „f" (falsch) und „w" (wahr). Um zu sagen, welchen Wahrheitswert der Ausdruck $(A \vee B)$ („A oder B") hat, genügt es, die beiden Wahrheitswerte von A und B zu kennen.

a) Füllen Sie die beiden Verknüpfungstabellen aus.

$\vee$	f	w
f		
w		

$\wedge$	f	w
f		
w		

b) Vergleichen Sie die beiden Verknüpfungstabellen mit denen anderer binärer Verknüpfungen. Welche haben eine ähnliche oder sogar identische Struktur?

c) Untersuchen Sie komplexere Aussagen wie z.B.: $(A \vee B) \wedge C$. Für sie kann man auch Distributivgesetze aufstellen. Finden Sie ein Distributivgesetz für diese oder andere Verknüpfungen von drei Aussagen. Prüfen Sie, ob Ihr Gesetz stimmt, indem Sie alle möglichen Wahrheitswerte „f" und „w" für die Aussagen A, B und C annehmen und dann das Ergebnis auf der Basis der Verknüpfungstabellen ausrechnen.

2 Drehen und Wenden

Strukturen geometrischer Symmetrien

> Was zeigt ein Spiegel, der sich in einem Spiegel spiegelt?
> Weißt du das, Goldäugige Gebieterin der Wünsche?
> *Michael Ende, „Die unendliche Geschichte" (1979)*

Im Einführungskapitel haben Sie erlebt, dass Phänomene und Prinzipien, die in einem Bereich (z.B. der Arithmetik) auftreten, auch an ganz anderer Stelle wieder auftauchen können (z.B. in der Geometrie). Gemeinsam war allen Fällen ein abstraktes mathematisches Konzept, die „binäre Operation", also die Verknüpfung zweier Objekte zu einem neuen Objekt desselben Typs.

In diesem Kapitel geht es nun nicht mehr um Verknüpfungsstrukturen in der Arithmetik, mit der Sie wohl schon am längsten vertraut sind, sondern um Verknüpfungen von (geometrischen) Abbildungen. In der Welt der Zahlen finden Sie Abbildungen und Verknüpfungen auf folgende Weisen wieder:

Zahlen (z.B. die natürlichen Zahlen)

> **Abbildungen** von Zahlen auf Zahlen (z.B. $f: n \rightarrow n^2$)
> **Verknüpfungen** von jeweils zwei Zahlen auf eine Zahl (z.B. $a, b \rightarrow a \cdot b$)

Sie kennen bei Zahlenmengen Abbildungen als *Funktionen*, bei denen jeweils eine *einzelne* Zahl auf eine andere Zahl abgebildet wird. Bei Verknüpfungen (binären Operationen) hingegen werden *zwei Zahlen* auf eine andere Zahl, die Ergebniszahl, abgebildet. Wie sieht es aber nun in der Geometrie aus, bei der die Objekte nicht Zahlen, sondern Punkte oder ganze Mengen von Punkten (also geometrische Figuren) sind?

Punkte/Figuren (z.B. in der Ebene)

> **Abbildungen** von Punkten auf Punkte (z.B. $f: A \rightarrow A'$)
> **Verknüpfungen** von Abbildungen (z.B. $f, g \rightarrow f \circ g$)

Geometrische Figuren kann man zeichnen, man kann sie systematisch konstruieren, indem man Geraden und Kreise durch Punkte konstruiert und wieder neue Schnittpunkte ermittelt. Im Folgenden geht es aber nicht darum, solche geometrischen Objekte miteinander zu verknüpfen (auch wenn so etwas prinzipiell möglich ist, z.B. indem man Repräsentanten von Größen miteinander verbindet). Es wird eine Stufe abstrakter, denn zunächst einmal werden die Objekte mithilfe von Abbildungen „bewegt", also beispielsweise verschoben, gespiegelt oder gedreht. Erst im zweiten Schritt werden diese Abbildungen dann miteinander verknüpft, indem zwei Abbildungen hintereinandergeschaltet werden. Damit werden die Bewegungen gewissermaßen wieder zu neuen Objekten. Zunächst müssen daher die zu verknüpfenden Objekte, also die geometrischen Abbildungen, präzise beschrieben sein. Es muss klar sein, was man unter einer „Bewegung" versteht und wie man sie mathematisch beschreibt.

2.1 Verändern und gleich lassen

Wie also sehen „Bewegungen" aus, die man miteinander verknüpfen kann? Die folgende Erkundung kann Ihnen helfen, Ihr geometrisches Wissen aufzufrischen und möglicherweise noch etwas Neues dabei zu entdecken.

→*Programm*
Drehen_und_
Spiegeln

Erkundung 2.1: Viele Kunstwerke und Gegenstände des Alltags enthalten gleiche Teile, die auf bestimmte Weise angeordnet sind. Das bezeichnet man üblicherweise als „Symmetrie". Eine Symmetrie führt dazu, dass man die Figur bewegen kann, ohne dass sich ihr Bild verändert. Untersuchen Sie, welche solcher „unerkannten Bewegungen" bei diesen Bildern und Gegenständen möglich sind. Versuchen Sie möglichst *alle* zu finden und sie nach Typen zu ordnen.

a) Hier sind einige Bilder und Symbole aus vielen Jahrhunderten versammelt. (Zusatzherausforderung: Woher könnten diese Bilder stammen?)

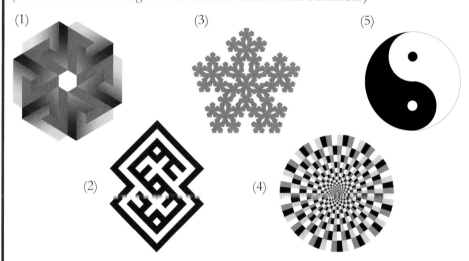

b) Bandornamente wie das nachfolgende gibt es in vielen Kulturen. Man muss sie sich unendlich fortgesetzt vorstellen. Welche Bewegungen sind möglich?

Das „Sechseckbild" (1) kann man um ein Sechstel, also um 360° : 6 = 60° drehen und erhält wieder dieselbe Figur. Die Figur bleibt dann unveränderlich (*invariant*), sie kommt mit ihrem ursprünglichen Bild zur *Deckung*.

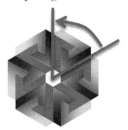

Dies ist eine mathematisch präzisierte Aussage über die Symmetrie der Figur, ausgedrückt durch die Invarianz der Figur bei bestimmten Bewegungen. Solche „unerkennbaren Bewegungen" kann man also als *Invarianzabbildungen* oder *Deckabbildungen* der Figur bezeichnen.

Man kann die Symmetrie der Figur aber auch anders ausdrücken, nämlich über die Zusammensetzung der Figur aus gleichen Teilen bzw. über die Erzeugung der Figur aus einem Urelement: Die Figur entsteht, indem ein bestimmter Teil der Figur mit seinen kongruenten, durch Drehung um 60° entstehenden Abbildern zu einem Ganzen zusammengesetzt wird.

Beide Sichtweisen, Invarianz und Erzeugung, laufen auf dasselbe hinaus: Die Figur besitzt eine Symmetrie, die am besten durch die Abbildung der Sechsteldrehung beschrieben wird. Man nennt diese Abbildung daher auch eine „Symmetrieabbildung" oder einfach „eine Symmetrie" der Figur. Wenn man in der Mathematik sagt, das Sechseckbild besitze eine „sechszählige Symmetrie", so bezieht man sich auf ebendiese Abbildung. Ob die Abbildung als Invarianz oder als Erzeugende aufgefasst wird, ist dabei unerheblich.

Beim arabischen Ornament (2) spricht man daher auch von „zweizähliger Symmetrie", die Symmetrieabbildung ist eine Drehung mit dem Drehwinkel 360° : 2 = 180°. Aber auch das Sechseckbild hat eine zweizählige Symmetrie, was natürlich daran liegt, dass ein dreimaliges Drehen um ein Sechstel einem Drehen um die Hälfte gleichkommt. Und wenn die Sechseckfigur bei jeder einzelnen Sechstelbewegung invariant bleibt, tut sie dies auch beim Hintereinanderschalten von drei Sechstelbewegungen. Das Hintereinanderschalten von Drehungen hat anscheinend in etwa dieselbe Struktur wie das Addieren von

Vielfachen eines Stammbruches, in diesem konkreten Fall von Brüchen der Menge $\{\frac{1}{6}, \frac{2}{6}, \frac{3}{6}, \frac{4}{6}, \frac{5}{6}, \frac{6}{6}\} = \{\frac{1}{6}, \frac{1}{3}, \frac{1}{2}, \frac{2}{3}, \frac{5}{6}, \frac{1}{1}\}$.

Die „fünfeckige Schneeflocke" (3) hat eine fünfzählige Symmetrie mit einem Drehwinkel von 360° : 5 = 72°. Aber sie hat noch mehr Symmetrien, denn sie besitzt auch noch Spiegelachsen. Auch die Spiegelsymmetrie lässt sich wieder aus zwei Perspektiven beschreiben: als Invarianz einer Figur beim Spiegeln (links) oder als Erzeugung einer Figur durch Spiegeln eines Teils (rechts)

Es ist kein Zufall, dass diese Figur *fünfzählige* Drehsymmetrie und zugleich *fünf* Spiegelachsen besitzt. Um das zu verstehen, versuchen Sie beispielsweise einmal eine Figur zu zeichnen, die vierzählige Drehsymmetrie besitzt aber nur eine oder zwei Spiegelachsen. Warum gelingt es Ihnen nicht? Spiegel und Drehsymmetrie scheinen miteinander verbunden zu sein, die Drehung nimmt die Spiegelachsen gewissermaßen mit. Das wiederum liegt daran, dass die Verknüpfung von zwei Invarianzabbildungen wiederum eine Invarianzabbildung ist.

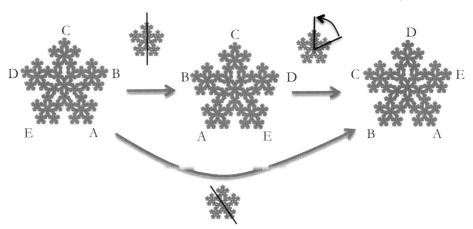

Anstelle der Spiegelung und darauffolgenden Drehung hätte man – das erkennt man am Bild – gleich an einer anderen Achse spiegeln können. Sie sehen allerdings, dass die Spiegelachse nicht um 72°, sondern nur um den halben Drehwinkel 36° „mitgenommen" wird. Können Sie das erklären?

Es ist übrigens auch kein Zufall, dass der Drehpunkt der Drehsymmetrie genau der Schnittpunkt der Spiegelachsen ist. Ist das immer der Fall? Woran liegt es?

Was allerdings durchaus passieren kann, ist, dass trotz der Drehsymmetrie *keine* einzige Spiegelachse zu finden ist. Schauen Sie noch einmal nach, bei welchen Figuren (1)–(5) das der Fall ist und woran es jeweils liegt.

Eine Art „Spielverderber" ist das fernöstliche Symbol aus Beispiel (5).

Es weist tatsächlich *keine* Spiegel- und *keine* Drehsymmetrie auf. Sie glauben es nicht? Dann drehen Sie es doch einmal um 180° oder spiegeln es und vergleichen dann das Ergebnis mit dem Ursprungsbild. Obwohl es keine Symmetrien im eben definierten mathematischen Sinn hat, erscheint es uns „irgendwie" symmetrisch. Es ist ja aus zwei identischen Teilen zusammengesetzt, die lediglich eine unterschiedliche Farbe besitzen. Wie kann man diese Symmetrie beschreiben? Man könnte als Abbildung die folgende Hintereinanderausführung von zwei Abbildungen definieren: erst eine *Drehung* um 180°, dann eine *Umfärbung*, d.h. ein Vertauschen von Schwarz und Weiß (den Rand des Kreises einmal außer Acht lassend). Drehen und Umfärben sind für sich genommen keine Symmetrie der Figur, beide hintereinander ausgeführt – in welcher Reihenfolge auch immer – aber sehr wohl. Die Figur ist also „drehumfärbsymmetrisch".

Auch beim Bandornament (6) findet man Spiegelungen und Drehungen als Symmetrien:

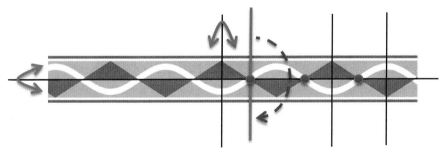

Hier sind die Zusammenhänge zwischen den verschiedenen Symmetrien aber noch etwas komplizierter: Eine Spiegelung an der horizontalen Achse ist bei diesem Beispiel keine Symmetrie, aber eine Spiegelung an bestimmten senkrechten Achsen sowie Drehungen um 180°. Allerdings liegt der Drehpunkt nun nicht mehr auf der Spiegelachse. Zudem gibt es nicht nur *einen* Drehpunkt und *eine* Achse, sondern eine ganze Reihe – wenn man sich das Bandornament unendlich fortgesetzt denkt. Wenn man in diesem Fall zwei Spiegelungen an verschiedenen Achsen kombiniert, so erhält man eine neue Art der Abbildung, die bei den obigen Bildern nicht auftrat: eine Verschiebung.

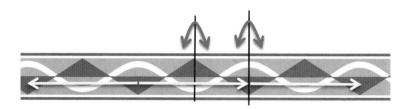

Und weil die Hintereinanderausführung von zwei Invarianzabbildungen wieder eine ist, ist natürlich auch das Verschieben um zwei, drei oder mehr Einheiten eine Symmetrie. Und auch die Verschiebung in die Gegenrichtung ist eine Symmetrie.

Man erkennt hier, dass das Hintereinanderausführen für alle Invarianzabbildungen eine Möglichkeit zu sein scheint, weitere Symmetrien zu erzeugen. Und was genau passiert, wenn man erst spiegelt und dann verschiebt? Oder erst dreht und dann verschiebt? Findet man dann vielleicht noch ganz andere Symmetrien? Nach welchem System hängen all diese Symmetrien zusammen? Und wie sieht das bei anderen Bandornamenten aus? Diese Überlegungen zum Wesen von Symmetrie sollen nun aber erst einmal unterbrochen werden zugunsten einer übergreifenden Betrachtung des Gefundenen.

Sie haben in dieser Erkundung (und im vorigen Kapitel) erleben können, dass die Phänomene „Bewegen" und „Gleichbleiben" immer wieder in enger Verbindung auftreten: Ein Spiegel bewegt eine Figur auf die andere Seite der Achse, ohne ihre Form zu zerstören. Aber durch Spiegeln kann man auch zeigen, dass eine Figur auf bestimmte Weise aus gleichen Teilen besteht und sich trotz Bewegung nicht verändert. Dieser Zusammenhang von Bewegung und Gleichheit ist der Kern dessen, was man als *Symmetrie* bezeichnet. Im Alltag bezeichnen wir Situationen als symmetrisch, denen eine gewisse Regelmäßigkeit und damit verbundene Schönheit zu eigen ist. Bei genauer Betrachtung erleben wir dabei immer wieder Phänomene, die alle zum Symmetriekonzept dazugehören:

- In einer Situation taucht auf bestimmte Weise das *Gleiche* wieder woanders auf (Wiederholung).
- Man kann das *Ganze* erzeugen, indem man nur einen *Teil* immer wieder auf eine bestimmte Weise bewegt (Erzeugung).
- Das Ergebnis ist dabei eine Figur, die aus bestimmten Bewegungen *unverändert* hervorgeht (Invarianz).

Die sich hier entfaltende Sicht auf all diese Objekte durch die dynamische Brille von Bewegung und Invarianz bietet eine Möglichkeit, das Konzept „Symmetrie" auf eine sehr universelle und systematische Weise zu präzisieren. Man spricht dann nicht mehr von einem „irgendwie symmetrisch aussehenden Objekt", sondern kann ganz exakt sagen, *was* genau an dem Objekt symmetrisch ist:

Eine Objekt M (also z.B. eine geometrische Figur) wird aufgefasst als eine Menge von Punkten – hier erst einmal in der Ebene $\mathbb{R}^2 = \{(x,y) \mid x,y \in \mathbb{R}\}$:

$$M \subseteq \mathbb{R}^2 .$$

Nun betrachtet man alle *Kongruenzabbildungen* (*Isometrien*) der Ebene, also alle Abbildungen, die die Abstände zwischen Punkten gleich lassen und damit die Form aller Figuren nicht verändern:

$$Isom(\mathbb{R}^2) = \{\, g\colon \mathbb{R}^2 \to \mathbb{R}^2 \mid \forall A,B \in \mathbb{R}^2 : \big|g(A)-g(B)\big| = \big|A-B\big| \,\}^1$$

Als *eine Symmetrie g der Figur M* wird dann eine solche Kongruenzabbildung bezeichnet, die die Figur M (also deren Punktmenge) invariant lässt:

$$g(M) = M$$

Man nennt diese dann auch eine *Symmetrieabbildung* oder *Deckabbildung von M*. Die Gesamtheit aller Symmetrieabbildungen einer Figur

$$G_M = \{\, g \in Isom(\mathbb{R}^2) \mid g(M) = M \,\}$$

wird dann als *die Symmetrie* der Figur M bezeichnet.

Diese Definition von Symmetrie ist eine besondere Errungenschaft der Mathematik, die in ihrer vollen Klarheit noch nicht viel älter als 100 Jahre ist. Erstens liegt damit eine *mathematisch präzise* Definition von Symmetrie vor, mit der man in Theorie und Anwendung nun viele weitere Analysen vornehmen kann. Zweitens ist die Definition ausgesprochen *flexibel*: Man kann statt der Ebene beispielsweise den dreidimensionalen Raum betrachten oder ganz andere, abstrakte Räume. Man kann sich fragen, wie man auch Punkte unterschiedlicher Farbe berücksichtigt. Auch kann man noch ganz andere Typen von Abbildungen jenseits der Kongruenzabbildungen zulassen, z.B. zentrische Streckungen, die dann nicht die Abstände, aber die Abstandsverhältnisse invariant lassen. Die Auffassung von Symmetrie als einer Menge G_M von Invarianzabbildungen ist außerdem ein *fundamentales Prinzip* in der modernen Physik und grundlegendes Prinzip auf allen mathematischen Gebieten. Mit diesem Symmetriekonzept lassen sich in allen Wissenschaften universelle Muster und Strukturen unserer Welt erfassen und beschreiben. Ob der Gegenstand Moleküle, Kristalle, Elementarteilchen oder unsere Raumzeit selbst ist, seine mathematische Behandlung umfasst eigentlich immer die Untersuchung seiner Symmetrien[2].

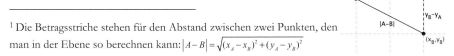

---

[1] Die Betragsstriche stehen für den Abstand zwischen zwei Punkten, den man in der Ebene so berechnen kann: $|A-B| = \sqrt{(x_A - x_B)^2 + (y_A - y_B)^2}$

[2] Wenn Sie mehr über die Bedeutung des Symmetriekonzepts in der Mathematik und den Naturwissenschaften und über die historischen, biografischen und philosophischen Hintergründe seiner Entwicklung erfahren wollen, so sei Ihnen das ausgesprochen anregend und verständlich geschriebene Buch „Die Macht der Symmetrie: Warum Schönheit Wahrheit ist" von Ian Stewart (2008) empfohlen.

Nun sind Sie gewappnet für das eigentliche Abenteuer, von dem Sie eben noch kurzzeitig für die präzise Definition von Symmetrie abgehalten wurden: die Untersuchung der Symmetriestruktur von Figuren. Während Sie in der Schule die Symmetrien von Objekten aufgezählt und nach Spiegelungen und Drehungen sortiert haben, können Sie nun eintauchen in die Welt der Beziehungen *zwischen* den Symmetrien, sprich: in die Strukturen, die sich eröffnen, wenn man Symmetrien miteinander *verknüpft*.

Die systematische Untersuchung der Verknüpfungen all dieser Abbildungen wird einfacher, wenn Sie sich zunächst einmal auf eine hinreichend komplexe, aber immer noch übersichtliche Figur konzentrieren, auf das Quadrat.

→*Programm*
Symmetrien_des
_Quadrates

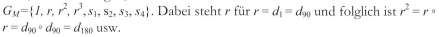

Erkundung 2.2: Als Symmetrien des Quadrates kennen Sie bereits vier Achsenspiegelungen und drei Drehungen. Finden Sie *alle* Symmetrien des Quadrates, indem sie bestehende Symmetrien auf jede mögliche Weise miteinander kombinieren. Notieren Sie die Ergebnisse für alle Verknüpfungen in Form einer Verknüpfungstabelle. Welche Strukturen erkennen Sie?

Nutzen Sie vereinfachende Schreibweisen wie z.B. $G_M = \{ d_0, d_{90}, d_{180}, d_{270}, s_1, s_2, s_3, s_4 \}$ oder, wenn Sie mögen, die noch einfacheren $G_M = \{1, r, r^2, r^3, s_1, s_2, s_3, s_4\}$. Dabei steht r für $r = d_1 = d_{90}$ und folglich ist $r^2 = r \circ r = d_{90} \circ d_{90} = d_{180}$ usw.

Natürlich gelten für diese Symbole *nicht* automatisch die vertrauten Rechenregeln wie für Zahlen und Variablen, daher wählt man auch bewusst das Verknüpfungszeichen „ ∘ “ und nicht das vertraute „ · “. Sie sollten also vorsichtig zu Werke gehen und untersuchen, *welche* Regeln ähnlich wie bisher und welche ganz anders funktionieren.

Wenn Sie nicht immer wieder Quadrate zeichnen wollen, können Sie eine Schreibweise erfinden, mit der Sie die Position der Ecken nach einer oder mehreren Symmetriebewegungen notieren können.

Die Drehungen allein sind recht übersichtlich: Eine Drehung um α, verknüpft mit einer Drehung um β, ergibt eine Drehung um $\alpha + \beta$. Das kann man so schreiben: $d_\beta \circ d_\alpha = d_{\alpha + \beta}$. Wenn Sie sich über die Reihenfolge der Abbildungen wundern, so schauen Sie noch einmal in Kapitel 1 (S. 11), wo erläutert wurde, warum man die Verknüpfung von Abbildungen in der Symbolsprache von rechts nach links denkt und schreibt,

$$A'' = d_\beta(d_\alpha(A)) = d_\beta \circ d_\alpha(A) \ ,$$

obwohl man die Hintereinanderausführung chronologisch intuitiv wohl lieber wie die herkömmliche Leserichtung von links nach rechts denkt:

$$A \xrightarrow{d_\alpha} A' \xrightarrow{d_\beta} A''$$

Eine Drehung von 360° führt zu der Ursprungssituation und wird daher meist mit der „Nicht-Drehung" gleichgesetzt. Ebenso wird eine Drehung um mehr als 360° auf einen Winkel unter 360° reduziert. Statt 540° dreht man beispielsweise nur um 180°. Auch die Drehungen in die Gegenrichtung braucht man nicht, wenn man sie durch passende komplementäre Drehungen ersetzt: Man kann folglich statt –90° (also im Uhrzeigersinn) auch +270° (also gegen Uhrzeiger Sinn) drehen.

> Diese Festlegung ist durchaus nicht die einzig denkbare. Man könnte etwa auch mit Winkeln außerhalb des Intervalls von 0° bis 360° rechnen. Dann wäre die Struktur, die sich ergibt, völlig analog zum Addieren und Subtrahieren in den ganzen Zahlen, nur dass die Einheit dann nicht 1, sondern 90° beträgt. In Kombination mit anderen Abbildungen wird es aber wichtig, dass man eine Drehung eindeutig aus ihrer Endlage identifiziert. Wenn nämlich zwei Spiegelungen zu einer Drehung führen, muss man festlegen, zu *welcher* Drehung, sonst hat man keine eindeutige Verknüpfung.

Will man die Verknüpfung von Drehungen in einer Verknüpfungstabelle übersichtlich darstellen, so sähe diese etwa so wie eine der folgenden Tabellen aus:

∘	d_0	d_{90}	d_{180}	d_{270}
d_0	d_0	d_{90}	d_{180}	d_{270}
d_{90}	d_{90}	d_{180}	d_{270}	d_0
d_{180}	d_{180}	d_{270}	d_0	d_{90}
d_{270}	d_{270}	d_0	d_{90}	d_{180}

+	0	90	180	270
0	0	90	180	270
90	90	180	270	0
180	180	270	0	90
270	270	0	90	180

∘	1	r	r^2	r^3
1	1	r	r^2	r^3
r	r	r^2	r^3	1
r^2	r^2	r^3	1	r
r^3	r^3	1	r	r^2

Bei der ersten Tabelle können Sie sich leicht vorstellen, wie Drehungen auch um andere Werte als die Winkel 0°, 90°, 180° und 270° Grad verknüpft werden. Die Tabelle erinnert auch sehr an die Verknüpfung der Endziffern bei der Addition von natürlichen Zahlen (mittlere Tabelle), nur dass statt der Zehnergrenze hier die 360-er Grenze auftritt. Die Verknüpfung von Drehungen „entspricht" also letztlich der Addition der Winkel mit Bilden des Restes bei Teilen durch 360. Diese Form des „Entsprechens" wird immer wieder eine große Rolle spielen, weil Sie immer mehr erkennen werden, wie Strukturen in einem Bereich denen in einem anderen Bereich völlig analog sind. Dies ist Ausdruck der Universalität des Symmetriekonzepts. Schreibt man schließlich für die Drehung um 0° die sogenannte „identische Abbildung" $d_0 = 1$ und für die „Grunddrehung" $r = d_{90}$, so kann man die weiteren Drehungen als zweifache Drehung $r \circ r = r^2 = d_{180}$ und dreifache Drehung als $r \circ r \circ r = r^3 = d_{270}$ notieren. Die vierfache Drehung ist dann wieder $r^4 = d_{360} = d_0 = 1$.

Was passiert aber nun, wenn man nicht zwei Drehungen, sondern zwei verschiedene Spiegelungen verknüpft? Sie haben in Kapitel 1 herausgefunden, dass zwei Spiegelungen insgesamt wieder eine Drehung ergeben. Da dies eine Aussage über Kongruenzabbildungen der ganzen Ebene ist, gilt sie natürlich ebenso für ebene Figuren wie den Kreis oder das Quadrat. Um eine systematischere Übersicht darüber zu bekommen, *welche* Verknüpfungen von Spiegelungen zu *welchen* Drehungen führen, reicht es, wenn man sich anschaut, auf welche Weise die Buchstaben an den Ecken ihre Plätze tauschen.

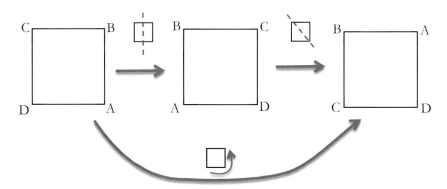

Hier ist zu erkennen, dass die Hintereinanderausführung erst von s_1 und dann von s_4 dieselbe Wirkung hat wie die Drehung r, symbolischer notiert: $s_2 \circ s_1 = r$. Wem das noch zu viel Zeichnen ist, der kann die Bewegungen des Quadrates auch ohne das Bild folgendermaßen aufschreiben:

$$\begin{array}{|cc|} \hline C & B \\ D & A \\ \hline \end{array} \xrightarrow{s_1} \begin{array}{|cc|} \hline B & C \\ A & D \\ \hline \end{array} \xrightarrow{s_2} \begin{array}{|cc|} \hline B & A \\ C & D \\ \hline \end{array}$$

Solchermaßen gerüstet lassen sich die verschiedenen Ergebnisse der Verknüpfung zweier Spiegelungen in einer *Verknüpfungstabelle* (ähnliche der Multiplikationstabelle) zusammenfassen (linke Abbildung):

$\circ$	s_1	s_2	s_3	s_4
s_1	1	r	r^2	r^3
s_2	r^3	1	r	r^2
s_3	r^2	r^3	1	r
s_4	r	r^2	r^3	1

$\circ$	s_1	s_3	s_2	s_4
s_1	1	r^2	r	r^3
s_3	r^2	1	r^3	r
s_2	r^3	r	1	r^2
s_4	r	r^3	r^2	1

Zu erkennen ist hier gut, dass jede Spiegelung sich selbst aufhebt, also: $s_1 \circ s_1 = s_2 \circ s_2 = s_3 \circ s_3 = s_4 \circ s_4 = 1$. Man sieht auch, dass zwei Spiegelungen, die senkrecht aufeinanderstehen, in ihrer Reihenfolge vertauschbar sind und immer zu einer Drehung um 180°, also einer Punktspiegelung führen: $s_1 \circ s_3 = s_3 \circ s_1 = r^2$ und $s_2 \circ s_4 = s_4 \circ s_2 = r^2$. Am rechten Bild, bei dem die Reihenfolge der Elemente in den Zeilen und Spalten geändert wurde, wird dies besonders deutlich.

Welches genau das Ergebnis der Verknüpfung von zwei *nicht* senkrecht stehenden Spiegelungen ist, hängt allerdings von deren Reihenfolge ab, z.B. ist $s_1 \circ s_2 \neq s_2 \circ s_1$. Was aber immer gilt: Zwei Spiegelungen führen zu einer Drehung.

Es bleibt die Frage: Entstehen möglicherweise bei der Verknüpfung von Drehungen mit Spiegelungen neue Symmetrien? Eine systematische Übersicht über alle möglichen Verknüpfungen ergibt die nachfolgende Tabelle.

Übung 2.1: Die Verknüpfungstabelle bietet einen schnellen Einblick in viele Eigenschaften der zugrunde liegenden Operation. Betrachten Sie die Verknüpfungstabelle und finden Sie möglichst viele verschiedene Muster, Strukturen und Zusammenhänge. Beschreiben und erklären Sie Ihre Beobachtungen. (Die Färbungen können dabei unterstützen.)

$\circ$	1	r	r^2	r^3	s_1	s_2	s_3	s_4
1	1	r	r^2	r^3	s_1	s_2	s_3	s_4
r	r	r^2	r^3	1	s_4	s_1	s_2	s_3
r^2	r^2	r^3	1	r	s_3	s_4	s_1	s_2
r^3	r^3	1	r	r^2	s_2	s_3	s_4	s_1
s_1	s_1	s_2	s_3	s_4	1	r	r^2	r^3
s_2	s_2	s_3	s_4	s_1	r^3	1	r	r^2
s_3	s_3	s_4	s_1	s_2	r^2	r^3	1	r
s_4	s_4	s_1	s_2	s_3	r	r^2	r^3	1

In jedem Fall führt die Verknüpfung der vier Drehungen und der vier Spiegelungen untereinander nicht aus der Menge heraus, man sagt, die Menge der hier untersuchten Symmetrieabbildungen G_M sei „abgeschlossen".

Sie haben darüber hinaus beim Erstellen bzw. Analysieren der Tabelle möglicherweise einige der folgenden Strukturen erkannt: In der ersten Zeile und ersten Spalte erkennt man, dass die identische Abbildung „1" das „neutrale Element" der Operation $\circ$ ist. Eine Verknüpfung mit der 1-Abbildung führt zu keiner Veränderung einer Abbildung.

Einige Abbildungen darf man in beliebiger Reihenfolge ausführen, ohne das Ergebnis zu verändern (z.B. alle Drehungen miteinander, aber auch die beiden Spiegelungen: $s_1 \circ s_3 = s_3 \circ s_1 = r^2$). Man erkennt dies daran, dass die Eintragungen in die Ergebnisfelder symmetrisch zur Diagonalen in der Verknüpfungstafel sind. Nicht vertauschbar sind aber z.B. $s_1 \circ s_2 \neq s_2 \circ s_1$, hier verschwindet die Ihnen vertraute Vertauschbarkeit. Die Verknüpfung von Abbildungen besitzt also eine ganz zentrale Eigenschaft *nicht*, welche Schülerinnen und Schülern in der Grundschule und Mittelstufe ganz selbstverständlich erscheint. Die Verknüpfung aber ist eines der ersten Beispiele dafür, dass Operationen nicht mehr kommutativ sind, d.h. dass man die Reihenfolge der Verknüpfung nicht mehr in jedem Fall vertauschen kann.

Die Farben lassen zudem eine bestimmte Grobstruktur erkennen: Verknüpft man zwei Drehungen oder zwei Spiegelungen, so entsteht wieder eine Drehung. Verknüpft man verschiedene Typen miteinander, also Drehung mit Spiegelung, so entsteht wieder eine Spiegelung.

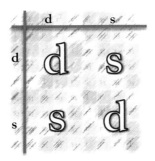

Am auffälligsten ist aber wohl: In jeder Zeile und in jeder Spalte stehen immer alle acht Symmetrien, oder umgekehrt formuliert: In keiner Zeile und keiner Spalte kommt ein Element doppelt vor. Das Ganze ist wie eine Art Sudoku aufgebaut. Was bedeutet das und warum ist das so? Ist eine Verknüpfungstafel immer ein magisches Quadrat? Ist umgekehrt jedes magische Quadrat eine Verknüpfungstafel für eine passende Verknüpfung? Die letzte Frage soll auf Kapitel 5 verschoben werden, denn sie setzt voraus, dass Sie mehr Erfahrung mit verschiedenen Typen von Operationen haben.

Die erste Frage ist aber zentral für das Verständnis von Symmetriestrukturen. Was würde es bedeuten, wenn beispielsweise in einer Spalte eine Abbildung doppelt auftaucht? Gibt es einen Grund, der so etwas verhindert, oder ist es nur bei den Symmetrien des Quadrates so? Dieselbe Symmetrie zweimal in einer Spalte würde bedeuten, dass es zwei verschiedene Abbildungen gibt, die durch Verknüpfen zu derselben Ergebnisabbildung führen. Nehmen Sie beispielsweise an, in der Zeile zu s_1 stünde nicht einmal, sondern zweimal ein s_2, etwa eines in der Spalte zu r und dann noch eines in der Zeile zu r^2. Das würde bedeuten:

$$s_1 \circ r = s_2 \quad \text{und} \quad s_1 \circ r^2 = s_2$$

Nun besitzt aber jede Symmetrieabbildung eine Umkehrung, die die Wirkung wieder aufhebt. Für eine Spiegelung ist das die Spiegelung selbst: $s_1 \circ s_1 = 1$. Wendet man diese Umkehrung auf die beiden Gleichungen auf jeweils beiden Seiten an, so erhält man:

$$s_1 \circ (s_1 \circ r) = s_1 \circ s_2 \quad \text{und} \quad s_1 \circ (s_1 \circ r^2) = s_1 \circ s_2$$

Da $s_1 \circ (s_1 \circ r)$ eine Verknüpfung von Abbildungen ist, bedeutet dies: Erst wird r angewendet, dann s_1, dann nochmals s_1. Die beiden Anwendungen von s_1 heben sich aber gegenseitig auf. Dieses Argument bedeutet letztlich, dass bei dieser Art von Verknüpfungen das Assoziativitätsgesetz angewendet werden kann: $s_1 \circ (s_1 \circ r) = (s_1 \circ s_1) \circ r$. Es gilt also $r = s_1 \circ s_2$ und $r^2 = s_1 \circ s_2$ und damit $r = r^2$, was nicht sein kann, da ja r und r^2 unterschiedliche Abbildungen sind.

Die Tatsache, dass es für jede Abbildung eine Umkehrabbildung gibt, mit der man so arbeiten kann wie im vorhergehenden Beispiel, garantiert also, dass die Verknüpfung einer Abbildung mit verschiedenen anderen Abbildungen auch immer zu verschiedenen Ergebnissen führen muss: Es kann in jeder Spalte jedes Element höchstens einmal auftauchen, es gibt immer nur ein Element x, für das $a \circ x = b$ gilt. Sie können sich das auch noch einmal an anderen Beispielen klarmachen und ebenfalls überprüfen, wie dieses Argument funktioniert, um zu zeigen, dass jedes Element auch nur einmal in jeder *Spalte* auftaucht.

Ein ganz ähnliches Phänomen kennen Sie bereits aus dem Bereich der ganzen Zahlen: Wie viele verschiedene x gibt es, die die Gleichung $a \cdot x = b$ lösen? Weil die Zahl a eine Inverse besitzt, nämlich $1/a$ bzw. a^{-1}, gibt es nur eine einzige Lösung x, die man so erhält: $a^{-1} \cdot (a \cdot x) = a^{-1} \cdot b \Rightarrow x = a^{-1} \cdot b$.

Einige der hier beschriebenen Eigenschaften von Symmetrien sind möglicherweise spezifisch für bestimmte Abbildungen oder für den Fall des Quadrates – etwa die Nichtkommutativität. Andere Eigenschaften treten bei allen Symmetrieabbildungen *jeder* Figur auf. Dies sind:

- Die Abbildung, die durch Hintereinanderausführungen zweier invarianter Abbildungen entsteht, ist wiederum invariant. Das kann man auch so ausdrücken: Die Eigenschaft „Invarianz" ist transitiv: $f(A) = A$ und $g(A) = A \Rightarrow g(f(A)) = (g \circ f)(A) = A$. Damit ist mit f und g auch $g \circ f$ wieder eine Symmetrie. Man sagt: Die Symmetriemenge G_M ist abgeschlossen gegenüber der Operation $\circ$.

- Da man bei Symmetrien nur Kongruenzabbildungen betrachtet, sind alle auftretenden Abbildungen umkehrbar. Es gibt also zu jeder Abbildung g eine Umkehrabbildung g^{-1}, die die Wirkung von g „neutralisiert": $g^{-1}(g(A)) = (g^{-1} \circ g)(A) = A$. Ebenso kann man die Umkehrbewegung zuerst ausführen und erhält: $g(g^{-1}(A)) = (g \circ g^{-1})(A) = A$. Ohne die Menge A ausgedrückt, bedeutet dies, dass es zu jeder Symmetrie g eine inverse Symmetrie mit $g^{-1} \circ g = g \circ g^{-1} = id$ gibt.

- Bei der Verknüpfung von drei Abbildungen hintereinander kann man sich wahlweise vorstellen, die dritte Abbildung auf die Verknüpfung der beiden ersten Abbildungen anzuwenden, oder aber auch die Verknüpfung der zweiten und dritten Abbildung auf das Ergebnis der ersten Abbildung. Was in Worten so kompliziert klingt, ist in Bildern oder Formeln viel klarer: $(h \circ (g \circ f))(x) = h(g \circ f(x)) = h(g(f(x)))$. Das haben Sie eben bereits (möglicherweise unbewusst) ausgenutzt, als Sie die Wirkung der Spiegelung a auf die Verknüpfung $a \circ r$ analysiert haben. Indem Sie die Wirkung der zweiten Spiegelung auf die erste zuerst betrachtet haben, haben Sie nämlich in Gedanken die zweite und dritte Abbildung in der Kette (von rechts) zusammengefasst: $a \circ (a \circ r) = (a \circ a) \circ r = 1 \circ r = r$.

Diese Eigenschaften zusammengenommen bedeuten, dass G_M nicht nur eine Menge von Abbildungen ist, sondern ein besonderes Verknüpfungsgebilde, das man auch mit dem Namen *Symmetriegruppe* bezeichnet.

In der Menge G_M aller Symmetrien einer Figur M ist die Verknüpfung von Abbildungen ∘ eine binäre Operation: Zu den beiden Deckabbildungen f, g ∈ G_M wird die Abbildung $g \circ f$ ∈ G_M definiert durch $g \circ f(x) = g(f(x))$.

Diese Operation hat die Eigenschaften:

(G$_0$) $\forall f,g \in G_M$: $f \circ g \in G_M$ (Abgeschlossenheit)

(G$_1$) $\forall f,g,h \in G_M$: $f \circ (g \circ h) = (f \circ g) \circ h$ (Assoziativität)[3]

(G$_2$) $\exists id \in G_M \, \forall f \in G_M$: $f \circ id = id \circ f = f$ (Existenz eines neutralen Elementes)

(G$_3$) $\forall f \in G_M \, \exists g \in G_M$: $g \circ f = f \circ g = id$ (Existenz inverser Elemente)

Man nennt die Menge G_M zusammen mit der Operation ∘ auch die *Symmetriegruppe* $(G_{M,} \circ)$ der Figur.

Diese vier Eigenschaften haben Sie an dieser Stelle konkret für Symmetrieabbildungen untersucht. Sie haben aber im vorigen Kapitel auch bereits gesehen, dass diese auch für arithmetische Verknüpfungen von Zahlen gelten können. Die hier definierte *Symmetriegruppe* scheint also nur ein konkreter Fall eines ganz allgemeinen Konzepts *Gruppe* zu sein. In der Tat bezeichnet man jede Art von Menge mit binärer Operation, die die obigen Eigenschaften besitzt, als Gruppe.

Das neutrale Element der Symmetriegruppe wird übrigens oft ganz verschieden bezeichnet, z.B. mit *id* oder $\mathbb{1}$ oder I (für „Identität"). Die Tatsache, dass man von *dem* Inversen g^{-1} spricht, suggeriert, dass es für jede Symmetrie genau ein Inverses gibt und nicht etwa mehrere verschiedene – was bei Kongruenzabbildungen auch stimmt und in Kapitel 3 noch einmal allgemein untersucht wird.

Eine Symmetriegruppe mit endlich vielen Elementen lässt sich vollständig durch eine *Verknüpfungstabelle* darstellen, die dann auch *Gruppentafel* genannt wird. Diese Gruppentafel ist sozusagen die „Einmaleinstafel der Symmetriegruppe" und gibt ihre Gesamtstruktur auf einen Blick wieder. Die Gruppentafel für das Quadrat enthält alles, was man über seine Symmetrien wissen muss, zusammengefasst.

---

[3] Falls Sie mit der Kurzschreibweise nicht (mehr) vertraut sind, eine Übersetzungshilfe:
„$\forall f \in G_M$:" liest sich so: „Für alle f aus G_M gilt ..."
„$\exists id \in G_M \, \forall f \in G_M$:" bedeutet: „Es gibt ein *id* aus G_M, sodass für alle f aus G_M gilt ..."

An das Ablesen aus der Tafel muss man sich ein wenig gewöhnen, wenn die Reihenfolge der Operationen bedeutsam für das Ergebnis ist, also wenn also z.B. gilt: $s_1 \circ s_2 \neq s_2 \circ s_1$. Für $s_1 \circ s_2$ liest man links s_1 ab und sucht also die s_1-*Zeile*. Dann sucht man oben s_2 und findet das Ergebnis von $s_1 \circ s_2$ in der s_2-*Spalte*. Auch wenn man beim Lesen oft so von links nach rechts vorgeht: Die so beschriebene verknüpfte Abbildung bedeutet die Ausführung von s_1 *nach* s_2!

Nun endlich können Sie die Quadratfigur verlassen und erproben, wie sich dieses Symmetriekonzept auch auf andere Figuren anwenden lässt. Welche Operationsstrukturen – also Symmetriegruppen G_M – gehören zu welchen Figuren? Wie unterscheiden sie sich? Wie hängen sie untereinander zusammen?

Erkundung 2.3: In dieser Erkundung betreiben Sie „Bierdeckel-Forschung". Sie kennen nun die Verknüpfungstabelle für das Quadrat. Finden Sie auch für G_{Kreis}, G_{Ei}, $G_{\text{gleichschenkliges Dreieck}}$, $G_{\text{Kreis mit Beule am Rand}}$ usw. Wenn nötig, verschaffen Sie sich einen Überblick mithilfe von Gruppentafeln.

In welcher Beziehung stehen die Symmetriegruppen zueinander? Welches ist jeweils die einfachste Figur, die genau die gefundene Symmetriegruppe besitzt? Gegenstand der Untersuchung sind also die *Formen* der Bierdeckel, nicht die Beschriftung. Die aufgedruckten Bilder helfen aber zu sehen bzw. sich vorzustellen, welche Bewegungen Sie ausgeführt haben.

 Diesen Deckel kann man um jeden Winkel um den Mittelpunkt drehen und an jeder Achse, die durch den Mittelpunkt geht, spiegeln. Der Kreis hat also unendlich viele Symmetrieabbildungen $G_{\text{Kreis}} = \{d_\alpha \mid 0° \leq \alpha < 360°\} \cup \{s_\alpha \mid 0° \leq \alpha < 360°\}$. Das ist die größtmögliche Symmetrie für eine geometrische Form und wird auch *orthogonale Gruppe* $O(\mathbb{R}^2)$ genannt. Eine Gruppentafel für unendlich viele Elemente ist allerdings eher unpraktisch. Die Drehungen kann man so aufschreiben: $d_\alpha \circ d_\beta = d_{\alpha+\beta \bmod 360°}$. Das „mod 360°" bedeutet dabei, dass der Ergebniswinkel nicht simpel die Summe, sondern der Rest beim Teilen durch 360° ist.

Dieser Deckel ist das genaue Gegenteil: Er hat keinerlei Symmetrie. Wie man ihn auch dreht und wendet, das Bild liegt immer anders als die Ausgangsfigur. Allenfalls die „neutrale Abbildung" lässt ihn invariant, daher $G_M = \{1\}$.

Das gleichschenklige Dreieck und das Ei kann man an einer Achse spiegeln,

jede Drehung führt zu einer anderen Richtung der Spitze. Dasselbe gilt auch für den Kreis mit Ausstülpung: Die unendlich vielen Symmetrien des Kreises sind verschwunden, denn der rechte Deckel hat ein Element, das eine Richtung auszeichnet. Die Symmetriegruppe ist also in allen drei Fällen $G_{Ei} = G_{gD} = G_{KmA} = \{1, s\}$. Man kann also feststellen, dass alle Figuren sich hinsichtlich ihrer Symmetrie nicht unterscheiden. Dieser Symmetrie könnte man den Namen „einfache Achsensymmetrie" geben.

Die Ellipse hat zwei Spiegelachsen, also die zwei Deckabbildungen s_1 und s_2.

Wenn man sie verknüpft, erhält man eine Drehung um 180°: $s_b \circ s_a = d_{180}$. Und natürlich führen zwei dieser halben Drehungen wieder zur Volldrehung, $d_{180} \circ d_{180} = id$. Das Rechteck hat genau dieselben Deckabbildungen: $G_{Ellipse} = G_{Rechteck} = \{1, s_a, s_b, d_{180}\}$. Genau dies bedeutet es im mathematisch präzisierten Sinne, wenn man davon spricht, dass Rechteck und Ellipse „dieselbe Symmetrie" besitzen.

An diese Figur ist Ihnen vielleicht zuerst einmal die ungewöhnliche Form aufgefallen. Mann nennt sie auch „Relauxsches Dreieck" oder

„Gleichdick" und sie hat interessante geometrische Eigenschaften. Beispielsweise rollt sie auf einer Oberfläche gleichmäßig ab wie ein Rad, was Sie bei einem Kneipenabend gleich ausprobieren können, sollte Ihnen solch ein Deckel einmal in die Hände fallen. Aus Symmetriesicht ist die Form allerdings nichts anderes als ein Dreieck. Sie besitzt als Deckabbildungen die Drehungen um $360° : 3 = 120°$ und um 240° sowie drei Spiegelungen $G_{Gleichdick} = G_{gls.Dreieck} = \{1, d_{120}, d_{240}, s_a, s_b, s_c\}$.

Wenn man die Typen von Symmetriegruppen (und damit die Symmetrien der Deckel) nach Zahl der Symmetrieachsen sortiert, findet man diese drei Typen – und als vierten in der Reihe die schon bekannte Symmetriegruppe des Quadrates. Besonders einfache Figuren, die jeweils genau diese Symmetrien besitzen, sind unter in den Tabellen abgebildet.

°	1	s
1	1	s
s	s	1

°	1	d_{180}	s_a	s_b
1	1	d_{180}	s_a	s_b
d_{180}	d_{180}	1	s_b	s_a
s_a	s_a	s_b	1	d_{180}
s_b	s_b	s_a	d_{180}	1

°	1	d_{120}	d_{240}	s_a	s_b	s_c
1	1	d_{120}	d_{240}	s_a	s_b	s_c
d_{120}	d_{120}	d_{240}	1	s_b	s_c	s_a
d_{240}	d_{240}	1	d_{120}	s_c	s_a	s_b
s_a	s_a	s_c	s_b	1	d_{240}	d_{120}
s_b	s_b	s_a	s_c	d_{120}	1	d_{240}
s_c	s_c	s_b	s_a	d_{240}	d_{120}	1

Man könnte die zweite Symmetriegruppe also auch als „Rechteckgruppe" bezeichnen, die dritte ist die Symmetriegruppe des „gleichseitigen Dreiecks". Diese Reihe kann man an sich fortgesetzt denken: Nach der Symmetriegruppe des Quadrates folgt die des regelmäßigen Fünfecks mit fünf Spiegelungen und fünf Drehungen usw. Die Symmetriegruppen der regelmäßigen Vielecke tauchen so oft wieder auf, dass sie zusammen einen eigenen Namen bekommen haben: Sie heißen *Diedergruppen* (angelehnt an das griechische „Di-hedron" für „Zwei-Flächler"). Wenn man möchte, kann man D_1 und D_2 als Symmetriegruppe des „regelmäßigen Einecks" bzw. „Zweiecks" ansehen – überlegen Sie selbst, wie passend das ist.

> Die Symmetriegruppen der regelmäßigen n-Ecke heißen *Diedergruppen*.
> Die Diedergruppe D_n enthält *2n* Elemente:
>
> - *n* Drehungen um Vielfache von 360°/*n*,
>   die man auch als $1, r, r^2, ..., r^{n-1}$ schreiben kann;
> - *n* Spiegelungen $s_1, ..., s_n$.
>
> Für Drehungen gilt $r^i \circ r^j = r^{i+j}$ (bzw. $= r^{i+j-n}$ wenn $i+j \geq n$).
> Für Spiegelungen gilt $(s_i)^2 = s_i \circ s_i = id$.
>
> Die Diedergruppe D_n ist für n ≥ 3 *nicht* kommutativ, denn $s_i \circ r \neq r \circ s_i$.

Der Vergleich der Gruppentafeln zeigt, dass einige Gruppentafeln Ausschnitte von anderen zeigen. So besteht beispielsweise die Gruppe D_2 aus halb so vielen Elementen – allerdings nicht irgendwelchen, sondern ganz bestimmten. Zudem kann man sich vorstellen, dass sich die Elemente der Diedergruppe D_3 auch alle in der Diedergruppe D_6 des regelmäßigen Sechsecks wiederfinden.

Offenbar gibt es Figuren mit mehr oder weniger Symmetrien. Diese unterschiedlichen Gruppenstrukturen stehen aber nicht unverbunden nebeneinander, sondern treten selbst wieder in Beziehung. Das werden Sie im nachfolgenden Abschnitt systematisch verstehen.

2.2 Symmetrien abbauen, aufbauen und sortieren

Bei den Bierdeckeln und beim Ying-Yang-Symbol (S. 18, Figur (5)) haben Sie bereits bemerkt: Die Symmetrie eines Gegenstandes hängt davon ab, was man betrachtet und wovon man absehen will. Lässt man den Bedruck oder die Farbe außer Betracht, ergibt sich eine umfassende „Symmetrie der reinen Form".

Umgekehrt kann man aber auch genau solche „Symmetriestörungen" als wichtig erachten. Das kann aus ästhetischen Gründen geschehen, wenn in japanischen Kunstwerken bewusste Symmetriebrechungen angebracht werden, oder aus praktischen Gründen, wenn eine Symmetrie unpraktisch ist, wie z.B. im nebenstehenden Bild.

→*Programm*
Symmetrie_
Verkehrs
zeichen

Erkundung 2.4: Allen Warnschildern liegt dasselbe Dreieck zugrunde, dessen Symmetrie durch die Gruppe D_3 beschrieben wird. Wenn man das Schild mit Symbolen füllt, werden bestimmte Symmetrien zerstört. Einige der Symmetrieabbildungen aus D_3 funktionieren dann nicht mehr. Überprüfen Sie in jedem der folgenden Fälle, welche Symmetrie-Untermenge übrig bleibt. Welche Aussagen können Sie über die Verknüpfungsstrukturen dieser Untermengen treffen? In welcher Beziehung stehen die verschiedenen Mengen?

Das auffälligste Phänomen, mit dem Sie bei der Erkundung konfrontiert waren, war wohl das Zusammentreffen unterschiedlicher Symmetrien. Während der Schilderrahmen eine D_3-Symmetrie mit sich bringt, besitzen die eingezeichneten Bilder mal ähnliche, mal ganz andere Symmetrien, die sich mit der des Rahmens mehr oder weniger vertragen.

Die Schneeflocke im Schild „Schneeglätte" hat eine ausgewachsene D_6-Symmetrie, also die eines regelmäßigen Sechsecks mit sechs Drehsymmetrien und sechs Spiegelachsen. Die Symmetrien des Dreiecks (gelbe Spiegelachsen und alle Drehungen dazwischen) sind dabei in denen des Sechsecks alle enthalten. D_3 ist damit eine Untermenge von D_6, die gleichzeitig auch eine Gruppe ist. So etwas nennt man auch eine *Untergruppe*.

Beim Schild „Vorfahrtsstraße" ist es umgekehrt. Das Symbol in der Mitte hat nur eine einzelne Spiegelachse, die aber auch in der Symmetriegruppe des Dreiecks enthalten ist: $\{1, s_\mathrm{a}\} \subset D_3$.

Beim Schild „Kreisverkehr" gilt Analoges, nur dass die D_3 diesmal nicht auf eine zweielementige, sondern eine dreielementige Untergruppe – die Gruppe der dreizähligen Drehungen – heruntergebrochen wird: $\{1, d_{120}, d_{240}\} \subset D_3$. Interessant zu sehen ist übrigens auch noch, dass es gleichgültig ist, an welcher Stelle man die Ausgangsachsen der Drehung einzeichnet bzw. wie man die Drittelung vornimmt. Ob man die Pfeile (wie hier im Bild) oder die Dreiecksspitzen oder die Dreiecksmitten als Orientierungspunkt wählt, es handelt sich immer um dieselben Drehsymmetrien.

Beim Schild „Gefährliche Kreuzung" geschieht etwas Neues: Hier ist keine der beiden Gruppen Untergruppe der anderen. Das Kreuz hat als Symmetriegruppe die D_4 mit 8 Elementen (u.a. blaue Spiegelachsen), das Dreieck die D_3 mit 6 Elementen (u.a. gelbe Spiegelachsen). Das gesamte Schild hat aber nun keine 6 oder 8 und auch keine 6 + 8 = 14 Symmetrien, sondern nur noch zwei! Das liegt daran, dass hier wirklich eine „gefährliche Kreuzung" von zwei Symmetrien vorliegt, die dazu führt, dass nur noch die Symmetrien übrig bleiben, die beide Teilgebilde zugleich besaßen. Die *gemeinsame* Untergruppe der beiden Gebilde ist tatsächlich die Schnittmenge der beiden Gruppen:

$$\{1, d_{90}, d_{180}, d_{270}, s_a, s_1, s_2, s_3\} \cap \{1, d_{120}, d_{240}, s_a, s_b, s_c\} = \{1, s_a\}$$

Beim Schild „Gegenverkehr" verläuft diese „Vereinigung" zweier Symmetrien, die mathematisch eigentlich eine „Schnittmengenbildung" ist, besonders tragisch: Einzige gemeinsame Symmetrie der D_3 des Dreiecks und der „Punktspiegelungsgruppe" des Pfeilpaares ist die triviale Symmetrie der identischen Abbildung:

$$\{1, d_{180}\} \cap \{1, d_{120}, d_{240}, s_a, s_b, s_c\} = \{1\}$$

In den vorangehenden Beispielen haben Sie erlebt, wie aus bestehenden Symmetriegruppen durch Auswahl geeigneter Untermengen von Symmetrien neue, kleinere Gruppen entstehen können. Dieses Prinzip gilt nicht nur für Symmetriegruppen, sondern für alle Gebilde, die die Eigenschaften der Symmetriegruppen haben. Daher soll nachfolgend auch die Untergruppendefinition bereits so formuliert werden, dass man sie später auch in nicht-geometrischen Situationen wieder nutzen kann.

Wenn eine Untermenge U einer Gruppe G ($U \subseteq G$) für sich genommen wieder eine Gruppe bildet, so nennt man sie *Untergruppe* von G und schreibt:

$U \leq G$

Das „$\leq$"-Zeichen anstelle des „$\subseteq$" deutet an, dass nicht nur die Mengen ineinanderliegen, sondern dass mit derselben Verknüpfung auch die Gruppenkriterien Abgeschlossenheit, Assoziativität, Existenz von neutralem Element und inversen Elementen erfüllt sind.

Die triviale Gruppe und die ganze Gruppe sind immer Untergruppen:

$\{1\} \leq G$ und $G \leq G$

Außerdem ist die Schnittmenge von Untergruppen wieder eine Untergruppe beider Gruppen:

$G \cap H \leq H$ und $G \cap H \leq G$

Untergruppen findet man nicht nur durch Verkleinern und Schneiden, sondern auch durch systematisches Aufbauen. Das ist genau der Gegenstand der folgenden Erkundung. An deren Ende haben Sie dann eine vollständige Übersicht über die Symmetrien aller regelmäßigen Polyeder (und aller Figuren, die Untersymmetrien hiervon besitzen).

Beginnen Sie, indem Sie beim Quadrat die D_4-Symmetrie erst einmal vollständig zerstören, z.B. durch einen Pfeil:

(Natürlich können Sie für das weitere Zeichnen auch eine einfache handschriftliche Figur wie die rechts verwenden.) Die Symmetriegruppe U enthält nun nur noch das neutrale Element $U = \{1\}$. Nun dürfen Sie sich Symmetrien wünschen, z.B. eine Spiegelung $U = \{1, s_1\}$. Damit das funktioniert, muss die Figur natürlich invariant bezüglich s_1 bleiben, was man dadurch erreicht, dass man s_1 auf die Figur anwendet und das Ergebnis mit der Ursprungsfigur zusammenfügt. In diesem Fall ist man schon fertig, denn die resultierende Figur hat tatsächlich als Symmetriegruppe $U = \{1, s_1\}$.

Das geht aber nicht immer so leicht. Hätten Sie sich nämlich als Symmetrie die beiden Spiegelungen s_1 und s_3 gewünscht, so wären Sie an dieser Stelle noch nicht fertig: Weder hat die entstehende Figur die gewünschte Symmetrie, noch ist $U = \{1, s_1, s_3\}$ die Symmetriegruppe der Figur. U ist nicht einmal eine Gruppe, denn der Gruppentafel (oder der Anschauung) entnimmt man, dass die Kombination der beiden Symmetrien eine zusätzliche Symmetrie erzwingt, nämlich $s_1 \circ s_3 = r^2$.

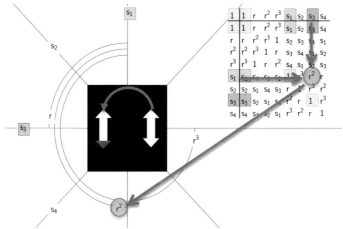

Das Ergebnis ist eine abgeschlossene Menge von Symmetrien $U = \{1, s_1, s_3, r^2\}$, also eine Untergruppe und eine Figur, die exakt diese Gruppe als Symmetriegruppe besitzt. Mit der mathematischen Definition von Symmetrie, die Sie jetzt haben, können Sie nun auch mit einer präzisen Bedeutung sagen: „Das Schild *hat* die Symmetrie U des Rechtecks.“

Erkundung 2.5: Erzeugen Sie nach dem beschriebenen Prinzip Untergruppen für verschiedene Diedergruppen.

a) Wählen Sie bestimmte Typen von Startkombinationen und nehmen Sie so lange Symmetrien hinzu, bis eine abgeschlossene Untergruppe besteht. Wie sieht das Bild mit der entsprechenden Symmetrie aus? Interessante Ausgangsmengen sind z.B. eine Spiegelung $\{s_i\}$, zwei Spiegelungen $\{s_i, s_j\}$, eine Drehung und eine Spiegelung $\{r^i, s_j\}$.

→*Programm* Symmetrie_ von_Vielecken

b) Erarbeiten Sie sich auf diese Weise eine Übersicht über alle möglichen Untergruppen der D_4. Können Sie sich sicher sein, alle gefunden zu haben? Welche Beziehungen bestehen zwischen den Untergruppen? Können Sie diese übersichtlich in einem Diagramm anordnen?

c) Verallgemeinern Sie Ihre Erkenntnisse auch auf andere Diedergruppen D_n. Gibt es bei größerem n neue Phänomene? Gibt es bei geradem oder ungeradem n unterschiedliches Verhalten?

d) Wenn Sie mit den Gruppentafeln oder mit dem konkreten Vieleck vor Augen arbeiten, werden Sie nach einiger Zeit Regeln für das Rechnen mit Drehungen und Spiegelungen verinnerlichen, die Sie dann anschauungsfrei verwenden. Halten Sie solche Regeln für die spätere Verwendung fest.

Zwei mögliche Untergruppen haben Sie möglicherweise sofort identifiziert – oder aber übersehen, weil sie auf so triviale Weise Untergruppen sind:

$$E = \{\,1\,\} \leq D_4$$

$$D_4 = \{\,1, r, r^2, r^3, s_1, s_2, s_3, s_4\} \leq D_4$$

Bei beiden Untergruppen gilt auf triviale Weise, dass man durch weiteres Verknüpfen von Elementen innerhalb der Menge nicht aus ihr heraus gelangt. Das angedeutete Gleichheitszeichen im Untergruppensymbol „≤" deutet an, dass die ganze Gruppe als triviale Untergruppe immer mitgedacht ist.

Wendet man die D_4 auf das asymmetrische Pfeilbild an, so entstehen natürlich erst einmal acht verschiedene Bilder. Indem man sie vereinigt, erhält man ein Bild mit der vollständigen Symmetrie eines Quadrates.

Das Beispiel vor der Erkundung hat schon gezeigt, dass, wenn als Ausgangsmenge diese zwei Spiegelungen $\{s_1, s_3\}$ gewählt sind, man auch die Punkspiegelung $r^2 = s_1 \circ s_3$, hinzunehmen muss. Natürlich kommt auch das neutrale Element hinzu, das man in jeder Gruppe benötigt, das aber ganz automatisch entsteht durch: $s_1 \circ s_1 = id$. Diesen Prozess schreibt man in der Regel so auf:

$$< s_1, s_3 > = \{1, s_1, s_3, r^2\} \leq D_4$$

Mit den spitzen Klammern $< a, b, c, \ldots >$ meint man die von $\{a, b, c, \ldots\}$ auf diese Weise erzeugte Untergruppe. Dass die Menge $U = \{1, s_1, s_3, r^2\}$ abgeschlossen ist, kann man noch einmal testen, indem man jedes Element mit jedem multipliziert. Formal kann man das so aufschreiben:

$$U \cdot U \subseteq U \quad \text{mit } U \cdot U = \{x \cdot y \,|\, x, y \in U\}$$

In der Gruppentafel kann man dies erkennen, wenn man die Untergruppe am Rand markiert und dann alle Produkte inspiziert. Diese liegen genau in den Schnitten der Streifen. Wenn hier ein neues Element auftaucht, ist die Menge U nicht abgeschlossen. Wenn eine Untermenge abgeschlossen ist, könnte man die Zeilen und Spalten der Gruppentafel so umsortieren, dass die Untergruppe die Blockform wie bei $< s_1, s_3 >$ besitzt (Bild rechts).

1	1	r	r²	r³	s₁	s₂	s₃	s₄
1	1	r	r²	r³	s₁	s₂	s₃	s₄
r	r	r²	r³	1	s₂	s₃	s₄	s₁
r²	r²	r³	1	r	s₃	s₄	s₁	s₂
r³	r³	1	r	r²	s₄	s₁	s₂	s₃
s₁	s₁	s₄	s₃	s₂	1	r³	r²	r
s₂	s₂	s₁	s₄	s₃	r	1	r³	r²
s₃	s₃	s₂	s₁	s₄	r²	r	1	r³
s₄	s₄	s₃	s₂	s₁	r³	r²	r	1

1	1	r	r²	r³	s₁	s₂	s₃	s₄
1	1	r	r²	r³	s₁	s₂	s₃	s₄
r	r	r²	r³	1	s₂	s₃	s₄	s₁
r²	r²	r³	1	r	s₃	s₄	s₁	s₂
r³	r³	1	r	r²	s₄	s₁	s₂	s₃
s₁	s₁	s₄	s₃	s₂	1	r³	r²	r
s₂	s₂	s₁	s₄	s₃	r	1	r³	r²
s₃	s₃	s₂	s₁	s₄	r²	r	1	r³
s₄	s₄	s₃	s₂	s₁	r³	r²	r	1

Sie haben sich womöglich auch schnell vergewissert, dass die 90°-Drehung die Untergruppe der Drehungen erzeugt, die völlig spiegelungsfrei sind:

$$< r > = \{\, 1, r, r^2, r^3 \,\} \leq D_4$$

Wenn man allerdings die Drehung um 180° zum Ausgangspunkt nimmt, ist man schon nach einem Schritt komplett: $r^2 \circ r^2 = id$

$$< r^2 > = \{\, 1, r^2 \,\} \leq D_4$$

Dies ist eine typische Eigenschaft einer Spiegelung: Zweimaliges Spiegeln führt zum Ausgangszustand zurück und in der Tat handelt es sich ja auch um eine Punktspiegelung. Die von jeweils *einer* Spiegelung erzeugten Untergruppen sehen ebenso aus:

$$\{\, 1, s_1 \,\} \leq D_4 \qquad \{\, 1, s_2 \,\} \leq D_4$$
$$\{\, 1, s_3 \,\} \leq D_4 \qquad \{\, 1, s_4 \,\} \leq D_4$$

Nun kommt aber ein komplizierter Fall, auch wenn er harmlos beginnt: Wie sieht es aus, wenn man mit *zwei* Spiegelungen, die nicht senkrecht stehen, also z.B. mit $\{\, s_1, s_2 \,\}$ beginnt? Der „Ärger" fängt damit an, dass die beiden Spiegelungen eine Drehung erzeugen und, je nach Reihenfolge, sogar zwei verschiedene: $s_1 \circ s_2 = r^3$ und $s_2 \circ s_1 = r$ (rote Pfeile im Bild). Das bedeutet: Um das Bild symmetrisch zu machen, muss man nicht nur s_1 und s_2 auf den Pfeil anwenden, sondern auf das Ergebnisbild nochmal s_1 und s_2, oder – was aufs Gleiche hinausläuft – r und r^3 auf den Ausgangspfeil.

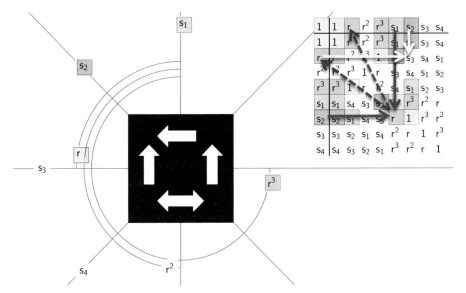

Leider ist man dann nicht fertig, denn die bisherigen Symmetrien erzeugen unter anderem s_3 als neue Symmetrie – schön erkennbar an der „Lücke" in der Gruppentafel. Fährt man so fort, stellt man fest, dass man nicht fertig wird und immer neue Symmetrien hinzukommen. Abgeschlossen ist die Symmetriemenge (und damit der Prozess des Abschließens) erst, wenn alle Elemente hinzugefügt wurden. Kurz aufgeschrieben heißt das, die beiden Spiegelungen allein erzeugen bereits die ganze D_4:

$$< s_1, s_2 > = D_4$$

Gleiches werden Sie auch für je zwei andere, nicht aufeinander senkrecht stehende Spiegelungen finden. Auch wenn Sie eine Spiegelung und eine Drehung (die nicht zufällig die Punktspiegelung ist) zusammennehmen, erhalten Sie wieder die ganze Gruppe:

$$< r, s_i > = D_4 \quad \text{und} < r^3, s_i > = D_4, \text{ aber}$$

$$< r^2, s_1 > = \{1, s_1, s_3, r^2\} = < s_1, s_3 > \neq D_4.$$

Am letzten Beispiel erkennt man, dass eine Gruppe (oder Untergruppe) auf ganz verschiedene Weise erzeugt werden kann. Man kann zwei Erzeugendensystemen nicht auf einfache Weise ansehen, ob sie zur selben Gruppe gehören. (Dies ist sogar eines der *schwierigen* Probleme, von denen gezeigt wurde, dass es hierfür im Allgemeinen keine effiziente Lösung jenseits des Durchprobierens aller Möglichkeiten gibt.)

Sie haben nun eine ganze Reihe von Untergruppen der D_4 erzeugt. Sind damit alle möglichen Untergruppen der D_4 gefunden? Bei diesem Vorgehen kann man tatsächlich keine Untergruppe verpassen, denn *wenn* eine Untergruppe die Elemente a, b, c, ... enthält, so muss sie gleich die ganze erzeugte Untergruppe <a, b, c, ...> enthalten. Probiert man alle Elementkombinationen aus, so erhält man auch alle Untergruppen. Natürlich kann man sich durch einige Überlegungen das Leben leichter machen und begründen, warum es reicht, bestimmte Kombinationen durchzutesten.

Zu einer Untermenge $A \subseteq G$ einer Gruppe kann man durch Inversenbildung und sukzessive Verknüpfung von Elementen neue Mengen bilden:

$$A_0 = A,$$

d.h. man geht von der ursprünglichen Untermenge A aus. Im n.-ten Schritt bildet man alle Inversen und Produkte der Elemente aus A_n und erhält A_{n+1}:

$$A_{n+1} = (A_n)^{-1} \cup A_n \circ A_n = \{a^{-1} \mid a \in A_n\} \cup \{a \circ b \mid a, b \in A_n\}.$$

Diese Mengen A_n vereinigt man schließlich alle und erhält

$$< A > = \bigcup_{n=0}^{\infty} A_i \leq G$$

Die Menge <A> heißt *die von A erzeugte Untergruppe*.

Die in dieser Definition behauptete Eigenschaft, dass $<A>$ eine Untergruppe ist, haben Sie anhand der Beispiele sicher plausibel gefunden. Aber vielleicht hat Sie überrascht, dass hier neben den Kombinationen von zwei Elementen auch inverse Elemente explizit noch mit erzeugt werden sollen. Bei endlichen Gruppen wie den Diedergruppen ist das nicht nötig. In späteren Beispielen und beim nachfolgenden Beweis werden Sie aber sehen, dass man die inversen Elemente explizit benötigt.

Wie beweist man überhaupt, dass eine Untermenge eine Untergruppe ist? Nach Definition muss die Untermenge selbst wieder eine Gruppe sein. Die nötigen Eigenschaften (G_0) bis (G_3) (S. 30) sind für eine Untermenge $U \subseteq G$ bereits erfüllt, wenn diese beiden Kriterien geprüft sind:

(UG$_1$) $U^{-1} = \{a^{-1} \mid a \in U\} \subseteq U$ und   (UG$_2$) $U \circ U = \{ab \mid a,b \in U\} \subseteq U$

Die Abgeschlossenheit ist durch UG$_2$ gewährleistet, die Existenz der Inversen durch (UG$_1$). Beide zusammengenommen sorgen schließlich auch für das neutrale Element, denn $U^{-1} \subseteq U \Rightarrow 1 \in U^{-1}U \subseteq UU \subseteq U$, und die Assoziativität ist dadurch gegeben, dass diese schon für alle Element aus G galt. Mit diesen Kriterien erkennt man, warum $<A>$ eine Gruppe ist: $a,b \in <A>$ bedeutet, dass $a \in A_i$ und $b \in A_j$ für ein i und j. Dann ist $a^{-1} \in A_{i+1} \subseteq <A>$ und

$$a \circ b \in \bigcup_{n=1}^{\max(i,j)} A_i \subseteq <A> .$$

Sie besitzen also nun das Konzept der erzeugten Untergruppe als Werkzeug zur Untersuchung der Untergruppenstruktur. Aber was mindestens ebenso viel wert ist: Sie besitzen nun ein vertieftes Verständnis von der Struktur der Symmetriegruppe des Quadrates und den Zusammenhängen zwischen ihren Elementen. Hätten Sie gedacht, dass in einem simplen Quadrat so viel mathematische Struktur steckt, wenn man nur mit der passenden Brille darauf schaut?

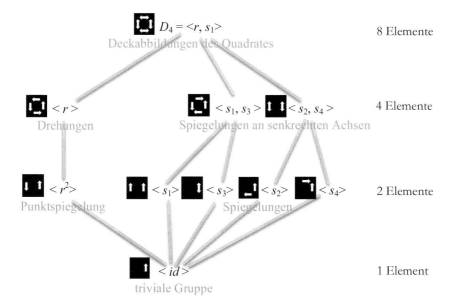

Auf ganz analoge Weise haben Sie vielleicht auch die anderen Diedergruppen untersucht (oder können dies nun noch nachträglich tun).

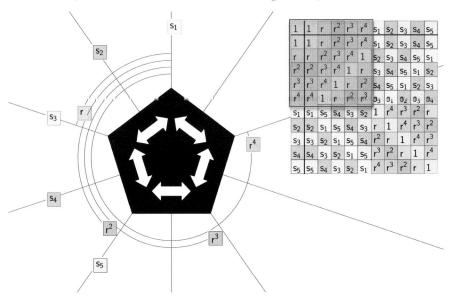

Die Diedergruppe des Fünfecks D_5 hat erstaunlicherweise eine *einfachere* Untergruppenstruktur als die D_4. Auch sie besitzt die Drehungen als Untergruppe (die kann man jetzt schön einfach als $<r>$ aufschreiben) und die von den Spiegelungen erzeugte Untergruppe mit zwei Elementen ($<1, s_i>$), sonst aber *keine weiteren*! (Untersuchen Sie, woran das liegen könnte.)

Wenn man bei der Analyse regelmäßig in die Gruppentafel schaut, wird man mit den wichtigsten Verknüpfungen irgendwann so vertraut, dass man konkrete Objekte und die Tafel nicht mehr benötigt. Das ist ganz ähnlich wie das Arbeiten mit der Einmaleinstafel in der Grundschule – irgendwann haben Lernende die Ergebnisse von Rechnungen wie $9 \cdot 7$ internalisiert und rechnen rein symbolisch (ohne etwa eine Vorstellung von der neunfachen Addition der 7 zu bemühen). Trotzdem ist es – bei der Einmaleinstafel wie auch bei einer Gruppentafel – sinnvoll, wenn man sich immer wachrufen kann, was die Ergebnisse *inhaltlich* bedeuten. Dass beispielsweise $9 \cdot 7$ nicht 36 sein kann, weil es eine ungerade Zahl sein muss, oder dass man sich auch mit $10 \cdot 7 - 1 \cdot 7$ behelfen kann, hilft ungemein beim sicheren Rechnen. Bei der D_4-Gruppentafel sehen solche Kenntnisse des flexiblen Rechnens etwa so aus:

- Die Drehungen bleiben unter sich: $r^i \circ r^j = r^{i+j \bmod 4}$
- Die Spiegelungen heben sich selbst auf: $s_i \circ s_i = id$
- Zwei Spiegelungen ergeben eine Drehung: $s_i \circ s_j = r^n$. Vorsicht ist hier geboten, denn die Reihenfolge spielt eine Rolle. Wenn Achsen des Vielecks so günstig nummeriert sind (wie hier), kann man auch sagen: Wenn $s_i \circ s_j = r^n$,

so gilt $s_j \circ s_i = r^{4-n}$. Das bedeutet: Die Umkehrung der Spiegelreihenfolge führt zu einer komplementären Drehung in die Gegenrichtung.

- Eine Drehung und eine Spiegelung ergeben zusammen wieder eine Spiegelung: $s_j \circ r^l = s_k$. Auch hier führt die günstige Nummerierung zu einem einfachen Muster: $s_k = s_1 \circ r^k$ (vgl. die vierte Zeile der Gruppentafel). Das bedeutet: Die Spiegelachsen sind der Reihe nach um 45° gedreht.

- Spiegelung und Drehung sind nicht vertauschbar, hilfreich in vielen Fällen ist aber die Beziehung $s_i \circ r^j = r^{4-j} \circ s_i$. Das bedeutet: Vor der Spiegelung nach links oder nach der Spiegelung komplementär nach rechts zu drehen, bewirkt das Gleiche.

2.3 Übungen

Übung 2.2: Suchen Sie bei den Staatsflaggen möglichst viele Beispiele für unterschiedliche Symmetrien. Finden Sie Objekte (Kunst, Architektur, Technik) mit Drehsymmetrie, aber ohne Spiegelsymmetrie (schwierig!).

Übung 2.3: Erstellen Sie mit diesen Versatzstücken Kunstwerke, die jeweils folgende Symmetrien besitzen: a) 3 Spiegelachsen, keine Drehsymmetrie; b) dreizählige Drehsymmetrie, keine Spiegelachsen; c) dreizählige Drehsymmetrie, 6 Spiegelachsen.

Übung 2.4: Wenn eine Figur vierzählige Drehsymmetrie hat, wie viele Spiegelachsen kann sie haben? Wenn eine Figur vier Spiegelachsen hat, welche Drehsymmetrie kann sie haben?

Übung 2.5: Untersuchen Sie ein Schach- und ein Halmabrett auf Symmetrien – mit und ohne Beachtung der Farbe. Führen Sie neben den nötigen geometrischen Abbildungen auch noch Umfärbungsabbildungen ein, wie z.B. die Abbildung U_{sw}, die Schwarz und Weiß austauscht.

Übung 2.6: Die Schneeflocke ist eine sogenannte *fraktale* Figur. Ihre Symmetrie ist eine sogenannte *Selbstähnlichkeit*, die man auch als Abbildung F aufschreiben kann. Diese lautet in Worten: Fünf identische Kopien der Figur an deren Rand kleben und das Ergebnis mit dem Faktor k verkleinern. Probieren Sie das mit der fünfeckigen Schneeflocke (S. 20) aus und finden Sie den Faktor k. Wie lautet die Umkehrung der Abbildung? Konturieren Sie auf ähnliche Weise eine „Quadratflocke".

Übung 2.7: Die Symmetrien des Quadrates vertauschen nicht alle miteinander. Zu jeder einzelnen Symmetrie kann man die Menge all derjenigen Symmetrien betrachten, mit der sie vertauscht: den sogenannten Zentralisator

$$Z_G(x) = \{g \in G \mid g \circ x = x \circ g\}.$$

Bestimmen Sie den Zentralisator von einigen Symmetrien der D_4. Was bedeutet das Ergebnis jeweils?

Übung 2.8: Die Diedergruppen D_n sind meist nicht kommutativ. Welche sind kommutativ und warum? Welche sind es nicht und warum?

Übung 2.9: Um die Symmetrie von Lebewesen zu beschreiben, kann man zu Drehungen im Raum und Spiegelungen an Ebenen greifen. Man kann aber auch nach einem Querschnitt mit möglichst großer Symmetrie fragen. Finden Sie Tiere mit in diesem Sinne möglichst unterschiedlicher Symmetrie.

Übung 2.10: Welche Symmetrien hat ein Benzolring (s. Abbildung auf S. 1)? Jeder Strich stellt die Bindung über ein Elektronenpaar dar. Tatsächlich sollten alle Bindungen zwischen Kohlenstoffatomen identisch sein. Recherchieren Sie, wie die Chemie das Problem löst.

Übung: 2.11: a) Der Schnitt von zwei Untergruppen $U \cap V$ einer Gruppe ist wieder eine Untergruppe. Untersuchen Sie, welche Gruppen jeweils daraus resultieren, wenn sie zwei Untergruppen der D_4 schneiden.

b) Wie steht es um die Vereinigung? Man kann zu zwei Gruppen die „erzeugte Vereinigungsgruppe" definieren über $G \vee H = <G \cup H>$ oder das „erzeugte Produkt" $G \odot H = <G \circ H>$. Untersuchen Sie anhand von Beispielen der Untergruppen der D_4, wie sinnvoll diese Definitionen sind.

Übung 2.12: Die Diedergruppe D_4 wird von s_1 und r erzeugt. Drücken Sie jedes Element der D_4 durch diese beiden aus. Ist die Darstellung eindeutig? Wenn nicht, wie lautet die jeweils kürzeste? Was passiert, wenn Sie die Erzeuger wechseln und auf s_2 und r übergehen? Gibt es einen systematischen Zusammenhang zwischen diesen beiden Darstellungen?

Übung 2.13: Zeigen Sie: Jede Diedergruppe D_n wird durch eine Spiegelung s und eine Drehung um $360°/n$ erzeugt.

Übung 2.14: Zeigen Sie: Wenn m ein Teiler von n ist, dann gibt es in der D_n eine Untergruppe mit m Elementen.

Übung 2.15: Beweisen Sie formal: Eine Untermenge einer Symmetriegruppe, die dadurch definiert ist, dass sie bestimmte Punkte oder Figuren invariant lässt ($Fix_{Sym(M)}(A) = \{f \in Sym(M) \mid f(A) = A\}$ – eine sogenannte *Fixgruppe*), ist eine Untergruppe von $Sym(M)$.

Übung 2.16: Beweisen Sie: Eine Untermenge einer Gruppe $U \subseteq G$ ist eine Gruppe, wenn sie folgendes Kriterium erfüllt: $U^{-1} \circ U = \{a^{-1}b \mid a,b \in U\} \subseteq U$

Übung 2.17: Bei endlichen Gruppen kann man für das Erzeugen einer Untergruppe auf das Bilden von Inversen verzichten. Das liegt daran, dass man bei Potenzbildung immer irgendwann beim neutralen Element landet: Es gibt zu jedem a immer ein n mit $a^n = 1$. Begründen Sie dies und zeigen Sie, warum man daher für die Definition von $<A>$ keine Inverse bilden muss.

3 Addieren und Multiplizieren
Arithmetische Strukturen in kleinen Welten

> I remember when I was at Lilliput, the complexion of those
> diminutive people appeared to me the fairest in the world.
> *Jonathan Swift, „Gulliver's travels" (1726)*

Das Rechnen in Zahlenmengen wie den natürlichen oder rationalen Zahlen ist Ihnen wahrscheinlich so vertraut, dass Sie dabei ganz intuitiv vorgehen und sich gar nicht mehr bewusst machen, wann Sie welche Regeln heranziehen. Im vorigen Kapitel haben Sie erlebt, wie man auch mit Abbildungen rechnen kann und dabei auf neue, ungewohnte Regeln und Eigenschaften von Operationen stößt. Aber auch beim Rechnen mit Zahlen kann man Muster und Strukturen finden, die Anlass geben können, „neue" Zahlen zu erfinden, die dann auch wieder etwas andere Denkweisen erfordern. Ganz ähnlich wie die Menschen in Jonathan Swifts Lilliput leben manche Zahlen in einer kleinen Welt, die aber mit der großen Welt ihres Entdeckers (oder Erfinders?) vieles gemeinsam hat.

3.1 Rechnen mit Resten

Beim Rechnen mit natürlichen Zahlen entdecken schon Grundschulkinder Muster und Strukturen in den Additions- und Multiplikationstafeln. Beispielsweise haben die Quadratzahlen immer bestimmte Endziffern: 1, 4, 9, 6, 5, 6, 9, 4, 1, ... Auch haben bestimmte Produkte („Mal-Aufgaben", wie Grundschulkinder sagen würden) dieselben Endziffern, beispielsweise $6 \cdot 3$ und $7 \cdot 4$ oder $7 \cdot 2$ und $8 \cdot 3$. Dass die Untersuchung von Endziffern mathematische Strukturen zu Tage fördert, verwundert nicht und liegt an unserem Zahlensystem: Die Endziffern einer Zahl sind deren Einer, die Ziffern davor alle Vielfache von 10. Damit ist die Endziffer gerade der verbleibende Rest, wenn man eine Zahl durch 10 teilt. Natürlich kann man sich auch für die Reste bei anderen Divisionen interessieren, denn die Zehn als Basis unserer Ziffernschreibweise ist ja eigentlich nur eine historisch willkürliche Wahl.

•	0	1	2	3	4	5	6	7	8	9
0	0	0	0	0	0	0	0	0	0	0
1	0	1	2	3	4	5	6	7	8	9
2	0	2	4	6	8	0	2	4	6	8
3	0	3	6	9	2	5	8	1	4	7
4	0	4	8	2	6	0	4	8	2	6
5	0	5	0	5	0	5	0	5	0	5
6	0	6	2	8	4	0	6	2	8	4
7	0	7	4	1	8	5	2	9	6	3
8	0	8	6	4	2	0	8	6	4	2
9	0	9	8	7	6	5	4	3	2	1

→Tabellenkal-
kulationsblatt
Reste_
Erkunden.xls

Erkundung 3.1: Untersuchen Sie die Reste der Produkte und der Quadrate von natürlichen Zahlen – nicht nur bei Division durch 10, sondern auch durch andere Zahlen wie 4, 5, 6, 8 oder 9. Welche Muster und Strukturen erkennen Sie? Stellen Sie möglichst viele Vermutungen an und finden Sie Begründungen.

Reste bei Division durch 4

•	0	1	2	3	4	5	6	7	8
0	0	0	0	0	0	0	0	0	0
1	0	1	2	3	0	1	2	3	0
2	0	2	0	2	0	2	0	2	0
3	0	3	2	1	0	3	2	1	0
4	0	0	0	0	0	0	0	0	0
5	0	1	2	3	0	1	2	3	0
6	0	2	0	2	0	2	0	2	0
7	0	3	2	1	0	3	2	1	0
8	0	0	0	0	0	0	0	0	0

Reste bei Division durch 8

•	0	1	2	3	4	5	6	7	8	9	10	11	12	13	14	15	16	17	18	19	20
0	0	0	0	0	0	0	0	0	0	0	0	0	0	0	0	0	0	0	0	0	0
1	0	1	2	3	4	5	6	7	0	1	2	3	4	5	6	7	0	1	2	3	4
2	0	2	4	6	0	2	4	6	0	2	4	6	0	2	4	6	0	2	4	6	0
3	0	3	6	1	4	7	2	5	0	3	6	1	4	7	2	5	0	3	6	1	4
4	0	4	0	4	0	4	0	4	0	4	0	4	0	4	0	4	0	4	0	4	0
5	0	5	2	7	4	1	6	3	0	5	2	7	4	1	6	3	0	5	2	7	4
6	0	6	4	2	0	6	4	2	0	6	4	2	0	6	4	2	0	6	4	2	0
7	0	7	6	5	4	3	2	1	0	7	6	5	4	3	2	1	0	7	6	5	4
8	0	0	0	0	0	0	0	0	0	0	0	0	0	0	0	0	0	0	0	0	0
9	0	1	2	3	4	5	6	7	0	1	2	3	4	5	6	7	0	1	2	3	4
10	0	2	4	6	0	2	4	6	0	2	4	6	0	2	4	6	0	2	4	6	0
11	0	3	6	1	4	7	2	5	0	3	6	1	4	7	2	5	0	3	6	1	4
12	0	4	0	4	0	4	0	4	0	4	0	4	0	4	0	4	0	4	0	4	0
13	0	5	2	7	4	1	6	3	0	5	2	7	4	1	6	3	0	5	2	7	4
14	0	6	4	2	0	6	4	2	0	6	4	2	0	6	4	2	0	6	4	2	0
15	0	7	6	5	4	3	2	1	0	7	6	5	4	3	2	1	0	7	6	5	4
16	0	0	0	0	0	0	0	0	0	0	0	0	0	0	0	0	0	0	0	0	0
17	0	1	2	3	4	5	6	7	0	1	2	3	4	5	6	7	0	1	2	3	4
18	0	2	4	6	0	2	4	6	0	2	4	6	0	2	4	6	0	2	4	6	0
19	0	3	6	1	4	7	2	5	0	3	6	1	4	7	2	5	0	3	6	1	4
20	0	4	0	4	0	4	0	4	0	4	0	4	0	4	0	4	0	4	0	4	0

Sicher sind Ihnen bei der Betrachtung der Reste-Multiplikationstabelle viele Muster unmittelbar ins Auge gesprungen, nicht zuletzt solche, die durch die farbliche Abstufung der Ergebniszahlen suggeriert wurden. Die entstehenden Farbmuster besitzen nicht nur die vertrauten Spiegelachsen, die mit der Kommutativität der Multiplikation zusammenhängen $(a \cdot b = b \cdot a)$. Daneben gibt es auch noch Spiegelachsen, die dazu senkrecht stehen. Die Multiplikationstabelle hat offenbar weitere Symmetrien. Beispielsweise gilt für die Reste bei Division durch 8: $3 \cdot 4 = 12$ und $4 \cdot 5 = 20$ haben denselben Rest, wenn man sie durch 8 teilt. Man sagt dazu auch: „12 und 20 sind identisch modulo 8." Dies wird üblicherweise kurz wie folgt aufgeschrieben (die nächsten Zeilen beschreiben weitere Beziehungen der Tabelle):

$$3 \cdot 4 \equiv 4 \cdot 5 \bmod 8$$

$$2 \cdot 5 \equiv 3 \cdot 6 \bmod 8$$

$$1 \cdot 6 \equiv 7 \cdot 2 \bmod 8$$

$$2 \cdot 3 \equiv 6 \cdot 5 \bmod 8$$

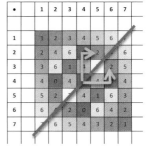

Will man dies als allgemeine Vermutung ausdrücken, so könnte man es so schreiben (entsprechend den grünen Pfeilen, die von der Mitte 4 · 4 ausgehen):

$$(4 + a) \cdot (4 - b) \equiv (4 + b) \cdot (4 - a) \qquad \text{mod } 8$$

Und man könnte es damit vielleicht auch so beweisen:

$$
\begin{aligned}
16 + 4(a - b) - ab &\equiv 16 - 4(a - b) - ab &&\text{mod } 8 \\
4(a - b) &\equiv -4(a - b) &&\text{mod } 8 \\
8(a - b) &\equiv 0 &&\text{mod } 8
\end{aligned}
$$

Allerdings sind Sie hier vielleicht etwas unsicher geworden, ob man mit den neuartigen Ausdrücken, also mit „≡" und der Randbemerkung „mod 8", so rechnen kann. Ganz ohne dieses „Rechnen und Umformen modulo 8" kann man einfach die Differenz der beiden Ausdrücke untersuchen $(4 + a) \cdot (4 - b) - (4 + b) \cdot (4 - a) = 8(a - b)$ und dabei erkennen, dass sich die Ergebnisse nur um ein Vielfaches von 8 unterscheiden.

Wenn Sie die Quadratzahlen in der Tabelle aufgesucht haben (z.B. $1 \cdot 1 = 1$, $2 \cdot 2 = 4$, $3 \cdot 3 = 9 \equiv 1 \bmod 8$ usw.), ist Ihnen vielleicht auch aufgefallen, dass es nur sehr wenige verschiedene Reste bei Division durch 8 gibt. Bei Division durch 10 waren es noch fünf verschiedene Reste (die Endziffern 0, 1, 4, 9, 6, 5), bei Division durch 8 sind es nur drei verschiedene (0, 4, 1). Noch dazu kann man vermuten, dass bei den ungeraden Quadratzahlen stets der Rest 1 herauskommt, d.h., ungerade Quadratzahlen (1, 9, 25, 49, 81, ...) sind immer um 1 größer als ein Vielfaches von 8 – ist Ihnen das zuvor jemals an den Quadratzahlen aufgefallen?

Nun aber endlich zu dem Muster, das eigentlich am allermeisten ins Auge springt: zur Wiederholung der quadratischen Struktur. Diese kann man auf zwei verschiedene Weisen beschreiben:

- Beim Teilen durch 10 wiederholen sich die Ergebnisse aller 10 Zahlen, beim Teilen durch 8 alle 8 Zahlen usw. Zahlen, die sich um ein Vielfaches von 8 unterscheiden, sind gleichwertig. Ob man also den Rest von $a \cdot b$ beim Teilen durch 8 rechnet oder stattdessen mit z.B. $a' = a + 16$ und $b' = b + 32$ arbeitet, das Ergebnis bleibt dasselbe.

- Für den Rest beim Teilen eines Produktes $a \cdot b$ durch 8 spielt die Größe der beiden Zahlen a und b gar nicht die entscheidende Rolle. Das Produkt hat immer einen Rest, der nur vom Rest von a und b selbst abhängt. Ob beispielsweise a oder $b = 1, 9, 17, 25, ...$ sind, alle diese Zahlen führen zu demselben Ergebnis.

In der folgenden Abbildung wird das noch einmal ganz deutlich, wenn man jeweils die Zeilen und Spalten so anordnet, dass Zahlen mit gleichem Rest nebeneinander stehen. Das sieht für den Fall der Division mit Rest 4 so aus:

•	0	1	2	3	4	5	6	7	8	9	10	11
0	0	0	0	0	0	0	0	0	0	0	0	0
1	0	1	2	3	0	1	2	3	0	1	2	3
2	0	2	0	2	0	2	0	2	0	2	0	2
3	0	3	2	1	0	3	2	1	0	3	2	1
4	0	0	0	0	0	0	0	0	0	0	0	0
5	0	1	2	3	0	1	2	3	0	1	2	3
6	0	2	0	2	0	2	0	2	0	2	0	2
7	0	3	2	1	0	3	2	1	0	3	2	1
8	0	0	0	0	0	0	0	0	0	0	0	0
9	0	1	2	3	0	1	2	3	0	1	2	3
10	0	2	0	2	0	2	0	2	0	2	0	2
11	0	3	2	1	0	3	2	1	0	3	2	1

umsortieren →

•	0	4	8	1	5	9	2	6	10	3	7	11
0	0	0	0	0	0	0	0	0	0	0	0	0
4	0	0	0	0	0	0	0	0	0	0	0	0
8	0	0	0	0	0	0	0	0	0	0	0	0
1	0	0	0	1	1	1	2	2	2	3	3	3
5	0	0	0	1	1	1	2	2	2	3	3	3
9	0	0	0	1	1	1	2	2	2	3	3	3
2	0	0	0	2	2	2	0	0	0	2	2	2
6	0	0	0	2	2	2	0	0	0	2	2	2
10	0	0	0	2	2	2	0	0	0	2	2	2
3	0	0	0	3	3	3	2	2	2	1	1	1
7	0	0	0	3	3	3	2	2	2	1	1	1
11	0	0	0	3	3	3	2	2	2	1	1	1

Zahlen mit gleichem Rest werden hier also gleichsam als identisch angesehen. Die obige „modulo"-Schreibweise kann dies einfach ausdrücken:

$$1 \equiv 5 \equiv 9 \equiv \dots \qquad \mathrm{mod}\ 4$$
$$3 \cdot 2 = 6 \equiv 2 \qquad \mathrm{mod}\ 4$$

Die umsortierte Tabelle zeigt noch einmal auf grafische Weise, dass die Reste der Produkte nicht von den Zahlen, sondern nur von deren Zugehörigkeit zu einer ganzen Klasse von Zahlen mit gleichem Rest abhängen.

Diese Klassen nennt man *Restklassen* und sie fassen alle Zahlen zusammen, die sich nur „bis auf ein Vielfaches von n" unterscheiden. Die obere rechte Tabelle deutet an, dass es möglich ist, statt Zahlen gleich ganze Klassen von Zahlen zu multiplizieren und dann wieder Klassen als Ergebnis herauszubekommen. Dies erfahren Sie in der nächsten Erkundung noch einmal durch konkretes Rechnen.

Erkundung 3.2: Die Aufteilung der ganzen Zahlen nach ihren Resten bezüglich der Division durch 4 bilden Untermengen von $\mathbb{Z}$, die sogenannten Restklassen, die man formal so aufschreiben kann:

$$
\begin{aligned}
4\mathbb{Z} &= \{4n & |\ n \in \mathbb{Z}\} = \{\dots, -4, 0, 4, 8, \dots\} \\
1 + 4\mathbb{Z} &= \{1 + 4n & |\ n \in \mathbb{Z}\} = \{\dots, -3, 1, 5, 9, \dots\} \\
2 + 4\mathbb{Z} &= \{2 + 4n & |\ n \in \mathbb{Z}\} = \{\dots, -2, 2, 6, 10, \dots\} \\
3 + 4\mathbb{Z} &= \{3 + 4n & |\ n \in \mathbb{Z}\} = \{\dots, -1, 3, 7, 11, \dots\}
\end{aligned}
$$

Untersuchen Sie, welche dieser Untermengen bezüglich der Addition, der Subtraktion oder der Multiplikation abgeschlossen sind. Wenn die Operationen aus der Menge herausführen, erkennen Sie besondere Regelmäßigkeiten?

Sie können zunächst die negativen Zahlen, die hier in den Klassen enthalten sind, ignorieren. Untersuchen Sie aber dann später, warum hier als negative Zahlen z.B. -1 in die Restklasse $3 + 4\mathbb{Z}$ und nicht etwa zu $1 + 4\mathbb{Z}$ passt.

Sicher haben Sie beim Rechnen mit den Mengen schnell festgestellt, dass Sie sich um Assoziativität (und auch um Kommutativität) nicht kümmern müssen. Diese Eigenschaften „erben" die Mengen von ihrer „Mutterstruktur" $\mathbb{Z}$. Aber wie steht es um die Abgeschlossenheit? Tatsächlich ist nur $4\mathbb{Z}$ gegenüber der Addition abgeschlossen: $4n + 4m = 4(n + m)$. Man könnte auch kürzer schreiben:

$4\mathbb{Z} + 4\mathbb{Z} \subseteq 4\mathbb{Z}$, d.h., die Summe zweier (möglicherweise auch verschiedener) Elemente aus $4\mathbb{Z}$ liegt wieder in $4\mathbb{Z}$. Bei den anderen Mengen führt die Addition heraus, allerdings auf ganz spezielle, systematische Weise: $1 + 4n + 1 + 4m = 2 + 4(n + m) \in 2 + 4\mathbb{Z}$ – man könnte auch schreiben:

$$(1 + 4\mathbb{Z}) + (1 + 4\mathbb{Z}) \subseteq 2 + 4\mathbb{Z}$$

Bei $2 + 4\mathbb{Z}$ wird es interessanter: $2 + 4n + 2 + 4m = 4 + 4(n + m) = 4(1 + m + n) \in 4\mathbb{Z}$, d.h.

$$(2 + 4\mathbb{Z}) + (2 + 4\mathbb{Z}) \subseteq 4\mathbb{Z} \text{ und schließlich}$$
$$(3 + 4\mathbb{Z}) + (3 + 4\mathbb{Z}) \subseteq 2 + 4\mathbb{Z}.$$

Über der additiven Struktur der ganzen Zahlen liegt also eine Restklassenstruktur, die jeweils unendlich viele Zahlen identifiziert und in Klassen zusammenfasst, sodass nur noch eine einfache Gruppentafel übrig bleibt (hier am Beispiel des Restes 4).

Was bei diesem vergröbernden Blick übrig bleibt, ist also nur noch eine Menge mit 4 Elementen, nämlich den vier Restklassen

$$4\mathbb{Z} = 0 + 4\mathbb{Z}, \qquad 1 + 4\mathbb{Z}, \qquad 2 + 4\mathbb{Z}, \qquad 3 + 4\mathbb{Z},$$

welche man nun als vier neue Objekte auffasst und gleichsam als Ganzes miteinander addiert. Man kann sich fragen, ob eine solche Gruppe aus vier Restklassen nun wirklich eine „kleinere Welt" darstellt, d.h. ob Gulliver hier wirklich in Lilliput gelandet oder ob es nicht doch die Riesenwelt ist, in der statt einzelner Zahlen unendlich große Geschöpfe wie $1 + 4\mathbb{Z}$ herumlaufen. In der Mathematik kann man offensichtlich beide Sichtweise zugleich einnehmen.

Die Struktur, die hier entstanden ist, haben Sie möglicherweise wiedererkannt: Ebenso sah die Verknüpfungstabelle der Drehungen des Quadrates aus. Die Vermutung liegt nahe, dass es sich bei der Menge von vier Mengen $\{0 + 4\mathbb{Z}, 1 + 4\mathbb{Z}, 2 + 4\mathbb{Z}, 3 + 4\mathbb{Z}\}$ mit der Verknüpfung der Addition um eine Gruppe handelt.

Auch bei der Multiplikation kann man offenbar mit ganzen Mengen rechnen:

$$4\,\mathbb{Z} \cdot 4\,\mathbb{Z} \subseteq 4\,\mathbb{Z}$$
$$(1 + 4\,\mathbb{Z}) \cdot (1 + 4\,\mathbb{Z}) \subseteq 1 + 4\,\mathbb{Z}$$
$$(3 + 4\,\mathbb{Z}) \cdot (2 + 4\,\mathbb{Z}) \subseteq 2 + 4\,\mathbb{Z} \text{ usw.}$$

Sie können das im Einzelnen wieder nachweisen, indem Sie z.B. Rechnungen wie die folgende durchführen:

$$(3 + 4n)(2 + 4m) = 6 + 8n + 12m + 16nm = 2 + 4(1 + 2n + 3m + 4nm) \in 2 + 4\,\mathbb{Z}$$

Im Bild erkennt man: Auch das Ergebnis einer Multiplikation hat immer eine Farbe, die nur von den Farben der Faktoren abhängt. Auch hier kann man also ganze Restklassen als Objekte auffassen und miteinander multiplizieren:

An dieser Stelle droht allerdings die Gefahr einer Verwirrung, wenn man keinen Anhaltspunkt hat, in welcher Welt – der großen oder der kleinen – man sich gerade befindet. 2 bedeutet einerseits eine Zahl in $\mathbb{Z}$, andererseits steht sie in dieser Tabelle auch für die Restklasse aller Zahlen mit Rest 2. Während in $\mathbb{Z}$ die Gleichung $2 \cdot 2 = 4$ gilt, müsste man für die Restklassen zu 2 schreiben: $2 \cdot 2 = 0$. Das ist dann eine verkürzte Form für die Multiplikation: $(2 + 4\mathbb{Z}) \cdot (2 + 4\mathbb{Z}) \subseteq 0 + 4\mathbb{Z}$

Damit das nicht zu Verwirrungen führt, man aber auch nicht die komplizierte Schreibweise mit Mengen (und Inklusionszeichen $\subseteq$ statt Gleichheitszeichen) braucht, gibt es für Restklassen auch folgende Schreibweise:

$$[a] = \bar{a} = a + 4\mathbb{Z} = \{\, a + 4n \mid n \in \mathbb{Z} \,\}$$

Während 2 also eine Zahl aus $\mathbb{Z}$ ist, bezeichnet [2] oder $\bar{2}$ die zugehörige Restklasse, also die Menge aller mit 2 „gleichrestigen" Zahlen. Insgesamt gibt es bei Division durch 4 also die folgenden vier Restklassen – die Gesamtmenge bezeichnet man oft auch mit $\mathbb{Z}_4$:

$$\mathbb{Z}_4 = \{[0], [1], [2], [3]\}$$

„[3]" kann man also lesen als „Restklasse von 3" oder „alle Zahlen, die dieselben Reste haben wie 3 (bei Division durch 4)" oder „alle Zahlen, die sich von 3 nur durch ein Vielfaches von 4 unterscheiden". (Wenn man ausdrücklich daran erinnern will, dass man gerade die 4 und nicht etwa die 8 als „Rest" betrachtet, kann man einen Index setzen: $[1]_4$.) Die Klammerweise erweist sich auch noch anderweitig als praktische Notation. Beispielsweise ist $[a]$ für alle Zahlen a aus $\mathbb{Z}$ sinnvoll interpretierbar. In $\mathbb{Z}_4$ gilt beispielsweise, dass diese drei Mengen

$$[5]_4 = [1]_4 = [-3]_4$$

zwar verschieden geschrieben werden, aber dieselben Elemente enthalten und daher gleich sind. Zurückübersetzt in die „klassische modulo-Schreibweise" von zuvor lautet dies:

$$5 \equiv 1 \equiv -3 \mod 4$$

Die Tatsache, dass die Tabellen oben in Bereiche zerfallen, bei denen das Ergebnis immer nur von der Restklasse abhängt, aber nicht von der Zahl, bedeutet in dieser Schreibweise, dass man beispielsweise $[2] \cdot [3]$ berechnen kann, indem man zwei beliebige Elemente aus $[2]$ und $[3]$ auswählt (also z.B. 2 und 3, aber es ginge auch 6 und 7), multipliziert und vom Ergebnis die Restklasse bestimmt. Diese Vorgehensweise soll abschließend in einer präzisen Definition der Restklassen und ihrer Operationen festgehalten werden:

Die Menge der ganzen Zahlen $\mathbb{Z}$ lässt sich für ein gegebenes $n \in \mathbb{N}$ in disjunkte Klassen (also Mengen ohne gemeinsame Schnittmengen) unterteilen:

$$n\mathbb{Z} \cup (1 + n\mathbb{Z}) \cup \ldots \cup ((n-1) + n\mathbb{Z})$$

Diese Mengen kann man als neue Objekte $[a] = a + n\mathbb{Z}$ eines Zahlenraums auffassen

$$\mathbb{Z}_n = \{[0], [1], \ldots, [n-1]\}$$

und eine Addition und eine Multiplikation definieren:

$$[a] + [b] := [a + b], \quad \text{d.h. } (a + n\mathbb{Z}) + (b + n\mathbb{Z}) := (a + b) + n\mathbb{Z}$$

$$[a] \bullet [b] := [a \cdot b], \quad \text{d.h. } (a + n\mathbb{Z}) \bullet (b + n\mathbb{Z}) := (a \cdot b) + n\mathbb{Z}$$

Damit entstehen Zahlenräume, die – wie die ganzen Zahlen – zugleich *zwei* Operationen erlauben $(\mathbb{Z}_n, +, \bullet)$ und die dann als Restklassen*ringe* bezeichnet werden.

Die so definierte Addition und Multiplikation in $\mathbb{Z}_n$ sind neu definierte Operationen – daran sollen das „ := " und die etwas fetter gedruckten Plus- und Mal-Zeichen erinnern. In der Praxis wird dies jedoch meist nicht explizit gemacht, für die Verknüpfung von Restklassen werden die normalen Operationszeichen verwendet. (An welchen Stellen hier feine Unterschiede bestehen, können Sie in den nächsten beiden Erkundungen untersuchen.)

Dass diese Definition vernünftig ist, d.h. dass man mit Restklassen wirklich sorglos so rechnen kann, ist nicht selbstverständlich. Da beispielsweise die Summe $[a] + [b]$ über die beiden Vertreter a und b definiert ist, könnte das Ergebnis $[a + b]$ von der speziellen Wahl abhängen: Zum Beispiel könnte $[2] \cdot [3] = [2 \cdot 3] \neq [6] \cdot [7] = [6 \cdot 7]$ sein, obwohl $[2] = [6]$ und $[3] = [7]$ jeweils identische Restklassen sind. Dass so etwas nicht passieren kann, bedeutet, dass die Operationen *wohldefiniert* sind, was oben bereits an Beispielen begründet wurde und in voller Allgemeinheit so aussieht:

$$x \in [a] \Rightarrow x = a + 4n \quad \text{und} \quad y \in [b] \Rightarrow y = b + 4m$$

Damit ist $x + y = a + 4n + b + 4m = (a + b) + 4(n + m) \qquad \Rightarrow \; x + y \in [a + b]$

und es ist $x \cdot y = (a + 4n)(b + 4m) = ab + 4am + 4nb$
$+ 16mn = (ab) + 4(am + nb + 4mn) \qquad \Rightarrow \; x \cdot y \in [a \cdot b]$

Nun wäre auch noch nachzuprüfen, ob diese neuen Operationen den vertrauten Gesetzmäßigkeiten folgen, also z.B. Assoziativität, Kommutativität und Distributivität. Die Art der Definition legt nahe, dass sie diese von den ganzen Zahlen erben, dennoch kann man es mittels der Definition noch einmal formal überprüfen.

3.2   Die Geografie der kleinen Welten

Bevor Sie an die weitere Untersuchung dieser neuen Zahlenwelten und der in ihnen geltenden Gesetzmäßigkeiten gehen, können Sie vielleicht noch eine bildliche Darstellung mit auf den Weg nehmen, die dabei helfen kann, Vorstellungen dazu aufzubauen, was in den Zahlenwelten passieren kann.

→*Programm*

Zahlenstrahl_
aufwickeln

Erkundung 3.3: Die ganzen Zahlen stellt man sich in der Regel als Zahlenstrahl vor. Die Identifikation von Elementen, die sich nur um Vielfache einer festen Zahl n unterscheiden, bedeutet, dass man jeweils als identisch angenommene Zahlen auf diesem Zahl „zusammenzieht". Am besten geht dies, wenn man den Zahlenstrahl zu einem Kreis aufrollt.

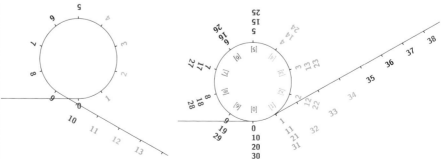

Wenn man nun Zahlen beispielsweise in $\mathbb{Z}_8$ addieren, subtrahieren, multiplizieren und dividieren will, so kann man versuchen, die Strategien vom Zahlenstrahl $\mathbb{Z}$ auf den Zahlenkreis $\mathbb{Z}_8$ zu übertragen:

Addition (4 + 5):

Subtraktion (3 − 5):

Multiplikation (4 · 3):

Division (6 : 3):

Probieren Sie aus, wie gut sich diese Strategien und Vorstellungen übertragen lassen und wo sie ihre Grenze haben, weil der Zahlenkreis doch anders funktioniert.

Sie werden bei Ihren Übertragungsversuchen bemerkt haben, dass sich die Vorstellungen zu den verschiedenen Operationen unterschiedlich gut vom unendlichen Zahlenstrahl auf den endlichen Kreis übertragen lassen. Die Vorstellung der Addition als „Zusammenfügen von Mengen" wird unanschaulich, sobald die Summe die Größe des Moduls erreicht: [3] + [4] = [7], aber [4] + [5] = [1]. Die Vorstellung von „Größe" scheint bei Restklassen grundsätzlich problematisch, weil die Elemente sich nicht mehr linear anordnen und vergleichen lassen: [1] = [9], ist dann [2] > [9]? Dafür funktioniert die Vorstellung der Addition als ein „Aneinanderhängen von Verschiebungen" wunderbar: [4] + [5] + [1] = [2] (s. linkes Bild unten).

Die Übertragung bringt auch für die Subtraktion ein neues Phänomen hervor: Da es für Positionen „kleiner als 0" keine neuen Zahlen gibt, führt eine Subtraktion als „Anhängen einer *entgegengesetzten* Verschiebung" zu ungewohnten Rechnungen wie [3] − [5] = [6]. Dass es hier mit rechten Dingen zugeht, kann man sehen, wenn man die Subtraktion als Lösung zu einer Additionsaufgabe auffasst, also statt [3] − [5] = ? die Lösung zu x + [5] = [3] sucht. Diese ist tatsächlich [6] + [5] = [3] (Bild unten Mitte). Der Zahlenkreis suggeriert auch, wie man das additive Inverse −[a] zu einer Zahl [a] findet: −[a] = [8 − a]. Der große Vorteil des Kreises ist zudem: Man braucht keine zusätzlichen „negativen" Zahlen, um bestimmte Gleichungen lösbar zu machen.

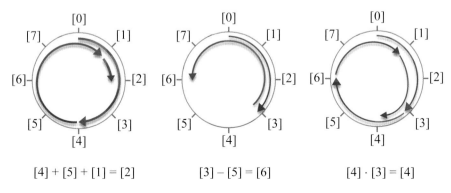

[4] + [5] + [1] = [2]   [3] − [5] = [6]   [4] · [3] = [4]

Wenn man sich Multiplikation als mehrfache Addition vorstellt, funktioniert der Zahlenkreis auch hier: $4 \cdot [3] = [3] + [3] + [3] + [3] = [6] + [3] + [3] = [1] + [3] = [4]$. Allerdings haben wir ein bisschen gemogelt, denn wir haben uns $[4] \cdot [3]$ als „vier Mal $[3]$", also $4 \cdot [3]$ vorgestellt.

Bei der Division kann man in einfachen Fällen die Vorstellung „gleichmäßiges Aufteilen" verwenden, um z.B. $[6] : 3 = [2]$ zu veranschaulichen – was wiederum der mehrfachen Subtraktion entspricht: $[6] - [2] - [2] - [2] = [6] - 3 \cdot [2] = [0]$. Aber was ist $[5] : 3$? Braucht es Restklassenbrüche wie $[\frac{5}{3}]$? Kann man so etwas überhaupt sinnvoll definieren?

Das Rechnen am Zahlenkreis hilft dabei, Vorstellungen von den Analogien und Unterschieden zwischen Operationen in $\mathbb{Z}$ und $\mathbb{Z}_8$ zu gewinnen. Für die meisten Fälle gelingt das auch. Beispielsweise erkennt man, warum man in $\mathbb{Z}_4$ keine negativen Zahlen benötigt. Für andere Situationen, wie z.B. $[6] : [4]$, liefert der Zahlenkreis keine Idee, ob und wie sich die Idee von „Brüchen" übertragen lässt. Dabei gibt es sogar rein rechnerisch Lösungen wie $[4] : [6] = [2]$, denn $[6] \cdot [2] = [4]$. Werden Brüche wie $\frac{4}{6}$ also überflüssig in $\mathbb{Z}_8$?

Wenn man sich im „Restklassen-Kalkül", also den rein symbolischen Rechenregeln, auskennt und wohlfühlt, braucht man irgendwann solche inhaltlichen Vorstellungen nicht mehr. Dann kann man obige Aufgaben etwa so lösen (je sicherer man wird unter zunehmendem Auslassen von Zwischenschritten):

$$[4] + [5] + [1] = [4 + 5 + 1] = [10] = [8 + 2] = [8] + [2] = [0] + [2] = [2]$$
$$[3] - [6] = [3 + 8] - [6] = [11] - [6] = [11 - 6] = [5]$$
$$[4] \cdot [3] = [4 \cdot 3] = [12] = [8 + 4] = [4]$$
$$[4] : [6] = [4 + 8] : [6] = [12] : [6] = [12 : 6] = [2]$$

Aber die letzte Rechnung hat noch eine Tücke, denn es gilt auch:

$$[4] : [6] = [4 + 8 + 8 + 8 + 8] : [6] = [36] : [6] = [36 : 6] = [6]$$

Die Division hat hier also nicht nur eine unerwartete ganzzahlige Lösung, sie hat sogar zwei verschiedene? Um das zu verstehen, müssen Sie sich noch ein letztes Mal in die Verknüpfungsstrukturen der Restklassen vertiefen.

Erkundung 3.4: Untersuchen Sie die Strukturen $(\mathbb{Z}_n, +)$ und $(\mathbb{Z}_n, \cdot)$ darauf, ob man sie als Gruppen ansehen und daher ähnlich wie die natürlichen Zahlen oder Brüche bearbeiten kann. Konkret können Sie versuchen, folgende Fragen zu beantworten:
a)   Findet man immer ein neutrales Element?
b)   Findet man zu jeder Aufgabe $a + x = b$ bzw. $a \cdot x = b$ eine Lösung x?
c)   Findet man zu jedem Element ein inverses Element?

Frage b) und c) sind gewissermaßen dieselben Fragen, denn die inversen Elemente aus c) lösen die Gleichungen aus b):

$$a + x = b \implies x = (-a) + b \qquad \text{bzw.} \qquad a \cdot x = b \implies x = a^{-1}b$$

Und die Gleichungen aus b) liefern die inversen Elemente aus c):

$$a + x = 0 \Rightarrow x = (-a) \qquad \text{bzw.} \qquad a \cdot x = 1 \Rightarrow x = a^{-1}$$

Wenn bestimmte Elemente keine Inversen haben, kann man eine Gruppen-struktur retten, indem man sie ausschließt? Halten Sie auch Ausschau, ob Sie Gruppenstrukturen wiederfinden, die Sie in geometrischen Zusammenhängen schon einmal gesehen haben.

Hilfreich bei der Untersuchung kann es sein, alle Additions- und Multiplikationstafeln im Blick zu haben. Diese können Sie sehr schnell mithilfe einer Tabellenkalkulation erzeugen (s. Bild rechts) oder im vorbereiteten Tabellen-kalkulationsblatt.

	A	B	C	D	E	F	G	H
		0	1	2	3	4	5	6
1								
2	0	0	0	0	0	0	0	0
3	1	0	1	=REST($A3*D$1;8)				
4	2	0	2	4	6	0	2	4
5	3	0	3	6	1	4	7	2

→Tabellenkal-kulationsblatt
Reste_
Erkunden.xls

$(\mathbb{Z}_2,+)$

+	[0]	[1]
[0]	[0]	[1]
[1]	[1]	[0]

$(\mathbb{Z}_3,+)$

+	[0]	[1]	[2]
[0]	[0]	[1]	[2]
[1]	[1]	[2]	[0]
[2]	[2]	[0]	[1]

$(\mathbb{Z}_4,+)$

+	[0]	[1]	[2]	[3]
[0]	[0]	[1]	[2]	[3]
[1]	[1]	[2]	[3]	[0]
[2]	[2]	[3]	[0]	[1]
[3]	[3]	[0]	[1]	[2]

$(\mathbb{Z}_5,+)$

+	[0]	[1]	[2]	[3]	[4]
[0]	[0]	[1]	[2]	[3]	[4]
[1]	[1]	[2]	[3]	[4]	[0]
[2]	[2]	[3]	[4]	[0]	[1]
[3]	[3]	[4]	[0]	[1]	[2]
[4]	[4]	[0]	[1]	[2]	[3]

$(\mathbb{Z}_6,+)$

+	[0]	[1]	[2]	[3]	[4]	[5]
[0]	[0]	[1]	[2]	[3]	[4]	[5]
[1]	[1]	[2]	[3]	[4]	[5]	[0]
[2]	[2]	[3]	[4]	[5]	[0]	[1]
[3]	[3]	[4]	[5]	[0]	[1]	[2]
[4]	[4]	[5]	[0]	[1]	[2]	[3]
[5]	[5]	[0]	[1]	[2]	[3]	[4]

$(\mathbb{Z}_2,\cdot)$

·	[0]	[1]
[0]	[0]	[0]
[1]	[0]	[1]

$(\mathbb{Z}_3,\cdot)$

·	[0]	[1]	[2]
[0]	[0]	[0]	[0]
[1]	[0]	[1]	[2]
[2]	[0]	[2]	[1]

$(\mathbb{Z}_4,\cdot)$

·	[0]	[1]	[2]	[3]
[0]	[0]	[0]	[0]	[0]
[1]	[0]	[1]	[2]	[3]
[2]	[0]	[2]	[0]	[2]
[3]	[0]	[3]	[2]	[1]

$(\mathbb{Z}_5,\cdot)$

·	[0]	[1]	[2]	[3]	[4]
[0]	[0]	[0]	[0]	[0]	[0]
[1]	[0]	[1]	[2]	[3]	[4]
[2]	[0]	[2]	[4]	[1]	[3]
[3]	[0]	[3]	[1]	[4]	[2]
[4]	[0]	[4]	[3]	[2]	[1]

$(\mathbb{Z}_6,\cdot)$

·	[0]	[1]	[2]	[3]	[4]	[5]
[0]	[0]	[0]	[0]	[0]	[0]	[0]
[1]	[0]	[1]	[2]	[3]	[4]	[5]
[2]	[0]	[2]	[4]	[0]	[2]	[4]
[3]	[0]	[3]	[0]	[3]	[0]	[3]
[4]	[0]	[4]	[2]	[0]	[4]	[2]
[5]	[0]	[5]	[4]	[3]	[2]	[1]

In den Verknüpfungstabellen der Addition kann man schnell wiedererkennen, dass [0] als neutrales Element fungiert: $[0]+a = a + [0] = a$ für alle a in allen $\mathbb{Z}_n$. Außerdem kommen in jeder Zeile und in jeder Spalte alle Elemente genau einmal vor. Das bedeutet, dass die Gleichung $a + x = b$ für alle a und b eine *eindeutige* Lösung besitzt. Insbesondere findet sich in jeder Zeile eine [0], sodass zu jedem a ein inverses Element b mit $a + b = [0]$ existiert. Bei Gruppen, die man mithilfe der Addition, also „+"-Zeichen, schreibt, notiert man das inverse Element zur Restklasse a auch wieder als $-a$. Damit ist aber beispielsweise $-[3]$ keine neue Zahl in $\mathbb{Z}_4$, sondern das inverse Element zu [3], welches aus der Tabelle (bzw. aus der Gleichung $[3] + [1] = [0]$) ablesbar ist als $-[3] = [1]$.

Bei der Multiplikation wird die Situation etwas reichhaltiger und nicht ganz so sortiert wie bei der Addition. Zunächst einmal hat hier, wie nicht anders zu erwarten war, immer die 1 die Rolle des neutralen Elementes: $[1] \cdot a = a \cdot [1] = a$ für alle a in allen $\mathbb{Z}_n$. Das Element $[0]$ macht hier allerdings Probleme, es besitzt kein inverses Element, denn zu $[0] \cdot x = [1]$ findet man in der Tabelle keine Lösung. $[0]$ ist in allen $(\mathbb{Z}_n, \cdot)$ ein sogenanntes Nullelement mit $[0] \cdot a = [0]$ für alle a.

Möchte man, dass $(\mathbb{Z}_n, \cdot)$ eine Gruppe ist, so muss man dieses Element und dazu die erste Zeile und Spalte streichen. Aber die verbleibenden Multiplikationstafeln werfen noch Probleme auf, wie man am rechts stehenden Beispiel für $\mathbb{Z}_6 \setminus \{[0]\}$ erkennen kann. Die Zeile und Spalte, die zur $[5]$ gehören, erscheinen dabei unproblematisch: Die Restklasse $[5]$ hat auch tatsächlich ein inverses Element, nämlich sich selbst, denn $[5] \cdot [5] = [1]$. Auch alle anderen Glei-

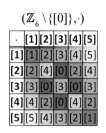

$(\mathbb{Z}_6 \setminus \{[0]\}, \cdot)$

$\cdot$	[1]	[2]	[3]	[4]	[5]
[1]	[1]	[2]	[3]	[4]	[5]
[2]	[2]	[4]	[0]	[2]	[4]
[3]	[3]	[0]	[3]	[0]	[3]
[4]	[4]	[2]	[0]	[4]	[2]
[5]	[5]	[4]	[3]	[2]	[1]

chungen $[5] \cdot x = b$ sind eindeutig lösbar (solange $b \neq [0]$ ist), was man auch daran erkennt, dass jedes Ergebnis in der Zeile zu $[5]$ genau einmal vorkommt. Konkret findet man $[x] = [5]^{-1} \cdot b = [5] \cdot b$. Leider haben aber die Restklassen $[2]$, $[3]$ und $[4]$ alle kein inverses Element. Das scheint damit einherzugehen, dass Gleichungen wie $[4] \cdot x = a$ manchmal mehrere und manchmal keine Lösungen besitzen: $[4] \cdot x = [2]$ hat die zwei Lösungen $x = [2]$ und $x = [5]$, und $[4] \cdot x = [1]$ hat keine Lösung. Zudem steht in den entsprechenden Zeilen das Nullelement als Ergebnis. Es reicht also nicht, dessen Zeilen und Spalten zu streichen. Das Phänomen nennt man auch *Nullteiler* und es kann in Strukturen auftauchen, die ein Nullelement besitzen.

> Elemente a und b in einem Ring (also einer Struktur mit einer Addition und einer Multiplikation), für die $a \cdot b = 0$ (also das Nullelement der Addition) ist, obwohl weder $a = 0$ noch $b = 0$, heißen *Nullteiler*.
>
> In den natürlichen Zahlen $\mathbb{Z}$ gibt es keine Nullteiler, denn aus $a \cdot b = 0$ folgt $a = 0$ oder $b = 0$. In $\mathbb{Z}_6$ gibt es aber Nullteiler, wie z.B. $[2]$, $[3]$ und $[4]$, denn $[2] \cdot [3] = [0]$ oder $[3] \cdot [4] = [0]$.

Wenn man nun aus den verschiedenen $\mathbb{Z}_n$ alle Nullteiler entfernt, bleiben nur noch invertierbare Elemente übrig. Das kann, je nach n, sehr unterschiedlich ausgehen:

(1) In $(\mathbb{Z}_5, \cdot)$ findet man – außer der Null selbst – keine Nullteiler und tatsächlich ist $\mathbb{Z}_5 \setminus \{[0]\}$ eine Gruppe mit den vier Elementen $[1]$, $[2]$, $[3]$, $[4]$. Dasselbe Phänomen scheint immer dann aufzutreten, wenn n eine Primzahl ist.
(2) Wenn n allerdings keine Primzahl ist, also weitere Teiler außer 1 und n besitzt, entstehen Nullteiler. Sobald eine Zahl m mit n einen gemeinsamen Teiler außer 1 hat (also z.B. 2, 3 und 4 in $\mathbb{Z}_6$), ist $[m]$ ein Nullteiler.
(3) Wenn alle Nullteiler entfernt werden, so stehen in jeder Zeile und Spalte wieder genau alle (Rest-)Elemente und die verbleibenden Elemente sind invertierbar. Die entstehende Restmenge scheint eine Gruppe zu bilden.

Wie lassen sich diese recht plausiblen Feststellungen (1) bis (3) beweisen? Null-teiler wie z.B. [4] in $\mathbb{Z}_6 \setminus \{[0]\}$ entstehen offenbar dadurch, dass die Vielfachen einer Zahl (also z.B. [1] · [4], [2] · [4], [3] · [4], [4] · [4], [5] · [4], siehe die [4]-er-Spalte in $\mathbb{Z}_6$) nicht lauter *verschiedene* Ergebnisse (also hier die [1] bis [5], in welche Reihenfolge auch immer) produzieren, sondern schon früher eine [0] erzeugen. Das liegt dann daran, dass 4 bereits einen Teiler mit 6 gemeinsam hat und daher nicht erst bei 6 · 4, sondern schon bei 3 · 4 ein Vielfaches von 6 produziert. Ähnliches passiert auch bei [2] und [3]. Für die [5] sieht es aber anders aus: [1] · [5], [2] · [5], [3] · [5], [4] · [5], [5] · [5], produzieren alle verschiedene Elemente aus $\mathbb{Z}_6 \setminus \{[0]\}$, sogar in genau umgekehrter Reihenfolge.

Allgemein und rigoros notiert lautet diese Beobachtung so: Sei $[m] \in \mathbb{Z}_n \setminus \{[0]\}$. Wenn m und n einen gemeinsamen Teiler $k > 1$ haben, also $n = a \cdot k$ mit $a < n$ und $m = b \cdot k$ mit $b < m$, dann ist $m \cdot a$ schon Vielfaches von n und es gilt:

$$m \cdot a = b \cdot k \cdot a = b \cdot n \Rightarrow m \cdot a \in n\mathbb{Z} \Leftrightarrow [m] \cdot [a] = 0$$

Die Schreibweise $n\mathbb{Z} = \{nx \mid x \in \mathbb{Z}\} = \{\dots, n \cdot (-1), n \cdot 0, n \cdot 1, \dots\}$ beschreibt die Menge aller Vielfachen von n auf praktische Weise. Sobald m und n also nicht teilerfremd sind, d.h. ggT(n,m) > 1, ist $[m]$ ein Nullteiler in $(\mathbb{Z}_n, \cdot)$.

Sind denn andererseits alle anderen Elemente $[m]$, also solche, für die m und n teilerfremd sind (ggT(n,m) = 1), auch invertierbar in $\mathbb{Z}_n$? Oder ist die [5] aus dem obigen Beispiel nur ein glücklicher Zufall? Man kann sich an einem weiteren Beispiel vergewissern und z.B. in $\mathbb{Z}_{10}$ die Vielfachen von [3] und von [4] betrachten:

→*Programm*
Vielfache_
von_Rest
klassen

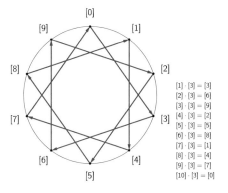

[1] · [3] = [3]
[2] · [3] = [6]
[3] · [3] = [9]
[4] · [3] = [2]
[5] · [3] = [5]
[6] · [3] = [8]
[7] · [3] = [1]
[8] · [3] = [4]
[9] · [3] = [7]
[10] · [3] = [0]

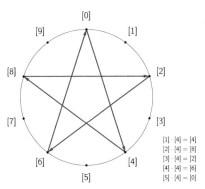

[1] · [4] = [4]
[2] · [4] = [8]
[3] · [4] = [2]
[4] · [4] = [6]
[5] · [4] = [0]

Es ist also noch zu zeigen, dass sobald ggT(n,m) = 1 ist, unter den [0] · [m] bis $[n-1] \cdot [m]$ jede Zahl [0] bis $[n-1]$ genau einmal vorkommt. Angenommen zwei der Zahlen wären gleich: $[x] \cdot [m] = [y] \cdot [m]$. Dann würde daraus folgen: $([x] - [y]) \cdot [m] = [0] \Rightarrow [(x-y) \cdot m] = [0] \Rightarrow (x-y) \cdot m$ ist Teiler von n. Da n und m nach Voraussetzung keine Teiler gemeinsam haben, muss $(x-y)$ bereits ein Teiler von n sein. Das heißt: $[x-y] = [0] \Rightarrow [x] = [y]$.

Mit diesen Überlegungen ist auch Beobachtung (3) bereits weitgehend begründet. Eben wurde gezeigt, dass alle Elemente mit $\text{ggT}(n,m) = 1$ invertierbar und alle anderen Nullteiler sind. Assoziativität oder Kommutativität werden durch das Entfernen von Elementen nicht angegriffen. Allerdings könnte die Multiplikation aufgrund der Entfernung einiger Elemente nicht mehr abgeschlossen sein: Möglicherweise wird ein Element a entfernt, welches als Ergebnis der Multiplikation $b \cdot c$ von zwei verbliebenen Elementen herauskommt. Das kann aber zum Glück nicht geschehen, denn das Produkt $a \cdot b$ von zwei invertierbaren Elementen a und b ist immer auch ein invertierbares. Man kann es sogar genau angeben: Das zu ab inverse Element $(ab)^{-1}$ lautet nämlich $b^{-1}a^{-1}$. Probieren Sie es aus:

$$(b^{-1}a^{-1})(ab) = b^{-1}(a^{-1}a)b = b^{-1}(1)b = b^{-1}b = 1.$$

Für diese bemerkenswerte Beziehung $((ab)^{-1} = b^{-1}a^{-1})$, die Ihnen immer wieder begegnen wird, brauchen Sie nicht einmal die Kommutativität, sondern nur die Assoziativität, sie gilt daher in jeder noch so exotischen Gruppe.

Nachdem die Beobachtungen (1)–(3) sich alle als allgemeingültig herausgestellt haben, kann man die folgende Definition aufstellen:

> Die Untermenge der invertierbaren Element in $\mathbb{Z}_n$ bildet eine multiplikative Gruppe und wird mit $(\mathbb{Z}_n^*, \cdot)$ bezeichnet.
>
> $\mathbb{Z}_n^*$ besteht aus allen Elementen $[m]$ mit $m < n$, für die m und n teilerfremd sind:
>
> $$\mathbb{Z}_n^* = \{a \in \mathbb{Z}_n \mid a \text{ invertierbar}\} = \{[m] \mid \text{ggT}(m,n) = 1\}$$

Die Konstruktion, aus einer Menge G mit assoziativer Verknüpfung durch Entnahme aller nicht invertierbaren Elemente eine Gruppe G^* zu erzeugen, ist übrigens nach den letzten Argumenten universell anwendbar und nicht nur auf die $\mathbb{Z}_n$ beschränkt. Sie finden daher oft das Sternsymbol auch an anderer Stelle, z.B. für $\mathbb{Q}^* = \mathbb{Q} \setminus \{0\}$, denn auch hier wurden alle nicht invertierbaren Elemente entfernt (s. Übung 3.8).

3.3 Zahlenwelten in höheren Dimensionen

Aus der großen Welt $\mathbb{Z}$ wurde die kleine Welt $\mathbb{Z}_n$, indem alle Zahlen, die sich um eine Zahl aus $n\mathbb{Z}$ unterschieden, als gleich angesehen wurden. Von da an war die Welt nicht mehr unendlich ausgedehnt, sondern in sich gekrümmt und rund. Wie sehen wohl Geschöpfe aus, die in solch einer ganzzahlig-runden Welt leben? Der Mathematiker John Conway hat 1970 mit seinem berühmten „Game of Life" eine solche Welt zum Leben erweckt. Seine *zellulären Automaten* simulieren das Entstehen, Vergehen und Pulsieren von lebendigen Systemen mit denkbar geringsten mathematischen Mitteln.

Eine lebende Zelle wird durch eine 1 wiedergegeben, eine tote durch eine 0 – Leben ist also nur noch ein Zustand in $\mathbb{Z}_2$. Auch die Zeit ist in dieser Welt keine kontinuierliche Größe mehr, sondern verläuft in diskreten Schritten $t = 0, 1, 2, ...$, ist also ein Element von $\mathbb{Z}$.

	[0]	[1]	[2]	[3]	[4]	[5]	[6]	[7]	[8]	[9]	[10]	[11]
[0]	0	0	1	0	Diamant			0	0	0	0	0
[1]	0	1	0	1	0	0	0	0	0	0	0	0
[2]	0	0	1	0	0	0	1	0	0	0	0	0
[3]	0	0	0	0	0	0	0	1	0	0	0	0
[4]	0	0	0	0	0	1	1	1	0	0	0	0
[5]	1	1	1	0	0	0	0	0	Gleiter		0	0
[6]	0	0	0	0	0	0	0	0	0	0	0	0
[7]	0	0	Blinker	0	0	0	0	0	0	0		

Ob eine Zelle zur Zeit $t + 1$ lebt, entscheidet sich nach der Zahl ihrer Nachbarn zum Zeitpunkt t: Eine Zelle mit drei lebenden Nachbarn wird geboren, und um am Leben zu bleiben, braucht es zwei oder drei Nachbarn. Mit weniger oder mehr Nachbarn stirbt eine Zelle – sozusagen an Unter- oder Überbevölkerung. All diese Vereinfachungen wurden natürlich bewusst getroffen, um das System so simpel wie möglich zu gestalten und auf einem Computer (von 1970!) programmierbar zu machen. Trotzdem zeigt diese simple Welt eine Unzahl „lebendiger" Formen: starre Gebilde, zwischen zwei Zuständen pulsierende Formen, über das Feld gleitende Objekte und explodierende Ausgangszustände. Ein ganzer Zoo von $\mathbb{Z}_2$-Tieren lebt in einer zweidimensionalen $\mathbb{Z}^2$-Welt. Auch der Lebensraum ist nämlich minimalistisch, die Zellen leben nicht in einem dreidimensionalen und kontinuierlichen $\mathbb{R}^3$, sondern auf dem diskreten Koordinatengitter $\mathbb{Z}^2 = \mathbb{Z} \times \mathbb{Z} = \{(m,n) \,|\, m,n \in \mathbb{Z}\}$.

Erkundung 3.5: Mit dieser Information können Sie nun gerne erst einmal losspielen. Viele Anregungen für mögliche Lebewesen finden Sie auf der sehr informativen Webseite de.m.wikipedia.org/wiki/Conways_Spiel_des_Lebens.

Dort werden auch Vorschläge für alternative Regeln gemacht, z.B. die 1357-Regel: Zellen mit einer ungeraden Zahl an Nachbarn leben, die anderen sterben. Stellen Sie die Regel im Programm ein und versuchen Sie herauszufinden, warum diese Welt auch den Namen „Kopierwelt" trägt.

→*Programm*
Game_of_Life

Wenn Mathematiker Welten wie diese theoretisch erforschen, haben sie keine Probleme damit, dass diese unendlich groß sind – mit der Unendlichkeit der ganzen Zahlen sind sie ja schließlich aufgewachsen. Wenn man aber einen Computer einspannen möchte, der diese Welt simuliert, so muss man damit leben, dass der immer nur *endlich* viel Speicherplatz besitzt. Folglich liegt es nahe, die Welt abzuschneiden. Der Rand macht aber Ärger, weil hier mangels vorhandener Nachbarn die einfachen Regeln gestört sind und das die Phänomenwelt „verunreinigt". Eine Lösung, den Einfluss des Randes zu mildern, besteht darin, die Welt einfach möglichst groß zu machen, eine andere darin, die Welt an den Rändern in sich zurückzukrümmen: Neben der Randzelle geht die Welt einfach vom gegenüberliegenden Ende wieder weiter. Im Bild oben wäre der rechte Nachbar der Spalte [11] wieder die Spalte [0]. Diese Idee konnten Sie, wenn Sie das Programm verwendet haben, dort auch wiederfinden:

Wenn ein Objekt über den oberen Rand hinausgeht, kommt es von unten wieder. Möglicherweise haben Sie sich gefragt, wie man sich so eine Welt vorstellen kann. Das Zusammenrollen von $\mathbb{Z}$ zu $\mathbb{Z}_n$ konnte man sich geometrisch ja noch vor Augen führen. Nun gilt es, einen „zweidimensionalen Zahlenkreis" zu konstruieren. Formal kann das so aussehen:

$$\mathbb{Z}_{12} \times \mathbb{Z}_8 = \{(a,b)\,|\,a \in \mathbb{Z}_{12}, b \in \mathbb{Z}_8\}$$

Ein Punkt auf dem endlichen Gitter hat dann z.B. die Koordinaten ([5],[1]) Einen Punkt mit den Koordinaten (12,1) gibt es dann nicht mehr, denn er ist ja identifiziert mit (0,1) und zu ([0],[1]) zusammengeschmolzen.

Die so entstehende Welt kann man sich durchaus noch anschaulich vorstellen, nachfolgend einmal für $\mathbb{Z}_8 \times \mathbb{Z}_6$:

→*Programm*
Zahlen
_auf_Torus

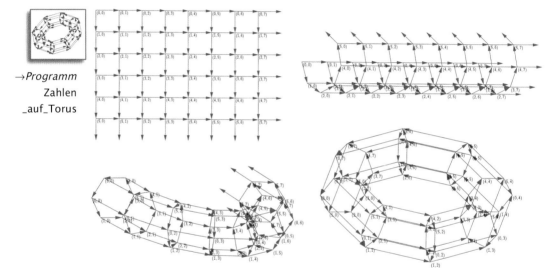

Wenn man sich analog zum Zahlenkreis $\mathbb{Z}_n$ also die zweidimensionale „Restklassenwelt" $\mathbb{Z}_m \times \mathbb{Z}_n$ vor Augen führen möchte, so kann man auf das Bild eines *Torus* zurückgreifen. Seine doppelt in sich zurückgebogene Struktur führt in vielen Gebieten der Mathematik zu interessanten Problemen und Konzepten. Beim ersten Biegevorgang entsteht ein Schlauch, den man sich noch mit einem Blatt Papier realisiert denken kann. Danach werden die beiden Enden des Schlauches zu einer Art *Schwimmring* verklebt. (Das lateinische Wort *Torus* klingt zwar besser, bedeutet aber auch nur „Wulst".) Dass beim zweiten Biegevorgang allerdings Abstände zwischen den Zahlen in Mitleidenschaft gezogen werden, ist unvermeidbar. Mit einem flachen Blatt Papier ist der Torus nicht herstellbar, denn dieses bleibt auch beim Biegen immer flach: An jedem Punkt gibt es eine Richtung, die geradlinig verläuft. Beim Torus ist das anders: An fast jeder Stelle ist die Fläche in jede Richtung gekrümmt, mal nach innen, mal nach außen. Daher muss man die Fläche so verzerren, dass die Abstände nicht fest bleiben.

Für das Rechnen mit ganzen Zahlen kann man
diese geometrischen Phänomene aber einfach
ignorieren und die Abstände zwischen den Gitterpunkten alle als 1 annehmen. Für die Zwecke der
arithmetischen Strukturen ist die entscheidende
Eigenschaft des Torus, dass er es schafft, zwei
Dimensionen zu Kreisen zu biegen. In dieser ge-

schlossenen zweidimensionalen Welt funktioniert damit das Restklassenkon-
zept ganz analog wie in einer Dimension. Am Beispiel von $\mathbb{Z}_8 \times \mathbb{Z}_6$ bedeutet das:
Alle Zahlen aus $\mathbb{Z} \times \mathbb{Z}$, die sich in der einen Richtung um ein Vielfaches von 8
unterscheiden und in der anderen um ein Vielfaches von 6, sind gleichwertig.
Noch viel allgemeiner lässt sich diese Idee des „Rechnens in zwei Dimensionen" auch auf beliebige Gruppen anwenden, was dann so aussieht:

Zu zwei Gruppen $(G, \circ)$ und $(H, \circ)$ kann man eine *Produktgruppe* mit ele-
mentweiser Verknüpfung von Paaren bilden:

$$(G \times H, \circ) = \{ (a,b) \mid a \in G,\, b \in H \} \text{ mit } (a_1,b_1) \circ (a_2,b_2) = (a_1 \circ a_2,\, b_1 \circ b_2)$$

Dabei können die Operationen in jedem „Faktor" durchaus verschieden
sein. Die Definition lässt sich auf mehr als zwei Faktoren erweitern. Im
Falle gleicher Faktoren schreibt man auch $G^n = G \times \ldots \times G$.

Man kann sich vorstellen, dass beide Gruppen in $G \times H$ senkrecht zueinander
stehen – ob nun in einer offenen Form in der Ebene oder geschlossen wie auf
einem Torus, ist eher der Fantasie des Einzelnen überlassen, denn die Elemente
einer Gruppe sind ja nicht immer geometrisch interpretierbar. Für mehr als
zwei Gruppen, also in höheren Dimensionen wird es ohnehin eine größere
Herausforderung an die Vorstellung. Entscheidender ist bei dem Konzept der
Produktgruppe, dass in den Dimensionen getrennt gerechnet wird.

Wendet man dies auf die ganzen Zahlen oder Restklassen an, so hat man sogar
zwei Operationen $+$ und $\cdot$, die man elementweise ausführen kann.

Durch Produktbildung mit $\mathbb{Z}$ und $\mathbb{Z}_n$ erhält man unendliche Zahlengitter

$$\mathbb{Z}^n = \mathbb{Z} \times \ldots \times \mathbb{Z}$$

und endliche Restklassengitter, z.B.

$$\mathbb{Z}_a \times \mathbb{Z}_b \times \mathbb{Z}_c \text{ oder } (\mathbb{Z}_2)^3 = \mathbb{Z}_2 \times \mathbb{Z}_2 \times \mathbb{Z}_2.$$

In diesen Mengen addiert und multipliziert man komponentenweise:

$$(a,b) + (c,d) = (a+c, b+d) \text{ und } (a,b) \cdot (c,d) = (a \cdot c, b \cdot d)$$

In allen Fällen gilt: Beide Operationen sind assoziativ und kommutativ.
Die Addition führt zu einer Gruppe. Bezüglich der Multiplikation gibt es
nicht immer inverse Elemente, wohl aber ein neutrales. Man nennt diese
Strukturen auch *(Zahlen-)Ringe*.

Einige der hier genannten Eigenschaften wären noch formal zu beweisen (auch wenn das nicht besonders aufregend ist). Damit Sie mit den Gebilden vertraut werden, ist es aber noch wichtiger, einige einfache Fragen an ihre Struktur zu stellen:

Übung 3.1: Untersuchen Sie $(\mathbb{Z}\times\mathbb{Z},+,\cdot)$ und $(\mathbb{Z}_5\times\mathbb{Z}_3,+,\cdot)$

a) Welches sind die neutralen Elemente zur Addition und zur Multiplikation?

b) Welche Elemente haben Inverse bezüglich der Addition oder der Multiplikation, welche nicht? Gibt es Nullteiler?

c) Lässt sich jeweils die ganze additive Gruppe durch wenige Elemente erzeugen? Welche wären das? (Vgl. zum Erzeugen von Gruppen Kapitel 2, S. 34.)

Dass $(0,0)$ bzw. $([0],[0])$ sowie $(1,1)$ bzw. $([1],[1])$ die neutralen Elemente sind, überrascht nicht. Bei der Addition liefern die elementweisen Inversen die „zweidimensionalen Inversen": $-(a,b) = (-a,-b)$, denn $(a,b) + (-a,-b) = (a + (-a), b + (-b)) = (0,0)$. Das Ganze geht so natürlich zu, dass man achtgeben muss, hier nicht im „Blindflug" Terme zu verrechnen, und sich klarmachen sollte, was die Minuszeichen in den einzelnen Schritten bedeuten.

Bei den Inversen der Multiplikation erinnern Sie sich, dass in manchen Restklassenringen Elemente ohne Inverse existierten. Da aber beide Teile von $\mathbb{Z}_5\times\mathbb{Z}_3$ Restklassen mit Primzahlteiler sind, könnte es hier auch elementweise funktionieren. Beispielsweise ist $([4],[2])([4],[2]) = ([1],[1])$ und daher ist $([4],[2])^{-1} = ([4],[2])$. Allerdings kann es auch passieren, dass das Produkt von zwei Nicht-Nullelementen zu null wird: $(2,0)\cdot(0,3) = (0,0)$. Sowohl in $\mathbb{Z}\times\mathbb{Z}$ als auch in $\mathbb{Z}_5\times\mathbb{Z}_3$ kommen Nullteiler hinzu, die folglich auch nicht invertierbar sind. Bei „zweidimensionalen Zahlen" sind solche Nullteiler (die sozusagen „teilweise null" sind) aufgrund der Konstruktion nicht zu vermeiden.

Will man die additiven Gruppen mit wenigen Elementen erzeugen, so liegt es natürlich nahe, für jede Dimension jeweils *ein* Element verantwortlich zu machen. Das funktioniert auch ganz gut:

$$\mathbb{Z}\times\mathbb{Z} = <(1,0),(0,1)> \text{ und } \mathbb{Z}_5\times\mathbb{Z}_3 = <([1],[0]),([0],[1])>$$

Man sieht am ersten Beispiel noch einmal, warum man beim Erzeugen der Gruppe auch die Inversen mit hinzunehmen muss. Würde man sich darauf beschränken, $(1,0)$ und $(0,1)$ immer wieder miteinander zu verknüpfen, so erreichte man nur die positiven Zahlen in jeder Dimension. Die beiden Inversen $(-1,0)$ und $(0,-1)$ müssen also in irgendeinem Schritt der Erzeugungsprozedur explizit mit dazugenommen werden.

Vielleicht haben Sie auch entdeckt, dass sich $\mathbb{Z}_5\times\mathbb{Z}_3$ noch einfacher erzeugen lässt, nämlich so: $\mathbb{Z}_5\times\mathbb{Z}_3 = <([1],[1])>$. Wenn Sie immer wieder dieses eine Element mit sich kombinieren, werden Sie schließlich alle 15 Elemente der additiven Gruppe erreicht haben. Am „aufgefalteten Torus" in der nachfolgenden

Abbildung können Sie diese Situation noch einmal analysieren. Wie steht es um andere Gruppen mit mehreren Dimensionen? Welche sind ebenfalls auf diese Weise erzeugbar, welche nicht? Hier gibt es noch viele Erkundungsgelegenheiten.

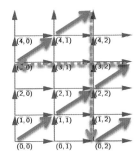

In einer letzten Erkundung können Sie nun noch einmal sehen, wir nützlich es ist, bei der Analyse von Problemen auf die Strukturen und Vorstellungen, die mit diesen neuen Zahlenräumen verbunden sind, zurückzublicken.

Erkundung 3.6: Im Jahre 1978 kam eines der ersten Handheld-Computerspiele auf den Markt. Mit „Merlin" konnte man neben „Tic Tac-Toe" auch ein Spiel namens „Magisches Quadrat" spielen. Durch Drücken eines Feldes änderte man dessen Zustand und auch den aller Nachbarfelder, die eine Kante mit dem gedrückten gemeinsam haben. Eine zufällige Anordnung von An/Aus-Zuständen war dann durch eine Reihe von Tastendrücken zu beseitigen. In einer modernen Fassung sieht das so wie im

→*Programm*
Merlin_ Spiel

Bild aus. Dargestellt sind die Resultate der Züge z_2, z_5 und z_9, wenn man sie jeweils auf ein vollständig rotes Feld anwendet.

$$z_2 = \begin{pmatrix} \bar{1} & \bar{1} & \bar{1} \\ \bar{0} & \bar{1} & \bar{0} \\ \bar{0} & \bar{0} & \bar{0} \end{pmatrix}$$

Analysieren Sie das Spiel und entwickeln Sie eine Lösungsstrategie. Hinweise dazu (Sie können aber auch ohne loslegen):

- Es ist nützlich, die Züge und deren Kombinationen als Summen im Raum $(\mathbb{Z}_2)^9$ aufzuschreiben. Oben rechts ist $z_2 = ([1],[1],[1],[0],[1],[0],[0],[0],[0])$ in einer übersichtlicheren Matrix-Kurzform notiert.
- Gehen Sie zuerst vom Nullelement (rotes Feld) aus und prüfen, ob Sie Konfigurationen erreichen können, bei denen nur ein Feld grün ist.

Formulieren Sie alle allgemeinen Erkenntnisse und Strategien bei der Problemlösung, die Sie aufgrund Ihrer Kenntnisse der Gesetzmäßigkeiten $(\mathbb{Z}_2)^9$ verwenden. Ausführliche Diskussionen der Lösung dieses Spiels und vieler Varianten finden Sie unter www.jaapsch.net/puzzles/lights.htm.

Wenn Sie die Notation in $(\mathbb{Z}_2)^9$ genutzt haben, haben Sie vielleicht recht bald bemerkt, dass sich hier wichtige Eigenschaften des Spiels widerspiegeln. Da die Komponenten jeweils Elemente in $\mathbb{Z}_2$ sind, gilt für alle Züge $z_i + z_i = [0]$. Außerdem ist die Addition kommutativ, d.h., die Reihenfolge, in denen die Züge vorgenommen werden, ist irrelevant – auch wenn die Zwischenzustände dabei sehr unterschiedlich aussehen können, z.B. ist $z_1 + z_5 + z_9 = z_5 + z_9 + z_1$. Beides zusammen hat die Konsequenz, dass Sie einen Zug, der in einer längeren Reihe zweimal, viermal usw. vorgekommen ist, auch weglassen können. Wenn Sie also durch Herumprobieren herausgefunden haben, dass man eine grüne Ecke so erzeugen kann:

$$z_1 + z_3 + z_9 + z_5 + z_8 + z_5 + z_4$$

$$\begin{pmatrix} 1 & 0 & 0 \\ 1 & 1 & 0 \\ 1 & 0 & 0 \end{pmatrix} + \begin{pmatrix} 0 & 1 & 0 \\ 1 & 1 & 1 \\ 0 & 1 & 0 \end{pmatrix} + \begin{pmatrix} 0 & 0 & 0 \\ 0 & 1 & 0 \\ 1 & 1 & 1 \end{pmatrix} + \begin{pmatrix} 0 & 0 & 0 \\ 0 & 0 & 1 \\ 0 & 1 & 1 \end{pmatrix} + \begin{pmatrix} 0 & 1 & 0 \\ 1 & 1 & 1 \\ 0 & 1 & 0 \end{pmatrix} + \begin{pmatrix} 0 & 1 & 1 \\ 0 & 0 & 1 \\ 0 & 0 & 0 \end{pmatrix} + \begin{pmatrix} 1 & 1 & 0 \\ 1 & 0 & 0 \\ 0 & 0 & 0 \end{pmatrix} = \begin{pmatrix} 0 & 0 & 1 \\ 0 & 0 & 0 \\ 0 & 0 & 0 \end{pmatrix}$$

können Sie die Zugfolge so vereinfachen: $z_1 + z_3 + z_4 + z_8 + z_9$. Diesen kombinierten Zug können Sie sich nun vormerken und bei einer Lösung einsetzen, um die Farbe einer Ecke umzukehren ([0] + [1] = [1], [1] + [1] = [0]), denn er lässt die anderen Quadrate, egal ob grün oder rot, immer unberührt (x + [0] = x). Das bedeutet übrigens auch, dass eine Lösung, die von einer willkürlichen Färbung zum Zustand „alles rot" führt, höchstens neun Züge benötigen kann. Jeder Zug, der dabei doppelt gemacht wird, könnte aus der Folge auch weggelassen werden.

Für die weiteren Lösungen helfen nun Symmetrieargumente weiter. Möglicherweise ist Ihnen bei der letzten Zugkombination aufgefallen, dass die fünf Züge dieselbe Symmetrie besaßen wie das eine grüne Kästchen, nämlich nur die eine diagonale Spiegelachse. Wenn man durch einen Zug die Symmetrie bricht (z.B. durch z_2), ohne dies zu kompensieren (durch z_6), kann man nicht hoffen, ein Ergebnis der entsprechenden Symmetrie zu bekommen.

Man kann die Symmetrie allerdings auch konstruktiv nutzen: Das gedrehte Ergebnis (z.B. Ecke rechts unten) erhält man, indem man die Zugfolge dazu dreht. Man braucht also nur noch eine Zugfolge, um ein einzelnes Kantenfeld umzukehren, und eine, um den Mittelpunkt umzukehren (und kann bei der Suche auch gleich darauf achten, dass man die jeweilige Symmetrie bei seiner Zugwahl gleich mitberücksichtigt.)

Mit etwas Durchhaltevermögen können Sie auf diese Weise Zugkombinationen zum Umkehren jedes einzelnen Feldes finden und jeden Zustand wieder in den gleich gefärbten Endzustand überführen. Durch Austauschen und Eliminieren von Doppelzügen (in Gruppenbegriffen: durch Ausnutzen von Kommutativität $x + y = y + x$ und Selbstinversheit $x + x = 0$) kann man die Lösung noch optimieren.

Wenn Sie auf die Erkenntnisse dieses Kapitels zurückblicken, so haben Sie vor allem Erfahrungen mit allen Arten von ganzen Zahlen und ihrer Abkömmlingen gemacht. Das hat die Möglichkeiten der Arithmetik mit ganzen Zahlen erweitert, einerseits in Richtung von kleineren Zahlräumen, den Restklassen, andererseits in Richtung mehrdimensionaler Zahlen, den Produkträumen. Beide

Wege sind gewissermaßen Standardwege, wie man aus Gruppen neue Gruppen generiert, und sie finden viel Anwendung.

Dadurch, dass Sie in diesem Kapitel ausschließlich von $\mathbb{Z}$ ausgegangen sind, sind die neuen Zahlenräume allesamt relativ „brav": Sie sind alle *kommutativ* wie ihre „Mutter" und sie sind auch nur *von endlich vielen Elementen erzeugt*. Der sogenannte *Hauptsatz der endlich erzeugten abelschen Gruppen* (der hier nicht weiter behandelt oder bewiesen wird) besagt, dass man mit den hier beschriebenen Gruppentypen im Prinzip schon alle Möglichkeiten ausgeschöpft hat. Das bedeutet: Wenn eine Gruppe kommutativ ist und von drei Elementen a, b und c erzeugt wird, von denen $a + a + \ldots$ und $b + b + \ldots$ niemals 0 werden, aber $c + c + \ldots = 0$ zum ersten Mal nach zehn Schritten, dann weiß man, dass man es mit dieser Gruppe zu tun hat: $\mathbb{Z} \times \mathbb{Z} \times \mathbb{Z}_{10}$

Diese Art der Systematisierung aller Möglichkeiten, wie bestimmte Gruppen aussehen können, ist eines der Ziele der *Gruppentheorie*. Erste Schritte in diese Richtung sind getan: für endliche Symmetriegruppen der Ebene in Kapitel 2 und für gewisse kommutative Gruppen in Kapitel 3. Im nachfolgenden Kapitel werden Sie einem weiteren Gruppentyp begegnen, der alle bisherigen Überlegungen in einen größeren Zusammenhang stellt.

3.4   Übungen

Übung 3.2: Sie haben womöglich bisher der Tatsache, dass $\mathbb{Z}$ auch negative Zahlen enthält, noch keine besondere Beachtung geschenkt. Was bedeutet aber der „Rest bei Division durch 4", wenn man Zahlen wie –1, –4 oder –7 betrachtet? Zu welcher Restklasse $a + 4\mathbb{Z}$ gehört –1? Hierzu können Sie auf verschiedene Weisen eine Antwort finden:

a) Erweitern Sie die Multiplikationstabelle nach oben und nach links: Welche Reste sollten dann bei $3 \cdot (-2)$ stehen, damit das Muster erhalten bleibt?

b) Rechnen Sie mit Mengen: Mit welchem $a = 0, 1, 2, 3$ kann man Restklassen zu negativen Zahlen am besten darstellen: $-2 + 4\mathbb{Z} = a + 4\mathbb{Z}$

c) Nutzen Sie eine mathematisch präzise Definition von „Rest": Für die Zahlen a, b, $n \in \mathbb{N}$ gibt es genau eine Zahl $r \in \mathbb{N}$ mit $b = n \cdot a + r$ und $0 \leq r \leq n - 1$. Diese Zahl nennt man den Rest bei Division von b durch a. Machen Sie sich diese Aussage für ein Beispiel mit $a = 4$ und $b \geq 0$ verständlich. Überprüfen Sie dann, was passiert, wenn Sie ein $b \leq 0$ wählen. Wenn Sie Lust verspüren, können Sie zudem prüfen, ob diese Definition „hält", wenn Sie auch $a \leq 0$ zulassen.

Übung 3.3: Untersuchen Sie die Gleichung $x^2 = a$ in verschiedenen $\mathbb{Z}_n$. Für welche a ist diese Gleichung lösbar? Wann besitzt sie keine, eine oder sogar mehrere Lösungen? Erkennen Sie eine Systematik?

Übung 3.4: Der Quintenzirkel in der Musik durchschreitet die Oktaven (mit zwölf Halbtönen) in Quinten (das sind sieben Halbtöne). In welcher Reihenfolge werden die Halbtöne 1 bis 11 dabei abgearbeitet? Rechnen Sie in $\mathbb{Z}_{12}$.

Übung 3.5: Haben Sie sich eigentlich schon gefragt, wie korrekt und tragfähig die Mengenschreibweise $(3 + 4\mathbb{Z}) \cdot (2 + 4\mathbb{Z}) \subseteq 2 + 4\mathbb{Z}$ eigentlich ist? Kann man mit Mengen „einfach losrechnen", also z.B. so etwas schreiben: $(3 + 4\mathbb{Z}) \cdot (2 + 4\mathbb{Z}) = 3 \cdot 2 + 3 \cdot 4\mathbb{Z} + 4\mathbb{Z} \cdot 2 + 4\mathbb{Z} \cdot 4\mathbb{Z} = 6 + 12\mathbb{Z} + 8\mathbb{Z} + 16\mathbb{Z} = 2 + (4 + 12\mathbb{Z} + 8\mathbb{Z} + 16\mathbb{Z}) = 2 + x\mathbb{Z}$. Welches x könnte hier passen? Kann man hier $x = 4$ setzen? Vielleicht muss man etwas vorsichtiger überprüfen: Welche Mengen stecken hinter $4\mathbb{Z} + 4\mathbb{Z}$, $4\mathbb{Z} + 8\mathbb{Z}$, $8\mathbb{Z} + 12\mathbb{Z}$ oder $12\mathbb{Z} + 16\mathbb{Z}$? Warum schreibt man bei Rechnungen wie $(1 + 4\mathbb{Z}) \cdot (2 + 4\mathbb{Z}) \subseteq 2 + 4\mathbb{Z}$ immer „$\subseteq$" und nicht „$=$"? Wenn Sie hier etwas Übersicht gewonnen haben, untersuchen Sie Entsprechendes auch für die Addition: $(3 + 4\mathbb{Z}) + (2 + 4\mathbb{Z}) = 3 + 2 + 4\mathbb{Z} + 4\mathbb{Z} = 6 + 4\mathbb{Z} + 4\mathbb{Z} = 2 + (4 + 4\mathbb{Z} + 4\mathbb{Z}) = 2 + 4\mathbb{Z}$. Sind die Gleichheitszeichen hier sinnvoll, d.h., sind die Mengen links und rechts wirklich gleich? Was ist hier ähnlich bzw. anders als bei der Multiplikation?

Übung 3.6: Aus den letzten zwei Stellen kann man schon viel darüber ablesen, was die Wurzel einer gegebenen Quadratzahl sein könnte. Zu welchen Wurzeln haben die Quadratzahlen alle dieselbe beiden Endziffern? Schreiben Sie Ihre Überlegungen auch in $\mathbb{Z}_{100}$ auf.

Übung 3.7: Im Ring der ganzen Zahlen $\mathbb{Z}$ gibt es Primzahlen, also solche Zahlen, für die gilt: $p = a \cdot b \Rightarrow p = a \lor p = b$. Diese Definition ist eigentlich für $\mathbb{N}$ formuliert. Wie kann man sie so abändern, dass man eine sinnvolle Primzahldefinition in $\mathbb{Z}$ hat? Welche Zahlen sind dann Primzahlen in $\mathbb{Z}$? Wie sehen Primzahlen in $\mathbb{Z}_5$ oder $\mathbb{Z}_6$ aus? Worin besteht hier die Besonderheit?

Übung 3.8: In Zahlenringen (die eine Addition und eine Multiplikation besitzen), werden invertierbare Elemente auch *Einheiten* genannt. Die Gruppe, die durch Entnahme aller nicht invertierbaren Elemente entsteht, ist die Einheitengruppe. Welche ist die Einheitengruppe $\mathbb{Z}^*$ von $(\mathbb{Z}, \cdot)$? Welche Einheitengruppe hat $\mathbb{Z}_6 \times \mathbb{Z}_8$? Welches ist die Einheitengruppe von $\mathbb{Q}$?

Übung 3.9: Das „Game of Life" kann man auch eindimensional untersuchen (im Programm dazu einfach $n = 1$ einstellen). Eindimensionale Punktwesen leben in $\mathbb{Z}_m \times \mathbb{Z}$. Eine Funktion $L : \mathbb{Z}_m \times \mathbb{Z} \to \mathbb{Z}_2$ beschreibt den Zustand der Zelle $x \in \mathbb{Z}_m$ zum Zeitpunkt $t \in \mathbb{Z}$. Was bedeutet dann folgende Entwicklungsregel: $L(x, t + 1) = L(x - 1, t) + L(x + 1, t)$? Bei wie vielen Nachbarn stirbt bzw. lebt eine Zelle?

Übung 3.10: Wenn man bei diesem Spielfeld auf eine Ecke drückt, werden die Ecke und die Mitte umgefärbt. Auf die Mitte kann man nicht drücken. Wie lauten die Spielzüge in $\mathbb{Z}_2 \times \mathbb{Z}_2 \times \mathbb{Z}_2 \times \mathbb{Z}_2$? Wird die ganze Gruppe durch die Züge erzeugt?

4 Tauschen
Mit Permutationen rechnen und Probleme lösen

Words are barriers, necessary gates beyond which lies the larger letter universe.
Most people stop at the arrangement of letters a word presents: EARTH is
earth and only earth. But within EARTH, there is RATHE and THRAE.
Whitin EARTH, there is HEART.
Myla Goldenberg, „Bee Season" (2000)

Schon bei den Deckabbildungen von Dreiecken haben Sie bemerkt: Man dreht
und spiegelt zwar die gesamte Figur, ja sogar die gesamte Ebene um sie herum,
aber eigentlich reicht es, sich darauf zu konzentrieren, was mit den Eckpunkten
geschieht: Spiegelungen tauschen Paare von Eckpunkten (A↔B, C↔D), während Drehungen dafür sorgen, dass gleich alle Punkte „durchtauschen"
(A→B→C→D→A). Solche Tauschbewegungen sind Thema dieses Kapitels
und Sie werden sehen, dass in der Betrachtung solcher Tauschbewegungen der
Schlüssel zu eigentlich allen Symmetrien liegt.

4.1 Puzzles mit Vertauschungen lösen

Vielleicht haben Sie als Kind auch gerne mit „Tauschpuzzles" gespielt? Auch
wenn Sie diese sicherlich nicht unter diesem Namen kennengelernt haben, das
eine oder andere Tauschpuzzle ist Ihnen sicher begegnet. Das bekannteste ist
wohl der „Zauberwürfel" in seinen unterschiedlichen Varianten:

Aber auch das viel ältere Schiebepuzzle taucht immer wieder aus der Versen-
kung auf – und sei es als billig produziertes und sich fortwährend verklemmen-
des Werbegeschenk. Gemeinsam ist diesen Puzzles, dass es jeweils eine Reihe
von Bewegungen gibt, die bestimmte Objekte von einem Ort zum anderen
transportieren. Das Perfide dabei ist, dass man zwar jedes Objekt von jedem

Ort an jeden anderen bekommt (diese Eigenschaft nennt man in der Mathematik „Transitivität"), dass sich dabei aber eine ganze Reihe anderer Objekte auf eine Weise bewegt, was einem möglicherweise nicht gelegen kommt. Die Aufgaben, die man sich bei solchen Puzzles in der Regel stellt, bestehen darin, von einer bestimmten Anordnung zu einer anderen zu kommen oder von einer beliebigen „durcheinandergewürfelten" Anordnung zu einer Zielanordnung – und das so schnell wie möglich, also mit wenigen „Zügen".

Als der Zauberwürfel 1980 populär wurde, meldeten sich viele Hobby- und Berufsmathematiker zu Wort, denn die systematische Suche nach Lösungen für solche Probleme war ihr Metier. Die „Würfelforschung" hat allerdings bis ins Jahr 2010 gebraucht, bis endlich mathematisch sauber bewiesen wurde, dass die höchste Zahl an Zügen für die Lösung aus jeder noch so verzwickten Position genau 20 ist. Sie können förmlich riechen, wie hinter den „Zügen", „Kombinationen" und „Lösungsschritten" solcher Tauschpuzzles Operationen, Symmetrien und Gruppen stecken. Damit Sie aber nicht gleich den kompletten klassischen Zauberwürfel durchleuchten müssen, können Sie in der folgenden Erkundung eine kleinere 2D-Version in Angriff nehmen.

→*Programm*

2D_Zauber
wuerfel

Sie können
aber auch nur
mit Papier und
Bleistift
forschen.

Erkundung 4.1: Untersuchen Sie einen „2D-Würfel". Gefärbt sind hier nicht die Flächen eines Würfels, sondern die Seiten eines Quadrates, sodass die erlaubten Drehungen wie im Bild aussehen:

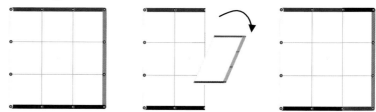

Die Züge bestehen also aus Drehungen einer Dreierleiste um 180°. Die Quadrate sind dabei auf der Rückseite so gefärbt wie auf der Vorderseite. Der Einfachheit halber sind die horizontale und die vertikale mittlere Dreierleiste nicht beweglich. Nun können Sie den 2D-Würfel analysieren:

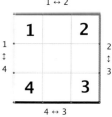

- Welche Züge gibt es? Wie kann man sie aufschreiben?
- Was passiert, wenn man zwei Züge hintereinander ausführt? Wie findet man die Verknüpfung $\rho \circ \sigma$ von zwei Zügen σ und ρ („Sigma" und „Rho")?

Um die Züge auf einfache Weise zu notieren, kann man die vier Positionen der Eckfelder nummerieren. Die Züge σ und ρ kann man dabei auffassen als Abbildungen, die die Menge der vier Zahlen $\{1, 2, 3, 4\}$ auf sich selbst abbilden, also z.B. $\sigma(2) = 3$ und $\sigma(3) = 2$. Wendet man erst σ und dann ρ an, so schreibt man $\rho \circ \sigma$.

Vielleicht haben Sie bei Ihrer Untersuchung eine der folgenden vereinfachenden Schreibweisen verwendet. Einen Zug wie ganz oben kann man bildlich oder symbolisch folgendermaßen schreiben:

$\sigma:$ oder $\begin{pmatrix} 1 & 2 & 3 & 4 \\ 1 & 3 & 2 & 4 \end{pmatrix}$ oder $2\leftrightarrow3$ oder (23)

Das heißt: Die 1 und die 4 bleiben auf ihren Positionen, die 2 wechselt auf die Position 3. Verknüpft man die mit einer zweiten Abbildung:

$\rho:$ oder $\begin{pmatrix} 1 & 2 & 3 & 4 \\ 1 & 2 & 4 & 3 \end{pmatrix}$ oder $3\leftrightarrow4$ oder (34) ,

so ergibt sich:

$\rho\circ\sigma:$ oder $\begin{pmatrix} 1 & 2 & 3 & 4 \\ 1 & 4 & 2 & 3 \end{pmatrix}$ oder $2\to4\to3\to2$ oder (2432)

Machen Sie sich die Bedeutung der Schreibweisen klar, damit Sie sich für Ihre weitere Arbeit eine (oder mehrere) passende auswählen können.

Erkundung 4.2: Wenn Sie sich mit den Zugmöglichkeiten und der Notation vertraut gemacht haben, können Sie die grundsätzlicheren und interessanteren Fragen untersuchen:
- Kann man von der Ausgangsposition zu jeder Position der vier Eckwürfel gelangen? Welche Züge muss man jeweils anwenden?
- Welches ist die höchste Zahl von Zügen, die man aus jeder Position braucht, um wieder die Grundposition zu erhalten?

Hilfreich können dabei folgende „Unterfragen" sein:
- Wie sieht zu einem Zug derjenige Zug aus, der diesen rückgängig macht?
- Wie sieht zu einer Folge von Zügen die Folge von Zügen aus, die diese rückgängig machen?
- Welche Kombination von Zügen lässt sich durch einen anderen, einfacheren „Ersatz"-Zug beschreiben?
- Wie kann man einer „Durchtauschung" mehrerer Ecken ansehen, welche Züge beteiligt waren?
- Welche Rolle spielt die Reihenfolge von Zügen? Bei welchen Folgen von Zügen ist die Reihenfolge egal, bei welchen nicht?

Schreiben Sie am besten die Menge aller Züge als Verknüpfungstabelle auf. Erkennen Sie die Gruppenstruktur? Erkennen Sie Untergruppen? Wenn Sie fertig sind, können Sie Ihre Kenntnisse auf einen zweidimensionalen Würfel mit fünf Ecken (wie könnte der aussehen?) oder einen dreidimensionalen 2×2-Würfel anzuwenden versuchen.

Sie haben in der Erkundung einen mehr oder weniger systematischen Überblick darüber gewonnen, wie man Platztausche und vor allem ihre Verknüpfung beschreiben kann. Die einzelnen Züge, die man beim 2D-Zauberwürfel ausführen kann, zeichnen sich dadurch aus, dass immer nur zwei Elemente ihren Platz tauschen: 1↔2, 2↔3, 3↔4, 1↔4

Dies bezeichnet man mit dem Fachbegriff *Transposition*. Nicht alle Transpositionen lassen sich beim 2D-Würfel durch direkte Züge verwirklichen, beispielsweise kann man nicht gegenüberliegende Ecken tauschen. Durch etwas Experimentieren findet man aber Zugfolgen, die dies leisten: Beispielsweise kann man zuerst 1 und 2 tauschen, danach die 1 (die dann an der Stelle der 2 steht) mit der 3 und schließlich die 3 (die dann an der ursprünglichen Stelle der 2 steht) wieder mit der 1.

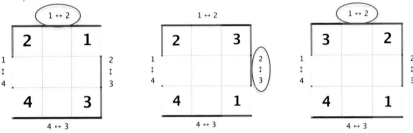

Mit weniger Zeichenaufwand kann man diese Zugfolge auch so darstellen:

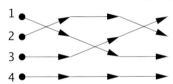

Man erkennt, wie die 1 an die Position 2 wandert und dann an die Position 3, während die 2 an die Position 1 geht und dann zurückkehrt. Diese drei Wechsel könnte man so aufschreiben:

Sichtweise **A**: (1 tauscht mit 2) ... (1 tauscht mit 3) ... (2 tauscht mit 3).

Vielleicht hat Sie diese Schreibweise aber auch etwas irritiert, denn Sie haben im Bild oben ja eigentlich diese Züge ausgeführt:

Sichtweise **B**: 1↔2, danach 2↔3 und danach wieder den ersten Zug 1↔2.

Beide Sichtweisen sind durchaus korrekt, aber sie beschreiben verschiedene Aspekte der Züge. **A** beschreibt, welche Ecken ausgetauscht wurden, wenn die Zahlen als Eckenbezeichnungen mitwandern. Obwohl sie also im ersten und dritten Schritt dieselbe „Handbewegung" ausführen, werden verschiedene Zahlenpaare getauscht. **B** bezeichnet einen Zug damit, welche *Positionen* miteinander getauscht werden, egal wohin die verschiedenen Ecken und darauf geschriebenen Zahlen vorher schon gewandert sind. Gleiche Züge behalten dabei auch immer dieselbe Bezeichnung. Aus diesem Grund – und wegen weiterer praktischer Vorteile des Arbeitens mit Schreibweise B, die Sie später noch erkennen werden – hat sich die Beschreibungsweise **B** für Tauschoperationen durchgesetzt.

Die obige Verknüpfung der drei Operationen kann man als Hintereinanderausführung also so schreiben:

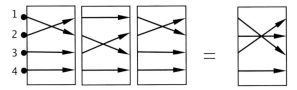

Oder, wenn man es rein symbolisch ausdrücken will:

$$1\leftrightarrow3 = 1\leftrightarrow2 \circ 2\leftrightarrow3 \circ 1\leftrightarrow2 \,,$$

wobei die Verknüpfung von Abbildungen wieder von rechts nach links gelesen wird: Wenn man zunächst die erste mit der zweiten Position tauscht, dann die zweite mit der dritten und schließlich die erste wieder mit der zweiten, so ist das gleichbedeutend damit, als hätte man die erste und die dritte direkt vertauscht.

In derselben Weise können Sie Ihre weiteren Entdeckungen nun einfach aufschreiben. Beispielsweise kann die Hintereinanderausführung von drei Transpositionen auch zu ganz anderen resultierenden Vertauschungen führen:

$$3\leftrightarrow4 \circ 2\leftrightarrow3 \circ 1\leftrightarrow2 = 1\rightarrow4\rightarrow3\rightarrow2\rightarrow1$$

Diese „Rechnung" kann man auch ganz ohne Bild durchführen: Auf der linken Seite lässt sich die Wirkung dieser Hintereinanderausführung auf jede Position erkennen. Von rechts nach links liest man in $3\leftrightarrow4 \circ 2\leftrightarrow3 \circ 1\leftrightarrow2$ ab:

- Position 1 wechselt auf 2, danach 2 auf 3, danach 3 auf 4. Die Pfeile im folgenden Bild zeigen, wie man das von der 1 ausgehend lesen kann:

- Was passiert mit Position 4? Sie bleibt bei den ersten beiden Vertauschungen von rechts erhalten und wechselt dann in der dritten auf Position 3.
- Was passiert mit Position 3? Sie bleibt zunächst erhalten und wechselt dann auf Position 2. Diese 2 bleibt im dritten Schritt unangetastet.
- Und was passiert mit Position 2? Sie wechselt gleich zu Beginn auf Position 1 und bleibt dann dort stehen.

All das kann man auf einen Blick an der Schreibweise 1→4→3→2→1 erkennen. Man nennt eine solche komplexe Durchtauschung, bei der mehr als zwei Elemente bewegt werden, eine *Permutation*. Transpositionen sind also besonders einfache Permutationen und es kommt die berechtigte Frage auf: Welche Permutationen gibt es überhaupt? Und entstehen sie alle durch Verknüpfung von Transpositionen? Für den Zauberwürfel bedeuten diese Fragen konkreter: Wie viele Einstellungen hat er? Und lässt sich jede Einstellung durch die vier Züge erzeugen (und auch wieder rückgängig machen)?

Um dies untersuchen zu können, bekommen Sie eine letzte, noch effizientere Schreibweise an die Hand, die nun auf die Pfeile verzichtet. Eine mögliche Permutation von vier Zahlen lautet:

$$\begin{pmatrix} 1 & 2 & 3 & 4 \\ 2 & 3 & 1 & 4 \end{pmatrix} \text{ oder, mit Pfeilen geschrieben: } \nearrow 1 \rightarrow 2 \rightarrow 3 \searrow \text{ und } \nearrow 4 \searrow$$

Mit weniger Schreibaufwand kann man das auch so ausdrücken:

(1231)(4) oder nur (123)(4) oder sogar nur (123).

Diese Schreibweise bedeutet, dass 1, 2 und 3 *zyklisch* ineinander übergehen, d.h. dass insbesondere auf die 3 wieder eine 1 folgt. Die Zahlen, die unverändert bleiben, weil sie auf sich selbst abgebildet werden – wie hier die (4) –, kann man im Prinzip auch weglassen, wenn man weiß, dass es um vier Zahlen geht. Diese aufs Einfachste reduzierte sogenannte „Zykelschreibweise" würde bei der nächsten Permutation also ergeben:

$$\begin{pmatrix} 1 & 2 & 3 & 4 \\ 4 & 3 & 2 & 1 \end{pmatrix} \text{ bedeutet mit Pfeilen geschrieben } \nearrow 1 \rightarrow 4 \searrow \text{ und } \nearrow 2 \rightarrow 3 \searrow$$

oder auch 1↔4 und 2↔3 oder, noch kürzer, (14)(23).

Die Bezeichnung *Zykelschreibweise* deutet an, dass alle Permutationen als aus *Zykeln* (also „Kreisen") zusammengesetzt gesehen werden. Eine Transposition wie (14) ist beispielsweise ein Zweierzykel, (123) ein Dreierzykel und das letzte Beispiel (14)(23) ist aus zwei Zweierzykeln zusammengesetzt. Die beim Puzzle oben möglichen Züge sind nur bestimmte Transpositionen (12), (23), (34) und (14). Wenn man sie kombiniert, bekommt man auch andere Permutationen, z.B. (14)(23) oder (123).

Bei der Zykelschreibweise hat man im Prinzip die Möglichkeit, bei unterschiedlichen Zahlen zu beginnen: (123) beschreibt dieselbe Permutation wie (231) oder (312). Um schneller zu erkennen, dass dieselbe Permutation vorliegt, kann man festlegen, dass man in jedem Zykel stets mit der kleinsten Zahl beginnt. Für die Permutation, die umgedreht durchtauscht, schreibt man dann nicht (321), sondern (132).

In der folgenden Erkundung können Sie sich gleichzeitig in der Zykelschreib-weise üben und abschließend die noch offenen Fragen am 2D-Zauberwürfel klären.

Erkundung 4.3: Untersuchen Sie die zentralen noch offenen Fragen zum 2D-Würfel aus zwei Perspektiven:

1.) Aus der Perspektive der Ergebnisse: Wie viele und welche Permutationen der vier Ecken sind potenziell möglich? Finden Sie alle Positionen der vier Zahlen 1234, unabhängig davon, ob sie tatsächlich durch die Züge erreichbar sind. Schreiben Sie alle Permutationen in Zykelschreibweise.

2.) Aus der Perspektive der Züge, also der erzeugenden Transpositionen: Bilden Sie alle möglichen Verknüpfungen von ein, zwei, drei usw. Transpositionen. Sie können auch die durch Verknüpfung entstandenen „komplexen Züge" wieder als Grundelemente von weiteren Verknüpfungen wählen. Nutzen Sie auch hier die Zykelschreibweise.

Wenn Sie während der Erkundung ein System erkennen, können Sie sich die Arbeit vielleicht vereinfachen.

Wenn Sie Ihre Ergebnisse zu den beiden Perspektiven zusammentragen und betrachten, was können Sie alles über die Lösung des 2D-Zauberwürfels aussagen?

Natürlich können Sie zunächst beginnen, „zu Fuß" die Ergebnisse aller Permutationen aufzuschreiben (1234, 1243, 1324, 1342, ...) und dann in Zykel-schreibweise zu übersetzen. Sie haben aber sicher schnell bemerkt, dass Sie mit einer Permutation wie z.B. (123) auch gleich eine ganze Gruppe von Permutationen mit analoger Struktur gefunden haben (also z.B. (124), (132) usw.). Wenn Sie sich das zunutze machen, erhalten Sie die folgende Liste:

- 6 Zweierzykeln (Transpositionen): (12), (13), (14), (23), (24), (34),

darunter die vier elementaren Züge des 2D-Würfels, aber auch zwei, die nicht unmittelbar durch Drehungen am Würfel möglich sind.

- 8 Dreierzykeln: (123), (124), (134), (234),
                      (132), (142), (143), (243),

darunter jeweils zwei in „entgegengesetzer" Richtung: (123) schiebt die 1 auf die 2, die 2 auf die 3 und die 3 auf die 1. (132) macht das genau umgekehrt: Die 1 geht auf die 3, die auf die 2 und diese wiederum auf die 1.

- 6 Viererzykeln: (1234), (1243), (1324),
                      (1342), (1432), (1423)

Auch hier gibt es zu jedem Zykel einen, der in entgegengesetzter Richtung läuft.

- 3 Doppelzweierzykeln: (12)(34), (13)(24), (14)(23)

Diese tauschen gleichzeitig gegenüberliegende Eckenpaare oder einmal sogar diagonal gegenüberliegende.

Das „neutrale Zykel", das keine Zahlen permutiert (und für das verschiedene, nicht immer konsequente Schreibweisen benutzt werden), ist:

$$(1) = \text{Id} = (\,)$$

In dieser ersten Perspektive war nicht zu erkennen, ob jede der möglichen Eckenpermutation auch tatsächlich durch eine Verknüpfung mit ausschließlich den *vier elementaren Züge* erreichbar ist. Wir haben den Würfel in Gedanken sozusagen vollständig auseinandergenommen und wieder zusammengebaut. Nun kann man ausprobieren, wohin man gelangt, wenn man regelgerecht nur die elementaren Züge (12), (23), (34), (14) miteinander verknüpft.

Die Verknüpfung von „elementfremden Transpositionen" – (12) hat kein Element mit (34) gemeinsam – ergibt die beiden Doppelzweier, und zwar egal in welcher Reihenfolge man sie ausführt.

$$(12)\circ(34)= (34)\circ(12)= (12)(34) \qquad \text{und analog } (14)(23)$$

Wenn man diese beiden Züge probeweise miteinander verknüpft, erhält man den noch fehlenden Doppelzweier:

$$(12)(34)\circ(14)(23) = (13)(24)$$

Will man beim Würfel alle Steine diagonal austauschen, so kann man sich hierfür also diesen kombinierten Zug merken:

$$(12)\circ(34)\circ(14)\circ(23) = (13)(24)$$

Spaßeshalber kann man einmal probieren, was passiert, wenn man nicht gegenüberliegende Seiten zusammen verdreht, sondern um den Würfel herum nacheinander jeweils eine Seite:

$$(12)\circ(23)\circ(34)\circ(14) = (234)$$

Es kommt also ein Dreierzykel heraus – möglicherweise eine nützliche Erkenntnis. Aber wie entstehen die beiden fehlenden Zweierzykel, die jeweils nur *eine* Diagonale austauschen? Vielleicht haben Sie ja diese Verknüpfungen gefunden:

$$(12)\circ(23)\circ(12) = (13)$$

$$(34)\circ(23)\circ(34) = (24)$$

Man könnten den Diagonal-Doppelzweier also auch so erzeugen:

$$(13)(24) = (13)\circ(24) = (12)\circ(23)\circ(12)\circ(34)\circ(23)\circ(34)$$

Ein solcher Sechserzug ist aber merklich uneffizienter als der oben gefundene Viererzug.

Offen geblieben ist noch, was passiert, wenn man benachbarte Transpositionen miteinander verknüpft, also z.B.:

$(12) \circ (23) = (123)$

Diese Erkenntnis kann man nutzen, um grundsätzlich Dreierzykel (also z.B. $(12) \circ (24) = (124)$), und ganz analog Viererzykel nur aus benachbarten Transpositionen zu erzeugen:

$(12)(23)(34) = (1234)$

Ein Viererzykel wie $(1324) = (13) \circ (23) \circ (24)$ entsteht allerdings aus Transpositionen, die nicht nur die Grundzüge des Würfels enthalten – also z.B. die „Diagonalentransposition" (13). Diese kann man aber durch die bereits gefundene Darstellung ersetzen und erhält z.B.:

$$(1324) = (13)(23)(24) = (12)(23)(12) \circ (23) \circ (34)(23)(34)$$

Man braucht also sieben Züge, um die Permutation (1324) zu erreichen. Natürlich stellt sich die Frage, ob es auch kürzere Wege gibt.

Bis zu diesem Punkt haben Sie aber nun alle Ideen beisammen, um im Prinzip jede mögliche Permutation durch eine Folge der vier Transpositionen, welche erlaubte Züge des 2D-Würfels sind, darzustellen. Die Frage, ob jede mögliche Stellung der vier Ecken erreicht werden kann, ist also positiv zu beantworten.

Der bislang „schlimmste Fall" braucht dazu sieben Züge – Sie können sich leicht überzeugen, dass man für alle anderen Permutationen weniger Züge benötigt. Vielleicht lassen sich diese Zugfolgen aber noch weiter vereinfachen. Fürs Erste ist aber klar, wie man für jede Stellung einen Lösungsweg findet und dass dieser höchstens sieben Züge lang ist.

Rückblickend kann es sein, dass Sie den Eindruck gewonnen haben, die Zykelschreibweise sei komplizierter als die schlichte *Aufzählung* aller 24 Permutationen. Die Zykelschreibweise leistet aber etwas Neues: Sie erlaubt eine ganz neue Sicht auf die *Struktur* von Permutationen und lässt viel besser erkennen, wie die permutierten Elemente *zusammenhängen* und wie man sie miteinander *verknüpfen* kann. Nur so kann man das Problem des Zauberwürfels knacken.

Beim originalen $3 \times 3 \times 3$-Zauberwürfel ist die Vorgehensweise dieselbe. Zunächst werden die elementaren Züge identifiziert: Man kann jeweils sechs ganze Seiten um ein Viertel drehen: V(orne), H(inten), O(ben), U(nten), R(echts), L(inks). Jeder Zug permutiert vier Ecksteine und vier Randsteine. Danach kann man untersuchen, welche Kombinationen von Zügen welche neuen nützlichen Permutationen erzeugen. Beispielsweise führt die Zugfolge HHHRRHHR-HHHRRRHHHRRVUHUUUVVV (ausnahmsweise von links nach rechts zu lesen) zum Austausch von zwei Kantensteinen und lässt alles andere unverändert. Sie ahnen aber schon, dass die Situation hier viel komplizierter wird. Man hat es nicht mit 24 Permutationen zu tun, sondern im schlimmsten Fall mit $8! \cdot 3^8 \cdot 12! \cdot 2^{12} = 519.024.039.293.878.272.000$ Permutationen – die Ecksteine können untereinander tauschen und mit den Kantensteinen, zusätzlich kann jeder Stein in drei bzw. zwei Orientierungen stehen. Anders als beim 2D-Würfel sind aber nicht alle Permutationen durch Grundzüge erreichbar, sondern nur ein Zwölftel. Wenn Sie einen Würfel auseinander- und wieder beliebig zusammenbauen, kann es sein, dass Sie die Grundstellung nie wieder erreichen können. Eine erste Idee könnte sein, einen Computer damit zu programmieren, alle Kombinationen von Grundzügen durchzuprobieren und damit den kürzesten Weg zu jeder Stellung zu finden. Diese sogenannte „brutale Gewalt-Methode" (*brute force strategy*) muss aber scheitern, denn die ungeheure Zahl von Möglichkeiten kann kein Supercomputer bewältigen: Schon das einfache Durchzählen aller Permutationen mit der Geschwindigkeit von einem sogenannten Megaflop (eine Million Rechenschritte pro Sekunde) würde mehr als eine Million Jahre benötigen. Umso beeindruckender müssen die Konzepte und Strategien erscheinen, die die Mathematiker entwickeln mussten, um zu beweisen, dass jede Stellung in höchstens 20 Zügen zu erreichen ist.[1]

4.2   Mit Permutationen Symmetrien erfassen

Die Untersuchung des vereinfachten 2D-Zauberwürfels hat geholfen, die Grundidee der Permutationen und ihrer Verknüpfungen zu entwickeln. Tatsächlich sind solche Permutationen viel universeller verwendbar, eigentlich sogar für jede Art von Gruppen mit endlich vielen Elementen. Die Symmetrien einer geometrischen Figur haben Sie in Kapitel 2 als Gruppe von Deckabbildungen kennengelernt. Um eine solche Gruppe zu analysieren, hat es immer gereicht, zu erfassen, wie sich die Deckabbildungen auf die Eckpunkte der Figur auswirken. Die Permutationschreibweise hat dabei den Vorteil, dass man einerseits zwischen der abstrakten Permutation und der konkreten Abbildung leicht hin- und herwechseln kann – im Bild rechts erkennt man sofort Permutationen (132) und die (12)(34). Andererseits kann man aber auch rein symbolisch, unter Ausblendung der Vorstellungen, mit den Permutationen „rechnen".

---

[1] Wenn Sie sich für die mathematischen Ideen bei der Untersuchung des Zauberwürfels interessieren, finden Sie einen Einstieg bei Wikipedia (de.wikipedia.org/ wiki/ Zauberwürfel) oder gleich ein ganzes Buch dazu (das zu diesem Zweck auch in die Gruppentheorie einführt): David Joyner (2002): Adventures in Group Theory: Rubik's Cube, Merlin's Machine, and Other Mathematical Toys.

Man findet so z.B., dass sich im Dreieck die
beiden Drehungen aufheben: $(132)(123) = (1)$,
oder dass die Kombination zweier Spiegelungen eine Drehung um $180°$ ist: $(14)(23) \circ$

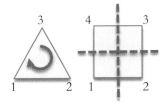

$(12)(34) = (13)(24)$. Permutationen in Zykelschreibweise bieten uns auf diese Weise einen
Kalkül, der den verschiedenen Strukturen und Phänomenen beim Abbilden
hervorragend angepasst ist. Das ist im Übrigen die Kernidee eines mathematischen Kalküls: Man kann das Nachdenken über die Korrektheit seiner Schritte
zumindest zeitweise getrost einsparen, denn dafür sorgt der *Calculus* – wörtlich
die „Kieselsteinchen", mit denen man in alten Zeiten auf einem Rechenbrett
hantierte.

Bei der Beschreibung der Deckabbildungen des Dreiecks über Permutationen
haben Sie diese drei Typen gefunden:

id	(1)	die identische Permutation bzw. identische Abbildung
r, r^2	$(123), (132)$	die beiden entgegengesetzten Drehungen d_{120} und d_{240}
s_1, s_2, s_3	$(12), (13), (23)$	die drei Spiegelungen, die jeweils eine Ecke festlassen und die beiden anderen austauschen

Das sind auch tatsächlich *alle* Permutationen, die es unter drei Zahlen geben
kann. Als Gruppentafel sieht das so aus:

Drehungen und Spiegelungen wurden hier
jeweils gleich gefärbt und bilden symmetrische Blöcke. Diese Gruppe nennt man
auch die vollständig symmetrische Gruppe
oder kürzer die *Symmetrische Gruppe* zu drei
Elementen oder noch kürzer die S_3. Der
Name deutet an, dass die Gruppe alle
möglichen Symmetrien enthält, also die

$\circ$	(1)	(123)	(132)	(12)	(13)	(23)
(1)	(1)	(123)	(132)	(12)	(13)	(23)
(123)	(123)	(132)	(1)	(13)	(23)	(12)
(132)	(132)	(1)	(123)	(23)	(12)	(13)
(12)	(12)	(23)	(13)	(1)	(132)	(123)
(13)	(13)	(12)	(23)	(123)	(1)	(132)
(23)	(23)	(13)	(12)	(132)	(123)	(1)

maximale Symmetrie von drei Punkten beschreibt. Die Gruppentafel der S_3 hat
erwartungsgemäß dieselbe Struktur wie die der Deckabbildungen des Dreiecks.
Man kann also feststellen, dass die Permutationsgruppe auf drei Elementen und
die Diedergruppe des Dreiecks strukturgleich sind: D_3 „$=$" S_3. (Diese Idee von
Strukturgleichheit wird im nächsten Kapitel noch einmal präziser gefasst.)

Wie steht es aber nun um das Quadrat? Umfasst die Diedergruppe D_4 hier
ebenfalls alle Permutationen? Die elementaren Züge des 2D-Würfels enthielten
keine Eckenvertauschungen, welche beim Quadrat durch Spiegeln oder Drehen
erreicht werden konnten. Diese entstanden erst durch Verknüpfung. Dafür
konnten aber beim 2D-Würfel *alle* denkbaren Permutationen von vier Elementen, also die volle S_4 erreicht werden.

Bevor der Zusammenhang geklärt wird, hier zunächst einmal eine Definition
der Symmetrischen Gruppen für jedwede Zahl von Elementen:

> Eine bijektive (also in beide Richtungen eindeutige) Abbildung zwischen einer Menge und sich selbst stellt eine „Umordnung" der Elemente dar und wird *Permutation* genannt. Die Menge aller Permutationen zur Zahlenmenge $\{1, 2, ..., n\}$, nennt man auch (endliche) *Symmetrische Gruppe*.
>
> $S_n = \{ \sigma : \{1, 2, ..., n\} \to \{1, 2, ..., n\} \mid \sigma \text{ bijektiv} \}$
>
> Jede Symmetrische Gruppe bildet mit der Verknüpfung tatsächlich eine Gruppe $(S_n, \circ)$, die für $n > 2$ nicht kommutativ ist und $n!$ Elemente besitzt: $|S_n| = n!$
>
> In der Zykelschreibweise kann man eine Permutation im Prinzip verschieden aufschreiben: $(123) = (231) = (312)$. Aus Gründen der eindeutigen Erkennbarkeit wird meist die „alphabetische" Reihenfolge der Zahlen gewählt, hier also (123). Das neutrale Element schreibt man (1), das inverse Element zu $(a_1 a_2 ... a_n)$ ist $(a_1 a_n ... a_2)$. Die Permutation (ab) von genau zwei Elementen nennt man eine *Transposition*.

Nun zurück zu der Frage, welche Beziehungen zwischen der D_4 und der S_4 bestehen.

→*Programm*

Symmetrien_ des_Tetra eders

Erkundung 4.4: Untersuchen Sie die Struktur der Diedergruppe D_4 in der Permutationsschreibweise. Am besten bringen Sie sie in einer Verknüpfungstabelle in eine übersichtliche Form. Erreichen Sie so sämtliche Permutationen von vier Elementen?

Eine andere, *dreidimensionale* Form kann ebenfalls helfen, sich die Permutationen von vier Elementen vorzustellen: das gleichseitige Tetraeder. Hier sehen Sie einige Ansichten desselben Tetraeders. Die zweite ist weniger vertraut, weist aber auf bestimmte „quadratische" Symmetrien hin, die man sonst leicht übersieht. Das dritte Bild zeigt eine vereinfachte Darstellung für schnelle Notizen.

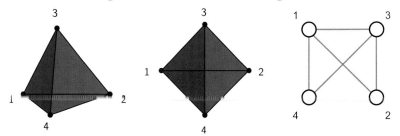

a) Welche Deckabbildungen finden Sie? Welche Permutationen der vier Ecken gehören jeweils dazu?

b) Welche weiteren Permutationen sind denkbar? Finden Sie auch dazu Deckabbildungen, z.B. durch Kombination der bereits gefundenen?

c) Sortieren Sie die Typen von Permutationen/Deckabbildungen, die Sie gefunden haben, auf systematische Weise.

Welche Beziehungen zwischen der Tetraedergruppe und der Quadratgruppe konnten Sie während Ihrer Untersuchungen erkennen?

Zunächst also zu den Deckabbildungen des Quadrates in Permutations-schreibweise. Diese lassen sich beispielsweise so einteilen:

- (1) – die identische Permutation bzw. identische Abbildung
- (1234), (13)(24) und (1432) – die drei Drehungen d_{90}, d_{180} und d_{270}
- (12)(34), (14)(23), (13), (24) – die vier Spiegelungen

Man kann an den Zykeln gut einige besondere Strukturen der Deckabbildungen erkennen: Die Drehung um 180° tauscht beispielsweise gegenüberliegende Punkte. Oder: Zwei Spiegelungen tauschen zwei Paare von Punkten. Zwei andere Spiegelungen (an der Diagonale) lassen jeweils ein Punktepaar fest. Die Gruppentafel der Gruppe D_4 hat – wenn man die Elemente in einer günstigen Reihenfolge anordnet – eine ausgesprochen interessante Struktur.

Sie ist einerseits wesentlich asymmetrischer als die Verknüpfungstafeln von kommutativen Gruppen. Dennoch ist sie nicht chaotisch, sondern auf eine bestimmte systematische Weise nicht-kommutativ – ganz analog zur weiter oben abgebildeten S_3:

∘	(1)	(1234)	(13)(24)	(1432)	(12)(34)	(24)	(14)(23)	(13)
(1)	(1)	(1234)	(13)(24)	(1432)	(12)(34)	(24)	(14)(23)	(13)
(1234)	(1234)	(13)(24)	(1432)	(1)	(24)	(14)(23)	(13)	(12)(34)
(13)(24)	(13)(24)	(1432)	(1)	(1234)	(14)(23)	(13)	(12)(34)	(24)
(1432)	(1432)	(1)	(1234)	(13)(24)	(13)	(12)(34)	(24)	(14)(23)
(12)(34)	(12)(34)	(13)	(14)(23)	(24)	(1)	(1432)	(13)(24)	(1234)
(24)	(24)	(12)(34)	(13)	(14)(23)	(1234)	(1)	(1432)	(13)(24)
(14)(23)	(14)(23)	(24)	(12)(34)	(13)	(13)(24)	(1234)	(1)	(1432)
(13)	(13)	(14)(23)	(24)	(12)(34)	(1432)	(13)(24)	(1234)	(1)

Dennoch ist das noch nicht die ganze S_4, denn bestimmte, auch ganz einfache Permutationen – wie z.B. (12) oder (1243) – sind nicht enthalten. Das liegt daran, dass die Ecken eines Quadrates nicht vollständig symmetrisch sind. Zwar ist jede einzelne Ecke mit jeder anderen identisch, wählt man eine bestimmte Ecke aus, so zerfällt diese Symmetrie plötzlich, denn es gibt dann *zwei benachbarte* Ecken und *eine gegenüberliegende* Ecke. Beide Eckentypen sind nicht austauschbar, ohne das Quadrat zu „zerreißen".

An dieser Stelle schafft das gleichmäßige Tetraeder Abhilfe. Seine vier Ecken sind absolut gleichberechtigt: Jede steht zu jeder anderen in völlig gleicher Beziehung. Entfernt man eine oder zwei Ecken, so sieht der Rest immer gleich aus. Das macht Hoffnung, dass das Tetraeder tatsächlich die volle Symmetrie aller Permutationen besitzt. Man muss sie nur noch unter den Deckabbildungen finden.

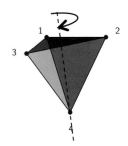

- Zunächst einmal erkennt man in allen Dreierzykeln Drehungen um 120°, jeweils um eine Achse, die durch einen Eckpunkt und den Mittelpunkt der gegenüberliegenden Seite geht. Zu jeder der vier Seitenflächen bzw. vier Eckpunkte gibt es die beiden Drittedrehungen

  (123), (132),   (124), (142),
  (134), (143),   (234), (243),

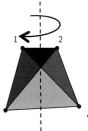

- Die Doppelzweierzykeln kann man alle als Drehungen um 180° an einer Achse durch zwei gegenüberliegende Seitenmitten erkennen:

  (12)(34), (13)(24), (14)(23)

  Diese Drehungen sieht am am besten bei der Draufsicht, die einen quadratischen Umriss sichtbar werden lässt.

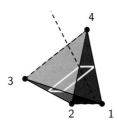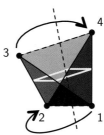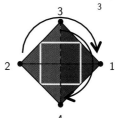

- Die Transpositionen kann man nicht durch Drehungen erhalten, denn Drehungen verändern immer mehr als zwei Punkte. Sie lassen sich aber alle als Spiegelungen an einer Ebene durch eine Kante wiederfinden. Den sechs Kanten entsprechen genau die sechs Transpositionen:

  (12), (13), (14), (23), (24), (34)

- Übrig bleiben noch die Viererzykeln, für die man weder passende Drehungen noch Spiegelungen der Tetraeder findet. Wenn man sich aber vor Augen führt, dass man sie so zusammensetzen kann (1234) = (123)(34), liefert das vielleicht die Inspiration, sie als zusammengesetzte Drehspiegelungen, also als Spiegelung und anschließende Drehung, aufzufassen. Dann erhält man:

  (1234), (1243), (1324), (1342), (1423), (1432)

Zusammen mit der identischen Drehung sind das insgesamt $1 + 8 + 3 + 6 + 6 = 24$ Permutationen, also die gesamte Symmetrische Gruppe S_4. Eine Gruppentafel mit 24×24 Einträgen zu erstellen, wollen wir uns ersparen. Anhand der konkreten Überlegungen ist auch so klar, dass die D_4 eine Untermenge der S_4 und für sich gesehen eine Gruppe ist. Die beiden Beispiele

($D_3 = S_3$, $D_4 < S_4$) lassen ahnen, dass man auch die höheren Diedergruppen als Untergruppen von Symmetrischen Gruppen auffassen kann, also z.B. die D_5 mit 10 Elementen als Untergruppe der S_5 mit 5! = 120 Elementen: (12345) wäre dann eine Fünfteldrehung, (25)(34) eine Spiegelung an einer Achse durch den Punkt 1. Mithilfe von Permutationen kann man z.B. recht effizient untersuchen, ob man mit diesen beiden Abbildungen die gesamte Diedergruppe (Übungen 4.6 und 4.7) oder mit wie vielen und welchen elementaren Permutationen man sogar die ganze Symmetrische Gruppe S_5 erzeugen kann.

Das sich hier andeutende Prinzip – eine Gruppe anhand ihrer Permutationen zu analysieren – lässt sich übrigens bei beliebigen endlichen Gruppen anwenden. Nicht nur die Diedergruppen sind Untergruppen von Symmetrischen Gruppen, sondern *jede* endliche Gruppe. Das werden Sie im letzten Abschnitt noch einmal systematisch sehen.

Zuvor jedoch können Sie noch eine wichtige konkrete Untergruppe der Symmetrischen Gruppe kennenlernen und dabei erfahren, wie Sie mit Ihren Kenntnissen zu Permutationen weitere „Permutationspuzzles" durchschauen und lösen können.

Was der Zauberwürfel für das 20. Jahrhundert anrichtete, das leistete das Schiebepuzzle oder auch *15-Puzzle* gegen Ende des 19. Jahrhunderts (im Bild unten eine Version von ca. 1880): Hunderttausende von Menschen ließen ihre Arbeit liegen, um Plättchen in die richtige Reihenfolge zu schieben, und Mathematiker machten sich an die wissenschaftliche Untersuchung seiner Lösbarkeit (Johnson & Story, 1879). Wenn Sie es in Ihrer Kindheit noch nie in der Hand hatten, können Sie es nun einmal ausprobieren. Allerdings reicht bereits eine kleinere Version aus, um dabei die entscheidenden mathematischen Konzepte, die weit über das Puzzeln hinausreichen, zu entwickeln.

→*Programm*
Schiebe-
puzzle

Erkundung 4.5: Entwickeln Sie eine Lösungsstrategie für das vereinfachte 2×3-Schiebepuzzle:

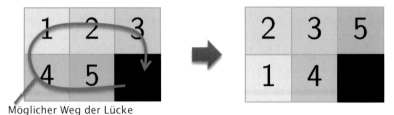

Möglicher Weg der Lücke

Sie sich können sich schrittweise einer Lösung nähern, indem Sie versuchen, ausgehend von der gelösten Form Züge mit möglichst elementaren Auswirkungen auf die Zahlen zu finden und diese dann geeignet zu kombinieren.

Ein Zug ist der Austausch der Lücke (praktischerweise auch „6" genannt) mit einem benachbarten Plättchen. Beginnen könnte man also mit (36) oder (56). Beachten Sie, dass, wie bei den Permutationen weiter oben, die Zahlen in einer solchen Notation nicht die Beschriftung der Plättchen bezeichnen, sondern die *festen Positionen* auf dem Brett. Nach dem Zug (56) könnte z.B. der Zug (45) folgen, bei dem die 6 an die Position der 4 rückt: $(45) \circ (56) = (456)$.

a) Leider ist die Menge der Züge keine Gruppe, auch wenn alle erlaubten Züge aus der S_6 stammen, denn man kann nicht jeden Zug mit jedem kombinieren. Welche Bedingungen müssen gelten, damit zwei Permutationen Spielzüge sind und damit man sie auch verknüpfen kann?

b) Ein Analysestrategie, welche auch die Arbeit gleich systematischer macht, besteht darin, bestimmte Abfolgen von Transpositionen zu größeren Spielzügen zusammenzufassen. Als gültiger Spielzug gilt dann nur eine Permutation, bei der die 6 zu Beginn und am Ende der Transpositionsfolge an der richtigen Position liegt, z.B.:

$$\alpha = (63) \circ (32) \circ (21) \circ (14) \circ (45) \circ (56) = (14532)$$

(Man kann hier von der Schreibkonvention abweichen, in einem Zykel immer mit der kleinsten Zahl zu beginnen, weil die Notation dann einfacher interpretierbar wird.) Bei einer Transpositionsfolge durchläuft die Lücke also eine geschlossene Bahn und liefert als Ergebnis eine Permutation der anderen 5 Elemente. Die zu untersuchende Gruppe besteht dann aus Elementen der S_5. Zwei Elemente kann man durch Nacheinanderausführen der Bahnen verknüpfen. Untersuchen Sie für weitere geschlossene Bahnen, welche Permutationen daraus hervorgehen. Verknüpfen Sie die gefundenen Elemente miteinander.

c) Welche Struktur der Gruppe zeichnet sich bei Ihren Untersuchungen ab? Welche Elemente sind in ihr enthalten? Welche scheinen nicht möglich zu sein? Können Sie Ihre Vermutungen beweisen oder auf andere Größen von Schiebepuzzeln verallgemeinern?

Der in der Erkundung gezeigte Weg α ist ein einfacher und führt zu einem Fünferzykel (14532). Wenn man die Lücke mehrfach hintereinander auf denselben Weg schickt, erhält man:

$$\alpha^2 = (14532) \circ (14532) = (15243) \qquad \alpha^3 = (13425) \qquad \alpha^4 = (12354)$$

Ein etwas kleinerer Zykel ergibt sich für die kleinere geschlossene Bahn β, die nur das rechte Quadrat durchläuft.

$$\beta = (63) \circ (32) \circ (25) \circ (56) = (352) \qquad \beta^2 = \beta^{-1} = (235)$$

Hier einige weitere Permutationen, die Sie gefunden haben könnten:

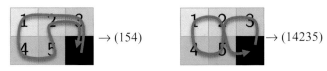

Wie auch immer man vorgeht und wie auch immer man bereits gefundene Permutationen verknüpft, es scheint jeweils auf Dreier- und Fünferzykeln hinauszulaufen. Zweierzykeln tauchen als Ergebnisse nicht auf – möglicherweise gibt es sie gar nicht? Wenn man es partout probiert, also z.B. 1 und 2 auszutauschen versucht, bekommt man es nur zum Preis bewerkstelligt, dass dazu z.B. auch 5 und 4 ihre Plätze tauschen, d.h., (12) scheint nicht möglich zu sein, wohl aber (12)(45).

Wenn Dreierzykel also das einfachst Mögliche sind, kann man versuchen, wenigstens nachzuweisen, dass man *jeden* Dreierzykel erzeugen kann – was auch gelingt. Mit zwei Dreierzykeln kann man dann durch Verknüpfen auch *jeden* Doppelzykel erzeugen nach dem Muster $(123) \circ (124) = (13)(24)$ und auch *jeden* Fünferzykel nach dem Muster $(142) \circ (234) = (14234)$.

Offen bleibt die Frage: Gibt es wirklich keine Zweierzykel und auch keine Viererzykel? Und wenn ja, warum ist das so? Einen Hinweis liefert die Art der Erzeugung der Permutationen: Die Bahn der Lücke durch das Puzzle verläuft immer rechtwinklig und besteht daher immer aus einer geraden Anzahl von Schritten. (Man stelle sich vor, wie eine geschlossene Bahn eines Turmes auf einem Schachfeld aussieht: Er überquert immer abwechselnd weiße und schwarze Felder.) Das bedeutet, dass alle Permutationen in diesem Spiel aus einer geraden Anzahl von Transpositionen entstehen, also z.B.:

$(12) \circ (23) = (123)$
$(12) \circ (23) \circ (12) \circ (24) = (13)(24)$
$(12) \circ (23) \circ (34) \circ (45) = (12345)$

Die verbleibenden Permutationen entstehen anscheinend alle nur aus einer ungeraden Zahl von Transpositionen:

$(12) \circ (23) \circ (34) = (1234)$
$(12) \circ (23) \circ (12) \circ (24) \circ (45) = (13)(245)$

Ist es denn wirklich nicht möglich, auch durch eine *gerade* Zahl von Transpositionen einmal bei einer *ungeraden*, also z.B. einer einfachen Transposition zu landen, also z.B. (12) = (...)∘(...)∘(...)∘(...)∘(...)? Bei der Untersuchung des Spiels haben Sie jedenfalls keine gefunden und in der Tat steckt auch ein Prinzip dahinter:

In den Symmetrischen Gruppen kann man jede Permutation aus Transpositionen zusammensetzen, z.B. (1234)(567) = (12)(23)(34)(56)(67). Es gibt aber immer mehrere und auch unterschiedlich lange Möglichkeiten. Unabhängig von der konkreten Zusammensetzung aus Transpositionen gehört aber jede Permutation zu einem der beiden folgenden Typen:

Gerade Permutationen	*Ungerade Permutationen*
Jede Darstellung über Transpositionen hat eine gerade Anzahl.	*Jede* Darstellung über Transpositionen hat eine ungerade Anzahl.
z.B.: Kombinationen einer geraden Zahl von Transpositionen: (12)(34) oder Zykeln mit einer ungeraden Anzahl von Elementen: (123), (12345)	*z.B.:* Kombinationen einer ungeraden Zahl von Transpositionen: (12), (12)(34)(56) oder Zykeln mit einer geraden Anzahl von Elementen: (1234)

Weil das Produkt von zwei geraden Permutationen wieder gerade ist, bilden die geraden Permutationen eine Untergruppe der S_n

$$A_n = \{\ \sigma \in S_n \mid \sigma \text{ ist eine gerade Permutation}\ \},$$

die sogenannte *Alternierende Gruppe,* die genau die Hälfte der Elemente der S_n enthält.

Hierin steckt natürlich noch eine Behauptung, die erst bewiesen werden muss. Die Tatsache, dass man eine Permutation tatsächlich *gerade* oder *ungerade* nennen kann, weil die Transpositionszahl in einer Darstellung zwar unterschiedlich, aber pro Permutation immer entweder gerade oder ungerade ist, ist nicht offensichtlich und unmittelbar zu erkennen. Der Unterschied zwischen geraden und ungeraden Permutationen wird besonders deutlich, wenn man ihre unterschiedliche *Wirkung* auf geeignete Objekte betrachtet. Ein auch später noch nützliches Objekt dieser Art ist das folgende Polynom in n Variablen $x_1,\ldots,x_n$:

$$D(x_1,\ldots,x_n) = \prod_{1 \le i < j \le n} (x_i - x_j), \text{ z.B. } n=3: \ D(x_1, x_2, x_3) = (x_1 - x_2)(x_1 - x_3)(x_2 - x_3)$$

Jede mögliche Differenz taucht in diesem Produkt genau einmal auf, und zwar immer mit dem kleineren Index als erstem. So wie die Symmetrie einer geometrischen Figur bedeutet, dass bei einer Permutation der Ecken die Figur gleich bleibt, besitzt auch dieses Polynom Symmetrien. Tauscht man beispielsweise *zwei* Variablen aus – d.h. wendet man die Transposition (*ab*) auf das Polynom an –, so verändert es sich aufgrund seines Aufbaus kaum: Es bleibt ein Produkt aus allen Differenzen. Allerdings verändert sich die Anordnung der Variablen in den Differenzen und damit das Vorzeichen. Für eine Transposition gilt:

$$(12)D(x_1,x_2,x_3) = D(x_2,x_1,x_3) = (x_2 - x_1)(x_2 - x_3)(x_1 - x_3) = -D(x_1,x_2,x_3)$$

Man kann nun bei jeder beliebigen Permutation σ fragen, ob sie das Vorzeichen umkehrt oder nicht. Es gilt nämlich

$$\sigma D(x_1,\ldots,x_n) = D(x_{\sigma(1)},\ldots,x_{\sigma(n)}) = (\pm 1)\cdot D(x_1,\ldots,x_n) = \text{sign}(\sigma)\cdot D(x_1,\ldots,x_n)$$

Man kann man dazu die Vorzeichenfunktion $\text{sign}: S_n \to \{+1,-1\}$ („signum") für Permutationen definieren. Jeder Permutation wird also je nach Wirkung ein Vorzeichen +1 oder –1 zugewiesen. Was eine *gerade Permutation* ist, wird auf diese Weise nicht über das (noch unsichere) Kriterium der Zahl der Transposition definiert, sondern darüber, dass sie das Vorzeichen $\text{sign}(\sigma) = +1$ hat. Günstigerweise lässt sich aus dieser Definition auch die Frage der Anzahl an Transpositionen in einer Permutation klären. Die Vorzeichenfunktion hat nämlich die günstige Eigenschaft, dass $\text{sign}(\sigma \circ \rho) = \text{sign}(\sigma)\cdot\text{sign}(\rho)$ gilt. Die Multiplikation von Permutationen und die ihrer Vorzeichen sind also miteinander verträglich. Das sieht man so (am besten für $n = 3$ einmal konkret anschauen, s. Übung 4.9):

$$(\sigma \circ \rho)(D(x_1,\ldots,x_n)) = \sigma(\rho(D(x_1,\ldots,x_n)) = \text{sign}(\sigma)\cdot\text{sign}(\rho)\cdot D(x_1,\ldots,x_n)$$

Das hat für die Anzahl der Transpositionen, mit denen man σ erzeugt, Konsequenzen: Wenn man mit $\sigma = \tau_1 \circ \ldots \circ \tau_k$ irgendeine Darstellung von σ über Transpositionen wählt, gilt:

$$\text{sign}(\sigma) = \text{sign}(\tau_1)\cdot\ldots\cdot\text{sign}(\tau_k) = (-1)^k$$

Für alle σ, für die $\text{sign}(\sigma) = 1$ ist, *muss* die Zahl der k Transpositionen also gerade sein und für alle σ mit $\text{sign}(\sigma) = -1$ *muss* sie ungerade sein. Wenn *eine* Darstellung einer Permutation über Transpositionen gerade ist, müssen es alle anderen auch sein.

Das hier beschriebene Konzept der geraden oder ungeraden Symmetrie einer Permutation wird in der Mathematik an vielen Stellen immer wieder eingesetzt. Für das Schiebepuzzle lauten die Erkenntnisse, die man daraus ziehen kann – formuliert unter Verwendung der neuen Konzepte:

- Alle Permutationen des Puzzles sind gerade, die Permutationsgruppe Puzzles ist also Teilmenge der $A_5 = \{\ \sigma \in S_n\ |\ \text{sign}(\sigma) = +1\ \}$.
- Alle Permutationen der A_5 lassen sich als Kombination von Dreierzykeln schreiben und das Puzzle ermöglicht alle Dreierzykeln, folglich ist die Permutationsgruppe des Puzzles gleich der ganzen A_5.

Dass man alle ungeraden Permutationen nicht erreichen kann, bedeutet z.B., dass eine Konfiguration, die nur durch Austauschen von zwei Ziffern entsteht, nicht durch Schieben erreichbar ist. Deswegen konnte Samuel Loyd, der König der Rätsel und Schachprobleme, Ende des 19. Jahrhunderts auch bedenkenlos einen Preis von 1000 $ auf die Lösung des sogenannten 15-14-Puzzles, bei dem er zwei Felder vertauscht hatte, aussetzen, und so den Verkauf seiner Puzzles noch einmal anheizen.

4.3 Gruppen als Permutationsgruppen

In der Permutationsgruppe wirken die Gruppenelemente auf eine Zahlenmenge, also z.B. {1,2,3,4}, die sie umordnen. Natürlich kann man genauso gut Buchstaben umordnen, also {A,B,C,D}, und Sie haben das bei den Deckabbildungen ja auch schon getan. Die Bezeichnungen der Objekte, auf die die Gruppe wirkt, sind zunächst einmal nebensächlich. Ebenso wie die Permutationsgruppen auf Mengen wirkt allerdings *jede* Gruppe auf eine Menge, nämlich auf die Menge ihrer „Buchstaben". Das ist zunächst überhaupt nicht naheliegend und soll im Folgenden an konkreten Beispielen erläutert werden.

Stellen Sie sich dazu die Menge der Gruppenelemente zweimal in unterschiedlicher Funktion vor: Einmal sind es einfach nur Objekte in einer Menge, also z.B. die Restklassen $\mathbb{Z}_4 = \{[0],[1],[2],[3]\}$. Dann wiederum sind es Abbildungen, die auf diese Elemente einwirken, indem man sie (z.B. von links) mit den Objekten mittels der Gruppenoperation verknüpft.

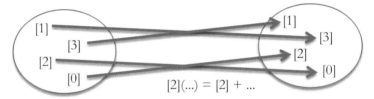

$$[2](...) = [2] + ...$$

Wenn Sie das aufschreiben wollen, könnten Sie [2] einmal als Element der Menge $\mathbb{Z}_4$ und einmal als Funktion [2]: $\mathbb{Z}_4 \to \mathbb{Z}_4$ mit [2]([3]) = [2] + [3] = [1] notieren. Wichtiger als die etwas hakelige Schreibweise, die sich durch die Doppelrolle der Gruppenelemente ergibt, ist aber die Tatsache, dass so jedes Gruppenelement zu einer bijektiven Abbildung wird und zu einer Permutation auf der Menge führt. Diese Aussage ist nichts anderes als die Gruppeneigenschaft, dass jedes Element ein Inverses besitzt, bzw. die Feststellung, dass in der Gruppentafel in jeder Zeile jedes Element genau einmal vorkommt. Die Gruppentafel enthält nämlich fein säuberlich aufgeschrieben zu jedem Element die Permutation, die es bewirkt.

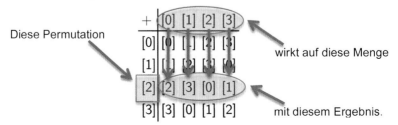

Die zu [2] gehörige Permutation kann man in Zykelschreibweise also auf diese Weise ([0][2])([1][3]) oder kürzer und ebenso unmissverständlich (02)(13) schreiben.

Erkundung 4.6: Untersuchen Sie die folgenden vier Gruppen, die Sie schon kennen und die alle vier Elemente enthalten, indem Sie alle ihre Elemente als Permutationen in Zykelschreibweise notieren. Welche Erkenntnisse können Sie daraus über die Gruppen ableiten? Welche Strukturen kann man möglicherweise besser erkennen als in der Verknüpfungstabelle?

- $(\mathbb{Z}_4, +)$ permutiert $\{[0], [1], [2], [3]\}$ (Die Restklassen modulo 4)
- $(\mathbb{Z}_5^{*}, \cdot)$ permutiert $\{[1], [2], [3], [4]\}$ (Die invertierbaren Elemente in $(\mathbb{Z}_5, \cdot)$)
- $(\mathbb{Z}_8^{*}, \cdot)$ permutiert $\{[1], [3], [5], [7]\}$ (Die invertierbaren Elemente in $(\mathbb{Z}_8, \cdot)$)
- $(D_2, \circ)$ permutiert $\{i, a, b, r\}$ (die Symmetriegruppe des Rechtecks)

Mit der Vorarbeit in $(\mathbb{Z}_4, +)$ und der obigen Verknüpfungstabelle ist eigentlich schon alles erledigt. Die Permutationen stehen ja schon säuberlich untereinander. Allerdings kann die Zykelschreibweise möglicherweise neue Einsichten bringen. Die vier Permutationen lauten dann (unter Fortlassung der eckigen Klammern):

(0), (0123), (02)(13), (0321)

Der Zykel (0), der alle Elemente am Platz lässt, ist die Wirkung der Abbildung [0] + ... Dass man hier wieder eine Vierteldrehung und ihre Mehrfachausführungen findet, überrascht nicht: (0123) (0123) = (02)(13).

$(\mathbb{Z}_5^{*}, \cdot)$ sieht in Zykelschreibweise so aus:

[1]· auf [1],[2],[3],[4] erzeugt [1],[2],[3],[4] also [1] ≡ (1)
[2]· auf [1],[2],[3],[4] erzeugt [2],[4],[1],[3] also [2] ≡ (1243)
[3]· auf [1],[2],[3],[4] erzeugt [3],[1],[4],[2] also [3] ≡ (1342)
[4]· auf [1],[2],[3],[4] erzeugt [4],[3],[2],[1] also [3] ≡ (14)(23)

Zusammen ergibt das (1), (1243), (1342), (14)(23). Das sieht zunächst einmal anders aus, ist aber auch wieder eine „abstrakte Vierteldrehung" (1243) und ihre Mehrfachausführung bis hin zu $(1243)^4$ = (1). Bis auf die Umbenennung der Elemente besitzen $(\mathbb{Z}_5^{*}, \cdot)$ und $(\mathbb{Z}_4, +)$ also dieselbe Struktur. Etwas anders sieht es bei den beiden nächsten Gruppen aus.

$(\mathbb{Z}_8^{*}, \cdot)$ permutiert $\{[1], [3], [5], [7]\}$ – hier gleich in Zykelschreibweise:

·	[1]	[3]	[5]	[7]
[1]	[1]	[3]	[5]	[7]
[3]	[3]	[1]	[7]	[5]
[5]	[5]	[7]	[1]	[3]
[7]	[7]	[5]	[3]	[1]

[1] ≡ (1)   [3] ≡ (13)(57)
[5] ≡ (15)(37)   [7] ≡ (17)(35)

Diesmal sind es alles Doppelzykel, also gewissermaßen „abstrakte Spiegelungen", die sich alle selbst wieder aufheben: [x]2 = [1].

Man erahnt bereits, dass sich diese Struktur analog in der Symmetriegruppe des Rechtecks wiederfindet. Allerdings wird es nun etwas seltsam, denn die Elemente der Symmetriegruppe wirken ja nicht auf den Gegenstand, sondern auf die Abbildungen als Elemente der Menge. $a(b) = a \circ b = r$ bedeutet hier: Wenn man a auf b anwendet, erhält man r. Das Nachschalten von $a\circ$ permutiert also die vier Abbildungen in der Menge auf die folgende Weise (die Bezeichnungen $\{1, a, b, r\}$ wurden gewählt, um die Zykel besonders einfach aussehen zu lassen): $(1), (1a)(br), (1b)(ar), (1c)(ar)$

Schnell sieht man, dass hier dieselbe Struktur wie in $(\mathbb{Z}_8^{*}, \cdot)$ vorliegt. Die etwas kompliziert erzeugte Permutationsstruktur sieht allerdings auch nicht anders aus als die Gruppenstruktur von $(D_2, \circ)$ selbst. Sofern man also bereits Abbildungen und keine arithmetischen Operationen vorliegen hat, entsteht nichts wesentlich Neues. Aber auch die Permutationen, die wir aus den arithmetischen Gruppen $(\mathbb{Z}_4, +), (\mathbb{Z}_5^{*}, \cdot)$ und $(\mathbb{Z}_8^{*}, \cdot)$ erzeugt haben, waren eigentlich immer strukturgleich mit den ursprünglichen Gruppen – sie haben ja auch wieder dieselben Verknüpfungstafeln, nur dass ihre Elemente nun zu Permutationen geworden sind.

Was man aus diesem „abstrahierenden Ausflug" vor allem lernen kann, ist: Alle Gruppen sind eigentlich Permutationen. Eine Gruppe mit 4 Elementen kann man auch als Gruppe von *Permutationen auf vier Elementen* auffassen und damit als *Untergruppe der Menge aller Permutationen auf vier Elementen,* also der S_4. Knapper aufgeschrieben sieht das so aus:

> Für jede Gruppe mit $|G| = n$ gilt $G \leq S_n$, indem man jedes Gruppenelement g als Permutation der Gruppenmenge $g: G \to G$ auffasst mit $g(x) = g \circ x$.

Diese vereinheitlichende Sicht auf Gruppen fand einer der Pioniere der Gruppentheorie, der englische Mathematiker Arthur Cayley (1821–1895). Der Kern der Aussage $G \leq S_n$ und ihre Bedeutung für die weitere Arbeit ist nicht allein, dass man die Elemente der Gruppe G in S_n alle wiederfindet, sondern dass man auch stellvertretend mit diesen rechnen kann. Wenn man also in der Gruppe G zwei Elemente g und h verknüpft, so kann man das auch anhand ihrer Permutationen (wenn gewünscht auch in Zykelschreibweise) tun. Hier noch einmal die formale Vergewisserung dieser Tatsache: Dazu schreibt man man die beiden Permutationen, die zwei beliebige Gruppenelemente x und y bewirken, konkret auf ($e, a_1, \ldots, a_{n-1}$ sind die n Elemente der Gruppe):

$$x \mapsto \sigma = \begin{pmatrix} e & a_1 & \ldots & a_{n-1} \\ x \cdot e & x \cdot a_1 & \ldots & x \cdot a_{n-1} \end{pmatrix}, \quad y \mapsto \rho = \begin{pmatrix} e & a_1 & \ldots & a_{n-1} \\ y \cdot e & y \cdot a_1 & \ldots & y \cdot a_{n-1} \end{pmatrix},$$

und dann ist die Verknüpfung dieser beiden Permutationen

$$\sigma \circ \rho = \begin{pmatrix} e & a_1 & \ldots & a_{n-1} \\ x \cdot (y \cdot e) & x \cdot (y \cdot a_1) & \ldots & x \cdot (y \cdot a_{n-1}) \end{pmatrix}$$

tatsächlich auch die Permutation, die zu $x \circ y$ gehört:

$$x \circ y \mapsto \begin{pmatrix} e & a_1 & \dots & a_{n-1} \\ (x \cdot y) \cdot e & (x \cdot y) \cdot a_1 & \dots & (x \cdot y) \cdot a_{n-1} \end{pmatrix}$$

Man kann auf diese Weise Gruppenelemente nicht nur als Zykel darstellen, sondern auch anstelle der Gruppenelemente mit den Zykeln rechnen.

4.4 Übungen

Übung 4.1: Suchen Sie möglichst viele Untergruppen der S_4. Sie können dazu analog zum Vorgehen in Kapitel 3 entlang der folgenden beiden Strategien arbeiten:
a) Legen Sie sich auf eine Invarianz fest (z.B.: „Die Punktmenge $\{1,2\}$ soll invariant bleiben.") und suchen Sie dann nach allen Permutationen, die diese Invarianz erfüllen.
b) Wählen Sie ein oder mehrere Elemente und kombinieren Sie diese so lange miteinander, bis eine abgeschlossene Untermenge entsteht.

Übung 4.2: Kann man die ganze Gruppe S_4 jeweils aus einer bestimmten Menge von Transpositionen erzeugen? Sie können schrittweise vorgehen:
a) Lässt sich jede Permutation (auch wenn ihre Zykeldarstellung aus mehreren Teilen zusammengesetzt ist, wie z.B. (123)(456)), als Verknüpfung von Transpositionen darstellen? Welches ist jeweils die kleinste Anzahl?
b) Kann man sich dabei in jeder Symmetrischen Gruppe S_n auf eine bestimmte Zahl von wenigen Transpositionen beschränken?

Übung 4.3: Wenn man in einer Gruppe mit endlich vielen Elementen ein Element immer wieder mit sich selbst multipliziert, landet man irgendwann beim neutralen Element, z.B. $(123)^3 = (123)(123)(123) = (1)$. Die kleinste Zahl n, für die $a^n = 1$ gilt, nennt man auch die Ordnung eines Elementes. (12) hat beispielsweise die Ornung 2, denn $(12)(12) = (1)$. Können Sie bei jeder Permutation vorhersagen, welche Ordnung sie hat? Gehen Sie von der Zykelschreibweise aus, also z.B. $(1234)^n = 1$ oder $(12)(345)^n = 1$, und untersuchen Sie möglichst viele unterschiedliche, aber relevante Beispiele.

Übung 4.4: Wie sieht man einem komplexen Zykel wie z.B. (12)(453)(67) an, ob er gerade oder ungerade ist? Ist (1) eine ungerade oder gerade Permutation?

Übung 4.5: Reichen die besten Rechner der Welt wirklich nicht aus, um Permutationsgruppen durchzuarbeiten? Informieren Sie sich im Netz über die Rechen- und Speicherkapazität neuester Großrechner und schätzen Sie ab, wie viel Zeit ein „brute force" Durchprobieren für das Würfelproblem heutzutage benötigen würde.

Übung 4.6: D_5 ist eine Untergruppe der S_5. Wie viele Elemente enthalten die beiden Gruppen jeweils?
a) Stellen Sie alle Elemente der D_5 als Permutationen auf 5 Elementen dar – und nutzen Sie die Zykelschreibweise.
b) Geben Sie ein paar weitere Typen von Zykeln an, die nicht in D_5 enthalten sind.

Übung 4.7: Stellen Sie *alle* Elemente der S_5 zusammen. Wenn Sie dazu Zykel nutzen, brauchen Sie nicht alle einzelnen aufzuschreiben. Sie müssen nur jeweils überlegen, welche Typen von Zykeln es gibt und wie viele verschiedene von jedem Typus gebildet werden können.

Übung 4.8: Man kann im $\mathbb{R}^3$ ein Tetraeder aus den vier Punkten $A(0,0,0)$, $B(1,0,0)$, $C(0,1,0)$ und $D(0,0,1)$ bilden. Zeigen Sie, dass dieses Tetraeder nicht gleichmäßg ist. Welche Symmetriegruppe besitzt er? Wie kann man diese Erkenntnis nutzen, um ein *regelmäßiges* Tetraeder zu konstruieren? Hinweis: Sie müsssen sich nicht auf drei Dimensionen beschränken.

Übung 4.9: Veranschaulichen Sie sich an einem Beispiel, wie die Ausführung zweier Permutationen auf das Polynom $D(x_1,x_2,x_3)$ (s. S. 85) wirkt. Wie kann man an diesem Spezialfall erkennen, dass

$$(\sigma \circ \rho)(D(x_1,x_2,x_3)) = \sigma(\rho(D(x_1,x_2,x_3)) = \text{sign}(\sigma)\cdot \text{sign}(\rho)\cdot D(x_1,x_2,x_3) ?$$

Übung 4.10: Zeigen Sie, dass die A_n wirklich genau die Hälfte der Elemente der S_n enthält. Genauer kann man die S_n folgendermaßen disjunkt zerlegen:

$$S_n = A_n \cup (12)A_n = A_n \cup \{(12)x \mid x \in A_n\}$$

Zeigen Sie, dass dies wirklich eine disjunkte Zerlegung ist, d.h. dass die beiden Mengen keine Elemente gemeinsam haben und dass jedes Element von S_n in eine dieser beiden Mengen fällt. (Im nächsten Kapitel lernen Sie das allgemeine Prinzip kennen, das dahintersteckt.)

Übung 4.11: Der Schnitt von zwei Untergruppen ist wieder eine Untergruppe. Was können Sie über die Untergruppe $D_n \cap A_n$ sagen? Aus welchen Elementen besteht sie?

5 Operationen sortieren
Ein universelles Konzept für viele Situationen

> Ich habe hier eine solche allgemeine Vorstellung von dem ganzen
> Zusammenhang aller natürlichen Körper in einen Anblick gezeigt,
> damit der curiseuse Leser hieraus gleich als aus einer Landkarten
> wissen könne, wohin er seine Reise in diesen so
> weitläufftigen Reichen zu richten habe.
>
> *Carl von Linné, „Systema naturæ, sive regna tria naturæ systematice*
> *proposita per classes, ordines, genera, & species", (1740)*

Die binäre Operation, also das Verknüpfen von zwei Objekten zu einem neuen
Objekt, ist eine in der Mathematik allenthalben auftretende Struktur. Sie haben
in den letzten Kapiteln erfahren, wie vielfältig die Situationen sind: Ob beim
Rechnen mit Zahlen, beim Verknüpfen von geometrischen Abbildungen oder
beim Permutieren von Mengen, immer wieder ließen sich die Phänomene auf
ähnliche Weise beschreiben. Wichtigstes Werkzeug wurde dabei der Begriff der
Gruppe: Es kristallisierte sich heraus, dass es nützlich ist, alle Verknüpfungen,
die vier bestimmte Eigenschaften (G_0–G_3) besitzen (Abgeschlossenheit, Assoziativität, Existenz von neutralen und inversen Elementen), vereinheitlichend
als Gruppe zu bezeichnen, denn in allen Fällen, in denen eine Gruppe vorlag,
konnten Sie auf dieselben Konzepte und Vorgehensweisen zurückgreifen: Sie
konnten Elemente invertieren, Untergruppen untersuchen, Gruppen erzeugen,
Gruppen verbinden u.v.m.

5.1 Ordnung im Gruppenwald

Dennoch wurde die Welt der Gruppen dabei auch ein bisschen unübersichtlich.
Immer wieder stießen Sie auf neue Gruppen. Manche sahen dabei allerdings gar
nicht so neu aus, sondern zeigten eine große Verwandtschaft zu bereits bekannten. Nachdem Sie nun so viele Bäume gesehen haben, ist die Frage berechtigt,
wie denn der Wald aussieht: Welche Gruppentypen gibt es eigentlich und in
welcher Beziehung stehen sie?

Erkundung 5.1: Tragen Sie alle Ihnen bekannten Gruppen zusammen und
versuchen Sie, einen Ordnung hineinzubringen. Sortieren Sie die Ihnen bekannten Gruppen nach verschiedenen Merkmalen (z.B. nach Größe oder Kommutativität), um zu sehen, welche Gruppen sich ähnlich sind und worin sie sich
unterscheiden.

Die Sammlung der bisher untersuchten Gruppen kann eine Liste wie die nachfolgende hervorbringen. Die Gruppen sind dabei zunächst einmal danach sortiert, in welchem Zusammenhang sie entstanden sind. Aus geometrischen Überlegungen heraus entstanden diese Gruppen:

- die Menge *Isom*($\mathbb{R}^2$) der Kongruenzabbildungen der Ebene (s. S. 29);
- als Untermenge davon die Menge $O(\mathbb{R}^2)$ aller Drehungen und Spiegelungen der Ebene, die den Ursprung festlassen;
- wiederum als Untermengen hiervon die Symmetriegruppen $\bar{G}_M$ von bestimmten endlichen Figuren *M*;
- als wichtigste Vertreter hiervon die Symmetriegruppen der regelmäßigen Vielecke, die Diedergruppen D_n.
- Diese geometrischen Gruppen besaßen weitere Untergruppen wie z.B.:
  - die Gruppe aller Drehungen der Ebene $\{d_\alpha\}$ – ohne die Spiegelungen
  - die Gruppe aller Drehungen eines Vielecks $\{id, r, ..., r^{n-1}\}$
  - die Gruppe der Spiegelungen an zwei senkrechten Geraden $\{1, s_1, s_2, r^2\}$

Einen ganz anderen, eher arithmetischen Ursprung hatten folgende Strukturen:

- die ganzen Zahlen $\mathbb{Z}$ mit der Addition und Multiplikation als Verknüpfung, auch mehrdimensional als $\mathbb{Z}^n$;
- die aus der Schule bekannten, umfassenderen Zahlenräume $\mathbb{Q}$ und $\mathbb{R}$;
- die Restklassen $\mathbb{Z}_n$ mit der Addition und Multiplikation als Verknüpfung, auch mehrdimensional z.B. als $\mathbb{Z}_m \times \mathbb{Z}_n$.

Aus dem Tauschen von Objekten erwuchsen die Permutationsgruppen:

- die Symmetrische Gruppe S_n der Permutationen von *n* Elementen mit der Hintereinanderausführung als Verknüpfung;
- die geraden Permutationen A_n als besondere Untergruppe.
- Hier stach insbesondere heraus, dass jede endliche Gruppe (auch die geometrischen und arithmetischen von oben) als Gruppe von bestimmten Permutationen und damit als Untergruppe einer S_n aufgefasst werden kann.

Diese letzte Feststellung hat schon ahnen lassen, dass die vielen verschiedenen Gruppen nicht nebeneinander her existieren, sondern Teil eines strukturierten Ganzen sind. Die Drehungen des Dreiecks $\{1, r, r^2\}$, die Addition der Restklassen $\{[0],[1],[2]\}$ in $\mathbb{Z}_3$ oder die zyklische Permutation von drei Elementen $\{(1),$ $(123), (132)\}$ sind eigentlich nur verschiedene äußere Erscheinungen derselben Operationsstruktur. Dem soll in der folgenden Erkundung weiter auf den Grund gegangen werden. Zuvor sehen Sie noch eine weitere mögliche Sortierung der bisher bekannten Gruppen, die weniger die Herkunft als bestimmte Qualitäten der Gruppen betont. Das nachfolgende Bild unterscheidet einerseits nach endlichen und unendlichen Gruppen sowie andererseits nach kommutativen und nicht-kommutativen Gruppen. Außerhalb des Kreises liegen Mengen, die die Gruppeneigenschaften (manchmal nur) „knapp verpasst" haben.

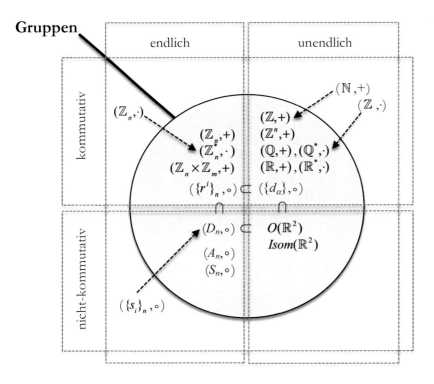

In Richtung der Kreismitte findet man die eher geometrisch motivierten Gruppen (hier werden in den nachfolgenden Kapiteln noch einige dazukommen, dann sieht der Quadrant rechts unten auch nicht mehr so leer aus). Mit $\{r^i\}_n$ ist die Untergruppe der Drehungen, mit $\{s_i\}_n$ die Menge der Spiegelungen in einer Diedergruppe D_n bezeichnet. Letztere bildeten ja keine Gruppe, weil sie nicht abgeschlossen waren. Der gestrichelte Pfeil deutet an, dass sie erst um Drehungen erweitert werden mussten, um zu einer Gruppe zu werden. Anders herum war es bei den Restklassen $\mathbb{Z}_n$, die bezüglich der Multiplikation mangels Inversen keine Gruppe bildeten. Hier wurden die nicht invertierbaren Elemente herausgenommen.

Gruppen kommen also auf ganz verschiedene Weise zustande und beziehen sich auf unterschiedliche Situationen. Trotzdem begegnen uns immer wieder ähnliche Typen. Das motiviert die Frage, ob man hier nicht systematische Beziehungen aufdecken und etwas mehr Ordnung schaffen kann. In diesem Kapitel soll das vor allem auf der linken Seite des Bildes, bei den endlichen Gruppen, geschehen. Unendliche geometrische Gruppen werden in Kapitel 6 und die unendlichen arithmetischen in Kapitel 7 und 8 wieder unter die Lupe genommen.

Erkundung 5.2: Vergleichen Sie die Operationsstrukturen verschiedener kleiner endlicher Gruppen anhand ihrer Gruppentafeln.

a) Zunächst einmal können Sie ganz intuitiv vorgehen: Welche der folgenden Gruppen sind einander ähnlich? Welche haben dieselbe Struktur? Woran machen Sie Ihre Einschätzung fest? Auf welche Merkmale achten Sie?

$(\mathbb{Z}_6,+)$

+	[0]	[1]	[2]	[3]	[4]	[5]
[0]	[0]	[1]	[2]	[3]	[4]	[5]
[1]	[1]	[2]	[3]	[4]	[5]	[0]
[2]	[2]	[3]	[4]	[5]	[0]	[1]
[3]	[3]	[4]	[5]	[0]	[1]	[2]
[4]	[4]	[5]	[0]	[1]	[2]	[3]
[5]	[5]	[0]	[1]	[2]	[3]	[4]

$(\mathbb{Z}_7^{*},\cdot)$

·	[1]	[2]	[3]	[4]	[5]	[6]
[1]	[1]	[2]	[3]	[4]	[5]	[6]
[2]	[2]	[4]	[6]	[1]	[3]	[5]
[3]	[3]	[6]	[2]	[5]	[1]	[4]
[4]	[4]	[1]	[5]	[2]	[6]	[3]
[5]	[5]	[3]	[1]	[6]	[4]	[2]
[6]	[6]	[5]	[4]	[3]	[2]	[1]

$(D_3,\circ)$

∘	id	r	r²	s₁	s₂	s₃
id	id	r	r²	s₁	s₂	s₃
r	r	r²	id	s₃	s₁	s₂
r²	r²	id	r	s₂	s₃	s₁
s₁	s₁	s₂	s₃	id	r²	r
s₂	s₂	s₃	s₁	r	id	r²
s₃	s₃	s₁	s₂	r²	r	id

$(S_3,\circ)$

∘	(1)	(123)	(132)	(12)	(23)	(13)
(1)	(1)	(123)	(132)	(12)	(23)	(13)
(123)	(123)	(132)	(1)	(13)	(12)	(23)
(132)	(132)	(1)	(123)	(23)	(13)	(12)
(12)	(12)	(23)	(13)	(1)	(132)	(123)
(23)	(23)	(13)	(12)	(123)	(1)	(132)
(13)	(13)	(12)	(23)	(132)	(123)	(1)

b) Manchmal kann man nicht gut erkennen, ob zwei Gruppen gleich sind. Wie viele Gruppen aus dieser Menge sind wirklich verschieden?

$(\mathbb{Z}_4,+)$

+	[0]	[1]	[2]	[3]
[0]	[0]	[1]	[2]	[3]
[1]	[1]	[2]	[3]	[0]
[2]	[2]	[3]	[0]	[1]
[3]	[3]	[0]	[1]	[2]

$(\mathbb{Z}_5^{*},\cdot)$

·	[1]	[2]	[3]	[4]
[1]	[1]	[2]	[3]	[4]
[2]	[2]	[4]	[1]	[3]
[3]	[3]	[1]	[4]	[2]
[4]	[4]	[3]	[2]	[1]

$(\mathbb{Z}_8^{*},\cdot)$

·	[1]	[3]	[5]	[7]
[1]	[1]	[3]	[5]	[7]
[3]	[3]	[1]	[7]	[5]
[5]	[5]	[7]	[1]	[3]
[7]	[7]	[5]	[3]	[1]

D_2

∘	id	d	s₁	s₂
id	id	d	s₁	s₂
d	d	id	s₂	s₁
s₁	s₁	s₂	id	d
s₂	s₂	s₁	d	id

$R_4\subset D_4$

∘	1	r²	r	r³
1	1	r²	r	r³
r²	r²	1	r³	r
r	r	r³	r²	1
r³	r³	r	1	r²

$U\subset S_4$

∘	(1)	(13)	(24)	(13)(24)
(1)	(1)	(13)	(24)	(13)(24)
(13)	(13)	(1)	(13)(24)	(24)
(24)	(24)	(13)(24)	(1)	(13)
(13)(24)	(13)(24)	(24)	(13)	(1)

c) Welche Vorgehensweise schlagen Sie vor, um mit Sicherheit sagen zu können, ob zwei Gruppen wirklich gleich sind oder nicht? Welche Kriterien haben Sie entwickelt, anhand derer Sie erkennen können, ob Gruppen verschieden sind?

Wenn man es schafft, ganze Gruppentafeln nebeneinander vollständig im Blick zu haben, kann es gelingen, dass man „sieht", wie sie gewissermaßen „aufeinander passen". So ein Fall liegt bei $(D_3,\circ)$ und $(S_3,\circ)$ in der ersten Beispielzeile vor. Jedem Element der einen Tabelle ist genau eines der anderen zugeordnet, man kann das mathematisch über eine Funktion $\varphi: D_3 \to S_3$ ausdrücken. Diese Funktion ordnet jedem Element der einen Gruppe eindeutig ein Element der anderen zu, ist also eine bijektive Funktion. Das allein sichert aber erst einmal nur, dass die Zeilen und Spalten der beiden Gruppentafeln durch

x	φ(x)
1	(1)
r	(123)
r²	(132)
s₁	(12)
s₂	(13)
s₃	(23)

die Funktion korrekt umbeschriftet werden. Damit muss aber noch nicht gewährleistet sein, dass auch die Ergebnisse aller Verknüpfungen nach Umbeschriftung der einen Gruppentafel die andere ergeben. Diese Eigenschaft ist aber in diesem Beispiel bei der Übersetzung von D_3 nach S_3 durch $\varphi: D_3 \to S_3$ gegeben und drückt sich mithilfe der Funktion φ so aus:

$$\varphi(x \circ y) = \varphi(x) \circ \varphi(y) \; \forall x, y \in D_3 \qquad (I)$$

Die Funktion φ trägt also nicht nur die Elemente von einer zur anderen Menge, sondern auch die Art, wie man diese multipliziert. Das Zeichen „$\circ$" meint nämlich eigentlich zwei ganz verschiedene Verknüpfungen: Bei $x \circ y$ werden zwei Deckabbildungen nacheinander ausgeführt und bei $\varphi(x) \circ \varphi(y)$ zwei Permutationen auf Zahlen. Die Eigenschaft (I) besagt, dass beide Verknüpfungen, also diejenige *vor* und die *nach* der Übersetzung von D_3 nach S_3, dasselbe bewirken.

Die Strukturgleichheit, bei der eine Eins-zu-Eins-Beziehung zwischen zwei Gruppen besteht, die auch die Struktur der Verknüpfungen identisch lässt, nennt man *Isomorphie* – wörtlich bedeutet dies „gleiche Gestalt". Die Abbildung φ, die diese Isomorphie mathematisch präzisiert, nennt man einen *Isomorphismus*. Sie übersetzt die Elemente der einen Gruppe in Elemente der anderen Gruppe auf eine Weise, dass die Verknüpfungsbeziehungen erhalten bleiben:

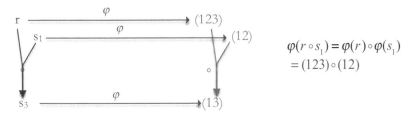

$$\varphi(r \circ s_1) = \varphi(r) \circ \varphi(s_1)$$
$$= (123) \circ (12)$$

Dass D_3 und S_3 isomorph sind, wussten Sie allerdings schon vorher, denn die drücken ja die gleiche Operation nur mit anderen Mitteln aus: Bei der D_3 stellt man sich vor, wie ein Dreieck gedreht und gespiegelt wird, bei der S_3 betrachtet man nur, wie sich dabei seine Ecken vertauschen. Schon vorher haben Sie bei (123) von einer Drehung und bei (12) von einer Spiegelung gesprochen. Durch solche inhaltlichen Vorstellungen von Gruppen fällt es leicht, den konkreten Isomorphismus, also die Bijektion zwischen den beiden Gruppen, explizit anzugeben, auch ohne einen Blick auf die Gruppentafel werfen zu müssen.

Die Gruppentafeln zu $(\mathbb{Z}_6, +)$ und $(\mathbb{Z}_7^*, \cdot)$ sehen hingegen schon auf den ersten Blick anders aus. Sie haben vielleicht bemerkt, dass die beiden arithmetischen Gruppen kommutativ sind, während die Symmetrieabbildungen und Permutationen dies nicht waren. Damit ist schon einmal ausgeschlossen, dass beispielsweise $\mathbb{Z}_6$ und S_3 isomorph sind, denn die Kommutativität kann nicht einmal bestehen und einmal nicht. Anders ausgedrückt: *Wenn* eine Isomorphie bestehen würde, würde der übersetzende Isomorphismus $\varphi: \mathbb{Z}_6 \rightarrow S_3$ auch die Kommutativität erhalten, oder symbolisch notiert:

$$\varphi(x) \circ \varphi(y) = \varphi(x + y) = \varphi(y + x) = \varphi(y) \circ \varphi(x)$$

Es kann also zwischen $(\mathbb{Z}_6, +)$ und $(S_3, \cdot)$ grundsätzlich keine Isomorphie geben. Wie sieht es aber zwischen $(\mathbb{Z}_6, +)$ und $(\mathbb{Z}_7^*, \cdot)$ aus? Immerhin sind beide kommutativ! Die schön sortierte Struktur der Gruppentafel von $\mathbb{Z}_6$ rührt daher, dass die Gruppe im Prinzip von der [1] erzeugt wird, d.h., die Elemente der Gruppe sind der Reihe nach [0], [1], [1] + [1] = [2], [2] + [1] = [3], usw. Also gilt

$\mathbb{Z}_6 = <[1]>$, und dies führt auch zu den regelmäßigen diagonalen Mustern in der Tabelle. Bei $\mathbb{Z}_7^*$ scheint das nicht der Fall zu sein. Man würde bei einem möglichen Isomorphismus $\varphi : \mathbb{Z}_6 \to \mathbb{Z}_7^*$ auf jeden Fall die neutralen Elemente aufeinander abbilden $\varphi([0]) = [1]$. Worauf soll dann aber $[1] \in \mathbb{Z}_6$ abgebildet werden? Diese Frage soll noch ein wenig aufgeschoben werden. Nach der Analyse der Beispiele mit vier Elementen wird klarer, wie man das Problem angehen kann.

Bei den Gruppen mit 4 Elementen findet man einige, deren Gruppentafeln schon auf den ersten Blick strukturgleich sind: $(\mathbb{Z}_8^*, \cdot)$ D_2 und $U \subset S_4$ haben allesamt die gleiche Anordnung von vier Elementen. Sie besitzen ein neutrales Element und drei weitere, die alle mit sich selbst verknüpft das neutrale ergeben: $a^2 = b^2 = c^2 = e$. Man nennt solche Elemente auch *involutorisch*. Da dies eine Eigenschaft ist, die in der Geometrie typisch für Spiegelungen ist, kann man sie auch als *(verallgemeinerte) Spiegelungen* bezeichnen. Auch könnte man sie *selbstinvers* nennen, denn $a \circ a = e \Rightarrow a = a^{-1}$. Alle Gruppen mit vier Elementen, die diese Struktur haben, werden auch als *Kleinsche Vierergruppen* bezeichnet. Ihre Struktur scheint von denen der anderen Vierergruppen abzuweichen.

o	e	a	b	c
e	e	a	b	c
a	a	e	c	b
b	b	c	e	a
c	c	b	a	e

Neben dem neutralen Element hat hier nur ein einziges weiteres Element Spiegelungseigenschaften, nämlich $[2] + [2] = [0]$ in $(\mathbb{Z}_4, +)$, $[4] \cdot [4] = [1]$ in $(\mathbb{Z}_5^*, \cdot)$ und $r^2 \circ r^2 = 1$ bei den Drehungen. Dieses steht allerdings an verschiedenen Stellen. Möglicherweise sind die Gruppen aber gar nicht verschieden? Ihre Gruppentafeln sehen nur anders aus, weil die Elemente in unterschiedlicher Reihenfolge genannt werden. Man kann also einmal umsortieren, sodass die Spiegelung an dritte Stelle rückt. Die Eintragung in den Zeilen und Spalten muss man natürlich passend mit umstellen, damit die Gruppentafel immer noch dieselbe Verknüpfung beschreibt. Dann erkennt man, dass alle drei Gruppen dieselbe Struktur besitzen.

$(\mathbb{Z}_4,+) \qquad (\mathbb{Z}_5^*,\cdot) \qquad R_4 \subset D_4$

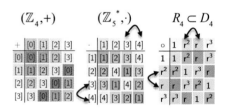

In allen drei Fällen wird die gesamte Gruppe übrigens durch ein einziges Element erzeugt:

$$\mathbb{Z}_4 = <[1]> \quad = \{[0], [1], 2 \cdot [1], 3 \cdot [1]\}$$
$$\mathbb{Z}_5^* = <[2]> \quad = \{[1], [2], [2]^2, [2]^3\}$$
$$R_4 = <r> \quad = \{1, r, r^2, r^3\}$$

Und diese Struktur legt auch gleich einen Isomorphismus zwischen jeweils zwei dieser Gruppen fest, z.B. für $\varphi : \mathbb{Z}_5^* \to R_4$:

$$\varphi([1]) = 1, \quad \varphi([2]) = r$$
$$\varphi([2]^n) = \varphi([2] \cdot \ldots \cdot [2]) = \varphi([2]) \cdot \ldots \cdot \varphi([2]) = \big(\varphi([2])\big)^n = r^n$$

Die gemeinsame Struktur aller drei Gruppen nennt man auch *zyklische Gruppen*, d.h., es handelt sich in allen drei Fällen um dieselbe Gruppenstruktur, die aus der zyklischen Wiederholung eines erzeugenden Elementes entsteht. Man kann sich eine zyklische Gruppe also wahlweise vorstellen (i.) als ein wiederholtes Drehen um einen festen Bruchteil von 360° bis zur Volldrehung, (ii.) als ein wiederholtes Addieren von 1 (bis wieder wieder $n \cdot [1] = [0]$ gilt) oder aber auch (iii.) als wiederholtes zyklisches Permutieren $(123...n)^i$ – denn eine zyklische Gruppe ist immer auch Untergruppe einer Symmetrischen Gruppe: $<(123...n)> \in S_n$

Mit diesem Wissen kann man sich nun den beiden Gruppen mit 6 Elementen noch einmal nähern. $(\mathbb{Z}_6, +)$ ist natürlich ebenfalls eine zyklische Gruppe, aber mit etwas Probieren stellt man fest, dass auch $(\mathbb{Z}_7^*, \cdot)$ eine zyklische Gruppe ist:

$$\mathbb{Z}_7^* = <[3]> = \{[1], [3], [3]^2, [3]^3, [3]^4, [3]^5, [3]^6\} = \{[1], [3], [2], [6], [4], [5]\} \ ,$$

und damit isomorph zu der „offensichtlichen" zyklischen Gruppe $\mathbb{Z}_6$.

Die vorangehende Untersuchung der Gruppenstrukturen hat Ergebnisse auf verschiedenen Ebenen erbracht. Das erste Ergebnis ist, dass die Idee, Gruppen würden eine „gleiche" oder „ähnliche" Struktur besitzen, durch das Isomorphiekonzept auf mathematisch solide Füße gestellt wird.

Zwei Gruppen $(G, \circ)$ und $(H, \bullet)$ werden als *isomorph* bezeichnet $(G \cong H)$, wenn es eine bijektive Abbildung $\varphi : G \to H$ gibt, die Elemente von G und H einander zuordnet und dabei die Verknüpfungsbeziehungen zwischen den Elementen erhält:

$$\varphi(x \circ y) = \varphi(x) \bullet \varphi(y) \ \forall x, y \in G$$

Eine solche Abbildung heißt *Isomorphismus*. Verknüpfungstafeln von isomorphen Gruppen, bei denen die Gruppenelemente $h_i = \varphi(g_i)$ in derselben Reihenfolge geschrieben sind, haben dann dieselbe Struktur.

Mithilfe des Isomorphiekonzepts kann man jeweils alle Gruppen, die untereinander isomorph sind, zu einem *Isomorphietyp* zusammenfassen. (Warum das funktioniert, können Sie in Übung 5.4 herausfinden.)

Das zweite Ergebnis besteht in einer Reihe von Ideen und Strategien, wie man zwei Gruppen auf Isomorphie untersucht.

Strategie 1: Die Gruppentafel umsortieren, um zu sehen, ob Strukturgleichheit eintritt. Das ist natürlich ein aufwändiges Unternehmen, wenn man sich überlegt, dass man im schlimmsten Fall $n!$ verschiedene Gruppentafeln mit $n \cdot n$ Einträgen erzeugen muss. Aber natürlich kann man sich die Arbeit durch Analysen wie die nachfolgenden erheblich kürzer gestalten.

Strategie 2: Anforderungen an einen Isomorphismus berücksichtigen. Damit sind Eigenschaften gemeint, die für jeden Isomorphismus zwischen zwei Gruppen $\varphi : G \to H$ gelten müssen:

- Das neutrale Element der einen Gruppe wird durch jeden Isomorphismus auf das neutrale Element der anderen abgebildet: $\varphi(e_G) = e_H$. In der Gruppentafel liegen also die ersten beiden Spalten und Zeilen fest.

- Elemente, die miteinander vertauschen werden, werden wieder auf vertauschbare Elemente abgebildet: $x \circ y = y \circ x \Rightarrow \varphi(x) \bullet \varphi(y) = \varphi(y) \bullet \varphi(x)$. Vertauschbare Elemente führen zu an der Diagonalen gespiegelten Eintragungen in der Gruppentafel. Daher sind zwei isomorphe Gruppen auch entweder beide kommutativ oder beide nicht-kommutativ.

- Potenzen (bzw. beim Addieren Vielfache) eines Elementes der Gruppe G müssen auf dieselben Potenzen (Vielfachen) in H abgebildet werden: $\varphi(g^n) = (\varphi(g))^n$

- Auch inverse Elemente werden auf die entsprechenden Inversen abgebildet: $\varphi(g^{-1}) = (\varphi(g))^{-1}$

- Involutorische Elemente (verallgemeinerte Spiegelungen) bleiben involutorisch: $g^2 = 0 \Rightarrow (\varphi(g))^2 = 0$

Natürlich können Elemente auch erst in höheren Potenzen zum neutralen Element werden. Die letzte Aussage lässt sich entsprechend verallgemeinern. Man definiert dazu als Ordnung eines Elementes folgendermaßen:

> Zu jedem Element $a \in G$ einer Gruppe nennt man das kleinste $n \in \mathbb{N}$ mit $a^n = e$ die Ordnung von a – kurz ord(a). Eine Spiegelung hat die Ordnung 2, das neutrale Element die Ordnung 1.

Damit kann man diese nützliche Festellung aufschreiben:

- Die Ordnung eines Elementes bleibt bei einer Isomorphie erhalten: $\text{ord}(a) = \text{ord}(\varphi(a))$

Indem Sie die einfachen Beweise dieser Aussagen selbst durchführen (Übung 5.5), werden Sie routinierter im Umgang mit Isomorphien als Abbildungen.

In einem besonderen Fall war die Isomorphie von Gruppen besonders augenscheinlich: Wenn eine Gruppe G von einem einzelnen Element erzeugt wird, dann führen die Strategien oben direkt auf einen Isomorphismus zwischen G und einer Restklassengruppe $\mathbb{Z}_n$:

> Eine Gruppe, die von einem einzelnen ihrer Elemente erzeugt wird, also $G = <a>$, nennt man *zyklische Gruppe*. Gilt für dieses Element ord(a) = n, so ist $\varphi : G \to \mathbb{Z}_n$ mit $\varphi(a^i) = [i]$ ein Isomorphismus, es gilt also
>
> $$G \cong \mathbb{Z}_n$$
>
> und für die Anzahl der Elemente $|G|$ = ord $a = n$.

Man kann also sagen, dass alle endlichen zyklischen Gruppen isomorph zu $\mathbb{Z}_n$ sind. Oft liest man daher auch, eine bestimmte Gruppe, wie z.B. die Gruppe der Drehungen eines Vielecks, sei *die* $\mathbb{Z}_n$.

Die im Kasten formulierten Aussagen über zyklische Gruppen sind anhand der Beispiele und Erfahrungen plausibel. Wenn man sich aber sicher sein will, dass die Argumentation keine Lücken hat, kann man diese natürlich auch noch formal sauber beweisen.

Zunächst einmal enthält die zyklische Gruppe G nach Definition der Erzeugung (S. 40) folgende Elemente:

$$G = \{\, a^n \mid n \in \mathbb{N} \,\} \cup \{\, (a^{-1})^n \mid n \in \mathbb{N} \,\} \cup \{e\}$$

Dass auch das inverse Element berücksichtigt werden muss, könnte man beispielsweise übersehen haben. Ist aber $\mathrm{ord}(a) = n$, so führt das nicht auf Probleme, denn aus $a^n = e$ folgt $a^{n-1} \cdot a = e$, d.h., a^{n-1} ist das Inverse zu a. Damit findet man:

$$G = \{\, e, a, ..., a^{n-1} \,\}$$

Damit ist $\varphi(a^i) = [i]$ tatsächlich bijektiv und verknüpfungserhaltend, denn

$$\varphi(a^i \cdot a^j) = \varphi(a^{i+j}) = [i+j] = [i] + [j]$$

und damit der gesuchte Isomorphismus. Bei der Berechnung wurde noch stillschweigend das „Potenzgesetz" $a^i \cdot a^j = a^{(i+j)}$ verwendet. Man kann sich vergewissern, dass dies in allen multiplikativ geschriebenen Gruppen gilt, sogar für beliebige ganzzahlige Exponenten, wenn man $a^0 = e$ definiert (Übung 5.6). Um zu zeigen, dass solche Gruppen kommutativ sind, braucht man im Übrigen weder die Annahme, dass a eine endliche Ordnung hat, noch die Isomorphie zu $\mathbb{Z}_n$; hier reicht bereits das eben genannte Potenzgesetz, denn $a^i \cdot a^j = a^{(i+j)} = a^{(j+i)} = a^j \cdot a^i$.

Als drittes Ergebnis der vergleichenden Analyse der Gruppen haben Sie nun für viele der Ihnen bisher bekannten endlichen Gruppen die Isomorphietypen gefunden, als da wären:

Größe $n = \lvert G \rvert$ der Gruppe G:	1	2	3	4	5	6	...
mögliche Isomorphietypen	$\{1\}$	$\mathbb{Z}_2$	$\mathbb{Z}_3$	$\mathbb{Z}_4$	$\mathbb{Z}_5$	$\mathbb{Z}_6$	...
		D_1		$D_2 \cong V_4$		$D_3 \cong S_3$	...
		?	?	?	?	?	

Das ist zunächst einmal eine schöne Ordnung und Vereinfachung der Situation der endlichen Gruppen. Es gibt zwei „Reihen" von Gruppen: die zyklischen Gruppen $\mathbb{Z}_n$, die alle kommutativ sind, und die Diedergruppen D_n, die ab $n = 3$ alle nicht kommutativ sind. Wie genau die S_n und die A_n hier hineinpassen, wäre noch herauszufinden. Die naheliegende Frage ist natürlich: War das schon alles oder gibt es weitere Isomorphietypen von Gruppen? Bisher haben Sie ja nur bekannte Gruppen daraufhin untersucht, ob sie vielleicht gar nicht so verschieden sind, aber sich noch keine Mühe gegeben, neue, vielleicht ganz andere Gruppen ausfindig zu machen. Das wird das Ziel des nächsten Abschnitts sein.

Übung 5.1: Untersuchen Sie auch noch einige der übrig gebliebenen Gruppen darauf, ob sie zu einem der gefundenen Isomorphietypen gehören oder einen neuen Typ darstellen, der zu keiner der bisher klassifizierten Gruppen isomorph ist. Nutzen Sie dazu die oben entwickelten Strategien.

a) Finden Sie für $\mathbb{Z}_2 \times \mathbb{Z}_2$, $\mathbb{Z}_2 \times \mathbb{Z}_3$, $\mathbb{Z}_2 \times \mathbb{Z}_4$ heraus, ob sie zyklisch sind oder ob eine neue Gruppe vorliegt.

b) $\mathbb{Z}_8$, $\mathbb{Z}_2 \times \mathbb{Z}_2 \times \mathbb{Z}_2 = (\mathbb{Z}_2)^3$ und D_4 haben alle acht Elemente. Wie viele verschiedene Isomorphietypen liegen vor?

5.2 Mit dem Gruppenbegriff spielen

Sie haben an einer Vielzahl von Beispielen erfahren, dass die Strukturen, die in der Mathematik bei Verknüpfungen von zwei Elementen einer Menge auftreten, immer wieder ähnliche Muster aufwiesen und sich daher immer wieder mit denselben Gesetzmäßigkeiten und Konzepten behandeln ließen. Zu den wichtigsten Mustern gehörte dabei Assoziativität sowie das Wirken neutraler und inverser Elemente. Der Steckbrief für all die Operationsstrukturen enthielt daher immer wieder dieselben Eigenschaften, und alle binären Operationen, die diese drei Eigenschaften besaßen, wurden mit dem gemeinsamen Namen *Gruppe* bezeichnet. Dieser Prozess verlief durchaus analog zu dem typischen historischen Prozess der Herausbildung zentraler mathematischer Konzepte. Es beginnt oft mit einer *prototypischen* und *konstruktiven Begriffsbildung*, in der immer mehr konkrete Objekte (*Prototypen*) entstehen, welche sich in vielen Eigenschaften ähneln. In dieser Phase bildet sich der Begriffs*umfang* für das Konzept Gruppe (daher spricht man auch von einer *extensionalen Begriffsbildung*). Der Begriff selbst ist dabei oft noch gar nicht genau umschrieben, die Ränder des Begriffsumfangs sind noch unscharf und weich. Ob ein Beispiel dazugehört oder nicht, entscheidet erst der weitere Umgang mit dem Begriff und die Kommunikation unter den Menschen, die den Begriff verwenden. In dieser Phase würde man sagen:

> „Zu den Gruppen zählen wir (um die Ähnlichkeit zu betonen): die Symmetrischen Gruppen, die Symmetriegruppen, die Zahlbereiche usw."

Irgendwann setzt dann das Bedürfnis ein, den Begriff präzise zu definieren. Dabei wird der Begriffs*inhalt* festgelegt: Eine Gruppe ist *jede* Struktur, die bestimmte festgelegte Eigenschaften besitzt. (Man spricht daher auch von einer *intensionalen Begriffsbildung*.) Für die Gruppen kann das so lauten:

> „*Jede* binäre Operation, die die Eigenschaften (G₀) bis (G₃) besitzt, ist (per Definition) eine Gruppe."

Eine solche präzise Definition des Begriffs hilft nicht nur bei der unmissverständlichen Kommunikation, sondern macht es auch möglich, kontrollierte Folgerungen zu ziehen: *Wenn* ein Objekt eine Gruppe ist, dann folgen daraus weitere Eigenschaften – und zwar unabhängig davon, welche besondere Art von Gruppe vorliegt. Jedes Mal, wenn man also ein binäre Operation vorfindet (oder wenn man sie zu einem bestimmten Zweck konstruiert), und sie erfüllt die Gruppeneigenschaften, hat man den gesamten Werkzeugkasten und alle allgemeinen Sätze über Gruppen zur Verfügung. Will man betonen, dass man nur die Eigenschaften zur Voraussetzung genommen hat, so nennt man diese auch Axiome, konkret also „Gruppenaxiome" (G_0)–(G_3), und das Deduzieren aus diesen Axiomen ein *axiomatisches Vorgehen*. Eigentlich wird dabei kein neuer Begriff gebildet, denn es ist ja im Prinzip schon alles da. Allerdings wird der axiomatische Begriff so weit „ausgepresst" wie möglich: Man versucht alle mathematischen Aussagen, die in ihm stecken, ohne offensichtlich zu sein, aus ihm abzuleiten.

> Der hier beschriebene Prozess ist im Fall der historischen Entwicklung des mathematischen Gruppenbegriffs auch tatsächlich in einer solchen Weise abgelaufen. Während die Mathematik bereits viele Tausend Jahre Erfahrung im Umgang mit Zahlen hatte, gab es eigentlich kein Bedürfnis, Multiplikation und Addition als zwei verschiedene Beispiele für eine Gruppe anzusehen, auch wenn man sich natürlich ihrer Gesetze bediente. Eine entscheidender Schritt war dann die Entdeckung, dass man Objekte einer Menge systematisch vertauschen und dieser Vertauschungen auch noch – und jetzt kommt das Besondere – *miteinander verknüpfen* konnte. Etwa 1830 nannte der französische Mathematiker Évariste Galois (1811–1832) eine Menge von Permutationen von Zahlen $x_1,..., x_n$ erstmals eine *Gruppe*. Der Name war dabei weniger wichtig als die Tatsache, dass diese Menge bezüglich der Verknüpfung *abgeschlossen* sein musste und dass sie die entscheidende *Symmetrie* des Problems erfasste, das Galois lösen wollte: die Existenz von Lösungsformeln nicht nur für quadratische, sondern auch für beliebige polynomiale Gleichungen (mehr zu seinen Entdeckungen in Kapitel 9). Seit 1845 begannen dann die Mathematiker solche Gruppen aus verschiedenen Perspektiven zu untersuchen. Augustin-Louis Cauchy (1789–1857) untersuchte Gruppen zunächst als abgeschlossene Untergruppen der Symmetrischen Gruppe S_n. Camille Jordan (1838–1922) verwendete den Gruppenbegriff explizit bei der Untersuchung geometrischer Symmetrien und forderte für eine Gruppe die Abgeschlossenheit – die Assoziativität war bei Abbildungen automatisch gegeben. Arthur Cayley (1821–1895) hob die Bedeutung der Assoziativität und des neutralen Elementes hervor. Er löste sich in seinem Gruppenbegriff von der S_n, indem er Gruppen auch allein über Verknüpfungstafeln definierte (diese heißen im angloamerikanischen Raum heute immer noch *Cayley tables*). Er zeigte aber auch, dass jede endliche Gruppe im Prinzip als Untergruppe einer S_n aufzufassen ist (s. am Ende von Kapitel 4, S. 86ff). Heinrich Weber (1842–1913) hob schließlich die Kürzungsregel ($ab = ac \Rightarrow b = c$) hervor und machte damit die Invertierbarkeit (die zuvor immer schon mitverwendet wurde) explizit zu einem

Kriterium. Auf diese Weise war die Herausbildung des Gruppenbegriffs im heutigen Sinne am Ende des 19. Jahrhunderts weitgehend abgeschlossen. Damit war das Gruppenkonzept aber keineswegs ausgelotet, denn nun konnte es einerseits in allen Bereichen der Mathematik angewendet und andererseits auf mögliche Verallgemeinerungen hin ausgelotet werden. Bis heute ist die Gruppentheorie nicht nur ein Werkzeug in allen Bereichen der Mathematik, sondern auch ein aktuelles eigenes Forschungsgebiet.

Das Ziel dieses Abschnittes (und eigentlich des ganzen Kapitels) besteht darin, den Begriffsbildungsprozess in die axiomatische Phase zu bringen, d.h. Ihre ganz persönlichen (sozusagen individualhistorischen) Erfahrungen mit Gruppen begrifflich zu bündeln, die aus den Beispielen erwachsenden Gruppeneigenschaften (G_0) bis (G_3) auf ihre Bedeutung hin zu befragen und dann festzustellen, wie weit ein axiomatisch definierter Gruppenbegriff tragen kann.

Wenn man einen solchen ersten Überblick über die Galaxie der Gruppen (oder wenigstens einen Quadranten davon) bekommen hat, erkennt man neue Optionen, wie man allgemein mit mathematischen Strukturen umgehen kann. Die Gruppenaxiome haben die Vielfalt der Möglichkeiten von Operationsstrukturen bereits stark reduziert, weitere Eigenschaften wie Kommutativität oder Endlichkeit schränken den Begriffsumfang weiter ein.

Nun kann man verschiedene Wege gehen: Erstens kann man zu den Axiomen weitere Bedingungen hinzunehmen. Hätte man die Kommutativität als Voraussetzung für den Gruppenbegriff als Axiom (G_4) festgesetzt, wären uns allerdings spannende Phänomene durch die Lappen gegangen. Man kann natürlich zunächst die Endlichkeit bewusst als Einschränkung wählen, um die Übersicht über die Strukturen zu behalten. Oder man betrachtet nur Gebilde, bei denen zwei Gruppen zugleich existieren (+ und ·, das geschieht in Kapitel 8).

Man kann aber auch den entgegengesetzten Weg gehen und die bestehenden Axiome reduzieren oder abschwächen, um zu sehen, wie sie überhaupt zu den Eigenschaften der Gruppen beitragen. Auf diese Weise werden die Axiome gleichsam spielerisch auf ihre Bedeutung hin ausgelotet – ein solches Experimentieren mit Axiomen wird auch als *Kantsches Experiment* oder *deduktives Experiment* bezeichnet.

Erkundung 5.3: Untersuchen Sie, was passiert, wenn Sie ein Gruppenaxiom (oder eine Kombination davon) weglassen. Finden Sie möglichst Beispiele für Mengen und binäre Operationen, die die gewählte Kombination von Axiomen jeweils genau erfüllen oder nicht erfüllen.

Das Weglassen der Abgeschlossenheit (G_0) haben Sie wahrscheinlich schnell als problematisch verworfen. Eine Operation, die nicht in jedem Fall definiert ist, fordert entweder dazu heraus, den Ergebnisbereich zu erweitern oder den Definitionsbereich zu reduzieren, bevor man weiterarbeitet. Beispielsweise sind die beiden Strukturen $(\mathbb{N}, -)$ oder $(\mathbb{Z}, :)$ solche Fälle – die übrigens auch die Assoziativität (G_1) verletzen.

Auch auf die Assoziativität (G_1) zu verzichten, erscheint schwierig, diesmal aber wohl deshalb, weil man sie aus allen Beispielen so selbstverständlich kennt. Bei Gruppen, in denen Funktionen verknüpft werden, und in Gruppen, die ihre Operationen von der Addition oder Subtraktion in $\mathbb{Z}$ „erben", kann man die Assoziativität einfach nicht „loswerden". Man kann sich aber künstliche Beispiele ausdenken, die die „Symmetrie" zwischen den Summanden brechen, wie z.B. $(\mathbb{Z}, \oplus)$ mit $a \oplus b = a + 2b$ (s. Übung 5.7). Auch $(\mathbb{Z}, -)$ ist nicht assoziativ, obwohl es neutrale und inverse Elemente enthält (s. Übung 5.7). Tatsächlich gibt es einen Forschungsstrang, der sich intensiv mit nicht-assoziativen Strukturen befasst, also z.B. Strukturen ohne Assoziativität (G_1) und ohne neutrales Element (G_2), aber mit einer gewissen Art von Invertierbarkeit (*Quasigruppen*).

Wenn auf das neutrale Element (G_2) verzichtet wird, kann es eigentlich auch keine Inversen mehr geben (G_3), denn diese benötigen ja ein neutrales Element für ihre Definition (daher der vorsichtige Ausdruck „mit einer gewissen Art von Invertierbarkeit" im vorigen Satz). Wenn also nur Assoziativität (G_1) gegeben ist, so spricht man von einer *Halbgruppe*. $(\mathbb{N} \setminus \{0\}, +)$ und $(2\mathbb{Z}, \cdot)$ sind zwei etwas künstliche Beispiele.

Operationsstrukturen, bei denen also (G_0) bis (G_2) erfüllt sind und denen nur Invertierbarkeit (G_3) fehlt, nennt man auch einen *Monoid*. Die Menge aller Funktionen von $\mathbb{R}$ nach $\mathbb{R}$ ist beispielsweise so ein Monoid (s. Übung 5.7).

Die Situation wird langsam unübersichtlich, daher hier eine Zusammenstellung des „Fast-Gruppen-Zoos":

	(G_0)	(G_1)	(G_2)	(G_3)	„(G_4)"
Magma	$\times$				
Halbgruppe	$\times$	$\times$			
Monoid	$\times$	$\times$	$\times$		
Gruppe	$\times$	$\times$	$\times$	$\times$	
Abelsche Gruppe	$\times$	$\times$	$\times$	$\times$	$\times$
Quasigruppe	$\times$			$(\times)$	

Zwei Namen sind Ihnen hier vermutlich noch neu: *Magma* (also gewissermaßen die noch flüssige Ursubstanz) als Name für jede abgeschlossene Verknüpfung und *Abelsche Gruppe* als gebräuchliches Synonym für eine kommutative Gruppe. Sie brauchen aber nicht zu befürchten, dass Sie all diese Namen dauerhaft kennen müssen. Selbst Mathematiker geraten ins Wanken, wenn sie aus dem Stegreif die Unterschiede erklären müssen. Hier geht es nur darum, dass Sie sehen, wie man durch Spielen mit Axiomen zu Verallgemeinerungen kommt und besser verstehen kann, warum welche Eigenschaften für ein axiomatisch definiertes Objekt wie Gruppe relevant sind. Die „Was wäre, wenn nicht ..."-Strategie ist ein probates Mittel, um interessante mathematische Fragen und Erkenntnisse zu provozieren.

Als Beispiel für ein solches Spiel mit Axiomen können Sie nachfolgend sehen, wie die Bezüge zwischen stärkeren und schwächeren Axiomen ausgelotet werden. In (G_2) wird gefordert, dass es ein neutrales Element mit $e \cdot a = a \cdot e = a$ für alle Gruppenelemente a gibt. Aber reicht nicht vielleicht schon eine der beiden Anforderungen: $e \cdot a = a$ (man sagt auch, e sei ein linksneutrales Element)? Tatsächlich kann man sich Halbgruppen vorstellen, wie z.B. $(\mathbb{Z}, *)$ mit $a * b := b$, bei denen jedes Element linksneutral, aber keines rechtsneutral ist. Allerdings: Man könnte (G_1) auch so formulieren:

(G_1') „Es gibt ein Element e mit $e \cdot a = a$ (ein linksneutrales) und es gibt ein Element f mit $a \cdot f = a$ (ein rechtsneutrales)."

Diese Anforderung ist aber nur scheinbar schwächer als (G_1), denn wegen $e = e \cdot f = f$ gilt $e = f$. Das heißt: Wenn es ein linkes und rechtes neutrales Element gibt, dann sind sie gleich. Ähnliches gilt für inverse Elemente: Wenn es ein linksinverses L und ein rechtsinverses R gibt, so sind sie gleich – aufgrund der Assoziativität:

$$L = L \cdot e = L \cdot (x \cdot R) = (L \cdot x) \cdot R = e \cdot R = R$$

Nachdem Sie eine kurze Tuchfühlung mit Situationen hatten, die *weniger* Anforderungen an Operationsstrukturen stellen, können Sie sich für den Rest des Buches wieder ganz auf Gruppen konzentrieren. Die axiomatische Denkweise stellt die Frage, was man aus den Axiomen (G_0) bis (G_3) alles folgern kann und inwieweit die Axiome die möglichen Strukturen von Gruppen einschränken oder gar festlegen. Einige solcher Folgerungen haben Sie in den vorigen Kapiteln ja bereits gezogen, auch wenn dies an konkreten Gruppen geschah. Es deutete sich bereits an, das bestimmte Argumente ausschließlich die Axiome herangezogen haben und daher für jede Art von Gruppe gelten. Dazu gehören vor allem Folgende, die hier noch einmal kurz wiederholt und abstrakt, d.h. unabhängig von der konkreten Gruppe, aufgeschrieben werden:

In einer Gruppe kann man links und rechts kürzen, d.h.:

$$a \cdot b = a \cdot c \Rightarrow b = c \qquad \text{und} \qquad b \cdot a = c \cdot a \Rightarrow b = c$$

Das gelingt durch Multiplikation mit dem Inversen a^{-1}, z.B.:

$$a^{-1} \cdot (a \cdot b) = a^{-1} \cdot (a \cdot c) \overset{(G_1)}{\Rightarrow} (a^{-1} \cdot a) \cdot b = (a^{-1} \cdot a) \cdot c \overset{(G_3)}{\Rightarrow} e \cdot a = e \cdot b \overset{(G_2)}{\Rightarrow} a = b$$

Hieraus kann man folgern, dass in der Gruppentafel in jeder Zeile und in jeder Spalte jedes Gruppenelement genau einmal erscheint. Dies ist bereits eine sehr starke Strukturaussage, denn sie schränkt die möglichen Ergebnisse der Operation deutlich ein. Vor allem für kleine Gruppengrößen, wenn die Gruppentafeln nur sehr klein sind, kann man damit bereits vieles anfangen.

Erkundung 5.4: Für eine Gruppe mit n Elementen hat die Gruppentafel $n \times n$ Felder. Das neutrale Element steht in der ersten Zeile und Spalte, die Inhalte sind damit festgelegt. Für die restlichen Felder gilt: In jeder Zeile und Spalte muss jedes Element genau einmal stehen. Die Ähnlichkeit zum Sudoku ist nicht zu übersehen.

	e	a
e	e	a
a	a	

	e	a	b
e	e	a	b
a	a		
b	b		

	e	a	b	c
e	e	a	b	c
a	a			
b	b			
c	c			

	e	a	b	c	d
e	e	a	b	c	d
a	a				
b	b				
c	c				
d	d				

Als Namen für die Elemente eignen sich e für das neutrale und a, b, c, d, ... für die weiteren. Auf diese Weise hat man „neutrale Gruppen" im Sinn und lässt sich nicht zu sehr von Mustern bei bekannten Gruppen irritieren.

a) Finden Sie für alle Gruppengrößen von $n = 1$ bis 5 möglichst viele verschiedene Lösungen dieses „Gruppen-Sudokus". Welche Axiome haben Sie damit erfüllt? Wie viele mögliche Gruppen haben Sie damit gefunden?

b) Einige der Lösungen sind nur *scheinbar unterschiedlich*. Wenn man bei einer Tafel die Namen von bestimmten Gruppenelementen austauscht, ist sie vielleicht gar nicht von einer anderen verschieden. Wie muss man die Tafel verändern, wenn man auf diese Weise Namen austauscht? Welche Gruppen stellen sich dabei auf den zweiten Blick als isomorph heraus?

c) Welches Axiom haben Sie in a) noch nicht erfüllt? Wie könnten Sie herausfinden, ob die gefundenen Tabellen wirklich zu Gruppen gehören, also *alle* Axiome erfüllen?

Zugegeben, die ersten Tafeln sind keine große Herausforderung, sogar für einen Sudoku-Anfänger. In jedem Schritt gibt es nur eine Wahl:

	e	a
e	e	a
a	a	e

	e	a	b
e	e	a	b
a	a	b	e
b	b	e	a

Bei vier Elementen braucht man schon eher Sudoku-Strategien: Wenn man an einer Stelle die Wahl zwischen verschiedenen Elementen hat, sollte man sich dies notieren und diesen Weg später weiterverfolgen. Vier Lösungen kann man auf diese Weise finden:

	e	a	b	c
e	e	a	b	c
a	a	b	c	e
b	b	c	e	a
c	c	e	a	b

	e	a	b	c
e	e	a	b	c
a	a	e	c	b
b	b	c	e	a
c	c	b	a	e

	e	a	b	c
e	e	a	b	c
a	a	e	c	b
b	b	c	a	e
c	c	b	e	a

	e	a	b	c
e	e	a	b	c
a	a	c	e	b
b	b	e	c	a
c	c	b	a	e

Das sieht bislang nach einer guten Methode zur systematischen Erzeugung von Gruppen aus. Allerdings besteht die Frage, ob es sich überhaupt um Gruppen handelt. Die Axiome G_0, G_2 und G_3 sind durch die Konstruktion erfüllt, aber möglicherweise sind die so gefundenen Strukturen nicht assoziativ? Muss man tatsächlich $(x \cdot y) \cdot z = x \cdot (y \cdot z)$ in $n \cdot n \cdot n = n^3$ Fällen überprüfen? Leider gibt es hier im Allgemeinen kaum einen wesentlich besseren Weg. Die Assoziativität lässt sich leider auch nicht wie die Kommutativität direkt an der Gruppentafel ablesen. Allerdings gibt es eine „Abkürzung" zur Assoziativität, da ja schon Gruppen mit drei bzw. vier Elementen bekannt sind, nämlich $\mathbb{Z}_2$ und $\mathbb{Z}_3$:

	e	a
e	e	e
a	a	e

	0	1
0	0	1
1	1	0

	e	a	b
e	e	a	b
a	a	b	e
b	b	e	a

	0	1	2
0	0	1	2
1	1	2	0
2	2	0	1

Die Tafeln sind von ihrer Struktur jeweils identisch, d.h., wenn man die Elemente umbenennt $e \leftrightarrow 0$, $a \leftrightarrow 1$, $b \leftrightarrow 2$, so sind auch die Ergebnisse aller Operationen nach derselben Regel ausgetauscht, also z.B. $a \cdot b = e \leftrightarrow 1 \cdot 2 = 0$. Von den beiden Gruppen kennt man die Assoziativität bereits aus den Gesetzmäßigkeiten der Addition. Schaut man mit diesem Blick auf vier Lösungen mit vier Elementen, so erkennt man, dass die ersten beiden Lösungen den Gruppen $\mathbb{Z}_4$ und der Symmetriegruppe des Rechtecks entsprechen. Also sind diese beiden Lösungen ebenfalls assoziativ.

+	0	1	2	3
0	0	1	2	3
1	1	2	3	0
2	2	3	0	1
3	3	0	1	2

∘	1	s_1	s_2	r^2
1	1	s_1	s_2	r^2
s_1	s_1	1	r^2	s_2
s_2	s_2	r^2	1	s_1
r^2	r^2	s_2	s_1	1

·	e	a	b	c
e	e	a	b	c
a	a	e	c	b
b	b	c	a	e
c	c	b	e	a

·	e	a	b	c
e	e	a	b	c
a	a	c	e	b
b	b	e	c	a
c	c	b	a	e

Für die anderen beiden Fälle scheint es keine bekannte Gruppe zu geben, aber das liegt nur daran, dass die Elemente nicht in der erwarteten Reihenfolge stehen. Anhand der Diagonalen erkennt man, dass hier jeweils zwei Elemente mit $x^2 = e$ und zwei Elemente mit $x^2 \neq e$ auftreten. Das weist darauf hin, dass hier weitere zwei Male die Gruppe $\mathbb{Z}_4$ vorliegt. Wenn man die dazu passende Umbenennung vornimmt und die Spalten und Zeilen entsprechend vertauscht, findet man tatsächlich jedes Mal die vermutete Struktur der $\mathbb{Z}_4$. Auf diese Weise ist nun klar: Es gibt für $n = 1$, 2 und 3 jeweils genau eine Gruppe, und diese entspricht der bekannten $\mathbb{Z}_1$, $\mathbb{Z}_2$ und $\mathbb{Z}_3$. Für $n = 4$ gibt es zwei verschiedene, also nicht-isomorphe Gruppentypen: einmal mit der Struktur der $\mathbb{Z}_4$ und einmal mit einer anderen Struktur, die auch unter dem Namen *Kleinsche Vierergruppe* oder kurz V_4 bekannt ist. Sie unterscheidet sich am deutlichsten dadurch von der $\mathbb{Z}_4$, dass jedes Element eine Art Spiegelung mit $x^2 = e$ darstellt. Daher ist die Gruppentafel auch durch keine Umbenennung der Elemente auf die Form der $\mathbb{Z}_4$ zu bringen.

Wenn Sie mit viel Fleiß bis zu $n = 5$ durchgehalten haben und vorgegangen sind wie eben beschrieben, können Sie die folgenden beiden möglichen Gruppen gefunden haben:

	e	a	b	c	d
e	e	a	b	c	d
a	a	b	c	d	e
b	b	c	d	e	a
c	c	d	e	a	b
d	d	e	a	b	c

	e	a	b	c	d
e	e	a	b	c	d
a	a	c	e	d	b
b	b	d	c	a	e
c	c	e	d	b	a
d	d	b	a	e	c

Eine der beiden Tabellen, die linke, passt – nicht überraschend – zur $\mathbb{Z}_5$. Für die andere haben Sie in diesem Buch noch keine Gruppe gefunden, die eine ähnliche Struktur, auch nach Umordnen der Zeilen und Spalten, haben könnte. Außerdem liegt hier der erste Fall einer nicht-kommutativen Verknüpfung vor. Möglicherweise haben wir hier also eine neue Gruppe gefunden. Bei der Überprüfung der Assoziativität stößt man allerdings auf $(aa)a = ca = e$ und $a(aa) = ac = d$, also ist dies keine Gruppe. Das rechte Beispiel zeigt, dass es Operationen gibt, die zwar neutrale Elemente besitzen und bei denen die Gruppentafel eine Kürzungsregel möglich macht, die aber nicht assoziativ und also keine Gruppe darstellen. Diese Strukturen nennt man auch *loops* und man könnte diesen Typ zu obiger Tabelle hinzufügen. Die mangelnde Assoziativität führt auch dazu, dass die Kürzungsregel nicht dasselbe bedeutet wie die Existenz inverser Elemente. Die Nicht-Gruppe, die hier gefunden wurde, besitzt nämlich unterschiedliche Links- und Rechtsinverse (s. Übung 5.8).

Auch wenn das hier gezeigte Vorgehen etwas mühsam ist, könnte man sich vorstellen, die entsprechenden Schritte in Form eines Algorithmus an einen Computer zu delegieren, der einem für jedes n alle möglichen Gruppen präsentiert. Diese Hoffnung zerschlägt sich aber bald, wenn man einmal nachschaut, wie viele solcher *loops* (also Strukturen mit immerhin vielversprechender Verknüpfungstafel) für jedes n existieren und auf Assoziativität zu prüfen wären:

Größe	Zahl der möglichen Gruppentafeln (OEIS A057771)	Tatsächliche Zahl der Gruppen (OEIS A000001)
1	1	1
2	1	1
3	1	1
4	2	2
5	6	1
6	109	2
7	23746	1
8	106228849	5
9	9365022303540	2
10	20890436195945769617	2
11	1478157455158044452849321016	1

Zahlenfolgen wie diese, die sich aus theoretischen Analysen oder auch aus intelligenten Zählalgorithmen ergeben, werden übrigens in einer eigenen Datenbank gespeichert, der *Online Encyclopedia of Integer Series* (www.oeis.org). Hier kann man auch recherchieren, ob eine Zahlenfolge, die man findet, in irgendeinem anderen mathematischen Zusammenhang schon einmal aufgetreten ist – ein wichtiger Hinweis auf einen möglichen theoretischen Bezug.

Auffallend ist jedenfalls, dass die Zahl der auf Assoziativität zu überprüfenden Gruppentafeln schnell ins Unermessliche wächst – auch für einen Computer eine unlösbare Aufgabe. Bei sieben oder mehr Elementen bleibt nur ein rapide sinkender Bruchteil der Gruppe bei einer solchen Analyse übrig. Das bedeutet aber auch aus theoretischer Sicht, dass die Assoziativitätsbedingung die Verknüpfung beträchtlich einschränkt. Es erscheint jedenfalls kaum sinnvoll, zunächst alle 109 möglichen Verknüpfungstafeln von sieben Elementen zu suchen, um dann festzustellen, dass nur eine davon eine Gruppe ist. Es lohnt sich also, weitere Konsequenzen aus den Gruppenaxiomen zu ziehen, um dann tatsächlich auch für größere *n* nachweisen zu können, dass es gar nicht besonders viele Gruppen mit zehn oder 20 Elementen gibt.

5.3 Gruppenstrukturen veranschaulichen

Welche besonderen, bisher noch nicht erkannten Eigenschaften haben Gruppen, die dafür sorgen, dass es zunächst eine überschaubare Anzahl von endlichen Gruppen mit kleiner Elementzahl gibt? Will man tiefer in die Gruppenstrukturen hineinschauen, so reichen die ins Auge springenden Muster in der Gruppentafel offenbar nicht aus. Bei der Suche nach Indizien für (Nicht-)Isomorphie haben Sie aber bereits darüber hinausgehende Strukturen in den Blick genommen: Manche Gruppen werden von einem einzigen Element erzeugt ($G = <a>$), bei anderen reichen zwei Elemente aus ($D_3 = <r, s_1>$). Möglicherweise kann man solche Elemente immer finden und daraus Konsequenzen für die Struktur ziehen. Dies können Sie in der nächsten Erkundung einmal ausprobieren – zunächst an Ihnen bekannten Gruppen und unter Zuhilfenahme einer nützlichen Veranschaulichung, die Arthur Cayley (1821–1895) im Jahr 1878 vorgeschlagen hat.

Erkundung 5.5: Die Struktur einer Gruppe kann man mit sogenannten *Cayley-Graphen* anschaulich machen. Dazu zeichnet man für jedes Gruppenelement einen Punkt (z.B. sechs Punkte für $\mathbb{Z}_6$). Danach wählt man eine kleine Zahl von Gruppenelementen aus, ein sogenanntes *Erzeugersystem S* (z.B. $S =\{[2],[3]\}$), und wendet es auf alle Gruppenelemente an. Ein Pfeil (mit einer festen Farbe für jeden der Erzeuger) zeigt an, bei welchem Gruppenelement man dabei landet (z.B. $[1] \xrightarrow{+[2]} [3]$):

→*Programm*
Gruppenerkun-
der.cdy

oder

Cayley
diagramme.ggb

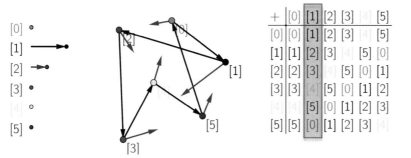

+	[0]	[1]	[2]	[3]	[4]	[5]
[0]	[0]	[1]	[2]	[3]	[4]	[5]
[1]	[1]	[2]	[3]	[4]	[5]	[0]
[2]	[2]	[3]	[4]	[5]	[0]	[1]
[3]	[3]	[4]	[5]	[0]	[1]	[2]
[4]	[4]	[5]	[0]	[1]	[2]	[3]
[5]	[5]	[0]	[1]	[2]	[3]	[4]

Das Beispiel vermittelt noch nicht den Eindruck einer einfachen Struktur. Mehr erkennt man, wenn man die Punkte in eine sinnvolle Anordnung bringt und außerdem verschiedene Kombinationen von Erzeugendensystemen *S* auswählt. Jedes Mal kann man so eine andere Sicht auf dieselbe Gruppe bekommen.

a) Untersuchen Sie die beiden nichtisomorphen Gruppen $\mathbb{Z}_6$ und D_3 (vielleicht auch noch weitere Gruppen) anhand von Cayley-Graphen. Wählen Sie verschiedene Erzeugendensysteme und Punktanordnungen und beschreiben Sie möglichst viele strukturelle Eigenschaften der beiden Gruppen.

b) Welche allgemeinen Erkenntnisse über die Struktur von Cayley-Graphen (und damit über beliebige Gruppen) haben Sie gewonnen? Formulieren Sie Vermutungen und erläutern Sie, was das jeweils über die Struktur der Gruppe aussagt.

c) Versuchen Sie, Ihre Vermutungen allgemein zu beweisen.

Als Erstes wird man wohl versuchen, die Wirkung einzelner Elemente zu unterscheiden. Da die [0] immer zu demselben Element zurückführt, kann man sie der Übersicht halber auch grundsätzlich weglassen.

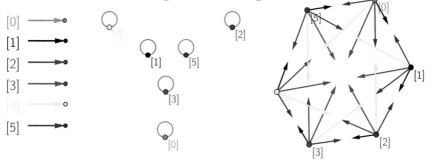

Bei den anderen Elementen werden einige der Beziehungen in der Gruppe im Graphen deutlich: Beispielsweise ist [5] das Inverse zu [1] sowie [4] das zu [2]. [3] hingegen ist zu sich selbst invers, also eine Spiegelung mit [3] + [3] = 0. Verfolgt man einzelne Elemente in ihrer Wirkung weiter, d.h., geht man längs der Pfeile einer Farbe, so kann man eine ganze Reihe erwarteter, aber auch neuer Strukturen erkennen:

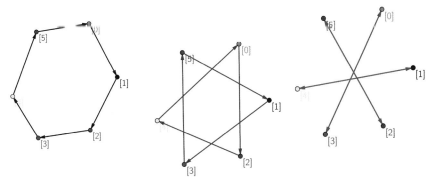

Man sieht, dass die [1]-Pfeile (und auch die [5]-Pfeile) einmal durch die ganze Gruppe laufen, was bedeutet, dass diese Elemente die ganze Gruppe erzeugen: $\langle[1]\rangle = \langle[5]\rangle = \mathbb{Z}_6$. Hingegen erzeugen die anderen Elemente nur Teilzyklen, die wiederum Untergruppen sind: $\langle[2]\rangle = \{[0],[2],[4]\}$ oder $\langle[3]\rangle = \{[0],[3]\}$. Was Sie allerdings vielleicht so nicht vorhergesehen haben, ist, dass die Anwendung dieser Zykel auf *alle* Elemente der Gruppe identische Kopien der Zykeln erzeugt. Beispielsweise gibt es neben der Untergruppe $U = \langle[2]\rangle = \{[0],[2],[4]\}$ noch ein zweites Zykel, das man sich von der [1] ausgehend denken kann: $[1] + \{[0],[2],[4]\} = \{[1],[3],[5]\}$, kurz geschrieben $[1] + U$. Dieses Zykel ist allerdings *keine* Untergruppe, die Addition ist innerhalb des Zykels nicht abgeschlossen $[1] + [3] = [4]$ und es enthält auch kein neutrales Element [0]. Auch die Untergruppe $V = \langle[3]\rangle = \{[0],[3]\}$ lässt $\mathbb{Z}_6$ zerfallen, diesmal in drei Zykeln V, $[1] + V$ und $[2] + V$ von analoger Struktur. Man nennt solche „Nebenmengen" zu Untergruppen auch *Nebenklassen* und sie werden bei der Aufklärung von Gruppenstrukturen noch eine wichtige Rolle einnehmen.

Unabhängig von diesen Nebenklassen haben Sie am Beispiel der zyklischen Gruppe $\mathbb{Z}_6$ noch etwas gesehen: Alle gefundenen Untergruppen waren ebenfalls zyklisch und von der Größe 1, 2, 3 und 6 (wenn man die trivialen Fälle mitzählt) und niemals 4 oder 5. Ansonsten hätten die identischen Kopien auch keinen Platz in der Gruppe gefunden.

Möglicherweise haben Sie aber die Gruppe $\mathbb{Z}_6$ auch noch aus einer anderen Perspektive betrachtet. Je nachdem, wie man die Punkte anordnet und welche Erzeugenden man wählt, kann auch die folgende Form erhalten:

Eine solche Struktur entsteht, wenn man $\mathbb{Z}_6$ nicht über ein, sondern zwei Elemente erzeugt: Wählt man nur [2] (rote Pfeile), so ist die erzeugte Gruppe <[2]> nur eine Untergruppe, der Graph ist nicht zusammenhängend. Nimmt man nun noch [3] hinzu (grüne Pfeile), so erreicht man alle Elemente der Gruppe: $\mathbb{Z}_6$ = <[2],[3]>. An dieser Art der Erzeugung und am Graphen kann man die zyklische Struktur der Gruppe nicht mehr erkennen, obwohl sie natürlich noch da ist: $\mathbb{Z}_6$ = <[1]>. Die Darstellung einer Gruppe über ein Erzeugendensystem oder über einen Cayley-Graphen ist also nicht eindeutig.

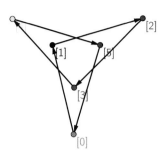

Wie sieht nun die Struktur der anderen Gruppe mit sechs Elementen, der Diedergruppe D_3, aus?

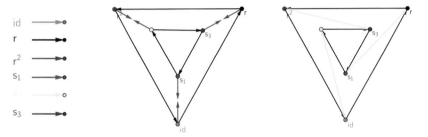

Interessanterweise ist eine mögliche Darstellung ganz ähnlich zu derjenigen der $\mathbb{Z}_6$. Das linke Bild entspricht der Erzeugung der D_3 über eine Drehung und eine Spiegelung: $D_3 = <r,s_1>$ das rechte entspricht der Erzeugung $D_3 = <r,s_2>$. Wieder teilt sich die Gruppe in zwei Dreierzyklen, zwischen denen eine Spiegelung vermittelt. Die drei Spiegelungen unterscheiden sich nur danach, *welche* Ecken der beiden Zykeln jeweils miteinander verbunden sind. Dennoch gibt es einen feinen, aber bedeutsamen Unterschied: Bei der $\mathbb{Z}_6$ laufen die Zykeln gleichsinnig, bei der D_3 gegensinnig. Dieser Unterschied lässt sich auch nicht durch eine andere Anordnung der Punkte „reparieren". Versuchen wir es mit folgender Blickweise: In der D_3 kann man den Weg $s_1 \circ r \circ s_1 \circ r = id$ gehen. Man beginnt beispielsweise bei *id* und kommt dort wieder an. Außerdem kann man auf zwei Wegen von *id* zu s_3 gelangen: $s_3 = s_1 \circ r = r^{-1} \circ s_1 = id$. Allerdings führt die gegenläufige Ausrichtung der Dreiecke auch dazu, dass manches Ergebnis von der Reihenfolge der durchlaufenen Kanten abhängt, z.B. $s_1 \circ r = s_3 \neq r \circ s_1 = s_2$. Solche Phänomene konnten im Cayley-Graphen der kommutativen $\mathbb{Z}_6$ nicht auftreten.

In der $\mathbb{Z}_6$ war es auch egal, in welcher Reihenfolge man die Nebenklassen notierte: Mit [3] + U war gemeint, alle Elemente einer Untergruppe vom Punkt [3] aus zu gehen, also eigentlich *zuerst* [3] und dann U auszuführen. In der D_3 muss man nun vorsichtiger sein und die Gruppenelemente in der Reihenfolge von rechts nach links lesen: Wenn man beispielsweise alle Elemente der Untergruppe $U = <r> = \{id, r, r^2\}$ an s_1 anhängen möchte, schreibt man: $U \circ s_1$. Wieder werden zwei Nebenklassen U und $U \circ s_1$ erzeugt, die die ganze Gruppe in zwei Teile zerlegen. Wenn man alle anderen Möglichkeiten durchprobiert, Nebenklassen zu erzeugen, so erkennt man, dass gilt: $U = U \circ r = U \circ r^2$ und außerdem $U \circ s_1 = U \circ s_2 = U \circ s_3$. Man kann jede Nebenklasse also auf verschiedene Weise erzeugen.

Die Analyse der Cayley-Graphen verrät also eine Menge über die Struktur von Gruppen, insbesondere wie Untergruppen zu einer disjunkten Zerlegung in Nebenklassen führen. Man kann die Vermutung aufstellen, dass *jede* Untergruppe U einer Gruppe G diese in solche Nebenklassen zerlegt, auch wenn die Gruppe G nicht so einfach aussieht und auch U nicht unbedingt wie in den Beispielen eine zyklische Gruppe erscheint. Ein kurzer prüfender Seitenblick auf einen komplexeren Fall soll das untermauern. Da die Diedergruppe des Quadrates D_4 ganz analog zustande kommt wie die des gleichseitigen Dreiecks D_3, sollte sich dies auch an der Struktur der Cayley-Graphen widerspiegeln:

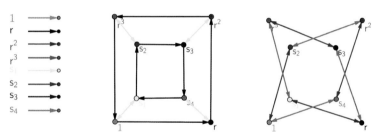

Die zyklische Untergruppe $U = <r> = \{1, r, r^2, r^3\}$ bringt wieder die Nebenklasse $U \circ s_1 = \{s_1, s_2, s_3, s_4\}$ mit sich. Aber auch $V = <s_1, s_3> = \{1, s_1, s_3, r^2\}$, als die nichtzyklische Untergruppe, die von zwei orthogonalen Spiegelungen erzeugt wird, führt zu einer analog aussehenden Nebenklasse (s. reches Bild), die man z.B. am Punkt r aufhängen und folgendermaßen erzeugen kann: $V \circ r = \{1, s_1, s_3, r^2\} \circ r = \{r, s_2, s_4, r^3\}$

Wie machen sich die im Cayley-Graphen erkennbaren Strukturen in der Verknüpfungstafel bemerkbar? Elemente der Ordnung 2, welche im Cayley-Graphen zu einem Doppelpfeil führen, haben Sie in den Gruppentafeln immer schon als „Spiegelungen" am neutralen Element in der Diagonalen erkannt. Hier sind das $(s_i)^2 = id$, in der D_4 zusätzlich $(r^2)^2 = r^2 \circ r^2 = id$ und in der $\mathbb{Z}_6$ [3] + [3] = [0]. Elemente höherer Ordnung, wie z.B. [4] + [4] + [4] = 0, fallen in der Gruppentafel nicht besonders auf, hier muss man die Potenzen bzw. Vielfachen erst ausrechnen, um die Ordnungen der Elemente zu sehen. Die Nebenklassen aber sind in der Gruppentafel recht deutlich zu erkennen:

Zu einer Untergruppe U, deren Elemente man in der linken Spalte aufsuchen muss, findet man die Nebenklasse $U \circ x$ in der Spalte zum Element x und in den Zeilen zu den Elementen aus U (s. nächste Abbildung). Die besondere

Struktur des Cayley-Graphen wird in der Gruppentafel darin deutlich, dass sich dieselben Nebenklassen mit denselben Elementen exakt (bis auf die Reihenfolge) wiederholen. Diese besondere Eigenart von Gruppentafeln war bislang nicht aufgefallen und es wird zu zeigen sein, dass sie bei *jeder* Verknüpfung mit den Gruppeneigenschaften gilt, nicht nur bei den hier untersuchten Beispielen.

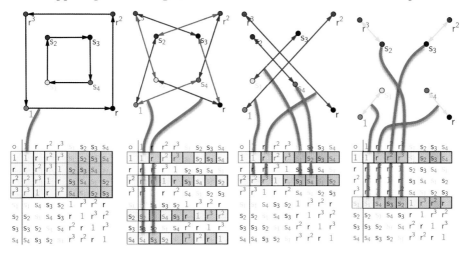

∘	1	r	r²	r³	s1	s2	s3	s4
1	1	r	r²	r³	s1	s2	s3	s4
r	r	r²	r³	1		s2	s3	s4
r²	r²	r³	1	r		s3	s4	s2
r³	r³	1	r	r²		s4		s2 s3
s1			s4	s3	s2	1	r³	r² r
s2	s2		s4	s3	r	1	r³	r²
s3	s3	s2		s4	r²	r	1	r³
s4	s4	s3	s2		r³	r²	r	1

Die Nebenklassen können natürlich auch kleiner sein, in den beiden Beispielen oben rechts besteht die Untergruppe nur aus zwei Elementen, entsprechend gibt es vier verschiedene Nebenklassen.

Nun wäre es an der Zeit zu ernten: die vielen Beobachtungen zu präzisieren, auf ihre Allgemeinheit abzuklopfen – sprich: zu beweisen –, von diesen Erkenntnissen zu profitieren und Strukturaussagen über Gruppen abzuleiten.

Für jede Untergruppe U einer Gruppe G kann man für die ganze Gruppe folgende Struktur erzeugen: Auf ein gegebenes Element g der Gruppe kann man alle Elemente der Untergruppe anwenden. Dabei entstehen so genannte (Rechts–)Nebenklassen.

$$U \circ g = \{u \circ g \,|\, u \in U\}$$

Zwei Nebenklassen zu verschiedenen Gruppenelementen sind entweder disjunkt oder identisch:

$$U \circ g \cap U \circ h = \emptyset \quad \text{oder} \quad U \circ g = U \circ h$$

Daher kann man ein System von g_i wählen, sodass die Gruppe sich disjunkt in Nebenklassen zerlegen lässt:

$$G = (U \circ g_1) \,\dot\cup\, \ldots \,\dot\cup\, (U \circ g_k)$$

Die Rechtsnebenklassen zu einer Gruppe U sind alle gleich mächtig und insbesondere so groß wie die Untergruppe U.

$$|U \circ g| = |U \circ h| = |U| \quad \forall g, h \in G$$

Diese Aussagen bündeln und präzisieren die vorhergehenden Erfahrungen mit Nebenklassenstrukturen, sie müssen aber in ihrer nun deutlich allgemeinen Form noch abgesichert werden.

Zunächst also die wohl stärkste strukturelle Frage, die über die „Sudoku-Eigenschaft" der Gruppentafel weit hinausgeht: Sind die Nebenklassen $U \circ g$ mit $g \in G$ wirklich disjunkt (oder identisch), und wenn ja – woran liegt das? Angenommen also, dass zwei Nebenklassen nicht disjunkt sind: $U \circ g \cap U \circ h \neq \emptyset$. Dann gibt es also ein Element, das in beiden Klassen enthalten ist und damit auf zwei Weisen zu schreiben ist: $a = u \circ g$ und $a = v \circ h$. Das bedeutet, dass a zwei Darstellungen besitzt, eine bezüglich g und eine bezüglich h. u und v sind gewissermaßen die Koordinaten von h in den beiden Nebenklassen. Damit hat man aber auch schon so etwas wie eine „Übersetzung" zwischen den Nebenklassenerzeugern gefunden (unter Nutzung von Assoziativität, inversem und neutralem Element):

$$u \circ g = v \circ h \Rightarrow u^{-1} \circ (u \circ g) = u^{-1} \circ (v \circ h) \Rightarrow g = (u^{-1} \circ v) \circ h$$

Das „Übersetzungselement" $u^{-1} \circ v$ stammt aus U und mit seiner Hilfe kann man nun jedes andere Element $b \in U \circ g$ auch in eine $U \circ h$-Form bringen:

$$b = w \circ g \text{ mit } w \in U \Rightarrow b = w \circ ((u^{-1} \circ v) \circ h) = \underbrace{(w \circ (u^{-1} \circ v))}_{\text{alle} \in U} \circ h \in U \circ h$$

Mit einem solchen Argument ist *jedes* Element aus $U \circ g$ auch in $U \circ h$. Da man das Argument auch umgekehrt führen kann, gilt $U \circ g = U \circ h$. Zwei Nebenklassen zur selben Untergruppe können also nur disjunkt oder identisch sein, denn sie werden durch die Gruppeneigenschaften so eng aneinandergebunden.

Leider kann man dieses Übersetzungsargument an der Gruppentafel oder am Cayley-Diagramm nicht gut erkennen, denn in diesen ist ja gerade die hierbei benötigte Assoziativität nicht einfach ablesbar.

Alle weiteren Aussagen des Kastens sind direkte Folgerungen dieser außergewöhnlichen Eigenschaft von Untergruppen. Dass jede Nebenklasse $U \circ g$ gleichmächtig zur Untergruppe U ist, ist allerdings längst nicht so besonders, denn das gilt sogar für jede Unter*menge* $M \subseteq G$, die gar nicht einmal Gruppe zu sein braucht. Das liegt natürlich wieder an der Kürzungseigenschaft $a \circ g = b \circ g \Rightarrow a = b$, denn damit ist die Abbildung $U \to U \circ g$ bijektiv.

Für endliche Gruppen bedeutet die Zerlegung in Nebenklassen insbesondere eine enge Verbindung zwischen der Größe der Untergruppe $|U| = m$ und der Größe der gesamten Gruppe $|G| = n$. An den Cayley-Diagrammen haben Sie gesehen, wie die Gesamtmenge der Punkte immer in gleich große Zykel oder Untergruppen zerfiel. Formal aufgeschrieben bedeutet das:

$$G = (U \circ g_1) \,\dot\cup\, ... \,\dot\cup\, (U \circ g_k)$$
$$\Rightarrow \quad |G| = |U \circ g_1| + ... + |U \circ g_k| = |U| + ... + |U|$$
$$\Rightarrow \quad n \;\;= m + ... + m = m \cdot k$$

Eine Folgerung hieraus – die anhand der zahllosen Beispiele schon lange in der Luft lag – ist der Satz von Lagrange, eine der ersten Entdeckungen aus der Frühzeit der Gruppentheorie.

Für endliche Gruppen gilt: Die Ordnung einer Untergruppe teilt die Ordnung der Gruppe:

$|U| = k \cdot |G|$ mit $k \in \mathbb{N}$

Man nennt $k = |G|{:}|U|$ auch den *Index der Untergruppe in der Gruppe*. Er ist gleich der Anzahl der Nebenklassen:

$\mathrm{Index}(U) = |\{U \circ g \mid g \in G\}| \; = |G|{:}|U|$

Auch wenn die vielen Strukturaussagen über Nebenklassen hier gar nicht auftauchen, ist die Aussage dieses Satzes stark genug, um eine große Zahl von Konsequenzen für die möglichen Gruppenstrukturen zu ziehen. Die wohl drastischste Konsequenz ist, dass Gruppen mit Primzahlgröße, also z.B. mit 2, 3, 5 oder 11 Elementen, keine Möglichkeit besitzen, Untergruppen zu bilden, weil sich ihre Menge in keiner Weise in gleich große Nebenklassen zerlegen lässt.

Am Cayley-Graphen, hier am Beispiel der Gruppe $\mathbb{Z}_7$, sieht das so aus: Wenn sich die Gruppenelemente durch Verknüpfen mit einem festen Element (hier [3]) einen Partner suchen, können die Pfeile niemals einen geschlossenen Kreis bilden, der kürzer als sieben Schritte ist. Denn nach der Nebenklassenstruktur müsste es den Kreis dann zwei- oder mehrfach geben. Also endet jeder Versuch in einem kompletten Zyklus durch die ganze Gruppe. Formal aufgeschrieben heißt das: Wenn eine Gruppe eine Primzahl von p Elementen besitzt,

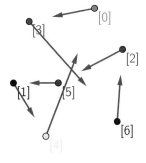

gilt für die von einem beliebigen $a \neq e$ erzeugte Untergruppe $<a> = \{e, a, ..., a^{k-1}\}$ mit $k \geq 1$ Elementen:

$$|<a>| = k \geq 1 \text{ ist Teiler von } p \Rightarrow k = p \Rightarrow <a> = G.$$

Zusammengefasst:

Eine Gruppe mit Primzahlgröße $|G| = p$, mit $p \in \mathbb{N}$ prim, besitzt keine Untergruppen außer $\{e\}$ und G. Sie ist außerdem zyklisch und damit isomorph zu $(\mathbb{Z}_p, +)$.

Das ist schon eine erstaunliche Aussage: Die Nebenklassenstruktur ist so viel spezieller als nur die Eindeutigkeitseigenschaft pro Zeile und Spalte (Sudoku-Struktur), dass es für die Größe $|G| = 11$ nicht etwa 20.890.436.195.945.769.617

verschiedene, nicht-isomorphe Gruppen gibt (s. oben, S. 107), sondern nur *eine*! Damit ist für eine beträchtliche Zahl von Gruppen endgültig geklärt, wie sie aussehen. Zum Glück ist bei den Nicht-Primzahlen noch genug Spielraum für weitere, anspruchsvolle Gruppentypen – und in der Tat wächst mit der Zahl der Teiler der Gruppengröße auch die Vielfalt möglicher Gruppen.

5.4 Mit Untermengen operieren

Die Vorstellung, dass eine Gruppe durch eine Untergruppe in „analoge" und insbesondere gleichmächtige Nebenklassen zerlegt wird, hat ganz offensichtlich enorme Konsequenzen für die mögliche Gruppenstruktur. Diese Erkenntnis haben Sie im vorigen Abschnitt anhand der suggestiven Cayley-Graphen entdeckt und dann ganz allgemein bewiesen. Dabei sind die Nebenklassen jedoch recht abstrakt geblieben und es wurde nicht deutlich, dass sie für eine Gruppe eine ganz *konkrete* Bedeutung haben und *inhaltlich* interpretierbar sind. Eine solche inhaltliche Interpretation von Nebenklassen kennen Sie allerdings schon aus Kapitel 3. Die dortige Zerlegung der ganzen Zahlen $\mathbb{Z}$ in Restklassen war nichts anderes als ein konkretes Beispiel für eine Nebenklassenzerlegung.

Wenn Sie $<+1>$ als Erzeugendensystem für $\mathbb{Z}$ wählen und dazu den Cayley-Graphen zeichnen, so ist das Ergebnis nichts anderes als der Zahlenstrahl. Wählt man ein anderes Element aus $\mathbb{Z}$, wie z.B. 4, erhält man auch hier eine zyklische, aber unendliche Untergruppe, nämlich $<4> = 4\mathbb{Z}$.

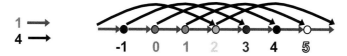

Die hieraus entstehende Einteilung in Nebenklassen ist nichts anderes als die Aufteilung von $\mathbb{Z}$ in Restklassen: $4\mathbb{Z} = 0 + 4\mathbb{Z}$, $1 + 4\mathbb{Z}$, $2 + 4\mathbb{Z}$ und $3 + 4\mathbb{Z}$.

Will man die Zusammengehörigkeit aller Elemente einer Nebenklasse im Cayley-Graphen deutlicher machen, so muss man die Gruppenelemente anders, im Beispiel also nicht nach den grünen, sondern nach den blauen Pfeilen zusammenziehen. Dann entsteht das Bild des „aufgerollten" Zahlenstrahls, das Sie als Veranschaulichung von Restklassen bereits kennengelernt haben.

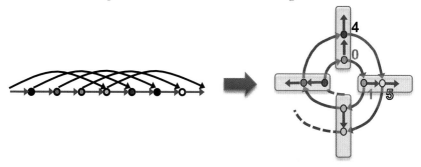

Auch in der (unendlich ausgedehnten) Gruppentafel haben Sie die Nebenklassen identifiziert. Man erkennt sie deutlich, wenn man auch dort zusammengehörende Elemente umsortiert und zusammenfasst:

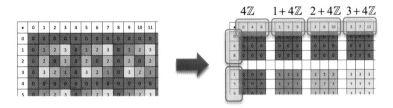

Die Nebenklassen in dieser Situation haben eine ganz konkrete Bedeutung, man kann sie mit „Rest 0", „Rest 1", „Rest 2" und „Rest 3" bezeichnen. Zwei Elemente in derselben Nebenklasse unterscheiden sich nur um ein Element aus der Untergruppe. Zum Beispiel unterscheiden sich 7 und 15 aus $3 + 4\mathbb{Z}$ nur um 8 aus $4\mathbb{Z}$ – sie sind also „gleich bis auf eine Zahl aus $4\mathbb{Z}$ ".

Eine solche inhaltliche Deutung von Nebenklassen sollen Sie nun auch bei anderen Gruppen vornehmen.

Erkundung 5.6: Erklären Sie unter anderem bei den folgenden Beispielen, welche Bedeutung die verschiedenen Mengen und Nebenklassen haben.

a) $G = D_4$, $U = <r> = \{1, r, r^2, r^3\}$ b) $G = D_4$, $U = <r^2> = \{1, r^2\}$
c) $G = D_4$, $U = <s_1> = \{1, s_1\}$ d) $G = D_4$, $U = <s_1, s_3> = \{1, s_1, s_3, r^2\}$
e) $G = \mathbb{Z}_8$, $U = 2\mathbb{Z}_8 = \{[0],[2],[4],[6]\}$
f) $G = \mathbb{Z}_3 \times \mathbb{Z}_3$, $U = <(1,0)> = \{(0,0), (1,0), (2,0)\}$ (einfachheitshalber ohne [ ])

→*Programm* Gruppen erkunder

- Wie könnte man die Untergruppe U jeweils bezeichnen? Was haben ihre Elemente gemeinsam?
- Was haben die Elemente einer jeden Nebenklasse $U \circ g$ gemeinsam? Kann man sie beschreiben durch einen Satz „gleich bis auf ..."?
- Welche Bezeichnung passt auf jede der verschiedenen Nebenklassen?

Ordnen Sie zusätzlich die Gruppentafel nach Nebenklassen, d.h., schreiben Sie alle Elemente derselben Nebenklasse jeweils nebeneinander. Was kann man aus der resultierenden Struktur der Gruppentafel erkennen?

Das Programm kann Ihnen dabei Arbeit abnehmen. Mit ihm können Sie ...
- Untergruppen auswählen: Wenn Sie auf den Pfeil neben dem U drücken, werden alle Elemente mit derselben Farbe wie das neutrale Element in die Menge U übernommen. Ob U eine Untergruppe ist, können Sie anhand der Zeile $U \circ U$ überprüfen.

    ▶ $U = \{1, r^2\}$
    $U \circ U = \{g \circ h | g, h \in U\} = \{1, r^2\}$
    ◀ $\{g \circ U | g \in G\} = \{\{1, r^2\}, \{r, r^3\}, \{s_1, s_3\}, \{s_2, s_4\}\}$
    ◀ $\{U \circ g | g \in G\} = \{\{1, r^2\}, \{r, r^3\}, \{s_1, s_3\}, \{s_2, s_4\}\}$

- alle Nebenklassen $U \circ g$ auflisten und färben, indem Sie den entsprechenden Pfeil drücken.

[1] ◀▶ [2]

- die Gruppenelemente in ihrer Reihenfolge tauschen und umfärben.

a) Wählt man die Untergruppe der Drehungen $D = \langle r \rangle$, so erhält man als Nebenklassen genau folgende beiden:

$$U = \{1, r, r^2, r^3\} \text{ und } S = U \circ s_1 = \{s_1, s_2, s_3, s_4\}$$

Die eine umfasst die Drehungen und die andere die Spiegelungen. Offenbar sind die Drehungen genau die Nicht-Spiegelungen und die Spiegelungen genau die Nicht-Drehungen. Jedes Element aus $U \circ s_1$ entsteht aus der Spiegelung s_1 und einer beliebigen Drehung, also z. B. $s_2 = r \circ s_1$. Das kann man auch so deuten: Je zwei Elemente aus S sind gleich bis auf eine Drehung.

Die Gruppentafel hierzu zeigt außerdem eine schöne Struktur: Verknüpft man zwei Drehungen oder zwei Spiegelungen, erhält man wieder eine Drehung. Verknüpft man hingegen eine Spiegelung mit einer Drehung, so resultiert daraus eine Spiegelung.

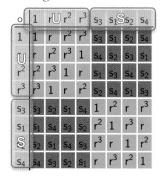

∘	1	r	r^2	r^3	s_3	s_1	s_2	s_4
1	1	r	r^2	r^3	s_3	s_1	s_2	s_4
r	r	r^2	r^3	1	s_4	s_2	s_3	s_1
r^2	r^2	r^3	1	r	s_1	s_3	s_4	s_2
r^3	r^3	1	r	r^2	s_2	s_4	s_1	s_3
s_3	s_3	s_2	s_1	s_4	1	r^2	r	r^3
s_1	s_1	s_4	s_3	s_2	r^2	1	r^3	r
s_2	s_2	s_1	s_4	s_3	r^3	r	1	r^2
s_4	s_4	s_3	s_2	s_1	r	r^3	r^2	1

Dies ist wieder – auf höherer Ebene – eine Gruppenstruktur, nämlich der Isomorphietyp der $\mathbb{Z}_2$. Da es ungewohnt ist, eine multiplikativ geschriebene Struktur (die Verknüpfung von Abbildungen) durch eine additive (die Restklassenaddition) darzustellen, kann man auch eine multiplikativ gedachte Gruppe vom selben Isomorphietyp wählen, um die fundamentale Struktur zu beschreiben: $(\mathbb{Z}^* = \{-1, +1\}, \cdot)$. Man spricht deshalb auch davon, dass Abbildungen ein *Vorzeichen* haben: Das Vorzeichen einer Spiegelung ist negativ, das einer Drehung positiv.

+	[0]	[1]
[0]	[0]	[1]
[1]	[1]	[0]

·	1	−1
1	1	−1
−1	−1	1

Es ist so, als würde man die Bewegung einer Figur beschreiben, wenn man nicht unterscheiden kann, aus welcher Richtung man auf sie schaut: Welche der acht Bewegungen aus der D_4 wurde an dieser Figur durchgeführt? Nach der Bewegung wurde sie willkürlich gedreht.

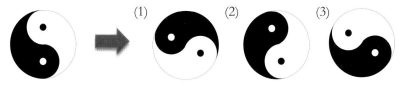

(1)   (2)   (3)

Man kann offensichtlich nur sagen: Figur (1) und (3) wurden möglicherweise gedreht, aber sicher nicht gespiegelt. Figur (2) wurde auf jeden Fall gespiegelt; an welcher Achse, kann man nicht mehr sagen, denn sie wurde möglicherweise noch gedreht. Man kann also nur zwischen U und S unterscheiden.

b) Die Untergruppe der Drehungen um 180°, also $U = <r^2>$, ist nur noch halb so groß und besitzt dafür doppelt so viele Nebenklassen. Diesmal ist es die Untergruppe U selbst, die isomorph zur obigen „Vorzeichengruppe" ist. Die Gruppe U repräsentiert die *Punktspiegelung.* Wie sehen ihre Nebenklassen aus?

$$U = \{1, r^2\}, \qquad\qquad N_1 = U \circ r = \{r, r^3\}$$

$$N_2 = U \circ s_1 = \{s_1, s_3\} \qquad N_3 = U \circ s_1 = \{s_2, s_4\}$$

Jede Nebenklasse enthält folglich zwei Abbildungen, die man als „gleich bis auf Punktspiegelung" ansehen kann, also z.B. $s_3 = r^2 \circ s_1$. Die so gefundenen Nebenklassen kann man z.B. folgendermaßen deuten: $N_1 = \{r, r^3\}$ sind „Viertel-drehungen", ohne dass man sagen könnte, ob links- oder rechtsherum gedreht wurde: „Links" und „rechts" kann man nämlich nicht mehr unterscheiden, wenn man punktgespiegelte Situationen als gleich ansieht. Das gilt auch für die beiden Spiegelungen an zueinander senkrechten Achsen $N_2 = \{s_1, s_3\}$, die bis auf Punktspiegelung gleichwertig sind. Bei einem Quadrat könnten das z.B. die Spiegelungen an den Seitenhalbierenden sein, deren Wirkung man bis auf Punktspiegelung nicht unterscheiden kann. Von den beiden Spiegelungen $N_3 = \{s_2, s_4\}$ an den Diagonalen kann man sie aber sehr wohl unterscheiden, selbst nach einer Punktspiegelung.

Bis auf eine Punktspiegelung kann man nur sagen: Es war s_2 oder s_4, also nur, dass man eine Abbildung aus N_2 ausgeführt hat. Man kann allerdings ausschließen, dass es s_1 oder s_3 war, denn die liegen in einer anderen Nebenklasse.

$\circ$	1	r^2	r	r^3	s_3	s_1	s_2	s_4
1	1	r^2	r	r^3	s_3	s_1	s_2	s_4
r^2	r^2	1	r^3	r	s_1	s_3	s_4	s_2
r	r	r^3	r^2	1	s_4	s_2	s_3	s_1
r^3	r^3	r	1	r^2	s_2	s_4	s_1	s_3
s_3	s_3	s_1	s_2	s_4	1	r^2	r	r^3
s_1	s_1	s_3	s_4	s_2	r^2	1	r^3	r
s_2	s_2	s_4	s_1	s_3	r^3	r	1	r^2
s_4	s_4	s_2	s_3	s_1	r	r^3	r^2	1

Auch in der Gruppentafel zeigt sich diese „Zusammenfassung" zu gleichartigen Abbildungen: Die „Punktspiegelung" U, die „Vierteldrehungen" N_1, die „Senkrechten-Achsenspiegelung" N_2 und die „dazu diagonale Senkrechten-Achsenspiegelung" N_3. Blendet man die einzelnen acht Abbildungen aus und schaut nur auf die vier Farben, so erkennt man eine Gruppenstruktur, die isomorph zur Kleinschen Vierergruppe V_4 ist.

c) Die eben analysierte Untergruppe war nicht die einzige, die vier Nebenklassen zu je zwei Elementen erzeugt. Eine Alternative ist die folgende Aufteilung, die durch eine einzelne Spiegelung $U = <s_1> = \{1, s_1\}$ erzeugt wird:

$$G = \{1, s_1\} \ \cup \ \{1, s_1\} \circ s_2 \ \cup \ \{1, s_1\} \circ s_3 \ \cup \ \{1, s_1\} \circ s_4$$
$$= \{1, s_1\} \ \cup \ \{s_2, r^3\} \ \cup \ \{s_3, r^2\} \ \cup \ \{s_4, r\}$$

In jeder Nebenklasse findet sich nun eine Spiegelung und eine Drehung. Die Elemente einer Nebenklasse unterscheiden sich um die Spiegelung s_1. Es ist aber gar nicht so einfach, zu beschreiben, was diese Nebenklassen bedeuten, also was z.B. die beiden Elemente derselben Nebenklasse $\{s_4, r\}$ *gemeinsam* haben. Das liegt auch daran, dass ihre Gemeinsamkeit nur *relativ* zu einer willkürlich ausgesuchten s_1 von vier möglichen s_i existiert. Man kann es auch so ausdrücken: Während die Untergruppen $U = \{1, r, r^2, r^3\}$ und $U = \{1, r^2\}$ jeweils einzigartig waren und keine Pendants in G besaßen, gibt es von der $U = <s_i> = \{1, s_i\}$ gleich vier kaum voneinander unterscheidbare Vierlingsgeschwister.

Auch in der Gruppentafel ist die Nebenklassenstruktur der Gruppe $\{1, s_i\}$ „makelbehaftet", egal wie man sich auch bemüht, die Gruppenelemente zu sortieren. Die Nebenklassen verknüpfen sich leider nicht mehr so „glatt" miteinander. Man kann bei manchen Verknüpfungen zwischen Nebenklassen nicht mehr eindeutig sagen, was für ein Ergebnis daraus resultiert. Beispielsweise führt die Verknüpfung $\{r, s_4\} \circ 1$ zu einer anderen Nebenklasse als $\{r, s_4\} \circ s_1$, obwohl 1 und s_1 gleichwertig im Sinne der Nebenklassenzerlegung sind.

∘	1	s_1	r^2	s_3	r	s_4	r^3	s_2
1	1	s_1	r^2	s_3	r	s_4	r^3	s_2
s_1	s_1	1	s_3	r^2	s_4	r	s_2	r^3
r^2	r^2	s_3	1	s_1	r^3	s_2	r	s_4
s_3	s_3	r^2	s_1	1	s_2	r^3	s_4	r
r	r	s_2	r^3	s_4	r^2	s_1	1	s_3
s_4	s_4	r^3	s_2	r	s_3	1	s_1	r^2
r^3	r^3	s_4	r	s_2	1	s_3	r^2	s_1
s_2	s_2	r	s_4	r^3	s_1	r^2	s_3	1

Sie bemerken, dass die bislang immer angetroffene schöne Struktur einer nach Nebenklassen aufgeteilten und sortierten sowie in Quadrate aufgeteilten Gruppentafel nicht selbstverständlich ist. Man beachte aber, dass die Nebenklassen immerhin so wie erwartet liegen: In jeder der acht Spalten tauchen alle vier Nebenklassen auf (s. im Bild die Nebenklassen $\{1, s_1\} \circ x$).

Die naheliegende Frage, warum es einmal gut aussieht und „funktioniert" und ein anderes Mal nicht, wird nachfolgend noch einmal aufgenommen und zu einer wichtigen Unterscheidung von zwei Arten von Untergruppen führen.

d) Die Nebenklassen, die durch ein Paar von aufeinander senkrecht stehenden Achsen erzeugt werden, teilen die Gruppe D_4 wieder in zwei gleich große Teile auf:

$$G = \{1, s_1, s_3, r^2\} \cup \{s_2, s_4, r, r^3\}$$

Der eine Teil enthält die Spiegelung an einem Achsenpaar, einschließlich der Spiegelung an beiden Achsen, also der Punktspiegelung. Der andere Teil enthält die Spiegelung am *anderen* Achsenpaar und die Vierteldrehungen. Es ist zu erwarten, dass es ebenfalls die hierzu symmetrische andere Aufteilung $\{1, s_2, s_4, r^2\} \cup \{s_1, s_3, r, r^3\}$ gibt, denn es gibt keinen Grund, dass ein Achsenpaar gegenüber dem anderen hervorzuheben wäre. Auch hier ist es schwierig, prägnante Beschreibungen für die beiden Nebenklassen zu finden. Die Gruppentafel zerfällt hier allerdings wieder sauber in Quadrate. Eine „schiefe Verschiebung" wie im vorigen Fall scheint bei einer Halbie-

∘	1	s_1	s_3	r^2	r	r^3	s_2	s_4
1	1	s_1	s_3	r^2	r	r^3	s_2	s_4
s_1	s_1	1	r^2	s_3	s_4	s_2	r^3	r
s_3	s_3	r^2	1	s_1	s_2	s_4	r	r^3
r^2	r^2	s_3	s_1	1	r^3	r	s_4	s_2
r	r	s_2	s_4	r^3	r^2	1	s_3	s_1
r^3	r^3	s_4	s_2	r	1	r^2	s_1	s_3
s_2	s_2	r	r^3	s_4	s_1	s_3	1	r^2
s_4	s_4	r^3	r	s_2	s_3	s_1	r^2	1

rung auch nicht machbar zu sein.

e) Während die bisher untersuchten Beispiele alle geometrisch waren, folgt nun ein arithmetisches. Betrachtet man in der Restklassenmenge $\mathbb{Z}_8$ die *geraden* Elemente $U = 2\mathbb{Z}_8 = \{[0],[2],[4],[6]\}$, so entstehen die Nebenklassen $2\mathbb{Z}_8 = \{[0],[2],[4],[6]\}$ und $[1]+2\mathbb{Z}_8 = \{[1],[3],[5],[7]\}$. Alle Elemente einer Ne-

benklasse sind gleich bis auf ein Vielfaches von $[2]$ und man könnte von geraden und ungeraden Elementen in $\mathbb{Z}_8$ sprechen. Die Gruppentafel hat wieder eine $\mathbb{Z}_2$-Grobstruktur und die Konstruktion scheint ganz analog zur ursprünglichen Konstruktion der $\mathbb{Z}_2$-Restklassen zu sein:

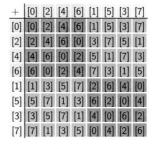

+	[0]	[2]	[4]	[6]	[1]	[5]	[3]	[7]
[0]	[0]	[2]	[4]	[6]	[1]	[5]	[3]	[7]
[2]	[2]	[4]	[6]	[0]	[3]	[7]	[5]	[1]
[4]	[4]	[6]	[0]	[2]	[5]	[1]	[7]	[3]
[6]	[6]	[0]	[2]	[4]	[7]	[3]	[1]	[5]
[1]	[1]	[3]	[5]	[7]	[2]	[6]	[4]	[0]
[5]	[5]	[7]	[1]	[3]	[6]	[2]	[0]	[4]
[3]	[3]	[5]	[7]	[1]	[4]	[0]	[6]	[2]
[7]	[7]	[1]	[3]	[5]	[0]	[4]	[2]	[6]

$$\mathbb{Z} \rightarrow 2\mathbb{Z} \rightarrow \{2\mathbb{Z}, 1+2\mathbb{Z}\} \cong \mathbb{Z}_2$$

$$\mathbb{Z}_8 \rightarrow 2\mathbb{Z}_8 \rightarrow \{2\mathbb{Z}_8, [1]+2\mathbb{Z}_8\} \cong \mathbb{Z}_2$$

An dieser Stelle muss man sich noch einmal daran gewöhnen, dass die Nebenklassen nicht multiplikativ $U \circ g$, sondern additiv $U + g = 2\mathbb{Z}+1$ geschrieben werden. Noch dazu erscheint die Summe in vertauschter Reihe $1+2\mathbb{Z}$ (wie in Kapitel 3) statt $2\mathbb{Z}+1$ (wie in diesem Kapitel). Bei kommutativen Operationen – und die nimmt man bei additiver Schreibweise immer an – ist dies allerdings kein Problem. Bei nicht-kommutativen Operationen hingegen stößt man hier auf eine wichtige Struktur, wie nachfolgend klarwerden wird.

f) Die Gruppe $\mathbb{Z}_3 \times \mathbb{Z}_3$ besteht sozusagen aus zwei unabhängigen Dimensionen, während die Untergruppe $U = \{(0,0), (1,0), (2,0)\}$ nur Elemente der ersten Dimension enthält. Wenn man die Gruppe durch Nebenklassenbildung zerlegt:

⊕	00	10	20	01	11	21	02	12	22
00	00	10	20	01	11	21	02	12	22
10	10	20	00	11	21	01	12	22	02
20	20	00	10	21	01	11	22	02	12
01	01	11	21	02	12	22	00	10	20
11	11	21	01	12	22	02	10	20	00
21	21	01	11	22	02	12	20	00	10
02	02	12	22	00	10	20	01	11	21
12	12	22	02	10	20	00	11	21	01
22	22	02	12	20	00	10	21	01	11

$$G = U \cup (0,1) + U \cup (0,2) + U$$
$$= \{(0,0), (1,0), (2,0)\} \cup \{(0,1), (1,1), (2,1)\} \cup \{(0,2), (1,2), (2,2)\},$$

dann besteht jede Nebenklasse aus allen Elementen, die sich nur in der ersten Komponente unterscheiden, die also „bis auf die erste Komponente gleich" sind. Die Nebenklassen ignorieren also die erste Komponente; was übrig bleibt, ist lediglich wieder eine $\mathbb{Z}_3$. Im Prinzip wurde hier also erst eine $\mathbb{Z}_3$ um eine Dimension auf $\mathbb{Z}_3 \times \mathbb{Z}_3$ erweitert und letztere dann wieder „herausprojiziert". Betrachtet man in der Gruppentafel nur die Farben, dann ist zu erkennen, dass hier eine „kleine $\mathbb{Z}_3$" in einer „großen $\mathbb{Z}_3$" eingepackt vorliegt.

Nach all diesen Beispielen haben sich einige Vermutungen über die Struktur von Nebenklassen erhärtet, die aber noch nicht abgesichert sind. Wie vorsichtig man sein muss, hat das Beispiel der „schiefen Gruppentafel" gezeigt. Trotz der großen Zahl von Beispielen, bei denen die Gruppentafel in Quadrate zerfiel, war die Annahme, dass das *immer* so funktioniere, falsch. Und selbst bei den

Beispielen, in denen die *Quadrat*struktur herauskommt, ist ja auch noch längst nicht garantiert, dass hier auch wieder eine *Gruppen*struktur vorliegt. Vielleicht kommen bei größeren Beispielen ja quadratische Muster heraus, die *keine* Gruppe darstellen. Gesucht ist also ein Kriterium, das bestimmt, wann genau die Nebenklassentafel als Gruppentafel funktioniert.

Erkundung 5.7: Finden Sie Kriterien dafür, dass die nach Nebenklassen aufge-teilte Gruppentafel als Gruppe der Nebenklassen interpretierbar ist. Die „vergröberte" Menge der Gruppenelemente lautet:

$$\{U, U \circ a_i, \dots, U \circ a_{k-1}\}$$

Zu dieser Menge braucht es eine „vernünftige" Multiplikation: $(U \circ a) \circ (U \circ b) = ?$

Stellen Sie Rechnungen auf, die beschreiben, was die rechts abgebildete Gruppentafel erfüllt und was die „schiefe Gruppentafel" der Nebenklas-seneinteilung zu $\{1, s_1^2\}$ (s.o.) nicht erfüllt. Ver-suchen Sie, diese Kriterien möglichst einfach darzustellen.

Prüfen Sie schließlich, ob die Kriterien hinreichend dafür sind, dass die „vergrö-berte Tafel" wirklich eine Gruppe darstellt.

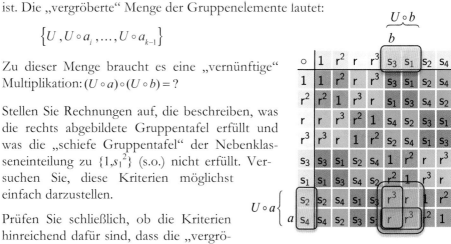

Es gibt eine ganze Reihe unterschiedlicher Möglichkeiten, wie man beschreiben kann, was es genau ist, das die abgebildete Gruppentafel zu einer „guten Grup-pentafel" macht. Einige können zum Beispiel lauten:

(1) Wenn man zwei Elemente aus zwei Nebenklassen $U \circ a$ und $U \circ b$ ver-knüpft, dann muss das Ergebnis unabhängig von der Wahl der Elemente in einer festen Nebenklasse liegen (also in einem eindeutig gefärbten Quadrat). Wenn man sich die Gruppe U aus den Elementen $u_1, \dots, u_m$ zusammengesetzt vorstellt, so schreiben sich die Elemente der Nebenklasse $U \circ a$ alle $u_i \circ a$ und die genannte Anforderung lautet:

$$\forall a, b \in G \; \forall u_i, u_j \in U \; \exists u_k \in U : (u_i \circ a) \circ (u_j \circ b) = u_k \circ (a \circ b)$$
$$\Rightarrow u_i \circ a \circ u_j = u_k \circ a$$
$$\Rightarrow a \circ u_j = (u_i^{-1} \circ u_k) \circ a$$
$$\Rightarrow \forall a \in G \; \forall u_j \in U \; \exists u_m \in U : a \circ u_j = u_m \circ a$$

Das bedeutet, dass die Elemente der Gruppe zwar nicht individuell mit allen Gruppenelementen vertauschen, aber dass sich beim Tausch das Untergrup-penelement gewissermaßen ändern kann. Diese Eigenschaft ist tatsächlich für das Gegenbeispiel von oben verletzt (bei welchen Elementen genau?).

Dieselbe Anforderung kann man auch kompakter ohne einzelne Elemente aufschreiben: Das Produkt von Nebenklassen $U \circ a$ und $U \circ b$ (also aller ihrer Elemente) soll wieder eine Nebenklasse sein, und zwar genau die, die zum Produkt der beiden Elemente gehört. Das schreibt sich folgendermaßen:

$$\forall a, b \in G : (U \circ a) \circ (U \circ b) = U \circ (a \circ b)$$
$$\Rightarrow U \circ (a \circ U) = U \circ a$$

(2) Ein etwas anderer Blick auf die Gruppentafel könnte zu der folgenden Bedingung führen: Wenn man eine Nebenklasse $U \circ a$ mit verschiedenen Elementen einer Nebenklasse $U \circ b$ verknüpft, dann muss das Ergebnis immer dieselbe Nebenklasse sein. Im Bild bedeutet dies, dass die Teilspalten des Quadrates immer dieselben Nebenklassen sein müssen, dass also nicht etwa die Situation der nebenstehenden Abbildung auftritt. Das kann man so aufschreiben:

$$\forall a, b \in G, u_i, u_j \in U : (U \circ a) \circ (u_i \circ b) = (U \circ a) \circ (u_j \circ b)$$
$$\Rightarrow (U \circ a) \circ u_i u_j^{-1} = (U \circ a)$$
$$\Rightarrow \forall a, b \in G, u \in U : (U \circ a) \circ u = (U \circ a)$$
$$\Leftrightarrow U \circ (a \circ u) = (U \circ a)$$

Nach der Vereinfachung wird hier also verlangt, dass eine Nebenklasse $U \circ a$ sich nicht verändert, auch wenn man das Element a, das sie repräsentiert, durch ein anderes $a \circ u$ austauscht. Das wäre selbstverständlich, wenn man a durch ein anderes seiner Nebenklasse austauscht ($a \to u \circ a$), hier wird aber von rechts und nicht von links verknüpft. Bei nicht-kommutativen Gruppen kann das tatsächlich schiefgehen.

(3) Eine letzte und, wie sich herausstellt, sehr klare Beschreibung für die „richtige" Anordnung in der Gruppentafel erhält man durch folgende Überlegung: Verknüpft man ein Element a mit allen Elementen der Nebenklasse $U \circ b$, so verlangt man, dass hierbei wieder eine Nebenklasse entsteht. Man kann sogar sagen, welche dies sein muss, denn sie muss ja das Element a enthalten. Das führt auf

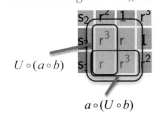

$$\forall a, b \in G : a \circ (U \circ b) = (U \circ a) \circ b \Rightarrow a \circ U = U \circ a$$

und bedeutet, dass die Untergruppe U zwar nicht elementweise mit allen Elementen aus G vertauscht, wohl aber, dass die *Menge*, die bei Rechts- oder Linksmultiplikation entsteht, identisch ist. Man nennt die beiden Mengen auch *Linksnebenklassen* und *Rechtsnebenklassen*. Bislang haben Sie fast immer nur mit Linksnebenklassen $U \circ a$ argumentiert. Nun sehen Sie, woran es liegt, dass eine Untergruppe an bestimmten Stellen weniger „günstige" Nebenklassen erzeugt: Wenn es Rechtsnebenklassen gibt, die anders zusammengesetzt sind als die Rechtsnebenklassen einer Gruppe, dann liegt die Untergruppe „schief" in der

Gruppe. Wenn jedoch alle Linksnebenklassen auch Rechtsnebenklassen sind, dann liegt die Untergruppe in einer „vergröberten Quadratstruktur" in die Gruppe eingebettet.

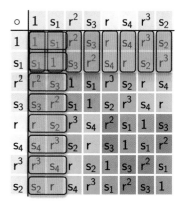

Das Kriterium $\forall a,b \in G : a \circ U = U \circ a$ ist dasjenige, welches man am flexibelsten verwenden kann. Sie können überprüfen, dass die anderen gefundenen Kriterien aus diesem folgen. Auch in der Gruppentafel kann man das Kriterium direkt ablesen, denn die Links und Rechtsnebenklassen liegen in der Zeile und Spalte, die zur Untergruppe U gehören. Wenn an diesen Stellen die Gruppentafel eine quadratische Unterstruktur hat, kann man anhand der Kriterien folgern, dass diese sich auch über die ganze Gruppentafel zieht, dafür sorgt der enge Zusammenhang aller Elemente über die Gruppeneigenschaften – vor allen die Assoziativität und Existenz inverser Elemente (für das Kürzen), die in den vorangehenden Kriterien ja oft angewendet wurden.

Allerdings ist das Kriterium bislang nur ein *notwendiges*, denn es sichert nach den bisherigen Überlegungen nur die Quadratstruktur. Ob die Gruppeneigenschaften dieses vergröberten Quadrates wirklich gelten, dessen können Sie sich nach der folgenden Definition versichern.

Man kann also ganz allgemein formulieren, wie man von einer „unschiefen Untergruppe" zu einer „vergröberten Gruppe" kommt. Als fachliche Termini hierfür haben sich etwas andere Begriffe eingebürgert:

Die Menge der Nebenklassen einer Gruppe G, die von einer Untergruppe U erzeugt wird, nennt man *Faktoren*:

$$G\big/_U = \left\{ U, Ua_1, \ldots, Ua_{k-1} \right\}$$

Die $a_i \in G$ sind so gewählt, dass die Ua_i die Gruppe disjunkt aufteilen. Das Verknüpfungszeichen wird hier unterdrückt, um deutlicher werden zu lassen, dass die Nebenklassen $U \circ a$ als neue Objekte angesehen werden. Auf dieser Menge kann man versuchen, eine Multiplikation zu definieren:

$$(Ua) \circ (Ub) = U(a \circ b)$$

Wenn die Untergruppe das Kriterium

$$U \circ g = g \circ U \quad \forall g \in G$$

erfüllt, nennt man sie *Normalteiler*. Wenn eine Untergruppe $U < G$ auch Normalteiler ist, schreibt man $U \lhd G$.

> Bei einem Normalteiler ist die obige Multiplikation wohldefiniert und genügt den Gruppenaxiomen (G0) bis (G3). Die so entstehende Gruppe $(G/U, \circ)$ nennt man *Faktorgruppe zum Normalteiler U*.
>
> Bei Normalteilern kann man wahlweise auch mit Links- statt Rechtsnebenklassen arbeiten: $(aU) \circ (bU) = (a \circ b)U$

Übung 5.2: Der Beweis, dass diese Faktormenge wirklich eine Faktor*gruppe* ist, steht noch aus. Es ist eine sehr gute Übung in der doch recht abstrakten Denk- und Schreibweise für die Verknüpfung von Nebenklassen, wenn Sie dies erst einmal selbst versuchen.

Übung 5.3: Das Verständnis des allgemeinen Konzepts der Faktorgruppe wird weniger durch den Beweis unterstützt als durch die Bemühung, die bisherigen konkreten Beispiele mit diesem allgemein formulierten Konzept zu deuten und konkret aufzuschreiben. Notieren Sie also für alle Beispiele der letzten Erkundung, welches die Untergruppe ist, und prüfen Sie die Normalteilereigenschaft. Notieren Sie dann Faktorgruppe und führen Sie einige Veknüpfungen zwischen Ihren Elementen aus.

Die additiven Restklassen aus Kapitel 3 schreiben sich so: $n\mathbb{Z} < \mathbb{Z}$ ist eine Untergruppe, für die $a + n\mathbb{Z} = n\mathbb{Z} + a$ schon wegen der Kommutativität gilt. Daher ist $n\mathbb{Z} \lhd \mathbb{Z}$ und die Faktorgruppe lautet:

$$\mathbb{Z}_n = \mathbb{Z}\big/_{n\mathbb{Z}} = \{n\mathbb{Z}, 1 + n\mathbb{Z}, \ldots, (n-1) + n\mathbb{Z}\}$$

Die Faktorgruppe $\mathbb{Z}/n\mathbb{Z}$ ist – nun in knappster Weise formuliert – die vergröberte Sicht auf die natürlichen Zahlen „bis auf Vielfache von n".

Die verschiedenen Untergruppen der D_4 kann man mit dem gefundenen Kriterium auf Normalteilereigenschaft überprüfen:

Von den Drehungen würden Sie nun erwarten, dass sie einen Normalteiler darstellen: $U_1 = \{1, r, r^2, r^3\} \lhd D_4$. Drehungen und Spiegelungen vertauschen zwar in der Regel nicht $s_1 \circ r = s_4$, aber $r \circ s_1 = s_2$. Allerdings gilt immer $r^i \circ s_j = s_k \circ r^i$ mit passendem k. Da Drehungen zudem untereinander vertauschen, gilt $U_1 \circ g = g \circ U_1$ für alle $g \in U_1$. Natürlich hätte man sich auch die konkreten Links- und Rechtsnebenklassen in der Gruppentafel (S. 124) ansehen können.

Die eben geführte algebraische Argumentation funktioniert auch für die Untergruppe der Drehungen für *jedes* n-Eck, also für jede Diedergruppe D_n:

$$R_n = \{id, r, \ldots, r^{n-1}\} \lhd D_n$$

$$D_n\big/_{R_n} = \{R_n, s_i + R_n\} \cong \mathbb{Z}_2 \cong \{+1, -1\}$$

Die Faktorgruppe D_n/R_n ist also die vergröberte Sicht auf die Deckabbildungen „bis auf Drehungen". Aus dieser Sicht gibt es tatsächlich nur zwei „Deckabbildungsklassen", nämlich die Spiegelungen und die Nicht-Spiegelungen.

Auch für $U_2 = \{1, s_1, s_3, r^2\}$ kann man auf ähnliche Weise vorgehen und feststellen, dass die Faktorgruppe wieder eine „Vorzeichengruppe" ist:

$$\left. D_n \middle/ U_2 \right. = \{U_2, r + U_2\} \cong \mathbb{Z}_2 \cong \{+1, -1\}$$

In Übungsaufgabe 5.10 können Sie untersuchen, wie sich diese Struktur bei anderen Diedergruppen D_n verhält.

Bei den beiden kleineren Untergruppen unterscheiden sich die Nebenklassenstrukturen erheblich. Die Punktspiegelungsgruppe $U_3 = \{1, r^2\}$ erfüllt die Normalteilereigenschaft. Das liegt daran, dass man Drehungen zwar mit Spiegelungen in der Regel nicht vertauschen kann, dass die Punktspiegelung als Drehung „in der Mitte" aber eine Ausnahme darstellt: $s_i \circ r^2 = r^2 \circ s_i$. Daher gilt auch $g \circ U_3 = U_3 \circ g$ für alle Gruppenelemente und folglich:

$$P = \{id, r^2\} \triangleleft D_n$$

$$\left. D_n \middle/ P \right. = \{P, \ s_1 P, s_2 P, r P\} \cong V_4$$

Die Nebenklassen können wegen der Normalteilereigenschaft als Links- statt als Rechtsnebenklassen geschrieben werden. Dass hier tatsächlich eine Isomorphie zur V_4 und nicht etwa zur $\mathbb{Z}_4$ vorliegt, muss man natürlich überprüfen.

Das bisher einzige Ihnen bekannte Untergruppenbeispiel, das sich der Faktorgruppenstruktur verweigert, ist:

$U_4 = \{1, s_1\} < D_4$ (und natürlich seine drei Schwestern mit s_2, s_3 und s_4)

Hier gilt tatsächlich $U_4 \not\triangleleft D_4$, denn die Links- und Rechtsnebenklassen gehen getrennte Wege:

$$\{g U_2\} = \{U_2, \{r, s_2\}, \{r^2, s_3\}, \{r^3, s_4\}\}$$

$$\{U_2 g\} = \{U_2, \{r, s_4\}, \{r^2, s_3\}, \{r^3, s_2\}\}$$

Aus diesem Grund entsteht hier auch keine Faktorgruppe.

Möglicherweise erscheint Ihnen das Phänomen, dass eine Gruppe nicht Normalteiler ist, an dieser Stelle eher noch exotisch. Dass die meisten Beispiele, denen Sie begegnet sind, hier keine Probleme machten, liegt allerdings daran, dass Sie zunächst einmal die meisten Erfahrungen mit kommutativen Gruppen hatten (bei denen das Normalteilerkriterium immer erfüllt ist) und dass bei kleineren Gruppen nicht viele Möglichkeiten für eine Untergruppe bestehen, „schiefzuliegen". Bei größeren, nicht kommutativen Gruppen kann das schon viel häufiger passieren. Die Normalteilereigenschaft wird sogar in Kapitel 9 zu einem absolut zentralen Kriterium in einem ganz anderen Bereich, nämlich für die Frage, ob eine Gleichung (von höherem Grad als eine quadratische Gleichung) eine Lösungsformel besitzt. Bis dahin müssen Sie sich aber noch etwas gedulden.

Abschließend fehlt jetzt nur noch der saubere formale Beweis dafür, dass die Faktorgruppe wirklich eine Gruppe ist – auch wenn Sie daran bis hierhin sicher keine Zweifel mehr hegen.

Bevor man an die Gruppeneigenschaften (G$_1$) bis (G$_4$) gehen kann, muss man klären, dass die Multiplikation überhaupt eindeutig definiert ist, denn es könnte ja sein, dass die Ergebnisnebenklasse verschieden ausfällt, wenn man Ua mit verschiedenen a schreibt ($Ua = Ua'$). Das ist aber mit dem Normalteilerkriterium ausgeschlossen, denn:

$$
\begin{aligned}
(Ua) \circ (Ub) &= U \circ a \circ U \circ b = U \circ (a \circ U) \circ b \\
&= U \circ (U \circ a) \circ b = (U \circ U) \circ (a \circ b) = U(a \circ b)
\end{aligned}
$$

Wenn Ihnen bei der Verknüpfung von Mengen nicht ganz wohl ist, können Sie hier und bei den folgenden Schlussketten auch elementarer mit konkreten Elementen $u \in U$ arbeiten.

(G$_0$) Das Produkt zweier Nebenklassen ist eine Nebenklasse (wenn die Wohldefiniertheit, wie eben gezeigt, gegeben ist). Die Abgeschlossenheit ist daher gesichert.

(G$_1$) Auch die Assoziativität ergibt sich aus der Definition, denn es werden ja immer nur Elemente der Gruppe verknüpft:

$$Ua \circ (Ub \circ Uc) = U \circ a \circ U \circ b \circ U \circ c = (Ua \circ Ub) \circ Uc$$

(G$_2$) Das neutrale Element ist $U = Ue$ selbst, was letztlich an der Untergruppeneigenschaft $U \circ U = U$ liegt: $Ue \circ Ua = U \circ e \circ U \circ a = (U \circ U) \circ a = Ua$

(G$_3$) Das inverse Element zu Ua ist Ua^{-1}, was nicht selbstverständlich ist. Der Beweis zeigt, dass hier die Normalteilereigenschaft benötigt wird:

$$Ua^{-1} \circ Ua = U \circ a^{-1} \circ U \circ a = (U \circ U) \circ (a^{-1} \circ a) = Ue = U$$

Mit diesem so gewonnenen Repertoire an Konzepten und Techniken sind Sie in zweierlei Hinsicht weiter als noch zu Beginn des Kapitels. Sie haben einerseits gesehen, wie das Konzept der Gruppe über die vielen Beispiele hinweg ganz universell geeignet ist, mathematische Operationen und ihre Strukturen zu beschreiben. Und Sie haben andererseits nun einen viel „volleren Werkzeugkasten", um Gruppenstrukturen zu verstehen und mit ihnen auf die Jagd nach interessanten Zusammenhängen in Arithmetik, Algebra und Geometrie zu gehen.

5.5 Übungen

Übung 5.4: Zeigen Sie, dass die Isomorphie zwischen Gruppen *transitiv* ist, d.h., wenn $G \cong H$ und $H \cong K$, so folgt $G \cong K$. Anhand eines Bildes können Sie sich dazu vor Augen führen, wie die dazugehörenden Isomorphismen zusammenhängen. Argumentieren Sie dann, warum die Mengen isomorpher Gruppen so zueinander liegen wie links und nicht wie rechts.

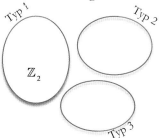 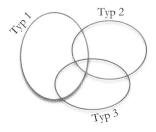

Übung 5.5: Zwischen zwei isomorphen Gruppen G und H sei φ ein Isomorphismus. Zeigen Sie:

a) $\varphi(e_G) = e_H$, b) $x \circ y = y \circ x \Rightarrow \varphi(x) \bullet \varphi(y) = \varphi(y) \bullet \varphi(x)$,

c) $\varphi(g^n) = (\varphi(g))^n$ d) $\varphi(g^{-1}) = (\varphi(g))^{-1}$,

e) $g^2 = 0 \Rightarrow (\varphi(g))^2 = 0$, f) $\text{ord}(a) = \text{ord}(\varphi(a))$

Übung 5.6: Eine Potenz eines Gruppenelementes ist nur eine Abkürzung für eine mehrfache Verknüpfung mit sich selbst, daher gilt $a^i \cdot a^j = a^{(i+j)}$. Wie steht es aber um negative Exponenten? Bisher haben Sie zwar immer mal wieder a^{-1} für ein inverses Element geschrieben, aber mit diesem Exponenten nicht „gerechnet". Man kann nun aber definieren: $(a^{-n}) = (a^{-1})^n$ und $a^0 = e$. Zeigen Sie, dass allein aufgrund der Gruppenaxiome mit dieser Definition das „Potenzgesetz" $a^i \cdot a^j = a^{(i+j)}$ auch für negative Exponenten und für Exponenten mit verschiedenem Vorzeichen gilt.

Übung 5.7: Zeigen Sie:

a) $(\mathbb{Z}, \oplus)$ mit $a \oplus b = a + 2b$ hat zwar neutrale und inverse Elemente, ist aber nicht assoziativ.

b) $(\mathbb{Z}, -)$ ist nicht assoziativ, obwohl es neutrale und inverse Elemente enthält.

c) $(\{4n+1 \mid n \in \mathbb{Z}\}, \cdot)$ ist abgeschlossen und assoziativ, hat ein neutrales Element, aber keine inversen.

d) $(2\mathbb{Z}, \cdot)$ ist abgeschlossen und assoziativ, hat aber kein neutrales Element.

e) $(\{f : \mathbb{R} \to \mathbb{R}\}, \circ)$ ist assoziativ und besitzt ein neutrales Element, aber nicht zu jedem Element ein Inverses.

Übung 5.8: Zeigen Sie, dass es in der Tabelle auf S. 107 rechts Elemente gibt, zu denen es ein Links-Inverses und ein Rechts-Inverses gibt, die unterschiedlich sind. Welches Gruppenaxiom, das hier nicht gilt, verhindert so etwas ansonsten?

Übung 5.9: Untersuchen Sie für die folgenden drei Gruppen $\mathbb{Z}_6$, S_3 und D_4:
a) Welche Größen können die Untergruppen überhaupt haben?
b) Gibt es zu jeder möglichen Größe auch tatsächlich (wenigstens) eine Untergruppe? Welche ist das?
c) Versuchen Sie durch Recherche herauszufinden, ob es in jedem Fall zu jedem Teiler der Gruppengröße auch eine Untergruppe mit entsprechender Größe gibt.

Übung 5.10: Untersuchen Sie die Diedergruppe D_3 auf ihre Untergruppenstrukturen.
- Finden Sie alle Untergruppen und beschreiben Sie diese auch geometrisch.
- Finden Sie zu jeder Untergruppe auch deren Nebenklassen und deuten Sie diese ebenfalls geometrisch.
- Überpüfen Sie, welche Untergruppen Normalteiler sind, und beschreiben Sie diese. Wie sieht die Verknüpfungstafel der Nebenklassen aus? Welcher Isomorphietyp liegt vor?

Wenn Sie dies für die D_3 geschafft haben, wird Ihnen die Diedergruppe D_5 des Fünfecks keine Probleme bereiten. Die D_6 verlangt Ihnen schließlich etwas mehr ab. (Warum ist das so?)

Übung 5.11: Wenn eine Untergruppe U genau halb so viele Elemente hat wie die Gruppe G, dann ist die Faktorstruktur eine ganz einfache. Zeigen Sie:

1) U ist auf jeden Fall ein Normalteiler.

2) $U \cdot U = U$, $U \cdot Ua = Ua$, $Ua \cdot U = Ua$ und $Ua \cdot Ua = U$

Möglicherweise ist es dafür hilfreich, sich zunächst einige konkrete Beispiele anzusehen.

Übung 5.12: Sie haben bislang vor allem Rechtsnebenklassen zu einer Untergruppe U betrachtet. Wenn U ein Normalteiler ist, fallen diese zusammen. Aber auch wenn Rechts- und Linksnebenklassen zu einer Untergruppe U (teilweise) verschieden sind, so sind sie doch zwei absolut gleichwertige Sichtweisen. Dass zunächst immer nur Rechtsnebenklassen auftraten, lag daran, dass die Cayley-Diagramme unsymmetrisch definiert sind. Das Anhängen von Pfeilen ist eine Linksmultiplikation. Das Anhängen einer Untergruppe an ein Element $U \circ a$ ist daher eine Rechtsnebenklasse, die beim Cayley-Graphen am meisten ins Auge springt. Aber auch eine Linksnebenklasse $a \circ U$ kann man im Cayley-Diagramm deuten. Erklären Sie dies anhand der nachfolgenden Bilder.

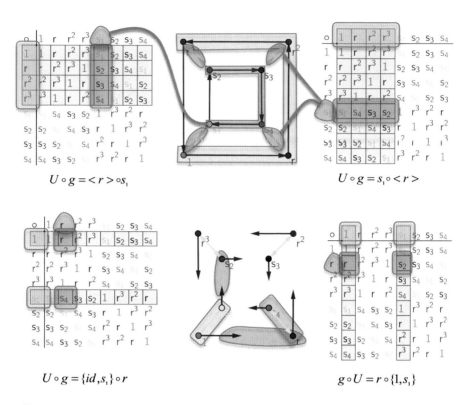

$$U \circ g = <r> \circ s_1$$

$$U \circ g = s_1 \circ <r>$$

$$U \circ g = \{id, s_1\} \circ r$$

$$g \circ U = r \circ \{1, s_1\}$$

Übung 5.13: Wie kann man an den Cayley-Diagrammen erkennen, dass eine Untergruppe kein Normalteiler ist? Sie können dazu das unten stehende Beispiel nutzen.

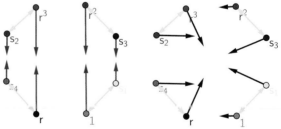

6 Räumlich multiplizieren
Operationen mit Koordinaten beschreiben

> Dummerweise ist es schwer, jemandem zu erklären,
> was die Matrix ist. Jeder muss sie selbst erleben.
> *Larry und Andy Wachowski, „The Matrix" (1999)*

In den vorangehenden Kapiteln haben Sie dieselben geometrischen Operationen, insbesondere Drehungen und Spiegelungen, auf immer wieder verschiedene Weise dargestellt und dann deren Strukturen untersucht. Sie haben sie als Deckabbildungen einer Figur ($d_{90} \circ d_{270} = id$) oder auch als Permutationen $(1234) \circ (1432) = (1)$ aufgefasst und miteinander verknüpft. In diesem Kapitel werfen Sie noch einmal einen neuen Blick auf diese Operationen und erleben eine weitere Sichtweise, aus der man geometrische Symmetrien betrachten und analysieren kann. Diese funktioniert so gut, dass man sie auch gleich auf alle anderen Arten von Gruppen anwenden kann.

Der Ausgangspunkt dieser neuen Sichtweise ist eine geometrischer, allerdings einer, der der Geometrie einen beträchtlichen „Modernisierungsschub" gegeben hat: Gemeint ist die Darstellung geometrischer Situationen mithilfe von *Koordinaten*. Die mathematische Kernidee, Orte und ihre Beziehungen über Zahlen darzustellen (also z.B. den Punkt P in der Ebene durch zwei Zahlenwerte x und y), geht auf den Philosophen und Mathematiker René Descartes (1596–1650) zurück und ist, wenn man einmal darüber nachdenkt, gar nicht so naheliegend. Sie ist ganz ohne Übertreibung ein Geniestreich und ein Wendepunkt der modernen Wissenschaft. Die sogenannte *kartesische Idee*

oder auch *Idee des Koordinatisierens* ermöglicht es der Naturwissenschaft und Technik, die Gegenstände und Gesetzmäßigkeiten der Welt mathematisch zu erfassen und mit ihnen zu „kalkulieren". Die moderne Physik untersucht seitdem die Struktur von Raum und Zeit konsequent mithilfe von Koordinaten. Alle Computerprogramme, die heutzutage geometrische Situationen bearbeiten (auch die zu diesem Buch gehörenden), brauchen für das Speichern und Verarbeiten geometrischer Objekte und Operationen vor allem deren Koordinaten.

6.1 Geometrische Abbildungen koordinatisieren

In der folgenden Erkundung erleben Sie, wie man Abbildungen effizient mit Koordinaten beschreiben kann. Wenn Sie mit dieser sogenannten analytischen Geometrie aus Schule oder Studium schon vertraut sind, können Sie diesen Teil natürlich auch nur kursorisch lesen oder überschlagen.

Das Denken in Koordinaten bedeutet für dieses Kapitel, dass Sie Ihren Operationsblick, der sich zuletzt auf die Figuren, ja manchmal sogar nur auf deren Eckpunkte gerichtet hat, wieder weiten und Operationen als *Abbildungen der gesamten Ebene* auf sich auffassen. Das heißt, eine Abbildung $F : \mathbb{R}^2 \to \mathbb{R}^2$ ordnet *jedem* Punkt der Ebene und nicht nur den Punkten auf einer bestimmten Figur jeweils einen anderen Punkt zu.

→ *Programm*
Ebene
_Abbildungen

Erkundung 6.1: Für die im Folgenden zu untersuchenden geometrischen Abbildungen gibt das Haus als Beispielfigur einen Eindruck davon, was die Abbildungen jeweils mit der ganzen Ebene tun. Ermitteln Sie zu jeder Abbildung jeweils möglichst einfache, koordinatenweise Beschreibungen. Konkret: Wie erhält man aus den Koordinaten eines Punktes (x', y') die des Bildpunktes (x, y)? Sie können das immer zuerst anhand der konkreten Eckpunkte der Figur $(0,0)$, $(1,0)$, $(0,1)$, $(1,1)$, $(0,5, 1,5)$ tun und dann überlegen, wie eine allgemeine Rechenvorschrift dazu aussieht: $x' = ...$, $y' = ...$

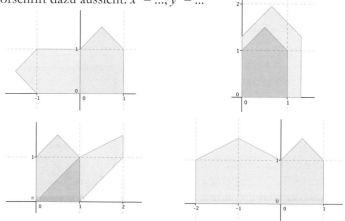

1) $D_{90°}$ – eine Drehung um 90° gegen den Uhrzeigersinn
2) $P = D_{180°}$ – eine Punktspiegelung am Ursprung
3) Z_k – eine zentrische Streckung mit dem Faktor k (auch für negative k)
4) D_φ – eine Drehung um den beliebigen Winkel φ
Eine Drehung mit Koordinaten zu beschreiben, ist durchaus knifflig, wenn man es noch nicht kennt. Schließlich noch zwei weniger vertraute Abbildungen:
5) S_k^y – eine Streckspiegelung an der y-Achse mit einem Scherfaktor k
6) T_k^x – eine Scherung an der x-Achse mit einem Scherfaktor k

Die ersten beiden Abbildungen zum „Warmwerden" haben Sie wahrscheinlich schnell notiert und möglicherweise auch die Drehung um 270° hinzugefügt:

$$D_{90°}: x' = -y, y' = x \qquad D_{180°}: x' = -x, y' = -y \qquad D_{270°}: x' = y, y' = -x$$

Es ist aber nun gar nicht so naheliegend, wie man aus diesen Beispielen eine Drehung um einen beliebigen Winkel erhält. Die Vielfachen von 90° sind offenbar Spezialfälle, die dem rechtwinkligen Koordinatensystem (man sagt dazu oft auch: den *kartesischen* Koordinaten) so sehr angepasst sind, dass man daraus nicht schließen kann, wie die kontinuierlichen Übergänge *zwischen* diesen Winkeln aussehen. Dafür braucht man eine sorgfältige Zeichnung, die erkennen lässt, wie die Koordinaten von Punkt $A(x, y)$ und gedrehtem Punkt $A'(x', y')$ zusammenhängen:

→ *Programm* Drehung

Im Programm können Sie die Lage von A und den Drehwinkel verändern.

Im Bild ist das *Koordinatendreieck* mit den Koordinaten x und y eines Punktes vor und nach der Drehung eingezeichnet. Zwei zusätzliche dunkle Dreiecke zeigen, wie sich die Koordinaten des gedrehten Punktes x' und y' jeweils aus zwei Anteilen zusammensetzen. (Wichtig ist noch, sich zu vergewissern, dass die beiden Winkel φ und φ' gleich groß sind.) Man liest ab:

$$x' = x \cdot \cos\varphi - y \cdot \sin\varphi \qquad \text{sowie } y' = y \cdot \cos\varphi + x \cdot \sin\varphi$$

Diese Formeln kann man nicht nur als *statische* Gleichheitsbeziehung aus der Zeichnung ablesen, sondern man kann sich auch *dynamisch* vorstellen, was sie bedeuten, wenn man sich erinnert, dass $\cos\varphi$ bei wachsendem Winkel φ erst einmal vom Wert 1 aus abfällt und $\sin\varphi$ ansteigt. Die Formeln bedeuten dann: Für kleine Drehwinkel werden die Koordinaten etwas durch die Projektion reduziert $x' \approx x \cdot \cos\varphi$, $y' \approx y \cdot \cos\varphi$, dafür kommen kleine Projektionsanteile der jeweils anderen Koordinate dazu. Aufgrund der Drehrichtung vergrößert sich y um $x \cdot \sin\varphi$ und verkleinert sich x um $y \cdot \sin\varphi$. Ob die so gefundenen Beziehungen auch für Winkel $\varphi \geq 90°$ funktionieren, wäre eigens mit einer Skizze oder einem Programm zu prüfen.

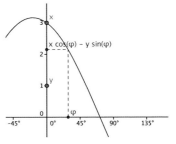

Um Vertrauen in diese Darstellung einer Drehung zu gewinnen, kann man sich noch vergewissern, dass die beiden Spezialfälle oben hier enthalten sind. Außerdem müsste man bei Hintereinanderausführung von zwei Drehungen ja eine Drehung um den Summenwinkel erhalten: $D_\beta \circ D_\alpha = D_{\beta+\alpha}$. Das droht allerdings eine abschreckende Rechnung zu werden. Zum Glück kann man die vielen Terme in der Rechnung oben in eine kompakte Form bringen, wenn man die Punktkoordinaten zu *Vektoren* zusammenfasst. Konsequenterweise lassen sich dann nicht nur die Punkte, sondern auch die Abbildungen mit kompakten Zahlenschemata schreiben, und zwar mit *Matrizen*. Das Ganze sieht dann so aus:

$$\begin{pmatrix} x' \\ y' \end{pmatrix} = \begin{pmatrix} \cos\varphi & -\sin\varphi \\ \sin\varphi & \cos\varphi \end{pmatrix} \begin{pmatrix} x \\ y \end{pmatrix} \quad \text{mit der Vorschrift} \quad \begin{pmatrix} a & b \\ c & d \end{pmatrix} \begin{pmatrix} x \\ y \end{pmatrix} = \begin{pmatrix} ax+by \\ cx+dy \end{pmatrix}$$

Die Konvention zum Verrechnen von Matrix und Vektor kann man sich mit der Wortregel merken: „Zeile mal Spalte aufaddieren". Auch wenn die Matrixschreibweise das Rechnen etwas kompakter und übersichtlicher macht, weniger Schreibarbeit ist es nicht, denn es sind ja keine Teile der obigen Gleichungen überflüssig. Seine Qualitäten kann dieses Format erst ausspielen, wenn man mehrere Abbildungen hintereinander ausführt. Ein einziges Mal muss man sich im Folgenden durch den Rechenwust zweier verknüpfter Operationen durchquälen, wird am Ende aber belohnt durch eine einfache Lösung, die danach praktisch wie theoretisch die Arbeit durchgehend erleichtert. Wenden Sie also eine Matrix B auf das Ergebnis von Ax an. $B(Ax)$ ist dann:

$$\begin{pmatrix} e & f \\ g & h \end{pmatrix} \left(\begin{pmatrix} a & b \\ c & d \end{pmatrix} \begin{pmatrix} x \\ y \end{pmatrix} \right) = \begin{pmatrix} e & f \\ g & h \end{pmatrix} \begin{pmatrix} ax+by \\ cx+dy \end{pmatrix} = \begin{pmatrix} e(ax+by)+f(cx+dy) \\ g(ax+by)+h(cx+dy) \end{pmatrix}$$

$$= \begin{pmatrix} (ea+fc)x+(eb+fd)y \\ (ga+hc)x+(gb+hd)y \end{pmatrix} = \begin{pmatrix} ea+fc & eb+fd \\ ga+hc & gb+hd \end{pmatrix} \begin{pmatrix} x \\ y \end{pmatrix}$$

Den entscheidenden Schritt finden Sie in der letzten Zeile: Wenn man erst einmal erkannt hat, dass die Anwendung von zwei Matrizen hintereinander wieder zu einer Kombination von x und y in jeder Komponente des Vektors führt, kann man diese Wirkung so aufschreiben, als wäre sie durch eine einzige Matrix C

$$B\left(A \begin{pmatrix} x \\ y \end{pmatrix} \right) = C \begin{pmatrix} x \\ y \end{pmatrix} \quad \text{mit } C = \begin{pmatrix} ea+fc & eb+fd \\ ga+hc & gb+hd \end{pmatrix}$$

erzeugt worden. Wenn also A und B Abbildungen mit den entsprechenden Matrizen sind, so ist die Wirkung der verknüpften Abbildung $C = B \circ A$ die nach der nebenstehenden Vorschrift gebildete Matrix. Aufgrund ihrer „guten Struktur" ist diese Rechenvorschrift für die Verknüpfung von Zahlenschemata dieselbe wie die für

$$\begin{pmatrix} e & f \\ g & h \end{pmatrix} \circ \begin{pmatrix} a & b \\ c & d \end{pmatrix} = \begin{pmatrix} ea+fc & eb+fd \\ ga+hc & gb+hd \end{pmatrix}$$

die Anwendung einer Matrix auf einen Vektor: „Zeile mal Spalte aufaddieren" – nur dass man nun eine Spalte *mehr* hat, da die zweite Matrix sozusagen aus zwei Vektoren besteht.

Nach dieser Vorarbeit kann man nun „ernten". Das heißt: Wann immer Sie Abbildungen als Matrizen darstellen können, haben Sie auch schon einen Weg gefunden, wie Sie die kombinierte Abbildung darstellen – einfach nach obiger Vorschrift die *Matrizen multiplizieren*. Dabei werden wir künftig immer die *geometrische Welt* der Abbildungen und der Punkte auf der einen Seite mit der *arithmetischen Welt* der Matrizen und Vektoren auf der anderen Seite identifizieren – ganz nach der kartesischen Idee. Statt also mit der Wirkung einer Drehung auf einen Punkt $B = D_\alpha(A)$ arbeitet man mit der „Übersetzung" der Wirkung einer Drehmatrix auf einen Vektor, der diesen Punkt darstellt: $\vec{b} = D_\alpha \vec{a}$.

Übung 6.1: Als Erstes sollten Sie Vertrauen in den Nutzen der Matrixsicht entwickeln, indem Sie zeigen, dass sich zwei Drehungen tatsächlich zu einer Summendrehung verbinden, auch in Koordinatenschreibweise (ohne dass man dazu die Koordinaten konkreter Punkte bräuchte):

$$D_\beta \circ D_\alpha = \begin{pmatrix} \cos\beta & -\sin\beta \\ \sin\beta & \cos\beta \end{pmatrix} \begin{pmatrix} \cos\alpha & -\sin\alpha \\ \sin\alpha & \cos\alpha \end{pmatrix}$$

Hinweis: Damit das klappt, muss man sich noch an die sogenannten *Additionstheoreme* für die Winkelfunktionen erinnern. Sie werden sehen, dass die Additionstheoreme und die Matrixstrukturen perfekt zusammenpassen.

Mit diesen Vorarbeiten sollen nun die schon gefundenen und die verbleibenden Abbildungen als Matrizen geschrieben werden – hier gleich als Tabelle:

$D_{90°} = \begin{pmatrix} 0 & -1 \\ 1 & 0 \end{pmatrix}, D_{180°} = \begin{pmatrix} -1 & 0 \\ 0 & -1 \end{pmatrix}$	Diese **Drehungen** sind Spezialfälle der folgenden, der …
$D_\alpha = \begin{pmatrix} \cos\alpha & -\sin\alpha \\ \sin\alpha & \cos\alpha \end{pmatrix}$	**Drehung um den Winkel** α (gegen den Uhrzeigersinn)
$Z_k = \begin{pmatrix} k & 0 \\ 0 & k \end{pmatrix}$	Bei der **zentrischen Streckung** wird die x- und y-Komponente unabhängig mit demselben Faktor k multipliziert. Bei $k = -1$ ist das wieder die Punktspiegelung.
$S_k^y = \begin{pmatrix} k & 0 \\ 0 & 1 \end{pmatrix}$	Die **Streckspiegelung** lässt den y-Wert gleich und streckt den x-Wert mit k. Für $k = -1$ ist das eine einfache Spiegelung an der y-Achse.
$T_k^x = \begin{pmatrix} 1 & k \\ 0 & 1 \end{pmatrix}$	Bei der **Scherung** bleibt der y-Wert eines Punktes konstant. Der x-Wert verschiebt sich, allerdings nicht um einen festen Wert, sondern proportional zum Abstand zur x-Achse.

Die letzte Beispielabbildung, die Scherung an der x-Achse, ist Ihnen möglicherweise noch etwas unvertraut. Spätestens nach der nächsten Übung können Sie diese aber wohl besser einordnen.

Nun haben Sie eine ganze Reihe von Abbildungen kennengelernt, die die Ebene $\mathbb{R}^2$ auf sich abbilden. Anfangs waren als Abbildungen vor allem die Kongruenzabbildungen Drehung, Spiegelung und Verschiebung (ob in zwei oder drei Dimensionen) betrachtet worden. Diese Abbildungen lassen alle Abstände und Winkel fest, physikalisch gesprochen bleiben Formen oder Körper bei diesen Abbildungen „starr". Dann kamen noch Streckungen, Streckspiegelungen und Scherungen hinzu, die die Abstände zwischen Punkten verändern und Figuren entsprechend verzerren. Alle Abildungen haben aber gemeinsam, dass ihre Wirkung auf die Koordinaten durch eine Matrix beschrieben werden kann. Es stellt sich die Frage, ob man anhand der Einträge in der Matrix die Funktionsweise der Abbildung und die Art der Verzerrung vorhersagen kann.

→ *Programm*
Lineare
_Abbildung

Übung 6.2: Untersuchen Sie, welche Vorhersagen Sie anhand der Einträge in der Matrix $M = \begin{pmatrix} a & b \\ c & d \end{pmatrix}$ über die geo-

metrischen Eigenschaften der zugehörigen Abbildung treffen können. Das Bild zeigt die Wirkung auf die Punkte X, Y und A sowie auf das Einheitsquadrat. Die folgenden Fragen können Sie anleiten:

$$\begin{pmatrix} 2 & 1 \\ 0.5 & 1.5 \end{pmatrix} \begin{pmatrix} 2 \\ 1.75 \end{pmatrix} = \begin{pmatrix} 2 \cdot 0.5 & + & 1 \cdot 1 \\ 0.5 \cdot 0.5 & + & 1.5 \cdot 1 \end{pmatrix} = \begin{pmatrix} 2 \\ 1.75 \end{pmatrix}$$

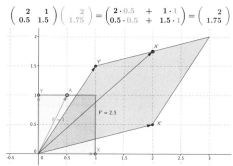

a) Wo findet man die Einträge der Matrix a, b, c und d im Bild wieder? Wie kann man dies begründen und was bedeudet das?

b) Wenn Sie den Punkt A bewegen, wie bewegt sich dann der Punkt A'? Die beiden Punkte sowie X' und Y' helfen, dies zu erkennen.

c) Wenn A sich entlang einer Geraden bewegt, wie bewegt sich $A' = M\,A$? Können Sie Ihre Vermutung beweisen?

d) Begründen Sie, warum das grüne Quadrat auf das rote Parallelogramm abgebildet wird. Zeigen Sie, dass der Flächeninhalt dabei von 1 auf $a \cdot d - b \cdot c$ anwächst bzw. schrumpft. Wie kann man damit rechnerisch sehen, dass der Flächeninhalt bei Scherungen gleich bleibt?

e) Zeigen Sie: Die inverse Abbildung zu M ist durch folgende Matrix gegeben: $M^{-1} = \frac{1}{ad-bc} \begin{pmatrix} d & -b \\ -c & a \end{pmatrix}$. Sie können die obige Gleichung für x', y' nach x und y auflösen, oder einfach mit der hier angegebenen Matrix testen, ob $M \cdot M^{-1} = id$. Was hat der Nenner mit der Fläche in d) zu tun? Wann genau besitzt eine Matrix eine Inverse?

In dieser Übung ist klarer geworden, welcher Art die Verzerrung durch die vorliegenden neuen Abbildungen ist: Die beiden Raumrichtungen x und y werden entsprechend den Werten der Matrix auf zwei beliebig wählbare neue Richtungen abgebildet: $\begin{pmatrix} 1 \\ 0 \end{pmatrix} \mapsto \begin{pmatrix} a \\ b \end{pmatrix}, \begin{pmatrix} 0 \\ 1 \end{pmatrix} \mapsto \begin{pmatrix} c \\ d \end{pmatrix}$. Dadurch wird das Einheitsquadrat auf ein Parallelogramm mit der Fläche $a \cdot d - b \cdot c$ abgebildet. Dieser Term wird genau dann 0, wenn die beiden Bildvektoren $\begin{pmatrix} a \\ b \end{pmatrix}, \begin{pmatrix} c \\ d \end{pmatrix}$ parallel zueinander sind.

Genau dann „schnurren" auch alle Punkte der Ebene auf eine Linie zusammen und die Abbildung M ist nicht mehr umkehrbar. Wenn die beiden Bildvektoren hingegen sogar senkrecht aufeinander stehen und beide die Länge 1 haben, wird das Ursprungsquadrat ohne jede Verzerrung gedreht oder gespiegelt. Ansonsten ist die Verzerrung der Ebene zwar beträchtlich, aber doch nicht beliebig, denn Punkte, die auf einer Linie liegen, liegen auch nach der Abbildung noch auf einer Linie.

> **Übung 6.3:** Dass drei Punkte auf einer Linie liegen, kann man auf verschiedene Weise beschreiben. Eine Möglichkeit lautet: Alle Punkte $C = \alpha A + (1 - \alpha)B$ mit $\alpha \in \mathbb{R}$ liegen auf der Geraden durch A und B. Weisen Sie diese Aussage nach.
>
> Zeigen Sie außerdem, dass eine durch eine Matrix beschriebene Abbildung M folgende beiden Eigenschaften besitzt:
>
> $M(A + B) = M(A) + M(B)$
>
> $M(\alpha \cdot A) = \alpha \cdot M(A)$
>
> Mit diesem Wissen können Sie nun zeigen, dass Punkte, die auf einer Geraden liegen, so abgebildet werden, dass die Bildpunkte wieder auf einer (in der Regel anderen) Geraden liegen.

Dies ist der Grund, warum man diese Abbildungen auch als *linerare Abbildungen* bezeichnet. Der Bereich der Mathematik, der sich mit den Phänomenen solcher linearer Abbildungen – auch in höherdimensionalen und abstrakteren Räumen – befasst, ist die *lineare Algebra*. Das Hauptinteresse liegt in diesem Buch aber nicht auf den Eigenschaften von *Abbildungen* (dazu haben Sie nun alles Nötige erfahren bzw. wiederholt), sondern auf den Strukturen, die entstehen, wenn man die *Verknüpfungen der Abbildungen* untersucht. Das Untersuchungsobjekt ist also vor allem dieses:

Die Menge der *linearen Abbildungen* der Ebene $\mathbb{R}^2$ ist gegeben durch

$$\mathbb{M}_2 = \left\{ M : \mathbb{R}^2 \to \mathbb{R}^2 \,\middle|\, M = \begin{pmatrix} a & b \\ c & d \end{pmatrix}, a,b,c,d \in \mathbb{R} \right\} \text{ mit } \begin{pmatrix} a & b \\ c & d \end{pmatrix}\begin{pmatrix} x \\ y \end{pmatrix} = \begin{pmatrix} ax+by \\ cx+dy \end{pmatrix}$$

und die Verknüpfung als Hintereinanderausführung mit:

$$\begin{pmatrix} e & f \\ g & h \end{pmatrix} \circ \begin{pmatrix} a & b \\ c & d \end{pmatrix} = \begin{pmatrix} ea+fc & eb+fd \\ ga+hc & gb+hd \end{pmatrix}$$

Die Operationsstruktur $(\mathbb{M}_2, \circ)$ besitzt ein neutrales Element $I = \begin{pmatrix} 1 & 0 \\ 0 & 1 \end{pmatrix}$ und alle Abbildungen mit $ad - bc \neq 0$ sind invertierbar. Daher ist die Menge der invertierbaren linearen Abbildung

$$\mathrm{GL}(2) = \mathbb{M}_2{}^* = \left\{ M = \begin{pmatrix} a & b \\ c & d \end{pmatrix} \middle| M \in \mathbb{M}_2, ad-bc \neq 0 \right\}$$

eine Gruppe. Man nennt sie auch die *(allgemeine) lineare Gruppe* („general linear" ist die Bedeutung der Abkürzung GL). Sie enthält unter anderem Drehungen, Spiegelungen, Streckungen und Kombinationen davon.

Diese „Mutterstruktur" der invertierbaren linearen Abbildungen ist eine sehr reichhaltige Gruppe. Sie ist ausgesprochen „kontinuierlich", d.h., sie hängt von vier weitgehend einschränkungslos variierbaren reellen Zahlen *a*, *b*, *c*, *d* ab. Sie enthält Drehungen und Spiegelungen, aber auch Scherungen und andere verzerrende Abbildungen. Diese Gruppe und ihre Pendants in höheren komplexeren Dimensionen als der Ebene bilden ein wichtiges Fundament moderner Mathematik und Naturwissenschaft. Ihre Eigenschaften werden untersucht, um Theorien für Elementarteilchen zu entwickeln und die Symmetrie unseres Universums zu verstehen. Beispielsweise kann man die mit der GL(2) verwandte sogenannte *Spezielle Unitäre Gruppe* SU(2) verwenden, um die Symmetrie der Quarks in den Elementarteilchen zu verstehen (oben im nachfolgenden Bild befinden sich das vertraute Neutron und Proton).

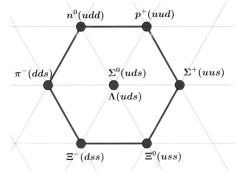

6.2   Die Grammatik des Ornaments

> Tapetenblume bin ich fein, kehr' wieder ohne Ende,
> doch, statt im Mai'n und Mondenschein, auf jeder der vier Wände.
> Du siehst mich nimmerdar genung, so weit du blickst im Stübchen,
> und folgst du mir per Rösselsprung – wirst du verrückt, mein Liebchen.
> *Christian Morgenstern, „Alle Galgenlieder" (1938)*

Mit den linearen Abbildungen und den sie darstellenden Matrizen haben Sie nun ein gutes Werkzeug, um Abbildungen in der Ebene zu erfassen. In Kapitel 3 wurden einige dieser Abbildungen verwendet, um Symmetrien von verschiedenen Figuren und insbesondere von regelmäßigen Vielecken zu beschreiben. In diesem Abschnitt werden Sie nun eingeladen, einen weitaus reichhaltigeren Schatz an Mustern auf ihre Symmetrien hin zu untersuchen.

Künstler und Handwerker aller Völker und Zeiten haben viel Kreativität darin gezeigt, unsere Welt mit Ornamenten zu verschönern: Rosetten, Parkette, Pflaster, Fliesen, Kacheln, Friese … Es gibt viele Namen für Ornamente, die Oberflächen auf regelmäßige Weise verschönern. Der englische Architekt Owen Jones (1809–1874) hat in seinem einflussreichen Buch „Die Grammatik des Ornaments" (1856) Hunderte von Ornamenten u.a. ägyptischer, griechischer, byzantinischer, arabischer, persischer, chinesischer Herkunft zusammengetragen und nach allgemeinen Mustern in den Ornamentsprachen gesucht. In der nachfolgenden Abbildung finden Sie einige Beispiele aus dem persischen Raum:

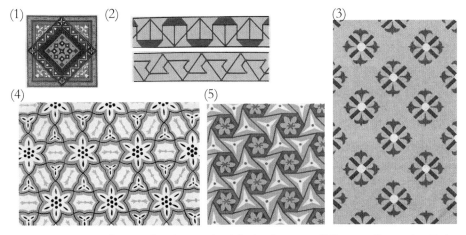

(1)   (2)   (3)   (4)   (5)

Die Beispiele sollten – das deutet der Titel „Grammatik" an – allgemeine Prinzipien der Ornamentbildung offenlegen und die Baumeister und Designer der Zeit inspirieren. Auch aus mathematischer Sicht bedeutet diese Suche nach einer „Grammatik" die Regeln, die den Mustern zugrunde liegen, systematisch zu beschreiben. Als modernes Werkzeug kann dazu der Symmetriebegriff in seiner mathematisierten Form als Gruppe von Invarianzabbildungen herangezogen werden.

→ *Programm*
*Ebene_*
Symmetrien

Erkundung 6.2: Welche Symmetrien können Sie in den unterschiedlichen Mustern entdecken? Sie dürfen neben den obigen Beispielen auch alle Muster, die Sie in Ihrer Umwelt finden oder im Internet recherchieren, dazu verwenden. Etwas einfacher und systematischer geht es, wenn Sie mit den Bildern aus dem nebenstehenden Programm arbeiten.

Nutzen Sie zur Beschreibung der gefundenen Muster die Abbildungen der Ebene. Welche Abbildungen können Sie verwenden, welche nicht? Gibt es Symmetrien, zu denen passende Abbildungen noch gefehlt haben?

Welche Typen von Symmetrien können noch auftreten? Wie sähe ein entsprechendes Muster aus?

Sie haben bei Ihrer Analyse bereits wahrgenommen, dass die Formen und Farben solcher Parkette mannigfaltig sein können und trotzdem immer wieder ähnliche Typen von Symmetrien auftauchen. Wenn man mit der mathematischen Symmetriebrille darauf schaut, blickt man sozusagen auf das „innere Wesen" der Muster. Die Frage ist dann: Welche Abbildungen lassen die Parkette invariant? Zunächst einmal haben Sie vielleicht bemerkt, dass die Muster mit verschiedenen Graden von „Unendlichkeit" gearbeitet haben:

- Man kann einerseits *endliche* Muster finden, bei denen alle Symmetrien einen zentralen Punkt festlassen – solche Muster nennt man auch *Rosettenmuster* oder einfach nur *Rosette*. Beispiel (1) zeigt eine solche Rosette. Während in der Kunst Rosetten meist „runde" Formen aufweisen, können sie, wenn man sie wie hier rein nach ihrer Symmetrie definiert, auch die Form eines Quadrates haben.

- Dann gibt es Muster, die sich in *eine* Richtung (und natürlich auch in die entgegengesetzte) unendlich fortgesetzt denken lassen. Diese Muster werden meist als *Friese* oder *Bandornamente* bezeichnet. Beispiel (?) ist solch ein Fries.

- Schließlich gibt es Muster, die unendlich in die ganze Ebene fortgesetzt denkbar sind. Sie tragen viele Bezeichnungen: *Parkette, Tapeten, Pflasterungen, Fliesen, Kachelungen*. Die Beispiele (3), (4) und (5) zeigen dafür Beispiele.

- Natürlich sind auch dreidimensionale Muster vorstellbar: Jeder *Kristall* stellt ein dreidimensionales Ornament dar, das von der Natur selbst geschaffen wurde.

Alle Ornamente zeichnen sich dadurch aus, dass sich gewisse Grundelemente in derselben Form und Größe auf regelmäßige Weise wiederholen. Daher können als invariante Abbildungen nur solche infrage kommen, die die Formen und damit insbesondere die *Abstände* erhalten, die sogenannten *Isometrien* (wörtlich übersetzt „Gleich-Maße"). Man kann hier von den bisher verwendeten linearen Abbildungen nur die Spiegelungen und Drehungen verwenden. Das Besondere an unendlich ausgedehnten Ornamenten ist allerdings, dass es nun nicht mehr nur *ein* Drehzentrum gibt, sondern gleich unendlich viele. Diese kommen in verschiedenen Typen vor, die Ihnen zum Teil schon von den Diedergruppen und ihren Untergruppen bekannt sind. Bei den Beispielen konnten Sie die Gruppen D_2, D_3 sowie D_4 und D_6 wiedererkennen. Bei einigen Ornamenten ist aber die Spiegelsymmetrie gebrochen, sodass nur Drehungen möglich sind. Hier findet man die Gruppen C_2, C_3 sowie C_4 und C_6.

Auf Basis der Untersuchung vieler Beispiele kann man folgende Einteilung vornehmen – die damit natürlich noch lange nicht als vollständig gesichert gilt:

> Die Symmetrien von Ornamenten enthalten oft Untergruppen, die jeweils einen bestimmten Punkt festhalten (sogenannte *Punktgruppen*). Hier gibt es je nach der Ausdehnungsdimension des Musters folgende Möglichkeiten für Punktgruppen:
>
> Rosetten (endlich): C_n und D_n mit beliebigem $n \in \mathbb{N}$
>
> Friese (eindimensional unendlich): C_n und D_n nur mit $n = 1$ und 2
>
> Parkette (zweidimensional unendlich): C_n und D_n nur mit $n = 1, 2, 3, 4, 6$

Zur Erinnerung: Die C_1 ist die triviale Gruppe, die D_1 wird nur von einer einzelnen Spiegelung erzeugt. In dieser Klassifikation stecken natürlich noch zahlreiche mehr oder weniger plausible Behauptungen. Zu klären wäre:

- Gibt es vielleicht noch Muster mit ganz anderen Punktgruppen als den beiden Typen C_n und D_n?

- Bei den Friesen ist relativ klar, dass es bestenfalls Drehungen um 180° geben kann, da sich sonst die Richtung, in die sich das Fries ausdehnt, ändern würde. Bei zweidimensionalen Mustern gibt es allerdings eine unerwartete

Einschränkung. Bei den Diedergruppen gibt es ja Drehungen *jeder* Ordnung *n*. Gibt es denn wirklich kein einfaches ebenes Muster, das beispielsweise eine D_5-Symmetrie hat?

Die erste Frage wird in dem nachfolgenden kurzen Einschub untersucht.

Gibt es außer den C_n und D_n, also den Drehungen ohne bzw. mit Spiegelung, keine weiteren Möglichkeiten für Rosettensymmetrien - außer vielleicht der vollen Kreissymmetrie mit unendlich vielen Drehungen $G = \{\, D_\alpha \mid 0 \leq \alpha < \pi\,\}$? Bevor Sie weiterlesen, können Sie ja einmal versuchen, neue Gruppen zu erzeugen, z.B. indem Sie von einigen wenigen Drehungen D_α ausgehen und untersuchen, welche Gruppen sie erzeugen.

Sie werden bei Ihrer Untersuchung gemerkt haben, dass es zwei verschiedene Typen von Ergebnissen geben kann. Wenn Sie endlich viele Drehungen mit Drehwinkeln, die Bruchteile des Vollwinkels sind, kombinieren, ergibt sich immer wieder eine C_n. Beispielsweise kann man aus allen Fünftel- und Dritteldrehungen alle Fünfzehnteldrehungen kombinieren. In Kurzschreibweise: $< C_3 \cup C_5 > = C_{15}$.

Erst wenn man aber auf die Idee gekommen ist, einen Drehwinkel zu wählen, aus dem auch nach noch so häufiger Drehung niemals der Vollwinkel resultiert, erhält man Symmetriegruppen von ganz anderer Art. Ist beispielsweise $D_{360°/\sqrt{2}}$ eine Symmetrie einer Figur, so sind auch alle Drehungen um Vielfache dieses Drehwinkels Symmetrien. Eine Figur, die diese Symmetrien besitzt, muss dann aber auch an unendlich vielen Stellen „gleich" aussehen, ist also ein etwas seltsames Gebilde.

Etwas leichter vorzustellen ist die Symmetrie des Gebildes rechts, welche allerdings nicht aus einer einzelnen Drehung entsteht: Stellen Sie sich vor, Sie konstruieren eine Menge von Strahlen für die Himmelsrichtungen, wobei Sie nicht nur, wie es gebräuchlich ist, die Viertel- (N, O, S, W), die Achtel- (NO, SO, SW, NW) und die Sechzehntelrichtungen (NNO, ONO, OSO, SSO, ...), sondern auch alle weiteren Verfeinerungen einzeichnen - jedenfalls in der Vorstellung, denn in der Realität kann man natürlich immer nur bis zu einer bestimmten Feinheit zeichnen (im nebenstehenden Bild sind es 2^8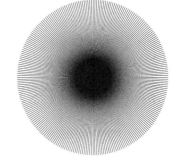

Richtungen). Eine solche Figur M hat als Symmetriegruppe nun keineswegs alle Drehungen, sondern „nur" folgende:

$$G_M = \{\, D_\alpha \mid \alpha = 360° \cdot k/2^n \text{ mit } k, n \in \mathbb{N}\,\}$$

Das sind alle Bruchteile der vollen Drehung mit einer Zweierpotenz als Nenner. Diese wenigen Überlegungen zeigen, dass die bisher vertrauten Symmetrien C_n und D_n bei Weitem nicht die einzigen Drehsymmetrie-Gruppen sind. Sie zeichnen sich allerdings dadurch aus, dass sie „diskret" sind, d.h. dass es einen kleinsten Abstand zwischen je zwei Drehungen gibt. Anders ausgedrückt: Es gibt eine kleinste Drehung, die dann auch die gesamte Symmetriegruppe erzeugt (was man auch noch beweisen müsste).

Offen ist nun vor allem noch die Frage nach der Einschränkung bei ebenen Mustern auf die Zähligkeiten 2, 3, 4 und 6. Da bei *endlichen* ebenen Mustern jede Zähligkeit möglich ist, muss die Beschränkung bei ebenen Mustern wohl an ihrer unendlichen Struktur liegen, die daher nun genauer unter die Lupe genommen wird.

Die Unendlichkeit der ebenen Ornamente wird dadurch erzeugt, dass bestimmte Elemente nicht nur gedreht und gespiegelt, sondern auch verschoben werden. Hierzu reichen die mit Matrizen darstellbaren Abbildungen nicht mehr aus, denn eine Verschiebung (auch als *Translation* bezeichnet) fällt, so simpel sie auch ist, nicht unter die linearen Abbildungen:

$$T_{\vec{a}}(\vec{x}) = \vec{x} + \vec{a}$$

Wohl aber ist eine Verschiebung eine Isometrie, d.h. eine Abbildung, die Abstände erhält. Genauso wie Drehungen und Spiegelungen einerseits Symmetrie durch wiederholte Ausführung erzeugen und andererseits Symmetrie über Invarianz charakterisieren (vgl. S. 22), besitzen auch Verschiebungen als Symmetrieabbildungen diese Eigenschaft. Man kann sie nutzen, um ein einzelnes Element unendlich zu wiederholen. Man kann aber auch bei einem gegebenen Muster fragen, welche Verschiebungen das Muster invariant lassen.

$$T_M = \{T_{\vec{a}} \mid T_{\vec{a}}(M) = M\}$$

Das sind – anders als bei Drehungen – allerdings immer sofort unendlich viele Abbildungen, denn eine einzelne Verschiebung verschiebt immer weiter, weil für sie gilt:

$$T_{\vec{b}} \circ T_{\vec{a}}(\vec{x}) = (\vec{x} + \vec{a}) + \vec{b} = \vec{x} + (\vec{a} + \vec{b}) = T_{\vec{a}+\vec{b}}(\vec{x}) = T_{\vec{b}+\vec{a}}(\vec{x})$$

$$(T_{\vec{a}})^n = T_{\vec{a}} \circ \ldots \circ T_{\vec{a}} = T_{\vec{a}+\ldots+\vec{a}} = T_{n\vec{a}}$$

Man kann Verschiebungen allenfalls rückgängig machen durch Verschiebung in entgegengesetzte Richtung mit dem entgegengesetzten Vektor:

$$T_{-\vec{a}} \circ T_{\vec{a}} = T_{-\vec{a}+\vec{a}} = T_{\vec{0}} = id$$

Man sieht hier, dass die von einer Verschiebung erzeugte Gruppe „genauso funktioniert" wie die ganzen Zahlen, also isomorph zu $\mathbb{Z}$ ist:

$$<T_{\vec{a}}> = \{\ldots, T_{-2\vec{a}}, T_{-\vec{a}}, T_{\vec{0}}, T_{\vec{a}}, T_{2\vec{a}}, \ldots\} \cong \mathbb{Z}$$

Bei einem ebenen Muster kann man aber nicht nur beliebig oft in *eine* Richtung verschieben, sondern immer gleich in mehrere Richtungen.

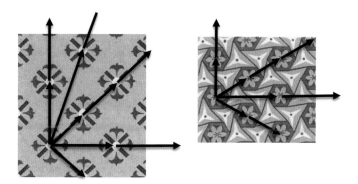

Wenn man zwei Verschiebungen verknüpft, erhält man wieder eine Verschiebung. Sind die beiden ursprünglichen Verschiebungen eine Symmetrie, so gilt dies auch wieder für die neue Verschiebung. Die Menge T_M *aller* Verschiebesymmetrien eines Musters bildet also eine kommutative Untergruppe der Symmetrien eines Musters, die sogenannte *Translationsgruppe*. Wie aber bekommt man eine Ordnung in dieses Gewirr an möglichen Verschiebungen? Wenn man *alle* Verschiebungen sammelt, die auf einer Pflasterung ausgeführt werden können, stellt man etwas Besonderes fest: Alle Verschiebungen lassen sich als Kombination von zwei Grundverschiebungen (im Bild blau und grün) auffassen. Bei Rechteckmustern ist das offensichtlich, aber anscheinend funktioniert dies auch bei beliebigen Parkettierungen. Man kann (durchaus auf verschiedene Weise) zwei elementare kürzeste Verschiebungen auswählen, die das gesamte *Gitter* aller Verschiebungen erzeugen. Man kann sich vorstellen, wie das Parkett durch Verschiebung des Parallelogramms zwischen diesen beiden Elementarverschiebungen entsteht. Eine solche Zelle nennt man daher auch *Elementarzelle*, es gibt aber auch noch andere Möglichkeiten als das Parallelogramm.

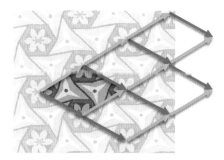

Damit ist die Struktur der Translationsgruppe letztlich eine ganz einfache, auch wenn die beiden erzeugenden Translationen $\vec{a}$ und $\vec{b}$ nicht rechtwinklig stehen oder gleich lang sind:

$$T_M = \langle T_{\vec{a}}, T_{\vec{b}} \rangle = \{T_{n\vec{a}+m\vec{b}} \mid n, m \in \mathbb{Z}\} \cong \mathbb{Z} \times \mathbb{Z}$$

Sie haben nun also zwei verschiedene Typen von Symmetriegruppen gefunden: Punktgruppen, die aus Drehungen und/oder Spiegelungen um jeweils einen festen Punkt bestehen und die an verschiedenen Punkten des Parketts unterschiedlich aussehen können, sowie eine Translationsgruppe. Beide Gruppen leben nicht nebeneinander, sondern hängen auf sehr enge und durchaus auch komplexe Weise zusammen. Das soll im Folgenden untersucht werden.

Erkundung 6.3: Untersuchen Sie an einem konkreten Parkett, wie Drehungen und Spiegelungen zu verschiedenen Punkten und die Translationen alle miteinander in Beziehung stehen. Welche Verknüpfungen führen zu welchen Ergebnissen? Ist die Menge abgeschlossen oder gibt es noch Symmetrien, die Sie bisher nicht wahrgenommen haben? Bildet die Menge aller Drehungen um alle Punkte eine Gruppe? Welche anderen Mengen bilden Untergruppen? Kann man die gesamte Gruppe aus wenigen Elementen erzeugen?

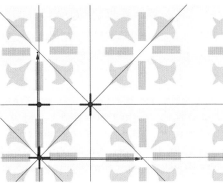

→ *Programm*
Ebene
_Symmetrien

Wenn Sie die Ergebnisse von Verknüpfungen zweier Abbildungen finden wollen, können Sie auf zwei Weisen vorgehen: Sie können die Abbildungen konkret ausführen (mithilfe des nebenstehenden Programms). Oder Sie schreiben, wenn möglich, alle bei Ihren Untersuchungen vorkommenden Objekte auch mit Vektoren und Matrizen und finden damit zusätzlich noch Begründungen Ihrer Aussagen. Dabei brauchen Sie die Matrizen oft nicht einmal konkret mit allen Einträgen aufzuschreiben.

Die Translationsgruppe dieses quadratischen Parketts ist besonders leicht aufzuschreiben:

$$T_M = \left\{ T_{\vec{a}} \mid \vec{a} = n\begin{pmatrix} 1 \\ 0 \end{pmatrix} + m\begin{pmatrix} 0 \\ 1 \end{pmatrix} = \begin{pmatrix} n \\ m \end{pmatrix}, n, m \in \mathbb{Z} \right\}$$

Die Drehungen um den Nullpunkt $\vec{0}$ und die Spiegelungen um Achsen durch den Nullpunkt $\vec{0}$ bilden die bekannte Diedergruppe D_4, denn das Muster hat die Symmetrie eines Quadrates. Die Matrixdarstellung haben Sie weiter oben schon einmal notiert:

$$P_{\vec{0}} = \{id, R, R^2, R^3, S, SR, SR^2, SR^3\} \cong D_4 \text{ mit } R = \begin{pmatrix} 0 & 1 \\ -1 & 0 \end{pmatrix} \text{ und } S = \begin{pmatrix} -1 & 0 \\ 0 & 1 \end{pmatrix}$$

Aber auch am Punkt $A(\frac{1}{2},\frac{1}{2})$ findet man eine D_4-Symmetrie und an den Punkten $B(\frac{1}{2},0)$ und $A(0,\frac{1}{2})$ eine D_2-Symmetrie. Wie kann man dies mit Matrizen aufschreiben? Die Drehung um andere Punkte als den Nullpunkt ist keine lineare Abbildung, da sie den Ursprung nicht festlässt. Man kann sich aber eines Tricks bedienen, um nicht ganz neu überlegen zu müssen: Man schiebt den gewünschten Drehpunkt A auf den Nullpunkt, dreht dort und schiebt das Ergebnis dann wieder zurück.

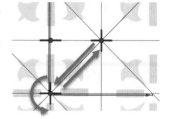

$$
\begin{aligned}
D_{A,\alpha} \cdot \vec{x} &= T_{\vec{a}} \circ D_{0,\alpha} \circ T_{-\vec{a}}(\vec{x}) \\
&= D_{0,\alpha} \cdot (\vec{x} - \vec{a}) + \vec{a} \\
&= D_{0,\alpha} \cdot \vec{x} + (-D_{0,\alpha} \cdot \vec{a} + a) \\
&= D_{0,\alpha} \cdot \vec{x} + \vec{q}
\end{aligned}
$$

Dabei bedeutet die Drehung jedes Mal eine Drehung um einen gegebenen Winkel α, aber einmal um den Punkt A mit dem Ortsvektor $\vec{a}$ und einmal um den Ursprung. Mit einem solchen Trick kann man alle Drehungen und Spiegelungen auf diejenigen am Nullpunkt zurückführen. Die Verschiebung, die dazu nötig ist, ist allerdings nicht unbedingt auch eine Symmetrie des Parketts.

Die zugehörige Abbildung hat die Form $A\vec{x} + \vec{q}$, setzt sich also aus einer linearen Abbildung und einer Verschiebung zusammen. Diese Art von Abbildungen nennt man auch *affine Abbildungen*. An der Matrix in dieser Abbildung kann man ablesen, ob es sich um eine Drehung oder Spiegelung handelt. Wenn die Matrix die Identität ist, entsteht der Spezialfall der Translation: $\vec{x} + \vec{q}$.

Wenn Sie nun systematisch einen Abbildungstyp mit den jeweils anderen verknüpft haben, konnten Sie möglicherweise Erkenntnisse wie die folgenden gewinnen:

- Eine Verschiebung, gefolgt von einer weiteren Verschiebung, ist wieder eine Verschiebung. Das hatten Sie weiter oben schon gesehen.

- Eine Drehung um einen Punkt mit anschließender Drehung um einen *anderen* Punkt ist wieder eine Drehung um einen möglicherweise dritten Punkt mit der Summe der Drehwinkel (mit einer Ausnahme).

Man kann der Lage einer Markierung (im Programm der Letter **F**) nach der kombinierten Drehung ansehen, um wie viel insgesamt gedreht wurde, nur dass die Markierung dann an einer anderen Position liegen kann. In der Schreibweise der affinen Abbildungen kann man das auch direkt erkennen:

$$
B(A\vec{x} + \vec{a}) + \vec{b} = (B \circ A)\vec{x} + (B\vec{a} + \vec{b})
$$

Die angedeutete Ausnahme trifft ein, wenn sich die beiden Drehungen gegenseitig aufheben. Dann ist das Ergebnis eine Verschiebung. Damit können Sie nun zusammenfassend sagen:

- Eine Drehung um einen Punkt mit anschließender entgegengesetzter Drehung um einen anderen Punkt ist eine Verschiebung.

- Eine Drehung, gefolgt von einer Verschiebung, ist wieder eine Drehung, nur um einen anderen Punkt.

Die Untersuchung weiterer Kombinationen ergibt:

- Eine Drehung, gefolgt von einer Spiegelung, ist eine Spiegelung, wenn die Spiegelachse durch den Drehpunkt geht (das ist der Ihnen schon vertraute Fall), sonst – und das ist der durchaus normalere Fall – kommt etwas heraus, das Ihnen bisher vielleicht noch nicht untergekommen ist:

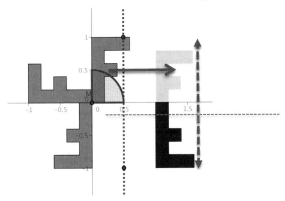

Die Drehung um 180°, gefolgt von einer Spiegelung, schiebt das **F** an eine Stelle, die sich weder durch einfaches Drehen noch durch Spiegeln erreichen lässt. Da die Verknüpfung zweier Symmetrien, die das Muster invariant lassen, wieder eine Symmetrie sein muss, kann man feststellen: Die Menge der betrachteten Symmetrien war also noch gar nicht abgeschlossen. Wie aber sieht die resultierende Symmetrie aus und wo liegt sie in obigem Muster?

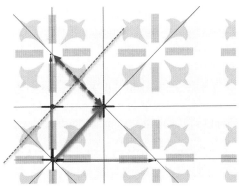

Die lilafarbenen Pfeile deuten an, wie man es sich vorstellen kann. Die neue Symmetrie ist eine Kombination aus einer Verschiebung und einer Spiegelung an einer Geraden parallel zu dieser Verschiebung (die dünne gestrichelte Linie). Dieser Typ von Abbildung wird *Schubspiegelung* genannt. Allerdings ist dies keine einfache Kombination einer Verschiebung mit einer Spiegelung, denn beide Teile sind für sich gesehen *keine* Symmetrien des Musters. Die Verschiebung geht nur den halben Weg auf die nächste Zelle zu und bricht dann ab. Die Spiegelung geht dann seitwärts und vollendet die Symmetrie. Dieses zunächst einmal seltsam anmutende kombinierte Vorgehen ist es auch, was die Schubspiegelungen so unintuitiv macht und auf den ersten Blick nicht erkennen lässt. Dass sie aber elementar sind, merkt man, wenn man auf Muster trifft, die nur diese Symmetrie besitzen. Man sieht den Mustern an, dass dort etwas Symmetrisches vorgeht, aber kann dies nicht durch Drehungen, Spiegelungen oder Verschiebungen allein in den Griff bekommen. Ohne die Schubspiegelung hätte dieses persische Bandornament außer der Verschiebung um eine ganze Elementarzelle nämlich keine Symmetrie, die Gleichheit der beiden entgegengesetzten Dreiecke bliebe verborgen:

Fährt man bei der Untersuchung der Kombinationen von Symmetrien weiter fort, so kann man noch dieses finden:

- Zwei Spiegelungen an sich schneidenden Achsen sind eine Drehung (wie schon zuvor bekannt).

- Zwei Spiegelungen an parallelen Achsen ergeben eine Verschiebung.

Es zeichnet sich ab, dass die sich hier andeutende Verknüpfungstafel *aller* Verknüpfungen recht komplex werden kann. Wenn Sie für die weiteren, noch nicht untersuchten Kombinationen Erfahrungen sammeln, so entwickelt sich nach und nach das folgende, in der Tabelle auf der nächsten Seite dargestellte Gesamtbild.

Dabei sind die hier in der Tabelle bezeichneten Elemente keine konkreten Abbildungen, sondern ganze Gruppen. Die Indizes *a* und *b* sind ebenfalls abstrakt gemeint. Sie sollen immer andeuten, dass bestimmte Abbildungen mit gleichen Indizes zueinanderpassen (also z.B. die Verschiebung und die Schubspiegelung nach ihrer Richtung) bzw. dass Abbildungen mit verschiedenen Indizes komplementär sind (also z.B. die Spiegelung an einer Achse senkrecht zur Verschieberichtung). Die Indizes können also auf Punkte, Richtungen oder Achsen hinweisen.

	V_a	V_b	D_a	D_b	S_a	S_b	Ss_a	Ss_b
V_a	V_a	V	D	D	Ss_a	S_a	Ss_a	Ss
V_b	V	V_b	D	D	S_b	Ss	Ss	Ss_b
D_a	D	D	D_a	▦	S_a	Ss	Ss	Ss
D_b	D	D	▦	D_b	Ss	S_b	Ss	Ss
S_a	S_a	Ss	S_a	Ss	V	D	V	D
S_b	Ss	S_b	Ss	S_b	D	V	D	V
Ss_a	Ss_a	Ss	Ss	Ss	V	D	V_a	D
Ss_b	Ss	Ss_b	Ss	Ss	D	V	D	V_b

Dieser grobe Blick lässt allerdings schon einige Strukturen erkennen: Die Menge aller „Nicht-Spiegelungen" ist eine Untergruppe, die die Gruppe in zwei Nebenklassen zerlegt. Ganz analog wie bei der Diedergruppe und wie bei geraden und ungeraden Permutationen teilen sich auch hier die Symmetrien gleichmäßig auf in gerade und ungerade, die bei der Verknüpfung wie Vorzeichen funktionieren. Dieses Phänomen nennt man ganz allgemein „Parität" und das Prinzip „gerade/ungerade" durchdringt die gesamte Mathematik und vor allem die moderne Physik. Sogar die Elementarteilchen lassen sich danach einteilen, welche Parität sie haben.

Die Menge der Verschiebungen bildet, wie schon gesehen, eine Untergruppe, die die Gruppe ebenfalls in Nebenklassen zerlegt. Alle Symmetrien, die einer Nebenklasse angehören, unterscheiden sich nur um eine Verschiebung. Im Beispiel sind jeweils alle Drehungen um einen festen Winkel um alle Punkte in diesem Sinne gleichwertig. Ebenso sind alle (Schub-)Spiegelungen an einer parallelen Geradenschar gleichwertig. Wenn sich diese Einteilung nun auch noch so auswirkt, dass man „bis auf Verschiebung" die Abbildungen miteinander wohldefiniert verknüpfen kann, bedeutet dies, dass mit den Translationen ein Normalteiler vorliegt. Bei endlichen Gruppen haben Sie das in Kapitel 5 schon einmal gesehen und erfahren, wie man einen Normalteiler in der Gruppentafel und rechnerisch erkennt.

Damit haben Sie nun den gesamten Werkzeugkasten, der nötig ist, um die verschiedenen Möglichkeiten für Symmetrien ebener Parkette zu erkunden:

- Für ein konkretes Parkett sucht man eine Elementarzelle und die beiden Vektoren, die die Translationsgruppe T_M erzeugen. Dabei ist es günstig, wenn man sie passend zur Symmetrie wählt, also falls möglich mit einem Winkel von 90° oder 60°.

- Dann sammelt man alle Drehungen um Drehzentren, die innerhalb der Elementarzelle liegen. Drehungen um Drehzentren an einem Rand der Elementarzelle wiederholen sich am anderen Rand. So findet man die möglichen D_n und C_n.

- An jedem Drehzentrum prüft man, ob auch Spiegelungen möglich sind, d.h. ob dort eine D_n oder nur eine C_n vorliegt.

- Zusätzlich muss man noch nach Spiegelachsen ohne Drehzentrum suchen, d.h. nach möglichen Gruppen D_1.

- Schwieriger sind die Schubspiegelungen zu finden, da die Verschiebungsvektoren und die Spiegelungen, aus denen sie bestehen, selbst keine Symmetrien des Musters sind. Man findet sie aber eigentlich immer „zwischen" solchen.

Auf diese Weise erhält man einen Überblick, welche Symmetrien die gesamte Symmetriegruppe eines vorgegebenen Parketts erzeugen. Über die Anzahl der verschiedenen Elemente pro Elementarzelle und darüber, welche zueinander konjugieren, also gewissermaßen gleichwertig sind, kann man entscheiden, ob zwei Parkette dieselbe Symmetrie besitzen oder ob sie sich unterscheiden und man einen neuen Symmetrietyp gefunden hat.

Allerdings kann man sich auf einem solchen Weg nie sicher sein, ob man wirklich *alle* möglichen gefunden hat. Die Suche nach einer vollständigen Klassifikation wurde aber tatsächlich im Jahre 1891 durch den russischen Mathematiker und Mineralogen Jewgraf Fjodorow (1853–1919) zu einem erfolgreichen Ende gebracht: Es gibt genau 17 verschiedene nicht isomorphe Symmetrietypen von ebenen Mustern, man nennt sie auch gerne die 17 „Tapetengruppen" oder, etwas professioneller, die 17 zweidimensionalen kristallografischen Gruppen.

→ Programm
Tapetengruppen

Sicherlich möchten Sie die 17 Gruppen nun auch einmal vor Augen haben. Sie finden sie alle samt der Namen, die sich für sie eingebürgert haben, in den nachfolgenden Abbildungen. Mit einem Programm (s. rechts) können Sie viele verschiedene Realisierungen der 17 Tapetengruppen erzeugen und untersuchen. Wann immer Sie künftig Tapeten, Kacheln, Pflaster oder Ähnliches sehen, können Sie versuchen herauszufinden, zu welchem der Typen das Pflaster gehört. Dafür sollten Sie dann von den konkreten Formen und Farben, mit denen die Elementarzelle gefüllt sein kann, absehen und einem ebenen Muster sozusagen in seine „Symmetrieseele" schauen.

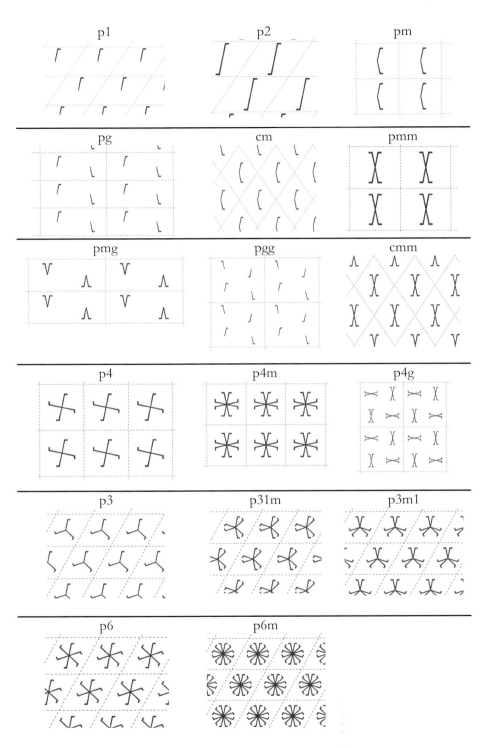

Die Tapetengruppen sind die Symmetrietypen zweidimensionaler Muster. Natürlich kann man auch fragen, wie viele Typen es in einer oder drei Dimensionen gibt. In drei Dimensionen sind es 230 verschiedene sogenannte *kristallografische Raumgruppen* – kein Wunder, dass die Analyse einer Kristallstruktur mit Spektroskopen oder anderen Instrumenten eine hohe Kunst ist. Die eindimensionalen Muster waren die Friese, von denen es nur 7 verschiedene Typen gibt. In null Dimensionen, also bei den nur endlichen Objekten, gibt es wiederum unendlich viele Symmetrietypen, nämlich gerade die von Rosetten C_n und D_n mit beliebigem n.

Dieser Abschnitt soll nicht enden, ohne die lange offengelassene Frage anzugehen: Warum gibt es keine unendlichen ebenen Muster mit *fünfzähliger* Symmetrie? Die Antwort lautet: Es gibt sie, aber sie sind sehr exotisch – ähnlich wie die nicht diskreten Rosetten von weiter oben.

→ *Programm*
Kristall
_erzeugen

Erkundung 6.4: Nehmen Sie an, Sie wollen ein möglichst einfaches zweidimensionales Gitter erzeugen, das zwei Bedingungen erfüllt: Es soll eine 5-zählige Drehsymmetrie haben, also invariant bleiben, wenn man um $360° : 5 = 72°$ um den Ursprung dreht. Und es soll eine Translationssymmetrie besitzen, also invariant bleiben, wenn man es in eine feste Richtung (und ihre Gegenrichtung) verschiebt. Wenn man sich die Punkte als Atome vorstellt, hat man dann auf diese Weise einen zweidimensionalen Kristall erzeugt.

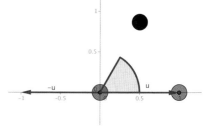

Solange Sie durch Drehen und Verschieben neue Punkte erzeugen können, ist das Gitter noch nicht invariant. Probieren Sie also einmal aus, wie solch ein fünfzähliges Kristallgitter aussehen würde. Zur Abwechslung können Sie es auch mit $n = 2, 3, 4$ und 6 probieren.

Nach einigem Herumspielen haben Sie bemerkt, dass Ihre Bemühungen anscheinend kein Ende finden (linkes Bild).

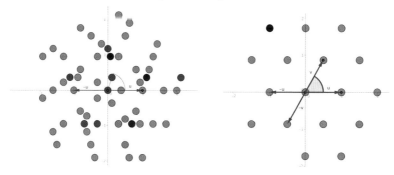

Sie können zwar die Drehsymmetrie sicherstellen, indem Sie jeden Punkt auch in allen fünf Drehpositionen ablegen. Beim Verschieben von den bestehenden Punkten aus entstehen jedoch immer wieder neue Gitterpunkte. Mit etwas Geschick können Sie sich dabei sogar beliebig nahe an den Ursprungspunkt herantasten.

Umso frappierender ist das Ergebnis bei 2-, 3-, 4- oder 6-zähliger Symmetrie (vorige Seite rechts). Hier können Sie drehen und verschieben, wie es Ihnen beliebt, immer bleiben Sie auf einem quadratischen oder sechseckigen Gitter. Ganz offenbar verträgt sich 5-zählige Drehsymmetrie nicht mit Translationssymmetrie, erstaunlicherweise gilt das auch für alle anderen Drehsymmetrien $n = 7, 8, 9, 10$, usw. (Die 8 ist besonders enttäuschend, denn man sollte meinen, 8 passt besonders gut zur 4.) Man nennt die Tatsache, dass es nur 2-, 3-, 4- und 6-zählige Symmetrie in der Ebene gibt, auch die *kristallografische Restriktion*. Wenn Sie die Erfahrung, die Sie bei der Erkundung gemacht haben, daraufhin analysieren, was dort passiert ist, haben Sie auch recht schnell einen Beweis für diese Restriktion:

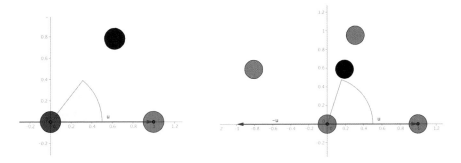

Im linken Bild ist die Situation bei $n = 7$ dargestellt. Angenommen, unter allen Abständen zwischen Gitterpunkten haben Sie den mit kürzester Länge gefunden, hier mit u bezeichnet. Wegen der Drehsymmetrie befindet sich dann auch ein Punkt an der gedrehten Position v. Da der Winkel $360°/7$ aber kleiner ist als $360°/6 = 60°$, ist die Grundseite $v - u$ des Dreiecks kürzer als u und somit gibt es doch einen kürzeren Gitterabstand. Wenn Sie so fortfahren, können Sie sogar beliebig kleine Abstände erhalten. Dasselbe Argument funktioniert auch für alle n größer als 7. Für $n = 5$ (rechtes Bild) muss man einen Zusatzschritt einlegen, das Argument ist aber dasselbe.

Man kann nun zurecht argumentieren, dass es sehr wohl einen Kristall gibt, der die beiden gewünschten Eigenschaften besitzt. Man muss den eben beschriebenen Prozess einfach nur unendlich oft durchgeführt denken. Wenn es einen nicht stört, dass dann zu jedem Punkt in beliebiger Nähe immer noch ein Punkt liegt, hat man einen fünfzähligen translationsinvarianten Kristall. Dieser ist jedoch ein mathematisches Ungeheuer, das in der Realität nicht existieren kann:

eine dichte Punktwolke. Aus diesem Grund gilt die kristallografische Restriktion auch nur für sogenannte *diskrete periodische Muster*. Die Begriffe „diskret" und „dicht" kann man mathematisch hier genauso präzisieren wie auf dem Zahlenstrahl: Hier hat man den „diskreten Kristall" der natürlichen Zahlen und den „nicht-diskreten" oder „dichten Kristall" der Brüche.

Ein zweiter Weg, um zu unendlichen, fünfzählig drehsymmetrischen Mustern zu gelangen, ist, auf die Translationssymmetrie zu verzichten. Es gibt sogar Wege, solche fünfzähligen Muster aus „Elementarzellen" aufzubauen, sogenannte *Penrose-Pflasterungen*. Erstaunlicherweise kam erst Roger Penrose 1973 auf diese Idee und 1984 wurden solche „Quasikristalle" dann sogar in der Natur entdeckt.

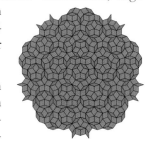

Mit solchen geometrischen Phänomenen verlassen wir den Bereich der Algebra endgültig – Sie haben aber festgestellt, wie sehr die Algebra über das Konzept der Symmetriegruppe in der Geometrie „mitmischt".

6.3   Matrizen, auch einmal ganz ungeometrisch

Bei den Abbildungen der Ebene haben Sie gesehen, wie gut Matrizen geeignet sind, die Gruppenstrukturen der Abbildungen und damit die Symmetrien der Ebene (und des Raumes) zu beschreiben. Zu Beginn des 20. Jahrhunderts hat das Arbeiten mit Symmetrieargumenten und ganz konkret mit Matrizen einen großen Einfluss auf die Entwicklung der modernen Physik gehabt. Hier nur zwei Beispiele: Werner Heisenberg (1901–1976) entwickelte eine erste Version der Quantenmechanik, die vollständig auf dem Manipulieren von Matrizen beruhte. Seine berühmt gewordene Unschärferelation von 1927, die besagt, dass man Ort und Geschwindigkeit eines Partikels nicht gleichzeitig beliebig genau kennen kann, lässt sich theoretisch damit begründen, dass man gewisse Matrizen, die für die Geschwindigkeit und den Ort eines Teilchens stehen, nicht miteinander vertauschen kann: $\hat{V} \cdot \hat{X} \neq \hat{X} \cdot \hat{V}$.

Paul Dirac (1902–1984) entwickelt 1928 eine quantenmechanische Theorie zur Beschreibung von Elektronen, die den Prinzipien, d.h. insbesondere den Symmetrien der Raumzeit in der Relativitätstheorie genügen sollte. Er fand dazu ein System von 4×4 Matrizen $\gamma_0, \gamma_1, \gamma_2, \gamma_3$, mit denen er eine sogenannte *Wellengleichung* für Elektronen $i \sum_n \gamma_n \frac{dy}{dx_n} - m\psi = 0$ bilden konnte.

Das ist eine Differenzialgleichung für eine Funktion $\psi(\bar{x},t)$, die beschreibt, wie sich ein Elektron im Raum verteilt. Diese Gleichung enthielt allerdings als Dreingabe auch Lösungen für Teilchen, die den Elektronen völlig gleichen, nur dass sie positiv geladen sind. Dirac sagte also aufgrund von Matrizensymmetrien die Existenz von sogenannten Positronen voraus, die dann 1932 tatsächlich auch experimentell in der kosmischen Strahlung nachgewiesen wurden.

Näheres zur Symmetrie in der Quantenmechanik kann man in der populär geschriebenen Darstellung von Ian Stewart (2008) „Die Macht der Symmetrie: Warum Schönheit Wahrheit ist" nachlesen.

Seit etwa hundert Jahren ist also klar: Matrizen und die mit ihnen gebildeten Gruppen bilden ein universelles Werkzeug zur mathematischen Analyse von Symmetrien, insbesondere in der uns umgebenden Natur. Sogar dort, wo Gruppenstrukturen nicht aus *räumlichen* Bewegungen entstehen, versucht die sogenannte *Darstellungstheorie* bekannte Gruppenstrukturen auf isomorphe Weise als Gruppen von Matrizen (also gleichbedeutend als Gruppen von linearen Abbildungen) zu realisieren. Matrizen sind also eine sehr flexible und universell einsetzbare mathematische Struktur. In diesem Abschnitt werden Sie erleben, wie Matrizen zu „mehrdimensionale Zahlen" werden, im nächsten Abschnitt verleiben sich die Matrizen dann auch noch die Permutationen ein.

Eine der mathematisch hervorstechendsten und wichtigsten Eigenschaften von Matrizen, auch schon von zweidimensionalen, ist, wie die Beispiele aus der Physik haben ahnen lassen, dass sie bei der Multiplikation nicht mehr miteinander vertauschen. Während alle Arten von Zahlen hier keine neuen Überraschungen boten (solange man Zahlen aus den natürlichen ableitet, erben sie deren Kommutativität), haben Deckabbildungen und Permutationen zum ersten Mal nicht-kommutative Phänomene aufgebracht. Die kleinsten, nicht mehr kommutativen Gruppen waren die D_3 bzw. die S_3. Mithilfe von Matrizen kann man sich nun viele weitere Gruppenstrukturen „erbasteln", die auf unterschiedlichste Weise nicht-kommutativ sind. Die beiden oben genannten historischen Beispiele stehen dafür, wie solche Nicht-Kommutativität der Wissenschaft neue Impulse gegeben hat.

Sie können für die nachfolgende Erkundung an manchen Stellen eine geometrische Deutung hinzuziehen, müssen es aber nicht tun. Sie können Matrizen auch einfach nur als mehrdimensionale Zahlen auffassen und mit deren algebraischen Eigenschaften experimentieren.

Erkundung 6.5: Untersuchen Sie, ob die folgenden Matrizen mit der Matrixmultiplikation Gruppen bilden. Wenn dies nicht der Fall ist, erweitern Sie die Menge geeignet. Erkennen Sie bekannte Gruppen wieder?

Typ a) Diagonalmatrizen $\begin{pmatrix} a & 0 \\ 0 & b \end{pmatrix}$ Typ b) symmetrische Matrizen $\begin{pmatrix} a & b \\ b & a \end{pmatrix}$

Typ c) schiefsymmetrische Matrizen $\begin{pmatrix} 0 & -a \\ a & 0 \end{pmatrix}$

Man kann die obigen Matrizen auch als sogenannte Linearkombination von geeignet gewählten Basismatrizen schreiben. Für Typ a) sieht das z.B. so aus:

$$\begin{pmatrix} a & 0 \\ 0 & b \end{pmatrix} = a \cdot J + b \cdot K \ \text{ mit } \ J = \begin{pmatrix} 1 & 0 \\ 0 & 0 \end{pmatrix} \text{ und } K = \begin{pmatrix} 0 & 0 \\ 0 & 1 \end{pmatrix}$$

Da man das Distributivgesetz anwenden kann (wie und warum?), reicht es dann, wenn man die Produkte dieser Basismatrizen kennt (also *JJ, JK, KJ, KK*). Versuchen Sie die Multiplikationen aus a) bis c) als Produkte solcher Linearkombinationen zu schreiben.

Auch wenn Sie noch wenig Intuition für die Matrixmultiplikation haben, können Sie in jedem Fall mit der Multiplikationsregel „zu Fuß" die Produkte von je zwei Matrizen eines Typs ausrechnen:

a) $\begin{pmatrix} a & 0 \\ 0 & b \end{pmatrix}\begin{pmatrix} c & 0 \\ 0 & d \end{pmatrix} = \begin{pmatrix} ac & 0 \\ 0 & bd \end{pmatrix}$ b) $\begin{pmatrix} a & b \\ b & a \end{pmatrix}\begin{pmatrix} c & d \\ d & c \end{pmatrix} = \begin{pmatrix} ac+bd & ad+bc \\ bc+ad & bd+ac \end{pmatrix}$

c) $\begin{pmatrix} 0 & a \\ -a & 0 \end{pmatrix}\begin{pmatrix} 0 & b \\ -b & 0 \end{pmatrix} = \begin{pmatrix} -ab & 0 \\ 0 & -ab \end{pmatrix} = (-ab)\begin{pmatrix} 1 & 0 \\ 0 & 1 \end{pmatrix}$

Sie erkennen, dass die Matrixtypen aus a) und b) bezüglich der Multiplikation jeweils abgeschlossen sind – es entsteht wieder eine Matrix desselben Typs. Bei c) ergibt sich als Produkt aber ein anderer Typ, nämlich die Einheitsmatrix. Um eine Gruppe zu erhalten, muss man die Abgeschlossenheit sicherstellen, also Vielfache der Einheitsmatrix hinzunehmen. Man kann auch gleich alle Matrizen nachfolgender Form betrachten und festellen, dass diese abgeschlossen sind.

$$\begin{pmatrix} a & b \\ -b & a \end{pmatrix}\begin{pmatrix} c & d \\ -d & c \end{pmatrix} = \begin{pmatrix} ac-bd & ad+bc \\ -bc-ad & -bd+ac \end{pmatrix}$$

Schreibt man die Matrizen als Linearkombination, z.B. bei b)

$$\begin{pmatrix} a & b \\ b & a \end{pmatrix} = aI + bD \ \text{ mit } \ I = \begin{pmatrix} 1 & 0 \\ 0 & 1 \end{pmatrix} \text{ und } D = \begin{pmatrix} 0 & 1 \\ 1 & 0 \end{pmatrix},$$

so ergibt sich natürlich dasselbe, denn es ist ja nur eine andere Schreibweise:

$$(a \cdot I + b \cdot D)(c \cdot I + d \cdot D) \quad = (ac \cdot I^2 + ad \cdot ID + bc \cdot DI + bd \cdot D^2)$$
$$= (ac \cdot I + ad \cdot D + bc \cdot D + bd \cdot I)$$
$$= (ac + bd) \cdot I + (ad + bc) \cdot D$$

Für c) sieht das nur wenig anders aus:

$$(a \cdot I + b \cdot W)(c \cdot I + d \cdot W) \quad = (ac \cdot I^2 + ad \cdot IW + bc \cdot WI + bd \cdot W^2)$$
$$= (ac \cdot I + ad \cdot W + bc \cdot W + bd \cdot (-I))$$
$$= (ac - bd) \cdot I + (ad + bc) \cdot W$$

In allen drei Fällen sieht das Rechnen mit Matrizen so aus, als würde man mit Zahlen rechnen, die nicht nur aus einem Wert, sondern aus zwei Komponenten a und b bestehen. Es handelt sich gewissermaßen um zweidimensionale Zahlen $[a,b]$, die man aber je nach Struktur der Matrix auf verschiedene Weise multipliziert:

a) $[a, b] \cdot [c, d] = [ac, bd]$ b) $[a, b] \cdot [c, d] = [ac + db, ad + bc]$
c) $[a, b] \cdot [c, d] = [ac + bd, ad - bd]$

Natürlich muss man für eine Gruppe auch noch die Existenz eines neutralen Elementes nachweisen – das ist mit der Matrix I aber in allen Fällen vorhanden. Und auch inverse Elemente kann man in allen Fällen zu bilden versuchen. Für eine allgemeine Matrix war dies $\begin{pmatrix} a & b \\ c & d \end{pmatrix}^{-1} = \frac{1}{ad-bc} \begin{pmatrix} d & -b \\ -c & a \end{pmatrix}$. Übersetzt in die zweidimensionalen Zahlen findet man:

a) $[a,b]^{-1} = [\frac{1}{a}, \frac{1}{b}]$ b) $[a,b]^{-1} = [\frac{a}{a^2 - b^2}, \frac{-b}{a^2 - b^2}]$ c) $[a,b]^{-1} = [\frac{a}{a^2 + b^2}, \frac{-b}{a^2 + b^2}]$

Man erkennt, dass man einige Matrizen ausschließen muss, damit die jeweiligen Untergruppen („zweidimensionalen Zahlen") invertierbar werden, und zwar je nach Typ andere. Während in a) so etwas wie zwei unabhängige Dimensionen von reellen Zahlen vorliegen (daher muss man $a = 0$ oder $b = 0$ ausschließen), werden diese beiden Dimensionen in b) und c) miteinander vermischt. Bei c) muss man die wenigsten Zahlen ausschließen, nämlich nur die $[0,0]$, also die Nullmatrix. Dieser Zahltyp scheint sich also am „angenehmsten" zu verhalten. Man kann nun die Zahltypen weiter untersuchen: Sind sie kommutativ? Gelten auch andere Rechengesetze? Darauf werden im nächsten Kapitel noch einmal zurückkommen.

Wenn Sie das Gefühl haben, dass diese Art der Erfindung neuer Zahlen, eine mathematische Spielerei ist, dann haben Sie nicht ganz unrecht. Man kann solche Konstruktionen mit dem Ziel betreiben, auszuloten, auf welche Weise sich bekannte mathematische Strukturen erweitern und verallgemeinern lassen. Erinnern Sie sich aber auch an die Beispiele aus der Physik zu Anfang des Abschnitts: Solche Spielereien erweisen sich als erstaunlich nützlich in der Beschreibung der Symmetrien in unserer Welt, auch solche, die gar nicht unbedingt mit diesem Ziel entwickelt wurden. Eugene Wigner (1902-1995) hat das einmal die „unvernünftige Nützlichkeit" (*unreasonable effectiveness*) von Mathematik genannt.

Abschließend, wie schon angedroht, zeigen sich Matrizen noch einmal so flexibel, dass sie auch noch andere Gruppenstrukturen darstellen können, von denen man das zunächst nicht erwarten würden. In der folgenden Erkundung sollen Sie versuchen, die Permutationsgruppen aus Kapitel 4 in eine Matrizendarstellung zu bringen.

Erkundung 6.6: Erarbeiten Sie sich zunächst alles am Beispiel der einfachen Menge der Permutationen auf drei Elementen, also der Symmetrischen Gruppe S_3. Später können Sie das Gefundene dann auf andere n verallgemeinern.

Eine Möglichkeit, eine Permutation σ aufzuschreiben, ist, jedem Element einer Menge $x \in N = \{1,2,3\}$ sein Bild $\sigma(x)$ unter der Permutation gegenüberzustellen. Auf S. 71 geschah das von links nach rechts, hier wird es einmal von rechts nach links notiert. Denn in dieser Anordnung wird sogleich die Frage naheliegend: Kann man die Permutation auch durch eine Matrix erzeugen? Und wie müsste man die Matrixfelder füllen?

- Finden Sie für alle sechs Permutationen der S_3 eine Matrizendarstellung.
- Überprüfen Sie an Beispielen, ob die Matrixmultiplikation zu der richtigen Verknüpfung von Permutationen führt.
- Wie verallgemeinert sich dieses Vorgehen auf vier oder mehr Dimensionen?
- Wie sehen die Matrizen zu Transpositionen aus?
- Wie sieht zu einer gegebenen Permutationsmatrix die Inverse aus?

Sicher mussten Sie sich nicht allzu sehr anstrengen, um die Permutationen als Matrizen darzustellen. Aufgrund der Struktur der Matrixoperation (Zeile mal Spalte) muss man nur in jeder Zeile dort eine 1 notieren, wo man ein Element aus der entsprechenden Spalte entnehmen will. Da es sich um eine Permutation handeln soll, kann man dies in jeder Zeile nur genau einmal tun. Nachfolgend sind alle sechs Permutationsmatrizen der sechs Elemente der S_3 aufgelistet:

$$(1) = \begin{pmatrix} 1 & 0 & 0 \\ 0 & 1 & 0 \\ 0 & 0 & 1 \end{pmatrix}, \ (12) = \begin{pmatrix} 0 & 1 & 0 \\ 1 & 0 & 0 \\ 0 & 0 & 1 \end{pmatrix}, \ (13) = \begin{pmatrix} 0 & 0 & 1 \\ 0 & 1 & 0 \\ 1 & 0 & 0 \end{pmatrix}, \ (23) = \begin{pmatrix} 1 & 0 & 0 \\ 0 & 0 & 1 \\ 0 & 1 & 0 \end{pmatrix}, \ (123) = \begin{pmatrix} 0 & 1 & 0 \\ 0 & 0 & 1 \\ 1 & 0 & 0 \end{pmatrix}, \ (132) = \begin{pmatrix} 0 & 0 & 1 \\ 1 & 0 & 0 \\ 0 & 1 & 0 \end{pmatrix}$$

Wie sich dies für höhere Dimensionen verallgemeinern lässt, ist offensichtlich. Es wird Sie allerdings nicht überraschen, dass von hieraus auch wieder ein Weg zurück in die Geometrie führt.

Übung 6.4: Die Permutationsgruppe S_3 ist auch die Symmetriegruppe des gleichseitigen Dreiecks. Man kann sich das Dreieck mit den Koordinaten (1,0,0), (0,1,0) und (0,0,1) vorstellen und die Permutationsmatrizen darauf wirken lassen. Welche geometrische Deutung kann man entsprechend der S_4, S_5 etc. geben?

Man kann die mit Matrizen geschriebene Permutationsgruppe auch verallgemeinern, indem man in den Matrizen nicht nur 1, sondern auch –1 zulässt. Anstelle von 6 Permutationsmatrizen der S_3 hat man dann $8 \cdot 6 = 48$ Matrizen (warum?). Man muss auch den Raum der Vektoren, auf den sie wirken, erweitern. Erklären Sie, wieso die „Permutationen mit Vorzeichen" dann isomorph zu der Gruppe der Symmetrien des Würfels sind.

6.4   Übungen

Übung 6.5: Untersuchen Sie die Gruppe der invertierbaren Matrizen in zwei Dimensionen, also die GL(2) auf Untersymmetrien, indem Sie *Untergruppen* der GL(2) identifizieren – und das wieder einmal auf den zwei vertrauen Wegen: Weg 1, indem Sie bestimmte Invarianzen wählen und dann untersuchen, welche linearen Abbildungen diese Invarianzen beachten. Diese bilden dann eine Invarianz-Untergruppe der GL(2). Weg 2, indem Sie eine bestimmte Untermenge wählen und so lange miteinander kombinieren, bis die entstehende Menge abgeschlossen und damit ebenfalls eine Untergruppe ist.

→ Programm Ebene _Abbildungen

Mit demselben Programm wie oben können Sie auch Verknüpfungen untersuchen

Anregungen für Weg 1: a) Finden Sie alle linearen Abbildungen, die einen bestimmten Punkt, z.B. (1,0), oder auch einen beliebigen Punkt (x,y) festlassen.
b) Was ändert sich, wenn nicht der Punkt, sondern nur die Richtung invariant bleiben soll, d.h. innerhalb der Richtung eine Streckung möglich ist?
c) Welche Abbildungen lassen Längen, also insbesondere den Abstand zum Nullpunkt, invariant? Hinweis: Bevor Sie in voller Allgemeinheit suchen, können Sie die Längeninvarianz auch für bestimmte einfache Punkte fordern.

Anregungen für den Weg 2: d) Die Mengen aller Drehungen kennen Sie bereits als Untergruppe, aber auch die Menge aller Drehungen um Vielfache eines festen Winkels 360°/n. In einigen Fällen schaffen Sie es möglicherweise auch, die Matrizen ohne Sinus oder Kosinus, sondern nur mit rationalen Zahlen und Wurzeln anzugeben.
e) Die GL(2) enthält die D_4 als Untergruppe. Welche Matrizen sind das?
f) Wenn Sie die Menge der Streckspiegelungen sowohl an der x-Achse als auch an der y-Achse $\{S_k^x \mid k \in \mathbb{R}\} \cup \{S_k^y \mid k \in \mathbb{R}\}$ zusammennehmen, welche Elemente müssen Sie dann noch mindestens hinzunehmen, damit es eine Untergruppe wird? Welche Elemente müssen Sie ggf. herauswerfen?

→ *Programm*
Escherparkett

Übung 6.6: Ohne die Ergebnisse von Fedorow zu kennen, hat der Mathematiker George Pólya (1887–1985) die 17 Tapetengruppen 1924 wiederentdeckt und den holländischen Grafiker Maurits Cornelis Escher zu seinen Parkettbildern inspiriert. Escher hat für alle Symmetrietypen von Parketten Realisierungen mit faszinierenden Kachelformen entworfen. Untersuchen Sie mit dem Programm, wie eine solche Kachelform funktioniert. Welcher Symmetrietyp ist hier realisiert? Identifizieren Sie ihn, indem Sie alle Symmetrien des Bildes finden. Verändert sich der Symmetrietyp, wenn man die Figur manipuliert, oder bleibt er gleich?

→ *Programm*
Symmetrien
_Bandornament

Übung 6.7: Die Klassifikation eindimensionaler unendlicher Symmetrien, also das sogenannte „Fries" (oder „Bandornament"), ist übersichtlicher als die der zweidimensionalen Parkette. Insgesamt gibt es 7 verschiedene Symmetrietypen. Beschreiben Sie jede der 7 Friesgruppen anhand der unten stehenden Beispiele: Welche Symmetrien hat jede der Gruppen? Wie unterscheidet sie sich jeweils von den anderen Gruppen?

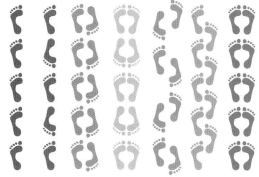

Übung 6.8: Ergänzen Sie dieses System von Matrizen so, dass es eine Gruppe bildet. Erkennen Sie eine bekannte Gruppe wieder oder ist es ein neuer Gruppentyp?

$$\begin{pmatrix} 1 & 0 \\ 0 & 1 \end{pmatrix}, \begin{pmatrix} 1 & 0 \\ 0 & -1 \end{pmatrix}, \begin{pmatrix} 0 & 1 \\ 1 & 0 \end{pmatrix}, \begin{pmatrix} 0 & -1 \\ 1 & 0 \end{pmatrix}, \dots$$

Übung 6.9: Man kann Punkte in der Ebene auch mit sogenannten „schiefwinkligen Koordinaten" beschreiben.

a) Zeigen Sie, dass die einfache ganzzahlige Matrix $A = \begin{pmatrix} 0 & -1 \\ 1 & 1 \end{pmatrix}$ eine Sechsteldrehung beschreibt, indem Sie sie auf Punkte mit schiefwinkligen Koordinaten anwenden.

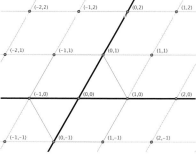

b) Berechnen Sie die Potenzen der Matrix und zeigen Sie geometrisch, dass die Potenzen wirklich jeweils Vielfache einer Sechsteldrehung sind.

7 Gleichungen lösen

Neue Zahlen bei der Suche nach dem Unbekannten

> It has been written that the shortest and best way between two truths
> of the real domain often passes through the imaginary one.
>
> *Jacques Hadamard, „An Essay on the Psychology of*
> *Invention in the Mathematical Field" (1945)*

In den letzten Kapiteln haben Sie erlebt, wie bei der Untersuchung von mathematischen Operationen in Geometrie und Arithmetik immer wieder ähnliche Strukturen zu Tage traten. Mit dem Konzept der Gruppe konnte man die Strukturen klassifizieren und zur Lösung unterschiedlichster Probleme verwenden. Der Bereich der Mathematik, der sich mit solchen Operationsstrukturen beschäftigt, wird heutzutage als *Algebra* bezeichnet.

Diese abstraktere Sicht auf mathematische Strukturen ist allerdings vergleichsweise jung und setzte erst in der zweiten Hälfte des 19. Jahrhunderts ein.[1] Ein Typ von Problemen, der in der Mathematik in den zweitausend Jahren zuvor eine zentrale treibende Rolle gespielt hat, wurde dabei in diesem Buch noch weitgehend ausgespart: die Suche nach Unbekannten, von denen man nur bestimmte rechnerische Beziehungen kennt – in modernen Worten: das Lösen von Gleichungen. Dies war in der Tat das, was man in den vielen Jahrhunderten vor dem zwanzigsten meinte, wenn man von Algebra sprach. Leonard Euler (1707–1783) schrieb 1770 in seiner „Vollständigen Anleitung zur Algebra":

> „Der Zweck der Algebra, so wie aller Theile der Mathematik ist, den Werth unbekannter Größen zu bestimmen, und diese muß durch genaue Erwägung der Bedingungen, die dabey vorgeschrieben sind, und die durch bekannte Größen ausgedrückt werden, geschehen. Daher wird die Algebra auch so beschrieben, daß man darin zeige, wie aus bekannten Größen unbekannte zu finden sind."

Während also die Arithmetik fragt: „Was kommt heraus, wenn ich rechne: $((10 + 1) \cdot 10 + 1) \cdot 10 + 1 = ?$", stellt die klassische Algebra sozusagen die Umkehrfrage: „Was muss ich hineinstecken, damit das herauskommt: $(((x + 1) \cdot x + 1) \cdot x + 1) = 1111$?" Das Unbekannte, Hineinzusteckende bezeichnen wir heutzutage als Variable und die Frage nach dem Unbekannten schreiben wir als Gleichung auf. Dieses Format begleitet uns durch die halbe Schulzeit. Eine der einfachsten Gleichungen ist wohl diese: $2x + 1 = 8$. Wir können

---

[1] Sehr lesenswert ist der historische Überblick im Band „4000 Jahre Algebra" (Alten u.a. 2003). Zum Übergang von klassischer zu moderner Algebra siehe dort S. 347 ff.

sie bereits in der Grundschule lösen (auch wenn wir sie erst ab Klasse 6 oder 7 so aufschreiben), nämlich durch Rückwärtsrechnen: $x = (8 - 1) : 2$. Alle Probleme, bei denen die Unbekannte *linear* auftritt, lassen sich auf diese Weise lösen. Man braucht dazu allerdings irgendwann „neue" Zahlen, die in der Grundschule und in der frühen Geschichte der Mathematik noch nicht zur Verfügung standen: Für das Lösen von $2x = 3$ benötigt man das Konzept der Bruchzahlen und für das Lösen von $2x + 3 = 1$ braucht es negative Zahlen. (Natürlich entwickelten sich diese neuen Zahlen in der Geschichte der Mathematik nicht aus dem Wunsch, Gleichungen wie die eben beschriebenen zu lösen, sondern eher um praktische Probleme zu bearbeiten.) Sucht man den Wert mehrerer Variablen, die auf lineare Weise miteinander zusammenhängen, also z.B. $2x + 3y = 0$, ergeben sich wieder neue Strukturen von Lösungen. Die systematische Arbeit mit Systemen von linearen Gleichungen und deren Lösungen ist ein Gegenstand der sogenannten *linearen Algebra*, die die Basis für weite Bereiche der Physik und viele technische Anwendungen darstellt.

Verlässt man den Bereich des Linearen und verallgemeinert man in eine andere Richtung, so lautet das nächstschwierigere Problem z.B. so: $2x^2 = 10$. Diese Art von Gleichungen beschäftigt uns durch die ganze Mittelstufe. Ganz unterschiedliche Situationen, wie z.B. ein Bewegungsproblem, eine Strahlensatzfigur oder eine Flächenberechnung, führen auf immer wieder ähnliche Gleichungen: $2x^2 = x + 10$, $x^2 + x = 100$, $x \cdot (x + 2) = 10$ usw. In der Schule lernt man, wie sich die obigen Gleichungen nach einigen äquivalenten Umformungen (also Manipulationen an der Gleichung, die die Lösungsmenge gleich lassen), auf immer dieselbe Form bringen ($ax^2 + bx + c = 0$) und dann mit einem bestimmten Verfahren lösen lassen. Solche Verfahren der Umformung von Termen und Gleichungen sind eine Errungenschaft der klassischen Algebra, haben sich über Jahrhunderte entwickelt und stellen bis heute ein mächtiges Werkzeug zur Untersuchung mathematischer Probleme dar.

Das „betriebsfertige" Rezept zur Lösung für quadratische Gleichungen aus Ihrer Schulzeit (also die berüchtigte „Mitternachtsformel") wird an dieser Stelle absichtlich nicht notiert. Im Folgenden sollen Sie nämlich einen Schritt zurück in die Geschichte wagen und nacherleben, wie die historischen Versuche aussahen, solche Gleichungen zu lösen. Dabei wird etwas passieren, was Ihnen in der Schule vermutlich unterschlagen wurde: Die Suche nach dem unbekannten x führt nämlich nicht nach überschaubarer Anstrengung zu einem Ergebnis, sondern erst einmal auf immer wieder neue Probleme und dann sogar auf Lösungen, deren Existenz Sie sich nicht hätten träumen lassen und die so „traumhaft-imaginär" und jenseits der begreifbaren Welt erscheinen, dass es Sie – wie die damaligen Mathematiker auch – etwas Mühe kosten wird, diese „scheinbaren Lösungen" zu akzeptieren.

7.1 Quadratische Gleichungen lösen

Es wurde Ihnen versprochen, dass Sie die Aha-Erlebnisse aus vorigen Jahrhunderten nacherleben können. Dazu müssen Sie nun aber erst einmal, auch wenn das nicht leicht ist, bestimmte Kenntnisse aus Ihrer Schulzeit *vergessen*. Sie müssen sich jedoch nicht vollständig um 500 oder 1000 Jahre zurückkatapultieren, sondern dürfen einige praktische moderne Mathematik in Ihrem Werkzeugkasten mit auf die Reise nehmen. Insbesondere dürfen Sie mit Variablen, Termen und Gleichungen arbeiten, auch wenn sich diese praktischen Schreibweisen erst über mehrere Jahrhunderte zu dem entwickelten, was wir heute kennen. Sie dürfen auch – und das ist für die Zeitreise nun wieder passend – alle Arten von Zahlen kennen, aber nur sofern sie *geometrisch anschaulich* sind, und das bedeutet: Neben den natürlichen Zahlen stehen Ihnen auch Brüche (als Anteile von Ganzen) und Wurzeln (als geometrische Längen, also z.B. Diagonalen von Rechtecken) zur Verfügung. Das ist im Wesentlichen der Zahlbereich, den die klassische griechische und arabische Mathematik beherrschte: Alle Zahlen sind vorstellbar und darstellbar als geometrische Größen. Wie man sie konstruieren kann, lässt sich aus dem Beispiel in der folgende Erkundung ableiten.

Erkundung 7.1: In dieser Figur wurden ausgehend von der Strecke der Länge $a = 1$ mit Zirkel und Lineal neue Strecken b, c, d, e konstruiert. Welche Längen haben diese? Welchen Gleichungen genügen sie?

→ *Programm*
Konstruktion_von
_Zahlen.ggb

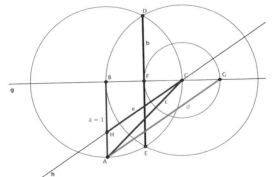

Die hier verwendeten Ideen lassen sich nutzen, um alle Brüche und auch alle Wurzeln von natürlichen Zahlen und Brüchen zu konstruieren. Wie können die entsprechenden Konstruktionen aussehen?

Was Sie *nicht* zur Verfügung haben und worauf Sie streng verzichten sollten, sind negative Zahlen. „Minus 5" ist weder als Strecke noch als Fläche unmittelbar zu veranschaulichen. Daher gab es trotz einiger Ansätze bei den Chinesen, den Indern und den Arabern seit dem 7. Jahrhundert noch bis ins 18. Jahrhundert wenig Bedürfnis nach der Verwendung von „unnatürlichen" Zahlen. Verzichten Sie also zunächst ganz auf negative Zahlen und gehen Sie im Geiste mit den Mathematikern des 14. Jahrhunderts bei der Lösung quadratischer Gleichungen vor.

Erkundung 7.2: Wie findet man Lösungen für die Gleichung $x^2 + 10 \cdot x = 39$? Sie können einen klassischen Weg, der nur geometrische Größen enthält, in drei Schritten nachvollziehen:

Schritt 1: Das nebenstehende Bild veranschaulicht die Bestandteile der Gleichung. Wo finden Sie x^2 wieder, wo erkennen Sie $10 \cdot x$ und in welchem Teil des Bildes versteckt sich die 39?

Schritt 2: Mithilfe des Bildes kann man sich nun auf die Lösungssuche begeben. Als wichtige Zwischenschritte können Sie den Flächeninhalt von zwei Quadraten finden – auch wenn der Flächeninhalt des dritten Quadrates noch unbekannt ist.

Schritt 3: Versuchen Sie, Ihren Lösungsweg noch einmal mit modernen Mitteln der Algebra, also mit Term- und Gleichungsumformungen aufzuschreiben.

Gleichungen von Zahlen wurden im antiken Griechenland immer als geometrische Probleme interpretiert – zumal das systematische Umformen von Gleichungen noch nicht bekannt war und bei den Indern und Arabern erst allmählich entwickelt wurde. Die geometrische Figur hat Ihnen vielleicht den Hinweis gegeben, dass Sie das Quadrat mit dem Flächeninhalt x^2 zu einem größeren Quadrat ergänzen können, wenn Sie die $10x$ als zwei Rechtecke mit dem Flächeninhalt von je $5x$ auffassen. Der Flächeninhalt dieser Figur soll also 39 betragen:

$$x^2 + 2 \cdot 5x = \boxed{39}$$

Wenn man die Seitenlänge $(5 + x)$ des sich andeutenden großen Quadrates hätte, so hätte man auch das gesuchte x. Dazu muss man sich allerdings noch das fehlende Quadrat mit dem Flächeninhalt 25 hinzudenken:

$$x^2 + 2 \cdot 5x + \boxed{25} = (x + 5)^2$$

Die Gesamtfläche des Quadrates ist damit $\boxed{39} + \boxed{25} = 64$ und die Seitenlänge folglich $\sqrt{64} = 8$. Damit ist $x = 8 - 5 = 3$ gefunden. Mit heutigen Mitteln der symbolischen Algebra sieht das so aus:

$x^2 + 10x = 39$ | Typ 1: $x^2 + px = q$
$x^2 + 2 \cdot 5x = 39$
$x^2 + 2 \cdot 5x + 25 = 39 + 25$
$(x + 5)^2 = 64$
$x + 5 = 8$
$x = 3$

Diese Umformungen kennen Sie aus der Schule womöglich noch als „quadratische Ergänzung". Vielleicht sehen Sie auch das erste Mal, dass hier wirklich jeder Schritt bei der Umformung geometrisch als „Ergänzung eines Quadrates" gesehen werden kann. Diesen Lösungsweg können Sie nun immer einschlagen, wenn Sie eine Gleichung vom Typ $x^2 + px = q$ vor sich haben.

Übung 7.1: a) Mit Mitteln der heutigen Algebra kann man den Lösungsweg als Lösungsformel schreiben, mit der die Gleichung für beliebige Parameter p und q lösbar ist. Leiten Sie diese Lösungsformel auf der Basis des obigen Beispiels her.

b) Diese Lösungsformel war bereits den Babyloniern vor beinahe 4000 Jahren bekannt und ist an Beispielen auf Keilschrifttafeln festgehalten. Allerdings hatten die Babylonier keine Möglichkeit, dies mit Variablen aufzuschreiben, auch findet man nirgends eine Herleitung der Formel. Man findet stattdessen eine Reihe von Aufgabenbeispielen mit Lösungsrezept (Irving, 2013):

Aufgabe: „Ich addiere die Fläche und die Seite meines Quadrates: (Das Ergebnis ist) 0,75.“
Lösung: „Du setzt die Einheit 1. Du teilst durch 2: 0,5. Du multiplizierst mit 0,5: 0,25. Du addierst 0,25 zu 0,75: 1. Das ist das Quadrat von 1. Du subtrahierst 0,5, welches du multipliziert hast, von 1: 0,5, (das ist) die Seite des Quadrates.“

Die Aufgabe entspricht der modernen Form der Gleichung $x^2 + x = 0{,}75$. Versuchen Sie das Lösungsrezept in eine Formel zu gießen und überprüfen Sie, ob dies mit der Formel aus a) identisch ist.

Was tun Sie nun, wenn Ihnen eine Gleichung der folgenden Art begegnet?

$$x^2 = 10 \cdot x + 39 \qquad \text{Typ 2:} \quad x^2 = px + q$$

Sie formen einfach zu $x^2 - 10 \cdot x = 39$ um, lesen dies als $x^2 + (-10) \cdot x = 39$, setzen also $p = -10$ und $q = 39$ und nutzen dieselbe Formel. Aber was genau bedeutet „-10“? Und wie kann man damit rechnen? Wie würden die beiden Rechtecke mit den Seitenlängen $(-10 : 2)$ und x aussehen? Solange Zahlen nur als Größen zu verstehen sind, muss man sich für die Gleichung eine andere Interpretation ausdenken, z.B folgende:

Übung 7.2: Wie kann man das Bild so interpretieren, dass sich daraus ein Lösungsweg für die Gleichung ergibt, der der algebraischen Lösung rechts entspricht?

$$x^2 = 10x + 39$$
$$x^2 = 10x - 5 \cdot 5 + 39 + 25$$
$$x^2 - 2 \cdot 5x + 25 = 39 + 25$$
$$(x - 5)^2 = 64$$
$$x - 5 = 8$$
$$x = 13$$

Vielleicht wollen Sie auch ausprobieren, ob Sie passende Bilder und Lösungswege für die beiden weiteren Typen von quadratischen Gleichungen finden.

$$x^2 + 32 = 12 \cdot x \qquad \text{Typ 3:} \quad x^2 + q = px$$
$$x^2 + 8 \cdot x + 7 = 0 \qquad \text{Typ 4:} \quad x^2 + px + q = 0$$

Beim Versuch, die Terme auch jeweils geometrisch zu deuten, haben Sie sicherlich gemerkt, wie wenig befriedigend die Situation ist, wenn man nur mit geometrisch interpretierbaren Größen quadratische Gleichungen lösen will: Jeder Fall benötigt wieder eine neue Lösungsidee und scheint mit den anderen Fällen nichts gemein zu haben. (Eine ähnliche Situation finden Sie vor, wenn Sie versuchen, die binomischen Formeln, d.h. die Summandenschreibweise von $(a + b)^2$, $(a - b)^2$ und $(a + b) \cdot (a - b)$, mit Größen $a, b > 0$ geometrisch zu begründen: Jede Situation braucht ein anderes Bild, die Gemeinsamkeiten sind kaum zu erkennen. Die algebraische Lösung hingegen ist unabhängig vom Vorzeichen der Variablen und lässt das Gemeinsame der drei Fälle erkennen.)

Die Gleichung vom Typ 3 erfordert nicht nur eine kompliziertere geometrische Interpretation, sie bringt auch noch ein ganz neues Phänomen hervor:

$$x^2 + 32 = 12 \cdot x$$

Die beiden Seiten dieser Gleichung kann man sich beispielsweise auf diese Weise geometrisch veranschaulichen:

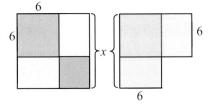

$$x^2 + (A - B) = 2 \cdot 6 \cdot x$$

Vom Quadrat x^2 kommt man zu den beiden Rechtecken $6 \cdot x$, indem man die gemeinsame (d.h. doppelt überdeckte) Fläche der beiden Rechtecke dazunimmt (A) und die fehlende Ecke (B) wieder abzieht. Die 32 aus der Gleichung kann man dann als Differenz dieser beiden Flächen deuten. Da $A = 6 \cdot 6$ ist, kann man die unbekannte Fläche B bestimmen als $B = 6 \cdot 6 - 32 = 4$ und hat damit auch $x = 6 + \sqrt{4} = 8$. In moderner algebraischer Schreibweise kann das so aussehen:

$$x^2 + 32 = 12 \cdot x$$
$$x^2 - 2 \cdot 6 \cdot x + 6 \cdot 6 = 6 \cdot 6 - 32$$
$$(x - 6)^2 = 4$$
$$x - 6 = 2$$
$$x = 8$$

Vielleicht ist Ihnen aber auch aufgefallen, dass Ihnen bei letzten Gleichung eine Lösung durch die Lappen gegangen ist. Nicht nur $x = 8$ löst die Gleichung: $8^2 + 32 = 12 \cdot 8$, sondern auch $x = 4$, denn auch $4^2 + 32 = 12 \cdot 4$. Wie konnte das passieren? Wieso ist das Bild an dieser Stelle nicht geeignet? Die fehlende Lösung ist nicht einmal eine negative Zahl. Kann man das Bild möglicherweise retten? Kann man die Rechnung retten? Gab es bei den obigen Rechnungen und Bildern vielleicht auch schon solche Probleme, die nur nicht aufgefallen sind?

Das Verfahren der quadratischen Ergänzung führt jedenfalls so, wie es oben durchgeführt wurde, nicht zum vollständigen Ziel. Die entscheidende Stelle liegt dabei hier: $(x - 6)^2 = 4 \Rightarrow x - 6 = 2 \Rightarrow x = 8$. Die zweite Lösung $x = 4$ hätte man erhalten können, wenn man so gefolgert hätte:

$(x - 6)^2 = 4 \Rightarrow x = 8$ oder $x = 4$, denn $(8 - 6)^2 = 4$ und $(4 - 6)^2 = 2$,

aber die rechte Rechnung $4 - 6$ ist ja erst einmal „unsinnig", denn man kann eine größere Zahl von einer kleineren nicht abziehen. Zudem kann das Ergebnis nicht 2 sein, denn das ist ja das Ergebnis von $6 - 4$, aber das steht hier ja nicht. Auch das Bild zur Gleichung lässt erkennen, dass x ja *größer* als 6 sein muss. Möglicherweise kann man ein zweites Bild zeichnen? Sie sehen: Wenn man keine negative Zahlen kennt, kommt man hier nicht weiter. Weder Bild noch Rechnung liefern die zweite, völlig vernünftige Lösung.

Diese Situation kann man nun auf zwei verschiedene Weisen bewerten: Man kann sich auf den Standpunkt stellen, dass das *Verfahren* unzulänglich ist und nicht alle Lösungen liefert. Mann könnte folglich nach einem besseren oder ergänzenden Verfahren suchen. Die andere Konsequenz lautet – und dazu gehört etwas Mut –, auch mit zunächst mysteriösen Situationen umzugehen: Die Aufgabe $4 - 6$, die als Zwischenschritt entsteht, wird akzeptiert, auch wenn man sie zunächst nicht recht deuten kann. Das Ergebnis ist eine Art „falsche 2", die man probehalber als $2^{\#}$ schreiben könnte. Damit hat man markiert, dass es sich bei $4 - 6 = 2^{\#}$ nicht um dieselbe Zahl handelt wie bei $6 - 4 = 2$. Nun muss man außerdem noch fordern, dass diese „falsche 2" dasselbe Quadrat hat wie die echte 2, also dass auch $(2^{\#})^2 = 4$: Dann kann man den obigen Lösungsweg für $x^2 + 16 = 10x$ zu Ende führen und erhält die beiden zu erwartenden Ergebnisse.

$$\begin{aligned} & x^2 + 32 = 12x \\ \Rightarrow\ & x^2 - 2 \cdot 6x + 36 = 36 - 32 \\ \Rightarrow\ & (x - 6)^2 = 4 \\ \Rightarrow\ & x - 6 = 2 \text{ wenn } x > 6, \text{ oder } x - 6 = 2^{\#} \text{ wenn } x < 6 \\ \Rightarrow\ & x = 8 \text{ wenn } x > 6, \text{ oder } x = 4 \text{ wenn } x < 6 \end{aligned}$$

Sie können sich vorstellen, dass frühere Mathematiker einem Zwischenschritt wie $x - 6 = 2^{\#}$ zunächst misstraut haben, da in dieser Gleichung das $2^{\#}$ ja „eigentlich" nichts bedeutet. Wir haben ihm aber eine Bedeutung gegeben, nämlich die der Zahl, für die $4 - 6 = 2^{\#}$ gilt. Wenn man das akzeptiert, ist $x = 4$ eine Lösung von $x - 6 = 2^{\#}$. Auch wenn das Verfahren also in Zwischenschritten mit „falschen" Zahlen arbeitet, kommt das Richtige heraus. Das Vertrauen in die falschen Zahlen würde natürlich wachsen, wenn sie auch in anderen Situation nützlich wären und man mit ihnen konsistent weiterarbeiten könnte, d.h. wenn sie nicht irgendwann zu mathematischen Widersprüchen oder Unsinn führen. Was für die bekannten Zahlen gilt, sollte auch für andere, neue Zahlen gelten.

Zwei Regeln, die für den Umgang mit den neuen Zahlen gelten sollten, wurden bereits deutlich:

Regel 1: Wenn $a > b$, so ist $b - a = (a - b)^{\#}$.
Regel 2: Es muss immer $c \cdot c = c^{\#} \cdot c^{\#}$ gelten.

Bei Gleichungen vom Typ 3 funktioniert das offensichtlich ganz gut. Wenn man mit diesen beiden Regeln wieder die Gleichung von Typ 1 untersucht, findet man beispielsweise:

$$x^2 + 10x = 39$$
$$x^2 + 2 \cdot 5x + 25 = 39 + 25$$
$$(x + 5)^2 = 64$$
$$x + 5 = 8 \text{ oder } x + 5 = 8^{\#}$$

Damit stößt man allerdings gleich wieder auf eine Schwierigkeit: Zwar hat man definiert, wie man $8^{\#}$ als Lösung einer Gleichung wie $x - 5 = 8^{\#}$ erhalten kann, aber für welches x kann $x + 5 = 8^{\#}$ gelten? Für die natürlichen Zahlen geht das bekanntermaßen nicht. Und „falsche Zahlen" sind uns bislang nur als Ergebnis einer Subtraktion bekannt, also z.B. $2 - 10 = 8^{\#}$ oder $1 - 9 = 8^{\#}$ oder nach aufgestellter Regel sogar $0 - 8 = 8^{\#}$. Wenn man davon ausgeht, dass die falschen Zahlen sich beim Rechnen an dieselben Regeln halten, die auch für natürliche Zahlen gelten – also z.B. an das Assoziativgesetz –, so sollte beispielsweise folgende Rechnung gelten:

$$x = 8^{\#} - 5 = (0 - 8) - 5 = 0 - 8 - 5 = 0 - 13 = 13^{\#}$$

Die Gleichung hätte damit die beiden Lösungen:

$$x^2 + 10x = 39 \Rightarrow x = 3 \text{ oder } x = 13^{\#}$$

Das ist nun eine neue Situation: Das Vertrauen in „falsche Zahlen" hat für den Fall zweier Lösungen (Typ 3) dazu geführt, dass mit einem Verfahren beide Lösungen gefunden werden können. Für den Fall, dass nur eine Lösung vorliegt (Typ 1), hat sie eine zusätzliche „falsche Lösung" produziert. Oder handelt es sich vielmehr um eine *richtige* Lösung mit *falschen* Zahlen? Das findet man durch Einsetzen heraus:

Lösung 1: $3^2 + 10 \cdot 3 = 9 + 30 = 39$
Lösung 2: $(13^{\#})^2 + 10 \cdot 13^{\#} = 169 + 10 \cdot (0 - 13) = 169 + 10 \cdot 0 - 10 \cdot 13 = 39$

Die letzte Rechnung funktioniert jedenfalls dann, wenn man wieder annimmt, dass man mit den *falschen* Zahlen *richtig* rechnen kann.

So langsam ist es wohl an der Zeit, unter die Diskriminierung dieser neuen Zahlen einen Schlussstrich zu ziehen. So ganz falsch können sie ja nicht sein, wenn sie so konsistent zu richtigen Ergebnissen führen. Man könnte sie „umgekehrte Zahlen", „Gegenzahlen", „Antizahlen" oder, etwas netter, „Ergänzungszahlen" nennen. Die Geschichte hat entschieden, dass sie „negative Zahlen" heißen sollen, was uns nun eigentlich nicht recht fair erscheint. Sie können sich vorstellen, dass es viele Jahrzehnte gedauert hat, bevor sich die Mathematiker darüber einig wurden, ob diese neuen Zahlen nun abwegig oder nützlich waren. Die einen hielten sie noch bis ins 18. Jahrhundert für widersinnig und unanschaulich, die anderen arbeiteten schon im 15. Jahrhundert mit ihnen, wenn auch noch auf unsicherem Boden.

Es gehörten jedenfalls viele weitere Entdeckungen dazu, um das Vertrauen in die neuen Zahlen zu stärken. Eine davon ist folgende: Man kann die „umgekehrten Zahlen" verwenden, um die verschiedenen Typen von quadratischen Gleichungen auf dieselbe Form zu bringen:

$x^2 + 10x = 39$
$x^2 + 10x - 39 = 0$
$x^2 + 10x + 0 - 39 = 0$
$x^2 + 10x + (0 - 39) = 0$
$x^2 + 10x + 39^{\#} = 0$

Das heißt also: $x^2 + px + q = 0$ mit $p = 10$ und $q = 39^{\#}$ und analog bei den anderen Gleichungen. Dann kann man quadratische Ergänzung allgemein, d.h. immer auf dieselbe Weise durchführen:

$$x^2 + px + q = 0 \Rightarrow \left(x + \frac{p}{2}\right)^2 + q = \left(\frac{p}{2}\right)^2 \Rightarrow x + \frac{p}{2} = \sqrt{\left(\frac{p}{2}\right)^2 + q^{\#}} \ bzw. \left(\sqrt{\left(\frac{p}{2}\right)^2 + q^{\#}}\right)^{\#}$$

Damit hat man *eine* Lösungsformel für *alle* Typen von quadratischen Gleichungen – eine „positive" Folge der negativen Zahlen.

Übung 7.3: Versetzen Sie sich noch einmal in die Situation des Rechnens mit „neuen Zahlen" und versuchen Sie die Lösungsformel für $x^2 + 10x + 39^{\#} = 0$ anzuwenden. Vergessen Sie dabei noch einmal alles, was Sie über negative Zahlen wissen, und arbeiten Sie nur mit den neuen Regeln. Beobachten Sie dabei, ob die beiden Regeln oben ausreichen oder ob sie weitere Rechenregeln für den Umgang mit den falschen Zahlen und dem Zeichen $^{\#}$ verwenden müssen. Prüfen Sie durch Einsetzen, ob die Ergebnisse auch tatsächlich der Gleichung genügen.

All diese Vereinfachungen und Vereinheitlichungen, die uns die neuen Zahlen beschert haben, funktionieren natürlich nur dann, wenn man für das Rechnen mit den neuen Zahlen geeignete Regeln wählt. Wir haben uns bereits festgelegt auf Regel 1 und 2. Auch konnte man am Beispiel sehen, wie man Subtraktionen ableiten kann (Regel 3, die Sie nachfolgend noch einmal begründen können). Bislang ist übrigens auch noch nicht geklärt, ob sich die neuen Zahlen wirklich in *jeder* Situation angemessen „benehmen".

Dass die hier geforderten Regeln auch wirklich ohne Widersprüche und völlig konsistent sind, muss sich in voller Allgemeinheit noch zeigen. Historisch hat sich das Vertrauen über viele Anwendungen und Beispiele eingestellt. Irgendwann waren dann die negativen Zahlen „real" und unwidersprochen. Mit modernen Denkweisen kann man allerdings auch systematisch beweisen, dass es eine widerspruchsfreie Realisierung für negative Zahlen gibt (s. Übung 7.11).

> **Übung 7.4:** Leiten Sie aus der Definition für „falsche Zahlen" (Regel 1) und der Annahme, dass „falsche Zahlen" dieselben Rechenregeln wie natürliche Zahlen erfüllen, die folgenden Regeln für den Umgang mit falschen Zahlen her. Wundern Sie sich nicht, wenn es nur ganz kurze Begründungen werden.
>
> Regel 3: $a^\# - b = (a + b)^\#$
> Regel 4: Wenn $b > a$, dann $a^\# + b = b - a$
> Regel 5: $0 - a = a^\#$
> Regel 6: $a + a^\# = 0$
> Regel 7: $(a^\# + b^\#) = (a + b)^\#$
> Regel 8: Wenn $b > a$, dann $(a^\# - b^\#) = b - a$
> Regel 9: Wenn $a > b$, dann $(a^\# - b^\#) = (a - b)^\#$

Sicherlich war es ziemlich anstrengend für Sie, mit den zwei Typen von Zahlen zu rechnen, mit den „natürlichen", „normalen", „ordentlichen" Zahlen einerseits und mit den „falschen", „uneigentlichen", „umgekehrten" Zahlen, den „#-Lösungen" andererseits. So konnten Sie aber gut nachfühlen, wie anstrengend die Umstellung für die Mathematiker war. Die negativen Zahlen lagen in dieser Phase nicht auf der Hand, sie haben sich stattdessen durch ihre Nützlichkeit aufgedrängt. Die Nützlichkeit bestand dabei nicht in der Anwendung im Alltag, sondern darin, dass die allgemeine Theorie des Lösens von quadratischen Gleichungen (und von linearen Gleichungen gleich mit) stimmiger und runder wurde.

Die systematischere Betrachtung quadratischer Gleichungen führte übrigens schon den indischen Mathematiker Brahmagupta (598–668) zur Einführung negativer Zahlen, und auch wenn solches Wissen über die Araber und in lateinischer Übersetzung nach Europa gelangte, die europäischen Mathematiker der Neuzeit haben zunächst darauf nicht zurückgegriffen. Sie waren damals vielleicht noch zu stark in der geometrischen Sichtweise der Griechen verfangen. Dass den neuen Zahlen bis heute ein schlechter Ruf anhaftet, kann man ihrem Namen ansehen, den sie nun auch wieder offiziell verwenden dürfen: „negative Zahlen". Die vertrauen positiven Zahlen waren „gesetzt" (von lat. ponere, positum), die negativen Zahlen wurden „verneint" bzw. „geleugnet" (von lat. negare).

Die heutige Schreibweise -3 statt $3^\#$ soll der Tatsache Ausdruck verleihen, dass negative Zahlen das Ergebnis von Subtraktionen sind: -3 ist gewissermaßen die Abkürzung für $0 - 3$. Das Hinweiszeichen für eine negative Zahl (heute sagt man „Vorzeichen") passt daher gut zum Zeichen für die Subtraktion ($3 - 5 = 3 + (-5)$), hat aber auch seine Tücken, denn man verwendet es parallel als „Wechselzeichen" zwischen den positiven und negativen Zahlen: Viele Schülerinnen und Schüler sehen z.B. in dem Ausdruck $-x$ fälschlicherweise eine negative Zahl. Die Ihnen vertraute Darstellung des Zahlenstrahls, welche das Verständnis negativer Zahlen unterstützt, musste allerdings auch erst einmal erfunden werden. Relativ schnell klar war, dass die negativen Zahlen ($-1, -2, -3, ...$)

in sich ganz ähnlich angeordnet sind wie die positiven (1, 2, 3, ...). Aber wie hängen diese beiden Zahlenstrahlen zusammen? Liegen sie in verschiedenen Welten? Die vertraute Art, sie bei Null „zusammenzunähen", musste auch erst als nützlich entdeckt und erschlossen werden, z.B. indem man die Wirkung einer Kette von Additionen +(−5) betrachtete.

Sie haben vielleicht eine Ahnung davon bekommen, warum die negativen Zahlen eine historische wie didaktische Herausforderung sind (Hefendehl, 1989) – zum Glück gibt es eine ganze Reihe von Darstellungen und anschauungsunterstützenden Situationen, die den Zugang für Lernende leichter machen (Malle, 1996), als er für die Mathematiker zu Anfang war.

7.2 Quadratische Gleichungen vollständig lösen

Von hier an scheint die Welt wieder in Ordnung: Negative Zahlen lassen das System der Zahlen rund und vollständig erscheinen und quadratische Gleichungen haben zwei zueinander symmetrisch liegende Lösungen. Wenn Sie sich vorstellen, Sie würden die Lösungen quadratischer Gleichungen anhand der Nullstellen von Graphen der zugehörigen quadratischen Funktionen untersuchen, ohne negative Zahlen zu kennen (also nur im ersten Quadranten rechts oben), wird noch deutlicher, warum die negativen Zahlen sich geradezu aufdrängen. Die Situation wäre sehr wild und undurchschaubar: Je nach quadratischer Gleichung erscheinen willkürlich bestimmte Teile, manchmal sogar zwei unzusammenhängende Teile von Kurven, denen man schon ansieht, dass sie größer und zusammenhängender sind. Diese Sicht auf quadratische Gleichungen überzeugt wohl endgültig von der Nützlichkeit, ja der Notwendigkeit der negativen Zahlen – die aber den damaligen Mathematikern noch nicht zur Verfügung standen.

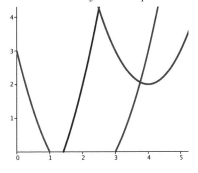

Sie haben in der Schule auch gelernt, dass quadratische Gleichungen nicht *immer* zwei Lösungen besitzen. Beispielsweise haben $x^2 + 2x + 2 = 0$ oder $x^2 + 1 = 0$ *keine* Lösung: Die zugehörige Parabel schneidet die x-Achse nicht. Die Situation ist ähnlich wie bei Einführung der negativen Zahlen: Dort brauchte man neue Zahlen, um alle Lösungen zu finden, und bekam dazu sogar noch neue Lösungen geschenkt. So richtig kamen die negativen Zahlen zur Geltung, als sie es erlaubten, die Lösung quadratischer Gleichungen jeden Typs mit einer einzigen allgemeingültigen Lösungsformel zu berechnen und nicht mehr viele Fälle unterscheiden zu müssen. Da liegt es nahe, noch einmal so mutig zu sein, denn die Situation der quadratischen Funktionen ist ja immer noch unbefriedigend bunt.

Erkundung 7.3: Versuchen Sie die folgenden Gleichungen mit der Lösungsformel zu lösen: $x^2 + 1 = 0$, $x^2 + 2x + 2 = 0$, $x^2 + 4x + 8 = 0$

Gehen Sie so weit, wie Sie kommen. Wenn Sie Terme finden, die eigentlich keinen Sinn ergeben wie z.B. $\sqrt{-1}$, rechnen Sie mutig weiter. Notieren Sie aber, welche Gesetzmäßigkeiten Sie „probeweise" angewendet haben. Welche Gesetzmäßigkeiten muss man annehmen, damit etwas „Vernünftiges" herauskommt? Welche Gesetzmäßigkeiten führen vielleicht nicht zum Ziel?

Wenn Sie dann tatsächlich mutmaßliche Lösungen gefunden haben, setzen Sie sie in die Gleichung ein und probieren aus, ob es wirklich Lösungen sind. Lehrreich ist es auch, wenn man untersucht, was passiert, wenn man die gefundenen Lösungen in die Vietasche Formel $(x - x_1)(x - x_2)$ einsetzt und ausmultipliziert. Was geschieht bei den konkreten Lösungen? Und was passiert, wenn man die allgemeine Lösungsformel einsetzt?

Für die erste Gleichung ergibt sich mit der Lösungsformel:

$$x_1 = 0 + \sqrt{0-1} = \sqrt{-1} \text{ und } x_2 = 0 - \sqrt{0-1} = -\sqrt{-1}$$

An dieser Stelle bleibt man mit schulmathematischen Möglichkeiten stecken, denn die Wurzel aus -1 ist ja als diejenige Zahl definiert, deren Quadrat -1 ergibt. Eine solche Zahl kennen Sie nicht und haben daher zu folgern gelernt: Es gibt keine Lösung. Und das passt ja auch zu der Funktion $x^2 + 1$, die immer Werte größer oder gleich 1 hat. Für die zweite Gleichung ergibt sich, wenn man ohne Ansehen der Lösbarkeit mit der Lösungsformel rechnet:

$$x_1 = -1 + \sqrt{1-2} = -1 + \sqrt{-1} \text{ und } x_2 = -1 - \sqrt{1-2} = -1 - \sqrt{-1}$$

und für die dritte (vielleicht haben Sie sich ja getraut und die Wurzel folgendermaßen vereinfacht: $\sqrt{-4} = \sqrt{4 \cdot (-1)} = \sqrt{4}\sqrt{-1} = 2\sqrt{-1}$, auch wenn Sie noch gar nicht wissen, ob das sinnvoll ist):

$$x_1 = -2 + \sqrt{4-8} = -2 - \sqrt{-4} = -2 - 2\sqrt{-1} \text{ und } x_2 = -2 + 2\sqrt{-1}$$

All dies wäre bedeutungslos, wenn man mit solchen „falschen Lösungen" nicht viel weiter kommen würde als bis hierher. Ein erster Schritt besteht darin, zu prüfen, ob die Lösungen auch noch sinnvoll sind, wenn man sie in die ursprüngliche Gleichung oder in die Vietasche Formel einsetzt. Hier nur ein Beispiel, das Sie möglicherweise gerechnet haben: Ist $-1 - \sqrt{-1}$ eine Lösung von $x^2 + 2x + 2 = 0$?

$$
\begin{aligned}
&(-1 - \sqrt{-1})^2 &&+ 2(-1 - \sqrt{-1}) &&+ 2 \\
=\ &1 - 2 \cdot (-1) \cdot \sqrt{-1} + (\sqrt{-1})^2 &&- 2 - 2(\sqrt{-1}) &&+ 2 \\
=\ &1 + 2\sqrt{-1} + (-1) &&- 2 - 2\sqrt{-1} &&+ 2 \\
=\ &1 - 1 - 2 + 2 + 2\sqrt{-1} - 2\sqrt{-1} = &&\quad 0
\end{aligned}
$$

Und für den Vietaschen Satz findet man:

$$(-1 - \sqrt{-1}) + (-1 + \sqrt{-1}) = -2 = -p$$
$$(-1 - \sqrt{-1}) \cdot (-1 + \sqrt{-1}) = (-1)^2 - (\sqrt{-1})^2 = 1 - (-1) = 2 = q$$

Alles kommt offensichtlich zu einem befriedigenden Ergebnis, wenn man nur verwendet, dass $\sqrt{-1}^2 = -1$, also dass die Wurzel aus −1 genau diejenige Zahl ist, deren Quadrat wieder −1 ist. Rechnungen wie diese schreiben sich einfacher, wenn man die Abkürzung $i = \sqrt{-1}$ verwendet, also ganz auf das Symbol $\sqrt{-1}$ verzichtet und schlicht als i diejenige „vorgestellte" Zahl versteht, für welche $i^2 = -1$ gilt. Die Idee, dass eine solche Zahl notwenig und nützlich ist, hatten Mathematiker wie Gerolamo Cardano (1501–1576) oder René Descartes (1596–1650) zuerst im 16. und 17. Jahrhundert – übrigens fast bei denselben Fragen wie denen aus Abschnitt 7.1, die auch zur Entwicklung der negativen Zahlen geführt haben. Die Vorbehalte gegen solche zunächst „sinnlos" anmutenden Zahlen waren aber lange nicht auszuräumen. Einen besonderen Fürsprecher fanden die neuen Zahlen in Carl Friedrich Gauß (1777–1855), der 1831 auch das Symbol „i" eingeführt hat. Der Buchstabe steht dabei für „imaginär". Im Gegensatz zu den bekannten „reellen", also „wirklichen" Zahlen (und damit also auch den mittlerweile ebenfalls in der „Wirklichkeit" angekommenen negativen Zahlen) scheinen die imaginären nur in der Vorstellung bzw. nur als Symbole auf dem Papier zu existieren. Sie stellen sich aber als nützlich und vernünftig heraus, wenn man mit ihnen rechnet, als gelten für sie dieselben Regeln wie für die reellen Zahlen, also z.B.:

$$(i + 1)(i + 2) = i \cdot i + i \cdot 2 + 1 \cdot i + 1 \cdot 2 = i^2 + 2 \cdot i + 1 \cdot i + 2$$
$$= (-1) + (2 + 1) \cdot i + 2 = 3i + 1$$

Beim Arbeiten mit solchen Ausdrücken kann man anscheinend auch reelle Vielfache von i wie $2i$ bilden und mit ihnen wie mit Produkten rechnen: $(2i)^2 = (2i)(2i) = 2 \cdot i \cdot 2 \cdot i = 4 \cdot i \cdot i = 4 \cdot (-1) = -4$. Bei Summen und Produkten stößt man auch auf keine Widersprüche, wenn man mit dem Distributivgesetz gleichartige Faktoren ausklammert: $2i + 3i = (2 + 3)i = 5i$. Auf diese Weise würde man dann z.B. rechnen: $(1 + i) + (2 + 3i) = 1 + 2 + i + 3i = 3 + 4i$. Wenn man auf diese Weise mit imaginären Zahlen umgeht, so entspricht das der Annahme, dass imaginäre Zahlen die reellen ergänzen und dass, wenn man beide zusammensetzt, neue Zahlen entstehen, die *komplexen Zahlen*. Was auch immer diese seltsame Zahl i für eine Realität hat, ob es sie wirklich „gibt" oder nicht, was man sich auch immer darunter „vorstellen" kann: All das ist zu dem Zeitpunkt, an dem die ersten Mathematiker mit dieser Zahl zu arbeiten begannen – und im Moment wohl auch für Sie – noch offen. Die Tatsache aber, dass das Rechnen mit i bei den quadratischen Gleichungen keine Widersprüche zu erzeugen scheint, erhöht den Mut, mit der neuen Zahl weitere Fragen anzugehen. Vielleicht lernt man so das i besser kennen.

Erkundung 7.4: Probieren Sie in einer kleinen Reihe von Rechenversuchen aus, wie sich komplexe Zahlen bei verschiedenen Operationen verhalten.

- Wie sehen die Binome mit i, also $(1 + i)^2$, $(1 - i)^2$, $(1 + i)(1 - i)$, aus, wenn man sie vereinfacht?
- Untersuchen Sie die Potenzen von i: i, i^2, i^3, i^4, ...
- Untersuchen Sie Potenzen von $(1 + i)$. Kann man jede Potenz in einen Realteil und einen Imaginärteil zerlegen? Wie sehen diese aus?
- Kann man auch $1/i$ in einen Real- und einen Imaginärteil zerlegen? Untersuchen Sie dazu die Gleichung $1/i = a + bi$ und formen Sie geeignet um, um herauszufinden, welchen Wert a und b haben.
- Gibt es auch $\sqrt{i}$, also eine Wurzel aus i? Wenn man sie als $a + bi$ schreibt, müsste sie ja die Gleichung $(a + bi)^2 = i$ erfüllen. Untersuchen Sie dies.

Das Addieren und Multiplizieren von Termen, die ein i enthalten, geht leicht von der Hand. Im Prinzip tut man nichts anderes, als wenn man eine unbekannte Zahl x vor sich hat, die aber die zusätzliche Eigenschaft besitzt, dass man, wo immer x^2 auftritt, dieses durch -1 ersetzen kann. Dadurch kann man jede Potenz i^n entweder durch ± 1 oder durch $\pm i$ ersetzen. Das Ergebnis ist immer von der Form $a + bi$. Man nennt a den *Realteil* und b den *Imaginärteil* der komplexen Zahl $a + bi$. Für die beiden letzten Aufgaben ist zunächst nicht klar, ob man auch zu einem solch einfachen Ergebnis kommt, aber mit einigen Umformungen findet man:

$$\frac{1}{i} = a + bi \Leftrightarrow \frac{1}{i}i = ai + bi^2 \Leftrightarrow 1 = ai - b \Leftrightarrow a = 0 \wedge b = -1 \Rightarrow \frac{1}{i} = -i \text{ und}$$

$$\sqrt{i} = a + bi \Rightarrow i = (a + bi)^2 = a^2 + 2abi + (bi)^2 = a^2 - b^2 + 2abi$$

$$\Rightarrow a^2 - b^2 = 0 \wedge 2ab = 1 \Rightarrow ... \Rightarrow \sqrt{i} = \pm\frac{1 + i}{\sqrt{2}}$$

Natürlich bleiben zwei wichtige Fragen zu diesem Zeitpunkt noch offen: Erstens, ob diese ungewohnten Rechnungen *wirklich* nötig sind. Sicherlich hat es einen ästhetischen Wert, dass die Zusammenhänge, die sich in den Lösungsformeln oder in der Vietaschen Formel ausdrücken, auch dann noch konsistent sind, wenn man mit nicht präzise definierten Ausdrücken wie $\sqrt{-1}$ oder $\sqrt{-5}$ arbeitet. Trotzdem scheinen diese Lösungen zunächst keine Bedeutung, keinerlei Nutzwert zu haben und man könnte wohl auch auf sie verzichten. Ein Grund, warum das nicht so ist, erleben Sie im nächsten Abschnitt. Zweitens ist es überhaupt nicht klar, auf wie sicherem Boden wir hier stehen. Entstehen nicht irgendwann doch noch Widersprüche, wenn man so weiterrechnet? Bis zum Ende des Kapitels werden Sie diese Fragen beantworten können.

7.3 Kubische Gleichungen lösen

Die positiven Lösungen quadratischer Gleichungen waren bereits in babylonischer Zeit bekannt. Die systematischere Betrachtung quadratischer Gleichungen brachte bereits den indischen Mathematiker Brahmagupta (598–668) auf die Idee negativer Zahlen, aber die europäischen Mathematiker mussten diese erst langwierig neu für sich entdecken. Dabei schienen hier und da bereits imaginäre Zahlen auf, aber auch diese blieben zunächst wenig beachtet.

Die europäischen Mathematiker des 15. und 16. Jahrhunderts waren allerdings bereits auf der Suche nach Höherem. Sie suchten Lösungsformeln auch für kubische und später quartische Gleichungen, also solche, die ein x^3 oder ein x^4 enthielten. Es entwickelten sich regelrechte Wettbewerbe, bei denen „Rechenmeister" beweisen wollten, dass sie im Besitz von streng gehüteten Lösungsverfahren waren. Niccolò von Brescia (ca. 1500–1557), genannt Tartaglia (der Spitzname bedeutet „der Stotterer"), entdeckte der Überlieferung zufolge 1535 eine neue Lösungsmethode für kubische Gleichungen (von einem bestimmten Typ), die ihm einen triumphalen Sieg in einem Wettbewerb bescherte. Auf Drängen verriet er sein Verfahren an Girolamo Cardano (1501–1576), der es auf alle Typen von kubische Gleichungen verallgemeinerte und 1545 veröffentlichte. Das führte zu einem handfesten Rechtsstreit, denn Cardano hatte Tartaglia Verschwiegenheit zugesagt[2] – man sieht: Mathematisches Wissen war schon zu dieser Zeit ein wertvolles Gut.

Heute schreiben wir eine kubische Gleichung z.B. so auf: $x^3 + ax^2 + bx + c = 0$. Da man zu der damaligen Zeit aber noch keine negativen Zahlen verwendete und alle Teile einer Gleichung als Größen interpretierte, gab es wie im quadratischen Fall nicht nur *eine* kubische Gleichung, sondern gleich *dreizehn* – je nachdem, auf welcher Seite welcher Term stand und ob quadratische oder lineare Summanden vorhanden waren oder nicht. Das Lösungsverfahren für $x^3 = px + q$ war beispielsweise ein anderes als das für $x^3 + px = q$.

---

[2] Wer die Geschichte gerne in Romanform dramatisiert liest, dem sei Dieter Jörgensens „Der Rechenmeister" (1999) empfohlen. Eine ausführliche Darstellung findet man auch in Jörg Bewersdorffs „Algebra für Einsteiger" (2013, 5. Aufl.).

Erkundung 7.5: Sie können Cardanos Verfahren zur Lösung kubischer Gleichungen an einem Spezialfall und mit etwas Hilfe selbst herleiten. (Mit modernen Mitteln lässt sich der allgemeine Fall auf diesen Spezialfall zurückführen, s. Übung 7.9). Betrachten Sie also den Spezialfall einer kubischen Gleichung:

$$x^3 = px + q$$

Um diese Gleichung zu lösen, kann man den Trick anwenden, x in zwei Summanden zu zerlegen: $x = u + v$, und diese beiden Summanden u und v dann geschickt zu wählen. Im ersten Schritt sollten Sie sich vergewissern, dass

$$(u + v)^3 = (3uv)(u + v) + (u^3 + v^3).$$

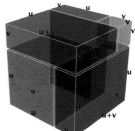

Beweisen Sie dies sowohl symbolisch als auch ikonisch. Das Bild rechts kann dabei helfen.

Der Vergleich der beiden Formeln zeigt dann, dass sie $x = u + v$ gefunden haben, wenn Sie u und v so festlegen, dass

$$u^3 + v^3 = q \text{ und } 3uv = p.$$

→ *Programm* Cardano.ggb

Auch für 3D-Brille

Damit kennen Sie von den beiden Größen $y_1 = u^3$ und $y_2 = v^3$ sowohl die Summe $y_1 + y_2$ als auch das Produkt $y_1 \cdot y_2$. Damit können Sie nun bis auf x zurückschließen. Beachten Sie dabei, in welchen der Schritte möglicherweise mehrere Lösungen möglich sind.

Wenn Sie dem Lösungsplan gefolgt sind, haben Sie in etwa folgende Rechnungen angestellt: Von y_1 und y_2 wissen Sie:

$$y_1 + y_2 = u^3 + v^3 = q \text{ und } y_1 \cdot y_2 = u^3 v^3 = (uv)^3 = (p/3)^3$$

Sie können die beiden Gleichungen durch Einsetzen auflösen oder aber dieses schöne Argument verwenden: y_1 und y_2 sind die beiden Lösungen der folgenden quadratischen Gleichung in y:

$$(y - y_1)(y - y_2) = y^2 - (y_1 + y_2)y + y_1 y_2 = y^2 - qy + (p/3)^3$$

Diese quadratische Gleichung hat zwei Lösungen, nämlich:

$$y_1 = u^3 = \frac{q}{2} - \sqrt{\left(\frac{q}{2}\right)^2 - \left(\frac{p}{3}\right)^3} \text{ und } y_2 = v^3 = \frac{q}{2} + \sqrt{\left(\frac{q}{2}\right)^2 - \left(\frac{p}{3}\right)^3}$$

Damit ergibt sich folgende Lösungsformel für x:

$$x = \sqrt[3]{\frac{q}{2} - \sqrt{\left(\frac{q}{2}\right)^2 - \left(\frac{p}{3}\right)^3}} + \sqrt[3]{\frac{q}{2} + \sqrt{\left(\frac{q}{2}\right)^2 - \left(\frac{p}{3}\right)^3}}$$

Das sieht zunächst einmal zwar kompliziert, aber dennoch recht ästhetisch aus. Wie nicht anders zu erwarten, ist die Lösungsformel für eine kubische Gleichung komplizierter als die für eine quadratische. Naheliegend ist auch, dass sie eine dritte Wurzel enthält, möglicherweise aber unerwartet, dass zusätzlich auch Quadratwurzeln auftreten. Fürs Erste weckt diese Lösungsformel aber Hoffnungen, dass es ähnliche Lösungsformeln für eine weniger spezielle Gleichung dritten Grades und auch für Gleichungen höheren Grades, also mit x^4, x^5 usw., gibt. Sollte es aber nicht *mehr* als nur eine Lösung geben? Die Funktion $x^3 - px - q = 0$ hat für viele Werte von p und q *drei* Schnittpunkte mit der x-Achse. Wo „verstecken" sich diese? Diese Fragen geben Anlass, die Formel darauf abzuklopfen, wie gut sie funktioniert, d.h. ob sie wirklich immer alle Lösungen liefert. Der einfachste Fall sind dabei erst einmal kubische Gleichungen, die tatsächlich nur eine Lösung haben.

Erkundung 7.6: Wenden Sie die Lösungsformel auf die Gleichung $x^3 = 15x + 4$ an. Überprüfen Sie, dass diese Gleichung $x = 4$ als Lösung besitzt. Vergewissern Sie sich, dass es keine weiteren reellen Lösungen geben kann (z.B. mit Mitteln der Differenzialrechnung). Bestimmen Sie dann diese Lösung mithilfe der Lösungsformel. Versuchen Sie das Ergebnis so weit wie möglich umzuformen, um einer einfachen Form für die Lösung nahezukommen.

Waren Sie auch frustriert, als Sie nach Einsetzen aller Werte und Vereinfachen vor folgender Lösung standen?

$$x = \sqrt[3]{2 - \sqrt{-121}} + \sqrt[3]{2 + \sqrt{-121}}$$

Möglicherweise haben Sie es noch mithilfe von

$$\sqrt{-121} = \sqrt{121 \cdot (-1)} = \sqrt{121} \cdot \sqrt{-1} = 11\sqrt{-1}$$

vereinfacht zu $x = \sqrt[3]{2 - 11i} + \sqrt[3]{2 + 11i}$.

Mit den Erfahrungen des letzten Abschnitts (Erinnern Sie sich an die Aufgabe „Gibt es eine Wurzel aus i?") haben Sie möglicherweise vermutet, das auch die dritte Wurzel einer komplexen Zahl wieder eine komplexe Zahl ist, und konnten weiterrechnen:

Mit dem Ansatz $\sqrt[3]{2 - 11i} = a + bi$, also $(a + bi)^3 = 2 - 11i$, findet man:

$$(a + bi)^3 = a^3 + 3a^2bi + 3a(bi)^2 + (bi)^3 = (a^3 - 3ab^2) + (3a^2b - b^3)i = 2 - 11i$$

Das wäre erfüllt, wenn $a^3 - 3ab^2 = a(a^2 - 3b^2) = 2$ und $3a^2b - b^3 = b(3a^2 - b^2) = -11$. Das sieht zunächst kompliziert aus, aber wenn man auf ganzzahlige Lösungen für a und b hofft und etwas probiert, sieht man, dass $a = 2$ und $b = -1$ es tun. Analog findet man auch die dritte Wurzel der anderen Lösung. Damit ist

$\sqrt[3]{2 - 11i} = 2 - i$ und die Lösung lautet:

$$x = \sqrt[3]{2 - 11i} + \sqrt[3]{2 + 11i} = (2 - i) + (2 + i) = 4$$

Damit haben wir wohl noch einmal Glück gehabt: Die Formel liefert tatsächlich die Lösung, wenn auch mit einem erheblich „Umweg". Die Idee und den Mut, so mit imaginären Zahlen zu arbeiten, auch wenn in den Zwischenschritten Terme wie $\sqrt{-1}$ zunächst ohne Bedeutung zu sein scheinen, hatte auch Rafael Bombelli (1526–1572). Bei genau dieser Gelegenheit, der Lösung einer kubischen Gleichung, hat er tatsächlich die imaginären Zahlen erfunden und (mit den Bezeichnungen der damaligen Zeit) aufgeschrieben:

$$\sqrt[3]{2 - \sqrt{-121}} + \sqrt[3]{2 + \sqrt{-121}} = 2 - \sqrt{-1} + 2 + \sqrt{-1} = 4$$

Bombellis Arbeit ist mehr als die Ehrenrettung der Cardanischen Formel. An dieser Stelle wird etwas Erstaunliches offenbar: Die Bestimmung von *reellen* Lösungen von *reellen* kubischen Gleichungen führt notwendig über das Imaginäre. Komplexe Zahlen sind also nicht nur hübsche Spielereien, sondern bilden einen nicht wegzudiskutierenden Kern der Algebra, also des Lösens von Gleichungen. Bei den quadratischen Gleichungen haben sie zu einer besseren Gesamtsicht auf die Lösungsstruktur geführt, bei den kubischen braucht man sie, um *überhaupt* zu Lösungen zu gelangen, und bei späteren Gleichungen noch höheren Grades werden sie zum fundamentalen Handwerkszeug, ohne das man sich dem Problem überhaupt nicht nähern kann.

7.4 Wie komplex sind komplexe Zahlen?

Die komplexen Zahlen haben den Mathematikern lange Zeit Kopfschmerzen bereitet: Einerseits waren sie notwendig und nützlich, wenn man mit ihnen entsprechend geeigneten Regeln rechnete. Andererseits waren sie aber auch unheimliche Geisterzahlen, die man sich nicht vorstellen konnte, also im Wortsinne „nicht reell", und von denen man nicht sicher sein konnte, ob sie nicht doch in bestimmten Situation zu unsinnigen Folgerungen führen könnten.

Erst nach und nach wich dieses Unbehagen einer Sicherheit, und dazu trugen drei ganz verschiedene Weisen des Umgangs mit komplexen Zahlen bei: (1) das unbekümmerte Weiterarbeiten, (2) das Veranschaulichen und (3) das formale Definieren.

Die erste Umgangsweise, das *unbekümmerte Weiterarbeiten* mit komplexen Zahlen in möglichst allen Bereichen, in denen man auch mit reellen Größen erfolgreich war, führte die Mathematiker keineswegs auf Schwierigkeiten. Im Gegenteil: Jedes neue Resultat, jede neue Erkenntnis untermauerte das Gefühl, dass die komplexen Zahlen einen angemessenen größeren Rahmen darstellten. Sofern Sie selbst noch wenig mit komplexen Zahlen gearbeitet haben, können Sie in der folgenden Erkundung etwas von dieser Erfahrungen nacherleben. Sie können sich im „imaginären" Land der komplexen Zahlen tastend orientieren und auskundschaften, wie groß und komplex dieses wirklich ist. Im Laufe der Arbeit mit *i* haben Sie entdeckt, dass es zu vernünftigen, schlüssigen und konsistenten Ergebnissen führt, mit *i* so zu rechnen, wie Sie es auch mit anderen Zahlen tun.

Erkundung 7.7: Wie weit kommt man beim Rechnen mit komplexen Zahlen? Versuchen Sie, die folgende Terme so umzuformen, dass das Ergebnis wieder in der Form *a* + *bi* steht.

$$2i + (2i)^2 \qquad i + i^2 + i^3 + i^4 \qquad (i+1)^4 \qquad \frac{1}{1+i} \qquad \frac{i+1}{i+2} \qquad \sqrt{i+1}$$

Wenn Sie mit den Beispielen klargekommen sind, probieren Sie es auch allgemein:

$$(a+bi)+(c+di) = ? \qquad (a+bi)(c+di) = ? \qquad (a+bi)^{-1} = 1 : (a+bi) = ?$$

Es kann eine Hilfe sein, wenn Sie sich erinnern, wie Ausdrücke vereinfacht werden, die eine Wurzel enthalten, also z.B.: $\dfrac{1}{\sqrt{2}}$ oder $\dfrac{1}{\sqrt{2}+1}$

Eine größere Herausforderung ist: $\sqrt{a+bi} = ?$

Welche Aussagen können Sie über die Strukturen $(\mathbb{C},+)$ und $(\mathbb{C},\cdot)$ mit der Menge aller Zahlen der Form $\mathbb{C} = \{a+bi \mid a,b \in \mathbb{R}\}$ treffen?

Die Analogie zu den Wurzelausdrücken geht recht weit:

$$
\begin{aligned}
(3+\sqrt{2})^2 &= 9 + 6\sqrt{2} + \sqrt{2}^2 = 9 + 6\sqrt{2} + 2 = 11 + 6\sqrt{2} \\
(3+i)^2 &= 9 + 6i + i^2 = 9 + 6i - 1 = 8 + 6i
\end{aligned}
$$

Auch bei der Addition von komplexen Zahlen würde man analog vorgehen:

$$
\begin{aligned}
(1+\sqrt{2}) + (5 + 2\sqrt{2}) &= 6 + 3\sqrt{2} \\
(1+i) + (5+2i) &= 6 + 3i
\end{aligned}
$$

So bemerkt man, dass man durch Addieren und Multiplizieren eigentlich immer wieder Zahlen im Format *a* + *bi* mit *a* und *b* aus $\mathbb{R}$ erhält. Allgemein findet man:

$$(a+bi)+(c+di) = (a+c)+(b+d)i$$

$$(a+bi)(c+di) = ac + ad \cdot i + bc \cdot i + bd \cdot i^2 = (ac-bd)+(ad+bc)i$$

Am Beispiel $\sqrt{2}$ kann man sich abschauen, wie man sogar beim *Dividieren* (also bei der Bildung des multiplikativen Inversen) wieder zum Format *a* + *bi* gelangt:

$$\frac{1}{1+\sqrt{2}} = \frac{(1-\sqrt{2})}{(1+\sqrt{2})\cdot(1-\sqrt{2})} = \frac{1-\sqrt{2}}{1-\sqrt{2}^2} = \frac{1-\sqrt{2}}{1-2} = \frac{1-\sqrt{2}}{-1} = -1+\sqrt{2}$$

Überträgt man diesen Trick auf die Division durch eine komplexe Zahl, so erhält man:

$$\frac{1}{a+bi}=\frac{a-bi}{(a+bi)(a-bi)}=\frac{a-bi}{a^2-(bi)^2}=\frac{a-bi}{a^2+b^2}=\left(\frac{a}{a^2+b^2}\right)+\left(\frac{-b}{a^2+b^2}\right)i$$

Man kann also feststellen, dass $(\mathbb{C},+)$ und $(\mathbb{C}\setminus\{0\},\cdot)$ beides Gruppen sind. Die 0 besitzt, auch nach Hinzunahme komplexer Zahlen, immer noch kein Inverses (Sie werden im nächsten Kapitel auch sehen, warum das prinzipiell nicht gehen kann). Eine Wurzel aus einer komplexen Zahl $a+bi$ wieder in der Form $c+di$ darzustellen, ist auch möglich, aber doch ziemlich „komplex". Nach der nächsten Erkundung allerdings wird auch diese Operation anschaulich.

Ein besonders frappierendes Beispiel, wie komplexe Zahlen neue Sinnzusammenhänge stiften können, ist dieses (das Sie möglicherweise schon kennen): Die Exponentialfunktion mit der Eulerschen e-Zahl als Basis $\exp(x)=e^x$ lässt sich als eine Potenzreihe darstellen:

$$e^x=1+x+\frac{1}{2!}x^2+\frac{1}{3!}x^3+\dots$$

Potenzreihen sind so etwas wie „Polynome mit unendlichem Grad" (präziser spricht man heute von transzendenten Funktionen) und wurden schon vor 1750 bei Euler als Funktionen angesehen, auch wenn damals bei Weitem noch keine Klarheit darüber herrschte, wann und wie solche unendlichen Summen überhaupt konvergieren (Sonar, 2011, S. 460 ff.). Dennoch waren sie ein sehr effektives Werkzeug einerseits zur theoretischen Untersuchung mathematischer Zusammenhänge, andererseits zur ganz praktischen Berechnung von Funktionen.

Wenn man in die Potenzreihe der Exponentialfunktion einmal probehalber statt x eine rein imaginäre Größe ix einsetzt und das Ergebnis nach Real- und Imaginärteil sortiert, findet man zwei Potenzreihen, die wundersamerweise genau die Kosinus- und die Sinusfunktion darstellen:

$$e^{ix}=1+ix+\frac{1}{2!}(ix)^2+\frac{1}{3!}(ix)^3+\dots$$
$$=(1-\frac{1}{2!}x^2+\dots)+i(x-\frac{1}{3!}x^3+\dots)=\cos(x)+i\sin(x)$$

Man kann sich in diese erstaunliche Beziehung etwas einfühlen, wenn man einmal bestimmte Werte für x einsetzt. Dann erhält man z.B.:

$$e^{i0}=\cos(0)+i\sin(0)=1+i\cdot0=1 \qquad e^{i2\pi}=\cos(2\pi)+i\sin(2\pi)=1+i\cdot0=1$$
$$e^{i\pi}=\cos(\pi)+i\sin(\pi)=-1+i\cdot0=-1 \qquad e^{i\frac{\pi}{2}}=\cos(\tfrac{\pi}{2})+i\sin(\tfrac{\pi}{2})=0+i\cdot1=i$$

Die Beziehung $e^{i\pi}+1=0$ wird von Mathematikerinnen und Mathematikern übrigens mit Abstand als der schönste aller mathematischen Ausdrücke angesehen, da er fünf mathematische Konstanten aus zum Teil ganz verschiedenen Bereichen verknüpft und im Gehirn Regionen aktiviert, die auch ansonsten bei Schönheitserfahrungen ansprechen (Zeki et al. 2014).

Das Arbeiten mit komplexen Zahlen schien nicht nur widerspruchsfrei zu funktonieren, es lieferte auch ganz neue Erkenntnisse. Trotzdem ist es unheimlich, dass virtuelle Größen, zu denen wir keine Vorstellung haben, so reale Konsequenzen haben. Zum Glück fanden gleich mehrere Mathematiker einen Ausweg, als einer der Ersten 1796 der dänische Mathematiker und Landvermesser Caspar Wessel (1745–1818) – leider blieb seine Arbeit aber unbeachtet und geriet in Vergessenheit. Am einflussreichsten bei der Etablierung der komplexen Zahlen war Carl Friedrich Gauß (1777–1855), der 1831 schrieb: „Im Gegenteil ist die Arithmetik der complexen Zahlen der anschaulichsten Versinnlichung fähig." Alle Vorschläge laufen darauf hinaus, so wie man die negativen Zahlen in die Gegenrichtung der positiven Zahlen laufen ließ, imaginäre Zahlen nun in einer Richtung *senkrecht* zum Zahlenstrahl der reellen Zahlen anzuordnen. Wie kommt man auf eine solche geometrische Intuition? Die Multiplikation mit −1 führt ja dazu, dass eine geometrische Größe in die Gegenrichtung gedreht wird. Da $\sqrt{-1} \cdot \sqrt{-1} = -1$, sucht

man also eine geometrische Operation, die der arithmetischen Operation $\cdot \sqrt{-1}$ entspricht und die, zweimal ausgeführt, die Wirkung von $\cdot (-1)$ hat. Ein guter Kandidat dafür ist eine Drehung um 90°. Dies führt auf die folgende Darstellung:

Alle komplexen Zahlen $a + bi$ kann man auf der komplexen Zahlenebene (auch *Gaußsche Zahlenebene* genannt) verorten:

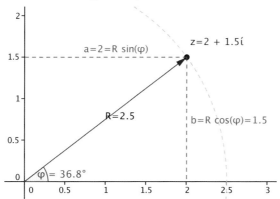

- Eine beliebige Zahl $a + bi$ entspricht einem Punkt (a,b) in der komplexen Zahlenebene. Man nennt a den *Realteil* der Zahl und b den *Imaginärteil*.

- Alle reellen Zahlen a liegen auf der reellen Zahlenachse (1. Achse).

- Alle imaginäre Zahlen bi liegen auf der dazu senkrecht stehenden *imaginären Achse* an der Stelle b.

Mithilfe der grafischen Darstellung einer komplexen Zahl kann man sich auch von der oben gefundenen erstaunlichen Beziehung zwischen der Exponentialfunktion und den trigonometrischen Funktionen Sinus und Kosinus „ein Bild machen". Wenn man die komplexe Zahl $e^{ix} = \cos(x) + i\sin(x)$ in die Zahlenebene einträgt, bekommt die Variable x die Bedeutung eines Winkels: Die reelle Einheit 1 wird um den Winkel x in die komplexe Ebene gedreht. Die oben rein rechnerisch abgeleiteten Beziehungen (s. S. 180) bekommen so die Bedeutung einer Drehung um $2\pi \overset{\wedge}{=} 360°$, $\pi \overset{\wedge}{=} 180°$ bzw. um $\pi/2 \overset{\wedge}{=} 90°$.

Eine komplexe Zahl kann man auch über ihre Länge R und den Winkel φ zur positiven reellen Achse ausdrücken:

$$z = a + bi = R \cdot e^{i\varphi} = R \cdot (\cos(\varphi) + i \cdot \sin(\varphi))$$

Dann ist der Realteil $a = R \cdot \cos(\varphi)$ und der Imaginärteil $b = R \cdot \sin(\varphi)$ und die Länge $R = \sqrt{a^2 + b^2}$.

Von hier ausgehend kann man sich nach und nach für alle Operationen mit komplexen Zahlen geometrische Deutungen erschließen.

→ *Programm* Komplexe _Zahlen _verknuepfen

Erkundung 7.8: Untersuchen Sie, welche Wirkung verschiedene Operationen mit komplexen Zahlen auf ihre Lage in der komplexen Zahlenebene haben:

- Wo liegt die Summe zweier komplexer Zahlen?
- Wie hängt das Produkt $y \cdot z$ von den beiden komplexen Faktoren y und z ab? (Hinweis: Wählen Sie für einen Faktor zunächst bewusst einfache Werte, wie z.B. $y = 1, -1, i, 2i, ...$). Nützlich ist hier auch die Winkeldarstellung einer komplexen Zahl: $R \cdot (\cos(\varphi) + i \cdot \sin(\varphi)) = R \cdot e^{i\varphi}$
- Wo liegen die Potenzen $z, z^2, z^3, ...$ einer komplexen Zahl z?
- Für manche Werte von z haben die Potenzen besonders prägnante Lagen. Wie kann man sich diese erklären?
- Wo liegt die Wurzel einer komplexen Zahl? Gibt es ähnlich wie für den Fall $z^2 = 1$, $z^3 = -1$ mehreren Wurzeln? Wie hängen diese miteinander zusammen?

Bei der Addition werden Realteil und Imaginärteil wie zwei Koordinaten behandelt und getrennt addiert. Das zeigt sich in der komplexen Zahlenebene als Hintereinanderlegen von zwei Zahlen.

Die Multiplikation erschließt sich weniger unmittelbar. Die Multiplikation mit reellen Faktoren entspricht der Streckung und/oder der Spiegelung einer komplexen Zahl, z.B. $(-1) \cdot (a + bi) = (-a) + (-b)i$.

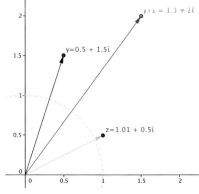

Die Multiplikation mit i hingegen ist naheliegend: Sie „dreht" die komplexe Zahl um 90° nach links: $i \cdot (a + bi) = (ia + i^2 b) = -b + ai$. Beim Produkt beliebiger Zahlen spielen die Richtungen der beiden Faktoren offensichtlich eine entscheidende Rolle. Das wird in der Winkelschreibweise der beiden Faktoren erst richtig deutlich: $R_1 \cdot \exp(i\varphi_1) \cdot R_2 \cdot \exp(i\varphi_2) = R_1 \cdot R_2 \cdot \exp(i(\varphi_1 + \varphi_2))$.

Bei der Multiplikation werden die Längen multipliziert und die Winkel addiert. Offensichtlich ist die Winkelschreibweise für multiplikative Situationen besonders angepasst. Das gilt auch für Potenzen und Wurzeln (Übung 7.12 bis 7.14). Als einfachstes Beispiel kann man z.B. nach vierten Wurzeln aus 1 fragen, also komplexen

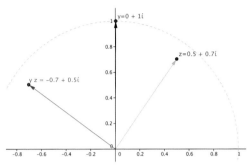

Zahlen z mit $z^4 = 1$. Zwei reelle Lösungen $+1$ und -1 sind Ihnen ja schon bekannt. Es gibt aber zwei weitere, die man findet, wenn man die Zahl 1 in der Winkeldarstellung schreibt – allerdings nicht mit dem Winkel 0, sondern dem Vollwinkel 2π, und dann die Wurzel daraus zieht:

$$e^{2\pi i} = \cos(2\pi) + i\sin(2\pi) = 1$$

Es sind nun genau die vier Zahlen

$$\zeta_0 = \exp(2\pi i \frac{0}{4}) \quad \zeta_1 = \exp(2\pi i \frac{1}{4})$$

$$\zeta_2 = \exp(2\pi i \frac{2}{4}) \quad \zeta_3 = \exp(2\pi i \frac{3}{4}),$$

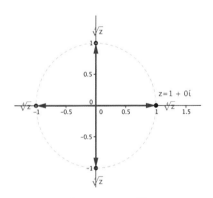

für die gilt:

$$(\zeta_k)^4 = \exp(2\pi i \frac{k}{4})^4 = \exp(2\pi i \frac{4}{4})^k = 1$$

Dass die vierten Potenzen von $\zeta_0 = \exp(2\pi i 0) = 1$ und $\zeta_1 = \exp(2\pi i)^{1/4}$ wieder gleich 1 sind, ist anschaulich naheliegend. Offensichtlich verteilen sich genau *vier* Zahlen $\zeta_0, \dots, \zeta_3$, die sogenannten *vierten Einheitswurzeln*, gleichmäßig auf dem Einheitskreis. Dieses Vorgehen funktioniert für jede Potenz und man findet die *n*-ten Einheitswurzeln als

$$E_n = \{\exp(2\pi i \frac{0}{n}), \exp(2\pi i \frac{1}{n}), \dots, \exp(2\pi i \frac{n-1}{n})\},$$

die man auch wieder in Real- und Imaginärteil, also in die rechtwinklige Darstellung umwandeln kann:

$$\exp(2\pi i \frac{k}{n}) = \cos(2\pi \frac{k}{n}) + i\sin(2\pi \frac{k}{n})$$

Übung 7.5: Ist die Menge der n-ten Einheitswurzeln abgeschlossen bezüglich der Addition oder der Multiplikation? Wenn nicht, welche Zahlen müsste man hinzunehmen? Wenn doch, bilden sie eine Gruppe und ist diese Gruppe isomorph zu einer schon bekannten Gruppe? (Es kann günstig sein, wenn Sie sich zunächst auf konkrete n konzentrieren. Sie sollten auch jeweils überlegen, welche symbolische und/oder grafische Darstellung jeweils am hilfreichsten ist.) Erkennen Sie auch eine Beziehung zu den Symmetrien ebener Muster?

Wenn man erst einmal einige Erfahrungen mit komplexen Zahlen gemacht hat und dazu auch geometrische Vorstellungen aufbauen kann, so verliert sich ihre unheimliche Aura und man kann diese Vorstellungen nutzen, um die Gestalt von Problemen mit komplexen Zahlen unmittelbar zu erfassen und zu lösen. Um noch einmal Gauß zu Wort kommen zu lassen (Gauß, Werke, Bd. 2, S. 177 f.): „Hat man diesen Gegenstand bisher aus einem falschen Gesichtspunkt betrachtet und eine geheimnisvolle Dunkelheit dabei gefunden, so ist dies grossentheils den wenig schicklichen Benennungen zuzuschreiben. Hätte man $+1$, -1, $\sqrt{-1}$ nicht positive, negative, imaginäre (oder unmögliche) Einheit, sondern etwa directe, inverse, laterale Einheit genannt, so hätte von einer solchen Dunkelheit kaum die Rede sein können."

Eine geometrische Anschauung gibt zwar mehr Vertrauen in den Umgang mit komplexen Zahlen, aber auch sie hat nicht von Anfang an alle Mathematiker zufriedengestellt. Die oben angedeutete dritte Umgangsweise mit komplexen Zahlen, eine *formale Definition*, kann hier Abhilfe schaffen. Einer der ersten Vorschläge stammt vom englischen Mathematiker Rowan Hamilton (1805–1865), der 1833 vorschlug, komplexe Zahlen als Zahlenpaare (a, b) aufzufassen. Auch wenn er die anschauliche Deutung als Punkt in der Zahlenebene oder den Ausdruck $a + bi$ und die zugehörigen „selbstverständlichen" Rechenregeln kannte und nutzte, wollte Hamilton mehr. Er wollte zeigen, dass er die Menge der Zahlenpaare so mit einer Addition und einer Multiplikation ausstatten konnte, dass sie Gruppeneigenschaften haben.

Übung 7.6: Definieren Sie auf der Menge $C = \{(a,b) \mid a,b \in \mathbb{R}\}$ eine Addition und eine Multiplikation, die die Struktur der komplexen Zahlen widerspiegelt:

$$(a,b) + (c,d) = ? \qquad\qquad (a,b) \cdot (c,d) = ?$$

- Zeigen Sie dann, dass $(C,+)$ und $(C \setminus \{(0,0)\}, \cdot)$ kommutative Gruppen sind,
- dass $(0,1)$ die Eigenschaft hat, die man für i erwartet,
- dass C eine Untergruppe enthält, die isomorph zu den reellen Zahlen ist,
- und dass die beiden Operationen $+$ und $\cdot$ durch Distributivgesetze verbunden sind.

Warum hätte man die Multiplikation nicht anders definieren können, z.B. als $(a,b) \cdot (c,d) = (ac,bd)$, $(a,b) \cdot (c,d) = (ad,bc)$ oder $(a,b) \cdot (c,d) = (ac + bd, ad + bc)$? Welche Eigenschaften wären immer noch erfüllt? Welche würden verlorengehen?

Anders als ganze Zahlen oder Brüche drängen sich komplexe Zahlen nicht in Form grundlegender Situationen in unserem Alltag auf. Lange Zeit kamen Menschen ohne komplexe Zahlen aus, und auch heute noch kommen die meisten nie mit ihnen in Berührung. Trotzdem scheinen sie wesentlicher Teil unserer Welt zu sein. Aber wie kamen sie in die Welt – existierten sie schon immer und wurden nur entdeckt, oder sind sie eine menschliche Erfindung? Dieselbe Frage können Sie an viele mathematische Objekte stellen, bei den komplexen Zahlen ist die Frage aber besonders pikant. Eigentlich kam man an ihnen irgendwann einfach nicht mehr vorbei, sie drängten sich von vielen Seiten auf und machen fundamentale Zusammenhänge plausibel. Auch in der modernen Physik, insbesondere in der Quantenmechanik, ist eine Beschreibung der Natur ohne komplexe Zahlen kaum mehr denkbar. Die Frage lautet daher zu Recht: Könnte es eine weit entwickelte Mathematik ohne komplexe Zahlen geben, eine Parallelwelt, in der einfach kein Mathematiker auf die Idee gekommen ist, komplexe Zahlen zu erfinden? Oder waren sie immer schon da und mussten irgendwann einfach nur entdeckt werden wie ein Naturgesetz?

Fragen wie diese kann man weder mathematisch noch empirisch beantworten, sie gehören in den Bereich der sogenannten Mathematikphilosophie. Ob man eher denkt, dass Mathematik entdeckt oder aber dass sie erfunden wird, ist eine sogenannte „epistemologische Grundposition", ein „wahr" oder „falsch" gibt es hier nicht. Eine kluge Antwort auf die Frage liefert Tim Gowers (2011) in seinem Aufsatz „Is mathematics discovered or invented?".

7.5 Übungen

Übung 7.7: Finden Sie Wege, wie Sie die Wurzeln $\sqrt{2}, \sqrt{3}, \sqrt{4}, \sqrt{5}$ usw. aus Strecken mit natürlicher Länge konstruieren können. Wie kann man zu zwei Strecken mit den Längen a und b eine Strecke der Länge $a \cdot b$ konstruieren?

Übung 7.8: Mit dem Bild auf S. 164 hat man ein geometrisches Verfahren, um eine Lösung der Gleichung $x^2 + 32 = 12 \cdot x$ zu finden. Welches andere Bild könnte man zeichnen, damit man auch die andere positive Lösung der Gleichung findet?

Übung 7.9: Versuchen Sie die allgemeine kubische Gleichung $x^3 + ax^2 + bx + c = 0$ durch eine passende Substitution ($y = x + k$) so zu vereinfachen, dass nur noch eine Gleichung der Form $y^3 + py + q = 0$ zu lösen ist.

Übung 7.10: Konstruieren Sie kubische Gleichungen mit unterschiedlichen Konstellationen von Lösungen und untersuchen Sie, was geschieht, wenn man sie mit der Cardanischen Formel löst. Möglicherweise muss man sie zunächst mithilfe der Substitution aus Übung 7.9 vereinfachen.

a) $(x+1)(x+2)(x-3)$ b) $(x+i)(x-i)(x+1)$ c) $(x+1)^2(x-2)$

d) $(x+i)(x+2i)(x-3i)$ e) $x^2(x+1)$ f) $(x+\sqrt{2})(x-\sqrt{2})(x+1)$

Übung 7.11: Wenn Sie dem Umgang mit negativen Zahlen anhand einiger „gesetzter" Regeln misstrauen – es könnte ja doch noch einmal ein Widerspruch auftreten –, können Sie sich mit der folgenden Realisierung negativer Zahlen beruhigen. Die Idee dahinter ist es, neue Zahlen über vetraute Objekte, nämlich über Verschiebungen auf dem Zahlenstrahl zu definieren. Betrachtet wird dazu die Menge der Verschiebungen auf dem Zahlenstrahl der natürlichen Zahlen $\mathbb{N}$ als Zahlenpaare: $V = \{(a,b) \mid a,b \in \mathbb{N}\}$. Dem Paar (a,b) gibt man die Bedeutung einer Verschiebung von a nach b, die dann sowohl nach links als auch nach rechts gehen kann. Verschiebungen, die in Richtung und Weite gleich sind, werden als gleichwertig angesehen und in einer Klasse zusammengefasst, z.B. $\vec{3} = \{(a,b) \in V \mid a+3 = b\}$ und $\bar{5} = \{(a,b) \in V \mid b+5 = a\}$. Auf der Menge aller Klassen $Z = \{\vec{1},\vec{2},\vec{3},...\} \cup \{\bar{1},\bar{2},\bar{3},...\} \cup \{0\}$ kann man nun eine Addition $+$ einführen, die anschaulich dem Hintereinanderlegen entspricht.

a) Wie kann man die Addition von zwei Klassen über die Elemente in ihnen definieren? Wieso ist die Definition eindeutig?

b) Zeigen Sie, dass $(Z,+)$ eine kommutative Gruppe ist.

c) Wenn Sie nun auch noch die Multiplikation definieren, haben Sie eine Menge konstruiert, die alle Eigenschaften besitzt, die man immer schon für die ganzen Zahlen $\mathbb{Z}$ angenommen hat.

→ *Programm*
Komplexe
_Zahlen
_verknuepfen

Übung 7.12: Berechnen Sie die Potenzen z^2, z^3, z^4, ... einer komplexen Zahl $z = a + bi$ und vereinfachen Sie die Ergebnisterme so weit wie möglich. Vergleichen Sie dies mit den Potenzen in der Winkelschreibweise

$$z = R \cdot e^{i\varphi} = R \cdot (\cos(\varphi) + i\sin(\varphi)).$$

Untersuchen Sie auch das Verhalten der Potenzen in der komplexen Zahlenebene mithilfe des Programms. Für welche z ergeben sich interessante geometrische Konfigurationen? Wie kann man sie erklären?

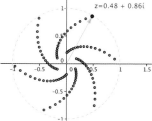

Übung 7.13: Bestimmen Sie die beiden Wurzeln einer beliebigen komplexen Zahl $z = a + bi$, also die Lösungen der Gleichung $x^2 = z$. Möglicherweise haben Sie sie auch schon durch Lösen von $(c + di)^2 = a + bi$ gefunden. Probieren Sie es auch noch einmal in der Winkeldarstellung in der komplexen Zahlenebene.

Übung 7.14: Bestimmen Sie die drei komplexen dritten Einheitswurzeln, also die Lösungen der Gleichung $x^3 = 1$ auf verschiedenen Wegen. Greifen Sie dazu zurück auf die Cardanische Formel, die Darstellung am Einheitskreis sowie die Winkeldarstellung für komplexe Zahlen und stellen Sie Verbindungen zwischen den möglicherweise verschieden aussehenden Lösungen her.

8 Zahlenräume erweitern
Addieren und Multiplizieren im Einklang

> Das, was aus Bestandteilen so zusammengesetzt ist, dass es ein einheitliches
> Ganzes bildet – nicht nach Art eines Haufens, sondern wie eine Silbe –,
> das ist offenbar mehr als bloß die Summe seiner Bestandteile
> *Aristoteles, „Metaphysik" VII 10* (ca. 350 v. Chr.)

In allen vorhergehenden Kapiteln haben Sie immer wieder neue Räume betreten und untersucht: vertraute Zahlenräume, die Sie schon seit der Schulzeit rechnend und explorierend ausgelotet haben (natürliche Zahlen), aber auch neue Zahlenräume, die entweder durch ein Einschränken (Rechnen nur mit Resten) oder Erweitern (komplexe Zahlen) entstanden; Sie haben erfahren, wie man auch geometrische Abbildungen als „Raum von Operationen" auffassen kann und welche Vielfalt an Strukturen durch ihre Verknüpfung entsteht; und Sie haben das Vertauschen von Elementen (Permutation) als universelle Form verknüpfbarer Abbildungen erlebt. Immer wieder trat dabei die Struktur einer *Gruppe* hervor – so unterschiedlich die Objekte waren, die man verknüpft hat, so ähnlich waren die Konzepte, mit denen man die Struktur ihrer Verknüpfung beleuchtet hat: neutrale Elemente, inverse Elemente, Assoziativität und Kommutativität. Die Verknüpfungen der untersuchten Gruppen hießen meist *Addition* oder *Multiplikation*, mal im vertrauten Sinne, mal musste man sie aber auch anders auffassen. Möglicherweise haben Sie sich gefragt: Warum nennt man die eine neue Verknüpfung eigentlich Addition und eine andere Multiplikation? Ist das Verketten (Hintereinanderausführen) von Abbildungen eigentlich immer eine Multiplikation? Und wenn ja, warum? Es scheint also an der Zeit zu sein, die Vielfalt an Gruppen und ihren Verknüpfungstypen einmal systematisch zu ordnen und Verbindungen, aber auch Unterschiede explizit zu machen. Am Ende dieses Kapitels werden Sie einen besseren Überblick darüber gewonnen haben, wie die vielen Beispiele und die zahlreichen verschiedenen Phänomene, die mit dem Gruppenkonzept beschrieben wurden, miteinander zusammenhängen. Sie werden künftig vielleicht nicht nur viele verschiedene Bäume kennen, sondern besser verstehen, wie ein Wald aussieht.

8.1 Addieren und Multiplizieren – eine Übersicht

Erkundung 8.1: Tragen Sie Ihre Kenntnisse zu den unterschiedlichen Gruppen, die Sie bisher kennengelernt haben, zusammen. Damit Sie eine Ordnung in die vielen Beispiele hineinbekommen, können Sie beispielsweise jeweils die folgenden Leitfragen stellen:

- Welche **Menge** liegt der Gruppe zugrunde?

- Welches ist die **Operation**, die man auf der Menge ausführen kann?
  Was ist das Prinzip der Operation, wie entsteht sie?

- Welche **Eigenschaften** hat die Operation: Gibt es neutrale Elemente? Gibt es immer inverse Elemente? Ist die Operation assoziativ? Ist sie kommutativ? Welche weiteren besonderen Eigenschaften hat die Operation?

$$\mathbb{N} \quad \mathbb{Z} \quad \mathbb{Q}$$
$$\mathbb{R} \quad \mathbb{C} \quad S_n \quad A_n$$
$$D_n \quad \mathbb{Z}_n \quad V_4$$
$$\mathbb{M}_2 \quad GL(2) \quad Isom(\mathbb{R}^2)$$
$$+ \quad - \quad \cdot \quad {}^{-1}$$
$$* \quad \circ \quad \times$$

- Wenn es **mehrere Operationen** gibt: Welche sind dies? Wie unterscheiden sie sich? Welchen **Zusammenhang** gibt es zwischen den Operationen?

- Wie hängt die Gruppe mit anderen **verwandten** Gruppen zusammen? Gibt es kleinere oder größere Gruppen, die mehr oder weniger Eigenschaften besitzen?

Nicht alle Mengen und alle Operationen wurden bisher gründlich behandelt, möglicherweise entdecken Sie aus der Rückschau und aus den Erfahrungen mit so vielen Beispielen auch Neues.

Bei Ihren Versuchen, sich in dieser Erkundung einen Überblick zu verschaffen, sind Ihnen möglicherweise einige wiederkehrende Phänomene aufgefallen, wie z.B. die folgenden:

Nicht ganz fertige Gruppen: Bei manchen Mengen und ihren Verknüpfungen sind die Anforderungen an eine Gruppe „nicht ganz" erfüllt, beispielsweise bei der Multiplikation der natürlichen Zahlen $(\mathbb{N}, \cdot)$, zu der es keine Inversen in $\mathbb{N}$ gibt. Wenn eine Menge zwar eine abgeschlossene und assoziative Operation besitzt, aber kein neutrales Element oder nicht für alle Elemente Inverse, dann spricht man auch von einer *Halbgruppe* (vgl. S. 103). Dann kann man prüfen, ob man die Menge vielleicht passend ergänzen oder aber verkleinern kann, sodass eine Gruppe vorliegt. Die ganzen Zahlen $\mathbb{Z}$ kann man beispielsweise als Lösung des Problems fehlender Inversen zur Addition in $\mathbb{N}$ auffassen, die rationalen Zahlen $\mathbb{Q}$ beheben den Mangel an multiplikativen Inversen in $\mathbb{Z}$. Die Gruppeneigenschaften sowohl der Addition als auch der Multiplikation sind also ab $\mathbb{Q}$ alle hergestellt; was bei den nachfolgenden Erweiterungen in der Kette $\mathbb{N} \subset \mathbb{Z} \subset \mathbb{Q} \subset \mathbb{R} \subset \mathbb{C}$ noch dazukommt, wird in Abschnitt 8.4 noch einmal ausführlicher behandelt.

Zwei Gruppen auf einer Menge: Oft (aber nicht immer) gibt es *zwei* Operationen auf einer Menge. Dann wird eigentlich immer die eine als Addition und die andere als Multiplikation aufgeschrieben. Bei *Zahlenmengen* (ob nun die größeren wie $\mathbb{Z}, \mathbb{Q}, \mathbb{R}, \mathbb{C}$ oder kleineren wie $\mathbb{Z}_n$) ist das eine ganz natürliche Sache, denn die beiden Operationen $+$ und $\cdot$ stammen ja letztlich alle von der Addition und Multiplikation der natürlichen Zahlen ab. Bei *Abbildungen* (also z.B. Permutationsgruppen S_n oder Symmetriegruppen) verhält es sich anders: Dort gibt es in der Regel nur *eine* Operation, nämlich das Verknüpfen in Form des Hintereinanderausführens („Verketten"), oft als Kringel $\circ$ geschrieben.

> Das Zeichen $\circ$ ist in seiner runden Form schon näher an den für die Multiplikation üblichen Zeichen wie $\cdot$ oder $*$. Das Sternchen $*$ findet man mitunter für abstrakt beschriebene Gruppen, bei denen man deutlich machen will, dass es nicht um das vertraute Multiplizieren von Zahlen geht. Dass allerdings das Verketten $\circ$ von Funktionen als multiplikativ gedacht wird, ist eher eine stillschweigende Konvention denn eine Notwendigkeit. Dahinter steckt aber wohl eine Gewohnheit in der Mathematik, dass die *additive* Notation eigentlich immer als *kommutativ* angesehen wird. Wer für eine Verknüpfung das Zeichen $+$ verwendet, riskiert, dass der Leser annimmt, dass a + b und b + a dasselbe bedeuten. Bei multiplikativen Operationen hingegen hat man sich in der Mathematik daran gewöhnt, dass diese keineswegs immer kommutativ sind – die Verkettung von Funktionen und von Permutationen (beides sind Abbildungen) oder die Multiplikation von Matrizen sind die bekanntesten Beispiele. Bei der Verwendung des multiplikativen Zeichens $\circ$, aber auch bei einem klassischen Mal-Punkt $\cdot$ oder sogar beim gänzlich weggelassenen Multiplikationszeichen hat man sich daran gewöhnt, dass möglicherweise $a \circ b \neq b \circ a$ oder $AB \neq BA$ gelten kann.

> Übrigens spiegelt sich die unterschiedliche Schreibweise bei additiv und multiplikativ geschriebenen Gruppen auch in der Benennung ihrer neutralen und ihrer inversen Elemente wider: Neutrale Elemente in additiver Schreibweise schreibt man vorzugsweise als 0, neutrale Elemente in multiplikativer Schreibweise eher als 1. Inverse Elemente der Addition werden durch ein vorangestelltes Minuszeichen geschrieben ($-a$, dann ist $a + (-a) = 0$), während Inverse der Multiplikation meist einen negativen Exponenten erhalten (a^{-1}, dann ist $a^{-1} \cdot a = 1$).

Verbundene Verknüpfungsstrukturen: Wenn nun tatsächlich auf einer Menge *zwei* Operationen $+$ und $\cdot$ existieren, kann man nicht nur fragen, ob jede einzelne von ihnen zu einer Gruppenstruktur führt, sondern auch, ob die beiden Operationen etwas miteinander zu tun haben. Bei den natürlichen Zahlen (und ihren Erweiterungen) ist eine solche Verbindung zwischen den beiden Operationen naheliegend, denn die Multiplikation ist ja eigentlich über die mehrfache Addition definiert: Bei der fortgesetzten Addition $10 + 10 + 10 + 10 + 10$ kann man die *Anzahl* der Summanden, die ja zunächst einmal kein Element der Zahlenmenge ist, als natürliche *Zahl* deuten und erhält so eine Multiplikation $5 \cdot 10$. Dieser Zusammenhang zwischen Addition und Multiplikation führt letztlich zu den beiden sogenannten *Distributivgesetzen*:

$$a \cdot (b + c) = a \cdot b + a \cdot c \qquad \text{und} \qquad (a + b) \cdot c = a \cdot c + b \cdot c$$

(Das zweite Distributivgesetz ist nur bei kommutativer Multiplikation eine Folge aus dem ersten.) Diese Gesetze sind Ihnen beim Rechnen mit natürlichen Zahlen so in Fleisch und Blut übergegangen, dass Sie sich wahrscheinlich gar nicht mehr darüber wundern. Dabei ist diese Distributivität gar nicht selbstverständlich und eine sehr stark einschränkende Eigenschaft: Sie legt fest, dass Addition und Multiplikation auf eine sehr enge Weise miteinander verbunden sind. Grundsätzlich könnte es beim Zusammentreffen zweier Operationen ja auch anders sein, z.B. könnte andersherum gelten: $a \cdot (b \cdot c) = (a + b) \cdot (a + c)$. Oder zwei Operationen hängen gar nicht miteinander zusammen, wie z.B. die Addition (+) und die Verkettung (∘) reeller Funktionen: $f \circ (g + h)(x) = f(g + h(x))$ meint etwas völlig anderes als $(f \circ g + f \circ h)(x) = f(g(x)) + f(g + h(x))$. Hier ist also in der Regel $f \circ (g + h) \neq f \circ g + f \circ h$. (Es sei denn, f, g und h sind lineare Abbildungen, die man mit Matrizen schreiben kann. Dann gilt tatsächlich wieder ein Distributivgesetz $A(B + C) = AB + AC$, s. Übung 8.4.)

Die innige Verbindung zwischen Addition und Multiplikation macht Mengen zu etwas Besonderem, sie werden damit sozusagen zu einer besonderen Art von „Doppelgruppe". Beispielsweise gilt für die ganzen Zahlen:

($\mathbb{Z}$,+) ist eine Gruppe und ($\mathbb{Z}$, ·) ist eine Halbgruppe.

Leider besitzt die Multiplikation zwar ein neutrales Element, die 1, aber keine Inversen. Eine Verknüpfung, die lediglich assoziativ ist, nennt man auch eine Halbgruppe. Insofern wäre ($\mathbb{Z}$, +, ·) vielleicht als eine „Anderthalbgruppe" zu bezeichnen – in der Fachsprache nennt man dies allerdings einen *Ring*.

Besser sieht es bei den rationalen Zahlen aus. Sie wurden ja eigens dafür erfunden, dass man *Ganze* auch beliebig *teilen* kann, also dass man zum „Vierfachen" auch die Umkehrung „Viertel" zur Verfügung hat. Allerdings muss man leider immer noch feststellen:

($\mathbb{Q}$,+) ist eine Gruppe und ($\mathbb{Q}$, ·) ist *keine* Gruppe, sondern nur Halbgruppe, denn die 0 besitzt kein inverses Element $x \in \mathbb{Q}$ mit $0 \cdot x = 1$.

Diesen „Fehler im Getriebe" bekommt man auch nicht repariert. Während alle anderen Zahlen in $\mathbb{Q}$ ein Inverses haben, wird man zur 0 niemals eines finden. Es nützt auch nichts, zu tricksen und ein Inverses einfach dazuzudichten (etwa ∞). Warum ist die 0 so „unbelehrbar bösartig"? Eigentlich ist die 0 ja das neutrale Element der Addition, für das gilt: $0 + a = a + 0 = a$. Die Multiplikation hingegen sollte die 0 gar nichts angehen. Das wäre auch so, wenn nicht die Distributivgesetze die Addition ganz eng mit der Multiplikation verbinden würden. Sie legen fest, dass die Multiplikation mit 0 nur *ein* Ergebnis haben kann, nämlich $0 \cdot a = 0$. Hier sehen Sie eine Begründung:

$$0 \cdot a = 0 \cdot a + 0 = 0 \cdot a + (0 \cdot a - 0 \cdot a) = (0 \cdot a + 0 \cdot a) - 0 \cdot a$$
$$= (0 + 0) \cdot a - 0 \cdot a = 0 \cdot a - 0 \cdot a = 0$$

Lesen Sie das am besten Schritt für Schritt und begründen Sie jedes Mal, nach welcher Eigenschaft von Addition und Multiplikation das jeweilige Gleichheitszeichen richtig ist. Das bedeutet: Wie auch immer Sie · und + definieren, wenn beides Gruppen sind und wenn die Distributivgesetze gelten, dann ist das neutrale Element der Addition (also die 0) automatisch ein

„Nullelement" in der Multiplikation, also ein Element, das bei Multiplikation immer sich selbst erzeugt. Damit kann es aber auch kein inverses Element zu 0 geben, also ein Element x mit der Eigenschaft $0 \cdot x = 1$, welches aus 0 wieder das neutrale Element der Multiplikation erzeugt. (Auch ein ausgedachtes ∞ hilft hier nicht weiter. Für ganz Abgefeimte gibt es allerdings noch einen Ausweg, nämlich wenn $1 = 0$ ist, also dasselbe Element neutral für $+$ *und* für $\cdot$ ist. Überlegen Sie einmal, bei welchen Gruppen das auftreten könnte).

Dieser kleine Exkurs hat gezeigt, dass es keinen Ausweg gibt: Wenn man auf einer Menge eine Gruppe mit $+$ und eine Gruppe mit $\cdot$ haben möchte, so muss man für die Multiplikation die 0 aus der Menge herausnehmen.

Die einfachste Lösung lautet daher, die 0 bei der Definition der multiplikativen Gruppe einfach herauszunehmen. Und tatsächlich gilt dann:

$(\mathbb{Q}, +)$ ist eine Gruppe und $(\mathbb{Q} \setminus \{0\}, \cdot)$ ist eine Gruppe.
Beide sind kommutativ und es gelten die Distributivgesetze.

Eine solche „Doppelgruppe" mit den genannten Zusatzeigenschaften nennt man in der Mathematik allerdings nicht Doppelgruppe, sonden *Körper*[1]. Die Bezeichnung „Körper" erklärt sich daraus, dass man ursprünglich solche Zahlenmengen wie die rationalen Zahlen einen *Zahlkörper* nannte, wohl weil sie ein zusammenhängendes Ganzes (einen *corpus*) darstellten. Zunächst waren also Körper immer Untermengen der komplexen Zahlen, die eine additive und multiplikative Gruppenstruktur hatten. Gegen Ende des 19. Jahrhunderts lösten sich Heinrich Weber (1842–1913) und Ernst Steinitz (1871–1928) von den *Zahl*körpern und bezeichneten *jede* Menge mit den entsprechenden Eigenschaften als Körper, beispielsweise auch diese:

$(\mathbb{Z}_5, +, \cdot)$ ist ein Körper, denn:

$(\mathbb{Z}_5, +)$ ist eine Gruppe und $(\mathbb{Z}_5 \setminus \{0\}, \cdot)$ ist eine Gruppe.
Beide sind kommutativ und es gelten die Distributivgesetze.

Dies war ein wichtiger Schritt hin zu einer „modernen Algebra", bei der nun nicht mehr Gleichungen und die zum Lösen benötigen Zahlen untersucht wurden, sondern die Struktur von Mengen und Verknüpfungen mit bestimmten Eigenschaften (vgl. Alten u.a. 2014). Diese Eigenschaften wurden dann als *Axiome* aufgeführt, d.h., sie wurden als alleiniger Ausgangspunkt für alle weiteren Eigenschaften angenommen. Es wurde versucht, alle weiteren mathematischen Sätze über Gebilde, welchen den Axiomen genügen, aus diesen Axiomen abzuleiten. Die Axiome eines Körpers $(K, +, \cdot)$ sehen nach den vorhergehenden Überlegungen also folgendermaßen aus:

---

[1] Vielleicht müssen Sie etwas schmunzeln, wenn ein Alltagsbegriff wie „Körper" als mathematischer Fachbegriff verwendet wird. Dies wird bisweilen noch viel seltsamer: So sind die reellen Zahlen $\mathbb{R}$ beispielsweise ein „Oberkörper" der rationalen Zahlen $\mathbb{Q}$ und man nennt dies auch eine „Körpererweiterung".

Ein *Körper K* ist eine Menge von Elementen zusammen mit zwei binären Operationen + und · mit folgenden Eigenschaften:

(A1) $\forall a,b,c \in K: a+(b+c) = (a+b)+c$ (Assoziativität)

(A2) $\exists\, 0 \in K\ \forall a \in K: a+0 = 0+a = a$ (Existenz eines neutralen Elementes)

(A3) $\forall a \in K\ \exists\, b \in K: a+b = b+a = 0$ (Existenz inverser Elemente)

(A4) $\forall a,b \in K: a+b = b+a$ (Kommutativität)

(M1) $\forall a,b,c \in K\backslash\{0\}: a\cdot(b\cdot c) = (a\cdot b)\cdot c$ (Assoziativität)

(M2) $\exists\, 1 \in K\ \forall a \in K: a\cdot 1 = 1\cdot a = a$ (Existenz eines neutralen Elementes)

(M3) $\forall a \in K\backslash\{0\}\ \exists\, b \in K: a\cdot b = b\cdot a = 1$ (Existenz inverser Elemente)

(M4) $\forall a,b \in K: a\cdot b = b\cdot a$ (Kommutativität)

(D1) $\forall a,b,c \in K: a\cdot(b+c) = a\cdot b + a\cdot c$ (Distributivität)

(D2) $\forall a,b,c \in K: (a+b)\cdot c = a\cdot c + b\cdot c$ (Distributivität)

(A1)–(A4) bedeuten: $(K,+)$ ist eine kommutative Gruppe. (M1)–(M4) bedeuten: $(K\backslash\{0\}, \cdot)$ ist eine kommutative Gruppe. Wenn bei der Multiplikation nur (M1) gegeben ist, so nennt man $(K\backslash\{0\},+,\cdot)$ einen *Ring*.

Der Vorteil einer solchen axiomatischen Vorgehensweise ist eine hohe Transparenz und Klarheit: Wenn man versucht, Aussagen über bestimmte Körper zu beweisen, kann man jeweils sehr präzise aufzeigen, auf welche Eigenschaften sich eine Aussage stützt. Ein erstes Beispiel war der obige Exkurs, in dem gezeigt wurde, dass in *jedem* Körper, wie kompliziert auch immer er aussieht, das neutrale Element der Addition (mit $0 + x = x + 0 = x$ für alle x) ein Nullelement für die Multiplikation darstellt (mit $0 \cdot x = 0$ für alle x). Wenn man genauer hinschaut, so gilt dies übrigens nicht nur für jeden Körper, sondern bereits für jeden Ring.

Auf der nächsten Seite finden Sie eine Übersicht über eine große Zahl von Gruppen, Ringen und Körpern – die meisten davon haben Sie bereits ausführlicher untersucht. Einige werden aber erst in diesem Kapitel eine Rolle spielen.

Ringe sind in der Tabelle grün hervorgehoben und man erkennt sie daran, dass zugleich $(G,+)$ eine Gruppe und $(G\backslash\{0\}, \cdot)$ eine Halbgruppe ist – die geltenden Distributivgesetze sind dabei nicht eigens genannt. Wenn $(G,+)$ und $(G\backslash\{0\}, \cdot)$ beides Gruppen sind, liegt ein Körper vor, und dies wird mit **blauer** Farbe hevorgehoben. Die Beispiele am Ende der Tabelle werden erst im Laufe dieses Kapitels näher behandelt.

Wenn man die obige Übersicht mit einer sehr groben Brille anschaut, so erkennt man drei „Großtypen" an Verknüpfungsstrukturen: Solche mit nur einer Operation (*Gruppen*), solche mit zwei Operationen, bei denen die Multiplikation assoziativ ist (*Ringe*), und solche, bei denen Addition *und* Multiplikation Gruppeneigenschaften haben (*Körper*).

Menge	Additive Struktur	Multiplikative Struktur	Kap.
Natürliche Zahlen $\mathbb{N}$	Halbgruppe $(\mathbb{N},+)$	Halbgruppe $(\mathbb{N},\cdot)$	1,3
Ganze Zahlen $\mathbb{Z}$	Gruppe $(\mathbb{Z},+)$	Halbgruppe $(\mathbb{Z},\cdot)$	3
Rationale Zahlen $\mathbb{Q}$	Gruppe $(\mathbb{Q},+)$	Gruppe $(\mathbb{Q}\setminus\{0\},\cdot)$	7,8
Reelle Zahlen $\mathbb{R}$	Gruppe $(\mathbb{R},+)$	Gruppe $(\mathbb{R}\setminus\{0\},\cdot)$	8
Komplexe Zahlen $\mathbb{C}$	Gruppe $(\mathbb{C},+)$	Gruppe $(\mathbb{C}\setminus\{0\},\cdot)$	7,8,9
Restklassen $\mathbb{Z}_n$	Gruppe $(\mathbb{Z}_n,+)$	Halbgruppe$(\mathbb{Z}_n\setminus\{0\},\cdot)$	3,5
Prime Restklassen $\mathbb{Z}_p$	Gruppe $(\mathbb{Z}_p,+)$	Gruppe $(\mathbb{Z}_p\setminus\{0\},\cdot)$	8
Permutationsgruppen	–	Gruppe $(S_n,\circ)$ nicht kommutativ	4
Symmetriegruppen G_M einer Figur M, z.B. D_n	–	Gruppe $(G_M,\circ)$ nicht notwendig kommutativ	2
Abstrakt definierte Gruppen G, z.B. V_4	–	Gruppe $(G,*)$ nicht notwendig kommutativ	5
Lineare Abbildungen (als Matrizen) $\mathbb{M}_2$	Gruppe $(\mathbb{M}_2,+)$	Halbgruppe $(\mathbb{M}_2,\circ)$ nicht kommutativ	6
Umkehrbare lineare Abbildungen $GL(2)$	–	Gruppe $(GL(2),\circ)$ nicht kommutativ	6
Translationen T_M eines Musters M	Gruppe $(T_M,+)$	$\cong$ Gruppe $(T_M,\circ)$	6
Ganzzahlige Polynome $\mathbb{Z}[x]$	Gruppe $(\mathbb{Z}[x],+)$	Halbgruppe $(\mathbb{Z}[x],\cdot)$	8
Gebrochen rationale Funktionen $\mathbb{Q}(x)$	Gruppe$(\mathbb{Q}(x),+)$	Gruppe $(\mathbb{Q}(x)\setminus\{0\},\cdot)$	8

- Der Urtyp der *Gruppe* sind die Permutationsgruppen S_n und ihre Unter-gruppen. Sie beinhalten jede endliche Gruppe. Die wichtigsten Phänomene, die in Gruppen auftreten können, haben Sie in Kapitel 5 kennengelernt.

- Der Urtyp des *Ringes* ist der der ganzen Zahlen $\mathbb{Z}$, inzwischen kennen Sie allerdings eine ganze Reihe von komplexeren Verwandten. Im nächsten Abschnitt untersuchen Sie Phänomene, die für Ringe typisch sind.

- Der Urytp des *Körpers* sind die rationalen Zahlen $\mathbb{Q}$. Die in ihnen enthalte-nen Brüche wurden ja gerade dazu erfunden, mit kleinstmöglichem Auf-wand die Multiplikation neben der Addition ebenfalls zu einer Gruppe zu machen. In den nächsten beiden Abschnitten bekommen Sie einen ersten Überblick über Körper – auch hier herrscht eine ausgesprochen große „Ar-tenvielvalt".

8.2 Ganze Zahlen und ihre Verwandten

Die Tatsache, dass die ganzen Zahlen keine Inversen zur Multiplikation besitzen, dass also z.B. $7 \cdot x = 1$ in $\mathbb{Z}$ nicht lösbar ist, ist nicht nur ein Mangel, sondern gleichzeitig ein Gewinn, eine Quelle für einen ausgesprochenen Reichtum an Strukturen. Denn der „Inversenmangel" ist mit dem Phänomen verbunden, dass Gleichungen wie z.B. $a \cdot x = b$ nicht einfach „unlösbar", sondern je nach Wert von a und b mal mehr und mal weniger gut lösbar sind.

> **Erkundung 8.2:** Wie viele verschiedene Paare (x,y) mit x,y (in $\mathbb{N}$ oder in $\mathbb{Z}$) lösen die Gleichungen:
>
> $x \cdot y = 99$ $x \cdot y = 100$ $x \cdot y = 101$
>
> Wie kann ein systematischer Weg aussehen, um für jede mögliche Gleichung der Form $x \cdot y = a$ die Zahl der Lösungen vorauszusagen?

Bei der Untersuchung dieser Frage haben Sie sich sicherlich an alles, was Sie über Teiler und Primzahlen wissen, erinnert. Natürlich kann man zunächst einmal konkret arbeiten:

$(1,99), (3,33), (9,11), (11,9), (33,3), (99,1), (-1, -99), (-3, -33), \ldots$

$(1,100), (2,50), (4,25), (5,20), (10,10), (20,5), (25,4), (50,2), (100,1), (-1, -100), \ldots$

$(1,101), (101,1), (-1, -101), (-101, -1)$

Dann bemerkt man schnell, dass es letztlich nur darum geht, die positiven Teiler der Ergebniszahl zu finden. Die Hinzunahme der negativen Zahlen verdoppelt die Zahl der Lösungen lediglich. Die Anzahl der Lösungen hängt allerdings stark von der „Qualität" der Ergebniszahl ab.

- $x \cdot y = 0$: Hier muss entweder $x = 0$ oder $y = 0$ sein, d.h., es gibt in $\mathbb{N}$ oder $\mathbb{Z}$ keine *Nullteiler* (vgl. S. 56; in $\mathbb{Z}_6$ war das anders, beispielsweise $[3] \cdot [4] = [0]$).

- $x \cdot y = 1$: Diese Gleichung lösen nur Zahlen, die ein multiplikatives Inverses haben, das sind hier nur $x = 1$ und -1, also sogenannte *Einheiten* (s. S. 66, Übung 3.18).

- $x \cdot y = p$ (mit Primzahl p): Hier gibt es nur die trivialen Lösungen $x = 1$, $x = p, x = -1, x = -p$, denn das zeichnet ja gerade die Primzahlen aus.

- $x \cdot y = a$ mit einer zusammengesetzten Zahl a. Ein systematischer Weg, alle Lösungen zu finden, besteht darin, die zusammengesetzte Zahl so weit wie möglich in Primzahlen zu zerlegen und daraus alle Teiler zusammenzusetzen.

Aus der Primfaktorzerlegung der zusammengesetzten Zahl $100 = 2 \cdot 2 \cdot 5 \cdot 5$ lassen sich beispielsweise systematisch die positiven Teiler als $2^n \cdot 5^m$ mit $n = 0$,

1, 2 und $m = 0$, 1, 2 ermitteln, also 1, 2, 5, $2 \cdot 2$, $2 \cdot 5$, $5 \cdot 5$, $2 \cdot 2 \cdot 5$, $2 \cdot 5 \cdot 5$, $2 \cdot 2 \cdot 5 \cdot 5$ ermitteln (s. z.B. Leuders 2010, S. 91 ff.). Bei der Zerlegung wurde die Einheiten 1 und -1 nicht berücksichtigt, denn sie zerlegen das Einselement auf vielfache Weise: $1 = 1 \cdot 1 = 1 \cdot 1 \cdot 1 = (-1) \cdot (-1) = (-1) \cdot 1 \cdot (-1) = \ldots$ Wenn man sie für eine Primfaktorzerlegung verwenden würde, wäre diese nicht mehr eindeutig.

Bei den rationalen Zahlen sind all solche Überlegungen nicht möglich, denn dort hat die Gleichung $x \cdot y = a$ immer unendlich viele Lösungen: Für jedes beliebig gewählte x findet man mit $y = a/x$ das passende Gegenstück. Das bedeutet insbesondere, dass es in $\mathbb{Q} \setminus \{0\}$ keine Primzahlen geben kann und dass *alle* Zahlen Einheiten sind. Man trifft also bei Teilbarkeitsfragen nur in Ringen, die *keine* Körper sind, auf interessante Strukturen.

Die Primzahlen als Teilmenge der natürlichen Zahlen besitzen eine so reichhaltige Struktur, dass sie bis heute Gegenstand intensiver Forschung sind. Aber es gibt auch noch andere Primzahlen, wie die folgende Erkundung zeigt.

Erkundung 8.3: Betrachtet man nur die komplexen Zahlen, die einen ganzzahligen Real- und Imaginärteil haben: $\mathbb{Z}[i] = \{a + bi \mid a, b \in \mathbb{Z}\}$, so spricht man von den *Gaußschen Zahlen* oder den *Gaußschen Ganzzahlen*. Die Zahlen liegen also auf den ganzzahligen Punkten der komplexen Zahlenebene.

→ *Programm*
Komplexe
_Primzahlen

a) Vergewissern Sie sich, dass die Gaußschen Zahlen einen Ring $(\mathbb{Z}[i], +, \cdot)$ bilden. Warum sind sie kein Körper?

b) Untersuchen Sie die Gaußschen Zahlen $\mathbb{Z}[i]$ auf ihre Teilerstruktur. Dabei können Sie umgekehrt vorgehen und zunächst einmal von gegebenen Zahlen Vielfache bilden.

- Wie sehen beispielsweise alle Vielfachen von 1, von 2, von −2, von i, von $1 + i$ oder von $2 + i$ aus? Wo liegen sie in der Zahlenebene? Was hat das jeweils für Folgen?

- Welche Vielfachen würden Sie als zusammengesetzte Zahlen ansehen? Welches Muster bleibt übrig, wenn man alle Vielfache herausstreicht?

- Welche Zahlen sind Primzahlen? Welche sind zusammengesetzt? (Sie werden nicht alle aufzählen können, aber Sie können vielleicht einige Typen von Primzahlen beschreiben.)

- Kann man jede Zahl in Primzahlen zerlegen? Ist die Zerlegung eindeutig?

Mit den Vielfachen einer Zahl sind im Gaußschen Zahlenring natürlich auch die *komplexen* Vielfachen gemeint. Die Vielfachen von 2 sind beispielsweise:

$$1 \cdot 2 = 2, 2 \cdot 2 = 4, 3 \cdot 2 = 6, ..., i \cdot 2 = 2i, 2i \cdot 2 = 4i, ..., (1 + i) \cdot 2 = 2 + 2i, ...$$

Wenn man entlang der positiven ersten Achse (also der „natürlichen" Achse) nach und nach alle Vielfachen aller verbleibenden natürlichen Zahlen (2, 3, 4, ...) streicht, so bleiben die natürlichen Prim-  zahlen (2, 3, 5, 7, ...). Das Vorgehen kennen Sie wahrscheinlich unter dem Namen „Sieb des Eratosthenes" (z.B. Leuders 2010, S. 130). Auch auf der imaginären Achse oder der negativen natürlichen Achse bleiben nur das i-fache bzw. (-1)-fache der natürlichen Primzahlen übrig, denn man muss ja auch jeweils die $n \cdot i$-Fachen und $(-n)$-Fachen als Primzahlkandidaten streichen.

Will man nun auch die Vielfachen von i finden und herausstreichen, erlebt man möglicherweise eine Überraschung: *Alle* Gaußschen Zahlen sind Vielfache von i, denn $i \cdot (a + bi) = i \cdot a + b \cdot i^2 = -b + ai$. Geometrisch gesprochen bedeutet dies, dass die Multiplikation mit i die Zahlenebene um 90° dreht, aber nicht streckt. Knapp aufgeschrieben heißt das: $i \cdot \mathbb{Z}[i] = \mathbb{Z}[i]$. Hier kommt zum Tragen, dass i in $\mathbb{Z}[i]$ ein Inverses $-i$ besitzt, denn dadurch ist jede Zahl a Vielfaches von i, nämlich $a = [a \cdot (-i)] \cdot i$. Die invertierbaren Zahlen im Ring $\mathbb{Z}[i]$ sind also 1, -1, i, $-i$ und sie haben dieselbe Sonderrolle wie die 1 bei den natürlichen Zahlen – ein weiterer Grund, warum man sie *Einheiten* nennt und warum man sie nicht den Primzahlen zurechnet.

Anders verhält es sich mit den Vielfachen von beispielsweise $(2 + i)$. Diese bilden ein Gitter, das gedreht, aber auch gestreckt 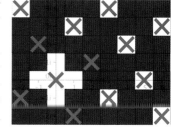 ist. Wenn man $(2 + i)$ mit den Einheiten vervielfacht, erhält man $1 \cdot (2 + i) = 2 + i$, $i \cdot (2 + i) = -1 + 2i$, $-1 \cdot (2 + i) = -2 - i$ und $-i \cdot (2 + i) = 1 - 2i$. Diese Zahlen würde man nicht als zusammengesetzt bezeichnen, bestenfalls als trivial zusammengesetzt. Es kann zudem auch passieren, dass ein komplexes Vielfaches einer komplexen Zahl rein natürlich ist:

$$(2 + i)(2 - i) = 4 - i^2 = 4 + 1 = 5$$

Das bedeutet allerdings: 5 ist in $\mathbb{Z}[i]$ *keine* Primzahl mehr. Auf diese Weise verlieren manche, aber nicht alle Primzahlen aus $\mathbb{N}$ ihre Primeigenschaft. Gefährdet sind beispielsweise alle natürlichen Zahlen der Form

$$(a + bi)(a - bi) = a^2 - (ib)^2 = a^2 + b^2 ,$$

also z.B. $1^2 + 2^2 = 5$. Eine ganze, nicht-komplexe Zahl ist sogar schon dann zusammengesetzt, wenn sich beim Produkt zweier komplexen Zahlen die entstehenden Imaginärteile aufheben:

$(a + bi)(c + di) = (ac - bd) + (ad + bc)i = ac - bd$, wenn $ad = -bc$

Das funktioniert z.B. bei

$(2 + 6i)(1 - 3i) = 2 + 6i - 6i - 18i^2 = 2 + 18 = 20$

Diese Rechnung bedeutet außerdem auch noch, dass 20 neben der bekannten Zerlegung eine neue Zerlegung dazubekommt:

$20 = 4 \cdot 5$, aber auch $20 = (2 + 6i)(1 - 3i)$.

Die Zerlegung in Primfaktoren ist in $\mathbb{Z}[i]$ also auch nicht mehr eindeutig. Was Sie womöglich für eine Selbstverständlichkeit gehalten haben, nämlich die Eindeutigkeit von Primfaktorzerlegungen – da Sie so etwas bisher nur in $\mathbb{Z}$ kannten –, ist gar nicht selbstverständlich und muss erst bewiesen werden (s. z.B. Leuders 2010, S. 80 ff.).

Dennoch ist die hier angedeutete Vorgehensweise, Primzahlen durch Elimination von Vielfachen aus den Gaußschen Zahlen herauszusieben, ganz wie beim Sieb des Eratosthenes ein erfolgreicher Weg zur Identifikation von komplexen Primzahlen. Wenn man nun aus der Zahlenebene nach und nach die verschiedenen, ausgesprochen regelmäßigen quadratischen Gitter von Zahlen herausstreicht, bleibt allerdings ein Teppich übrig, dessen Struktur zwar sehr ästhetisch, aber auch recht undurchschaubar anmutet (s. Bild rechts). In dieser Hinsicht ähneln die Gaußschen Primzahlen ganz den natürlichen, über die Don Zagier (1977) schreibt, dass sie „wie Unkraut unter den natürlichen Zahlen [wachsen], scheinbar keinem anderen Gesetz als dem Zufall unterworfen, und kein Mensch kann voraussagen, wo wieder eine sprießen wird" – obwohl sie andererseits „die ungeheuerste Regelmäßigkeit aufzeigen, daß sie durchaus Gesetzen unterworfen sind und diesen mit fast peinlicher Genauigkeit gehorchen".

Auf der Basis dieser Erfahrungen lässt sich das Konzept von Primzahlen auf den Ring der Gaußschen Zahlen folgendermaßen erweitern:

Die komplexen Zahlen mit ganzzahligem Real- und Imaginärteil

$\mathbb{Z}[i] = \{a + bi \mid a, b \in \mathbb{Z}\}$

bilden den sogenannten *Ring der Gaußschen Zahlen* $(\mathbb{Z}[i], +, \cdot)$ mit den invertierbaren Elementen („*Einheiten*") $E = \{1, -1, i, -i\}$.

Eine Zahl $z \neq 0$ ist eine *Primzahl* in $\mathbb{Z}[i]$, wenn es keine triviale Darstellung als Produkt gibt, also wenn $z = x \cdot y \Rightarrow x \in E \vee y \in E$.

Sie haben nun erlebt, wie man das Primzahlkonzept von den natürlichen Zahlen auf die ganzen Zahlen und die Gaußschen Zahlen überträgt. Es ist denkbar, dass dies auch für weitere Ringe funktioniert und möglicherweise neue, primzahlartige Strukturen offenlegt. Einen davon sollen Sie noch näher in Augenschein nehmen.

Schon seit Ihrer Schulzeit arbeiten Sie intensiv in einem Ring, ohne dass Sie dabei explizit über dessen Ringstruktur nachgedacht hätten. Dieser Ring entsteht, wenn Sie nicht nur mit Zahlen, sondern auch mit Variablen als „unbestimmten Zahlen" arbeiten. Das geschieht vor allem in der Analysis, wenn es um die Abhängigkeit einer Größe von einer reellen Variable x, also um Funktionen geht. Während des Arbeitens mit Funktionen geschieht es immer wieder, dass man die Abhängigkeit einer Variablen von einer anderen (z.B. $y = x^2 + 2x + 3$) unbeachtet lässt und mit den Termen allein arbeitet (z.B. $x^2 + 2x - 3 = (x - 1)(x + 3)$). Eine solche Rechnung bezeichnet man auch als „algebraischen Kalkül" und der Raum, in dem man diesen durchführt, ist zum Beispiel die Menge aller Polynome von der Form $a_n x^n + \ldots + a_1 x + a_0$. Die ganzen Zahlen sind dabei in der Menge der Polynomen mit enthalten, sie entsprechen den Polynomen mit nur dem nullten Koeffizienten a_0. Bei den Polynomen ist es oft hilfreich, den Grad der beteiligten Polynome zu betrachten, also den höchsten vorkommenden Exponenten $\text{grad}(a_n x^n + \ldots) = n$, wenn $a_n \neq 0$.

Erkundung 8.4: Unter allen Polynomen kann man zunächst nur die betrachten, deren Koeffizienten alle ganzzahlig sind:

$$\mathbb{Z}[x] = \{a_n x^n + \ldots + a_1 x + a_0 \mid n \in \mathbb{N}, \, a_i \in \mathbb{Z}\}$$

a) Vergewissern Sie sich, dass die ganzzahligen Polynome einen Ring $(\mathbb{Z}[x], +, \cdot)$ bilden. Warum sind sie kein Körper?

b) Untersuchen Sie die ganzzahligen Polynome $\mathbb{Z}[x]$ auf ihre Teilerstruktur.
- Identifizieren Sie die Einheiten. Gibt es Nullteiler?
- Welche Zahlen sind Primzahlen? Welche sind zusammengesetzt? (Auch hier werden Sie nicht alle aufzählen können, aber Sie können vielleicht einige Typen von Primzahlen beschreiben.)
- Kann man jede Zahl in Primzahlen zerlegen? Ist die Zerlegung eindeutig?

Sicherlich ist es auch hier inspirierend, zunächst einige Beispiele zu betrachten:
Elemente vom Grad 0, also ohne Potenzen von x: $8 = 4 \cdot 2$, $31 = 31 \cdot 1$
Elemente vom Grad 1 in x: $8x = 4 \cdot 2 \cdot x$, $x = x \cdot 1$, $2x + 3 = 2x + 3$, $2x + 2 = 2(x + 1)$
Elemente vom Grad 2 in x: $x^2 = x \cdot x$, $x^2 + 1 = x^2 + 1$, $x^2 + 3x + 2 = (x + 1)(x + 2)$

Was hier anders zu scheint als in $\mathbb{Z}[i]$, ist, dass die Polynome beim Multiplizieren immer „größer" werden. Genauer: Wenn man zwei Polynome multipliziert, addieren sich offenbar ihre Grade gemäß $\text{grad}(f \cdot g) = \text{grad}(f) + \text{grad}(g)$. Bei den Gaußschen Zahlen hingegen kam das i niemals in höherer Potenz vor (wegen $i^2 = -1$) und es konnte vorkommen, dass das zusätzliche i bei der Multiplikation sogar verschwand. Das kann bei Polynomen jedoch nie geschehen, denn sie sind mithilfe ihres Grades nach Größe geordnet und werden beim Multiplizieren stets größer. Aus dieser Anordnung der Polynome nach ihrem Grad lassen sich viele der folgenden allgemeinen Aussagen, die durch die Beispiele suggeriert wurden, einsehen, und formal beweisen (s. Übung 8.8):

- Die Einheiten in $\mathbb{Z}[x]$ sind wie in $\mathbb{Z}$ nur $\{1, -1\}$, denn Polynome vom Grad 1 und höher lassen sich nicht durch Multiplikation im Grad reduzieren. Auch kann es deswegen keine Nullteiler geben.
- Zusammengesetzte Zahlen in $\mathbb{Z}$ sind auch in $\mathbb{Z}[x]$ zusammengesetzt. Auch Primzahlen in $\mathbb{Z}$ bleiben Primzahlen in $\mathbb{Z}[x]$, denn eine Zahl kann man nicht in Polynome vom Grad 1 oder höher zerlegen.
- Elemente vom Grad 1 können zusammengesetzt sein mit einem Faktor aus $\mathbb{Z}$ und einem Faktor $(ax + b)$ mit teilerfremden a und b. Solche Linearfaktoren sind weitere „Primzahlen", die man nicht weiter zerlegen kann.
- Polynome von Grad 2 zeigen ein noch komplexeres Verhalten. Wenn sie zerlegbar sind, dann ist ein Faktor eine Zahl aus $\mathbb{Z}$ oder ein Linearfaktor von der Form $(ax + b)$. Allerdings kann man meist nicht unmittelbar sagen, ob ein Polynom vom Grad 2 wirklich Faktoren enthält.

Primzahlen in $\mathbb{Z}[x]$ sind anscheinend noch komplexer als die Primzahlen in $\mathbb{Z}$. Die nicht zusammengesetzten Polynome in $\mathbb{Z}[x]$ nennt man auch *irreduzibel* über $\mathbb{Z}[x]$. Sie spielen die Rolle von Primzahlen als „multiplikativen Bausteinen", d.h., jedes Polynom lässt sich eindeutig (bis auf Einheiten) als Produkt von irreduziblen Polynomen schreiben. Eine solche Primfaktorzerlegung zu finden, ist aber eine mitunter aufwändige Aufgabe. Hätten Sie beispielsweise gedacht, dass

$$x^4 - 4x^3 + x^2 + 8x - 3 = (x^2 - 3x + 1) \cdot (x^2 - x - 3) ?^2$$

Faktorisierungen von Polynomen wie diese sind allerdings gerade das, was man zur Lösung vieler Probleme benötigt, insbesondere zur Suche von Nullstellen. Daher werden Polynomringe zum Abschluss noch einmal näher betrachtet.

Die Menge der Polynome mit ganzzahligen Koeffizienten

$$\mathbb{Z}[x] = \{a_n x^n + \ldots + a_1 x + a_0 \mid n \in \mathbb{N}, a_i \in \mathbb{Z}\}$$

bildet den *Ring der ganzzahligen Polynome* $(\mathbb{Z}[x], +, \cdot)$.
Invertierbar sind in diesem Ring nur die *Einheiten* $E = \{1, -1\}$.
Ein Polynom f heißt *irreduzibel* (oder auch *prim*) in $\mathbb{Z}[x]$, wenn es keine triviale Darstellung als Produkt gibt, also wenn

$$f(x) = g(x) \cdot h(x) \Rightarrow g(x) = \pm 1 \lor f(x) = \pm 1.$$

---

[2] Sie können sich beim Zerlegen von einem Computeralgebrasystem unterstützen lassen, z. B. demonstrations.wolfram.com/FactoringPolynomialsOverVariousRings

8.3 Rationale Zahlen und ihre Verwandten

Die rationalen Zahlen $\mathbb{Q}$ wurden weiter oben als „Urtyp" eines Körpers bezeichnet. Sie entstehen gewissermaßen ganz automatisch aus einer „Urzahl", nennen wir sie schlicht „|", wenn man folgende Ansprüche an Zahlen stellt:

- Die Zahl | kann man beliebig addieren, man schreibt dann als Abkürzung für $|+|+|=|||$ usw. Die Addition führt zu immer neuen Zahlen.

- Alle Additionen können umgekehrt werden, z.B. wird $||||+\ldots=|$ gelöst durch die (neu zu erfindende) Zahl $-|||$.

- Alle Zahlen lassen sich multiplizieren, die Multiplikation bedeutet eine fortgesetzte Addition: $||||\cdot|||=|||+|||+|||+|||=||||||||||||$

- Alle Multiplikationen können umgekehrt werden, z.B. wird $||||\cdot\ldots=|||$ gelöst durch die (neu zu erfindende) „Quotienten"-Zahl $\frac{|||}{||||}$.

Nun muss man noch sagen, wie man die neu erfindenden Quotienten miteinander verrechnet, sodass alles „zusammenpasst", d.h. dass die Elemente der Gesamtmenge der so erzeugten Zahlen sinnvoll miteinander zu addieren und multiplizieren sind. Die so entstehenden Zahlen sind dann nichts anderes als die *rationalen Zahlen*, nur dass wir letztere mit vertrauteren Symbolen schreiben. Bezeichnet man mit $\langle A \rangle$ den kleinsten Körper, der die Menge A enthält, so kann man diese Überlegungen zur Genese der rationalen Zahlen zusammenfassen zu der einfachen Formel $\mathbb{Q} = \langle\{1\}\rangle$, die besagt, dass die rationalen Zahlen durch die 1 und fortgeführte Addition, Subtraktion, Multiplikation und Division erzeugt werden. Der Prozess der Konstruktion rationaler Zahlen, der hier angedeutet wurde, findet in der Schule über viele Schuljahre sukzessive und mit Bezug zu konkreten Zahl- und Operationsvorstellungen statt. Einer der wichtigsten Schritte dabei ist, eine Divisionssituation wie 3:4 nicht als Rechenaufgabe, sondern als Zahl anzusehen und mit ihr wiederum zu rechnen.

In der Sprechweise der Axiome ist hier Folgendes passiert: Der Ring der ganzen Zahlen besitzt fast alle Eigenschaften eines Körpers (A1–A4, M1, M2, M4, D1, D2) bis auf die Existenz multiplikativer Inverser (M3). Dieses Defizit wird durch „Quotientenbildung" behoben und man erhält den Körper der rationalen Zahlen als Quotienten von ganzen Zahlen. Funktioniert das auch bei anderen Ringen, in denen die multiplikativen Inversen fehlen?

Erkundung 8.5: Welche Struktur haben die Körper, die durch Quotientenbildung aus $\mathbb{Z}[x]$ oder aus $\mathbb{Z}[i]$ entstehen? Das finden Sie am besten heraus, wenn Sie zunächst die Elemente aus den Räumen immer wieder miteinander mittels der Grundrechenarten Addition, Subtraktion (additive Inversenbildung), Multiplikation, Division (multiplikative Inversenbildung) verknüpfen. Danach können Sie überlegen, wie man die entstehenden Element möglichst einfach schreiben kann.

Wenn man ganzzahlige Polynome dividiert, erhält man Quotienten:

$$\frac{P(x)}{Q(x)} \text{ also z.B. } \frac{x^2 + 2x}{x+1}$$

Diese lassen sich nur in besonderen Fällen vereinfachen, nämlich dann, wenn Nenner und Zähler einen gemeinsamen Polynomfaktor enthalten, z.B.:

$$\frac{x^2 + 3x + 2}{x+1} = \frac{(x+1)(x+2)}{x+1} = x+2$$

Die Frage ist nun, ob die Hinzunahme solcher Quotienten bereits zu einem abgeschlossenen Körper führt oder ob man weitere Elemente hinzunehmen muss. Weil Polynome aus ganzen Zahlen und dem x als einer Art unbekannter Zahl bestehen, ist es nicht verwunderlich, dass sich Abgeschlossenheit und Inversenbildung aus den vertrauten Operationen mit Zahlen ergeben:

$$\frac{P(x)}{Q(x)} \cdot \frac{R(x)}{S(x)} = \frac{P(x) \cdot R(x)}{Q(x) \cdot S(x)} \quad \text{und} \quad \frac{P(x)}{Q(x)} + \frac{R(x)}{S(x)} = \frac{P(x) \cdot S(x) + R(x) \cdot Q(x)}{Q(x) \cdot S(x)}$$

$$\frac{P(x)}{Q(x)} + \frac{-P(x)}{Q(x)} = 0 \quad \text{und} \quad \frac{P(x)}{Q(x)} \cdot \left(\frac{P(x)}{Q(x)}\right)^{-1} = \frac{P(x)}{Q(x)} \cdot \frac{Q(x)}{P(x)} = 1$$

Weil all dies so gut funktioniert, haben Sie möglicherweise aber eines übersehen: P und Q können auch Polynome vom Grad 0, also ganze Zahlen sein. Daher benötigt man für die Abgeschlossenheit auch noch Brüche p/q, Produkte von Brüchen und Polynomen (z.B. $\frac{1}{2}x^2$) und wiederum deren Quotienten. Bei genauerer Betrachtung sind dies aber keine wirklich neuen Elemente, denn man kann ja Zähler und Nenner mit dem kleinsten gemeinsamen Vielfachen aller auftretenden Nenner multiplizieren und erhält wieder einen Quotienten ganzzahliger Polynome:

$$\frac{\frac{1}{2}x + \frac{1}{3}}{\frac{1}{4}x^2 + \frac{1}{5}x + \frac{1}{6}} = \frac{30x + 20}{15x^2 + 12x + 10}$$

Wendet man sich den Quotienten aus $\mathbb{Z}[i]$ zu, funktionieren die obigen Argumente alle analog. Allerdings gibt es hier noch die Chance einer anderen einfachen Darstellung. Anders als bei den Polynomen kann man im Nenner auch die imaginäre Größe i loswerden:

$$\frac{a+bi}{c+di} = \frac{(a+bi)(c-di)}{(c+di)(c-di)} = \frac{ac + bd + bci - adi}{c^2 + d^2} = \frac{ac + bd}{c^2 + d^2} + \frac{bc - ad}{c^2 + d^2} i$$

Damit ergibt sich für jedes Element aus dem Quotientenkörper noch die Möglichkeit einer Darstellung durch komplexe Zahlen mit rationalem Real- und Imaginärteil, aber ohne Nenner.

Die Ringe $\mathbb{Z}[x]$ und $\mathbb{Z}[i]$ besitzen die folgenden *Quotientenkörper*:

$$Q(\mathbb{Z}[x]) = \mathbb{Q}(x) = \left\{ \left. \frac{P(x)}{Q(x)} \right| P(x), Q(x) \in \mathbb{Z}[x] \right\}$$

$$Q(\mathbb{Z}[i]) = \mathbb{Q}(i) = \left\{ \left. \frac{a+bi}{c+di} \right| a,b,c,d \in \mathbb{Z} \right\} = \left\{ a+bi \mid a,b \in \mathbb{Q} \right\}$$

Der Schritt vom Ring $\mathbb{Z}$, bei dem nur die Addition eine Gruppe bildet, zum Körper $\mathbb{Q}$ durch Hinzunahme von Brüchen ist aus der Schulmathematik vertraut, aber selten denkt man darüber nach, was dabei genau geschehen ist. Dieselbe Idee lässt sich aber offensichtlich auch für andere Ringe R ausführen: Durch Hinzunahme von „Quotienten" aus Elementen aus R gelangt man zu einem sogenannten *Quotientenkörper* $Q(R)$. Dass die rationalen Zahlen der Quotientenkörper zu den ganzen Zahlen sind, schreibt man also als $\mathbb{Q} = Q(\mathbb{Z})$.

Diese Vorgehensweise ist zwar durch die untersuchten Beispiele sehr plausibel, aber es ist nicht ganz sicher, ob dieses Vorgehen wirklich völlig problemlos und auch ganz allgemein funktioniert. Führt die mehrfach ausprobierte Quotientenbildung wirklich immer zu „ordentlichen" Körpern? Nachfolgend der Versuch einer „sauberen" Definition und Begründung.

Eine formal präzise Fassung dieser Aussage kann z.B. so aussehen: Zu den Elementen aus dem Ring R (man darf sich hier $\mathbb{Z}$ vorstellen) bildet man die Paare $(a,b) \in R \times R$. Wenn für zwei Paare (a,b) und (c,d) gilt: $a \cdot d = b \cdot c$, so werden sie als gleichwertig angesehen: $(a,b) \sim (c,d)$. Diese Art von Gleichwertigkeit ist gerade so formuliert, wie man es anschaulich erwarten würde: Zwei Divisionssituationen $a : b$ und $c : d$ sind genau dann gleichwertig, wenn sie das gleiche Ergebnis haben: $a : b = c : d$. Die zunächst etwas schief anmutende Gleichung $a \cdot d = b \cdot c$ hat den Vorteil, dass sie immer wohldefiniert ist, also auch wenn b oder d null sind oder wenn die Elemente einem Ring R entstammen, für den überhaupt nicht erklärt ist, was eine Division $a : b$ überhaupt bedeutet.

Alle gleichwertigen Paare werden nun zu Mengen zusammengefasst, die jeweils durch ein Element vertreten werden können: $[a,b] = \{(x,y) \mid x \cdot b = y \cdot a\}$. Damit ist z.B. $[1,2] = \{(1,2), (2,4), (3,6), \ldots\}$. Diese Mengen, die man als „formale Quotienten" bezeichnen kann, bilden nun die neuen „Zahlen", also die Elemente in einer Menge:

$Q(R) = \{[a,b] \mid a,b \in R\}$

Nun muss man zeigen, dass diese Menge mit einer sinnvollen Addition und Multiplikation ausgestattet ist und insbesondere, dass $(Q(R), +, \cdot)$ alle Axiome eines Körpers erfüllt. Als Addition und Multiplikation definiert man (mit Blick darauf, wie es bei den Brüchen bereits gut funktioniert):

$[a,b] + [c,d] = [ad + bc, bd]$

$[a,b] \cdot [c,d] = [ac, bd]$

Dann kann man sich daran machen, zu zeigen, dass (1) diese Definition wohldefiniert ist, also die Ergebnisse $[a,b] + [c,d]$ und $[a,b] \cdot [c,d]$ jeweils unabhängig davon sind, welche Repräsentanten a,b,c,d man für die Summanden bzw. Faktoren wählt, und dass (2) die Addition und Multiplikation jeweils die Gruppenaxiome erfüllen. Dabei bemerkt man noch, dass hier Schwierigkeiten auftreten, wenn der Ring Nullteiler enthält, wenn er kein Einselement enthält oder wenn er nicht kommutativ ist (welche könnten dies sein?).

Die jeweiligen Beweise sind technisch und wenig inspirierend. Dennoch ist es schön zu sehen, wie die Grundidee der Konstruktion von Brüchen so tragfähig ist, dass sie sich umsetzen lässt, wann immer für einen Körper „nur" die multiplikativen Inversen fehlen.

8.4 Irrationale Zahlen und darüber hinaus

Rückblickend stellt sich der Weg zur schrittweisen Erweiterung der Zahlbereiche nun folgendermaßen dar: Die natürlichen Zahlen bilden das Fundament aller (unendlichen) Zahlbereiche. Sie sind auf anschauliche Weise mit einer Addition und Multiplikation ausgestattet, die miteinander „distributiv zusammenhängen"[3]. Alles, was darauf aufbaut, muss man systematisch konstruieren, oder, wie es Leopold Kronecker (1823–1891) ausdrückte (zitiert nach Weber 1893):

> *„Die ganzen Zahlen hat der liebe Gott gemacht,*
> *alles andere ist Menschenwerk. "*

Die Erweiterung des Zahlbereichs ist jedes Mal die Antwort auf ein Defizit des vorherigen: Die ganzen Zahlen machen das beliebige „Rückwärtsgehen" bzw. „Umkehren" möglich, mathematisch ausgedrückt: Sie beheben das Problem der Unlösbarkeit additiver Gleichungen (wie $a + x = b$), oder in moderner Fachsprache, das Fehlen inverser Elemente in der additiven Halbgruppe von $(\mathbb{N},+,\cdot)$. Die rationalen Zahlen wiederum ermöglichen es, Anteile von Ganzen zu beschreiben, in mathematischer Sprache: Sie beheben das Fehlen von Lösungen von linearen Gleichungen (wie $ax = b$) bzw. das Fehlen multiplikativ inverser Elemente. Danach entstehen aber neue Wünsche: die Länge der Diagonale eines Quadrates oder den Umfang eines Kreises oder alle Lösungen einer Gleichung wie $x^4 = 2$ anzugeben. Mit rationalen Zahlen lassen sich diese Wünsche nicht befriedigen. Aber welche Art von Zahlen werden für welchen Wunsch wirklich benötigt? Und wie lassen sie sich jeweils konstruieren? Ganz so, wie es auch historisch in der Mathematik abläuft, haben Sie zunächst neue Konzepte erfunden und den Umgang mit ihnen ausprobiert, d.h., Sie kennen bereits einige nicht-rationale Zahlen wie $\sqrt{2}$ und oder i und können mit ihnen schon praktisch umgehen. Es stellt sich also die Frage, wie genau der Weg, den die folgende Abbildung zusammenfasst, weitergeht. Dabei deutet sich bereits an,

---

[3] Den Zusammenhang von Addition und Multiplikation kann man auch auf der Basis der sogenannten Peano-Axiome begründen – dargestellt ist das z.B. in „Erlebnis Arithmetik" (Leuders 2010, S. 182). Anschaulich kann man es auch der Abbildung auf S. 5 entnehmen.

dass die Rolle, die die reellen und die komplexen Zahlen in diesem System spielen, noch einmal gründlich überdacht werden muss.

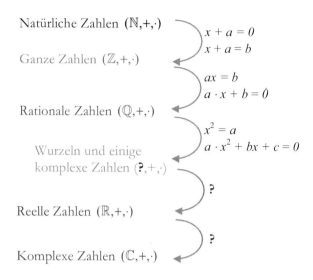

Es ist also an der Zeit, die nicht-rationalen Zahlen systematisch zu betrachten und zu fragen, welche Probleme die Zahlen jeweils lösen bzw. nicht lösen und welche *Operationsstrukturen* (Gruppen, Ringe, Körper) und welche Art von *Algebra* (Umformungen, Lösungsverfahren) dafür jeweils nötig sind. Um in kleinen Schritten zu untersuchen, welche Strukturen durch irrationale Zahlen erzeugt werden, sollten Sie zunächst möglichst kleine Erweiterungen des Körpers der rationalen Zahlen vornehmen.

Erkundung 8.6: Mit $\mathbb{Q}(a)$ soll der kleinste Körper bezeichnet werden, der neben allen rationalen Zahlen auch die nicht-rationale Zahl a enthält. Dieser Körper muss zu zwei Zahlen x und y also immer auch die Zahlen $x + y$, $x \cdot y$, $-x$ und x^{-1} enthalten. (Gleichbedeutend kann man auch fordern, dass er neben $x + y$ und $x \cdot y$ auch $x - y$ und $x : y$ enthält). Ein sinnvolles Vorgehen ist daher, so lange Summen, Produkte und Inverse zu bilden, bis die Menge abgeschlossen ist.

- Finden Sie heraus, aus welchen Elementen die Körper $\mathbb{Q}(\sqrt{7})$ und $\mathbb{Q}(i)$ bestehen.
- Was ändert sich, wenn man fordert, dass der erweiterte Körper zwei verschiedene Wurzeln enthalten soll, also z.B. $\mathbb{Q}(\sqrt{3},\sqrt{7})$?
- Wie können Sie alle Elemente der jeweiligen Körper auf besonders einfache Weise schreiben? Hinweis: Beim Multiplizieren vereinfachen sich die Terme, z.B. ist $(1+\sqrt{7})\cdot(2+\sqrt{7})=2+3\sqrt{7}+(\sqrt{7})^2=9+3\sqrt{7}$. Entwickeln und nutzen Sie solche vereinfachenden Umformungen.

Die Hinzunahme von $\sqrt{7}$ zu den rationalen Zahlen bedeutet, dass, wenn man mit der neuen Zahl $\sqrt{7}$ Operationen mit den Grundrechenarten durchführt, auch die Ergebnisse im Körper liegen müssen. (In moderner Sprache: Addition und Multiplikation müssen abgeschlossen, neutrale und inverse Elemente müssen enthalten sein.) Es müssen also z.B. auch $a \cdot \sqrt{7}$, $a + \sqrt{7}$, $-\sqrt{7}$ und $(\sqrt{7})^{-1}$ vorhanden sein. Bei Addition und Subtraktion bleiben die Ergebnisse der Form $a + b\sqrt{7}$. Wenn man nicht viel Erfahrung mit der „Wurzelalgebra", also dem Umformen von Wurzelausdrücken hat, so könnte man jetzt die Befürchtung entwickeln, dass die Ausdrücke beliebig kompliziert werden, also z.B.: $(1 + \sqrt{7}) : (2 + 3\sqrt{7}) + \sqrt{7} : (2 + 10\sqrt{7})$ usw. Wegen der besonderen Eigenschaft der Wurzel $(\sqrt{7})^2 = 7$ kann man aber bei den inversen Elementen der Multiplikation durch Erweitern vereinfachen:

$$(\sqrt{7})^{-1} = \frac{1}{\sqrt{7}} = \frac{\sqrt{7}}{\sqrt{7}\sqrt{7}} = \frac{1}{7}\sqrt{7}$$

Bei der Division braucht man einen etwas weitergehenden „Trick":

$$\frac{1}{a + b\sqrt{7}} = \frac{a - b\sqrt{7}}{(a + b\sqrt{7})(a - b\sqrt{7})} = \frac{a - b\sqrt{7}}{a^2 - 7b^2} = \left(\frac{a}{a^2 - 7b^2}\right) + \left(\frac{-b}{a^2 - 7b^2}\right)\sqrt{7}$$

Fasst man diese Erkenntnisse zusammen, so erkennt man, dass man tatsächlich schreiben kann:

$$\mathbb{Q}(\sqrt{7}) = \{a + b\sqrt{7} \mid a, b \in \mathbb{Q}\}$$

Auch wenn man es den Zahlen mit dem „Bauplan" $a + b\sqrt{7}$ nicht sofort ansehen kann, so bilden sie doch eine bezüglich aller arithmetischen Grundoperationen (also den vier Grundrechenarten) abgeschlossene Menge und damit einen Körper.

Auch im Falle von $\mathbb{Q}(i)$ geht die Angelegenheit gut aus. Der kleinste Körper, der neben den rationalen Zahlen noch die imaginäre Einheit i enthält, ist $\mathbb{Q}(i) = \{a + bi \mid a, b \in \mathbb{Q}\}$. Auch hier gilt wieder:

$$\frac{1}{a + bi} = \frac{a - bi}{(a + bi)(a - bi)} = \frac{a - bi}{a^2 + b^2} = \left(\frac{a}{a^2 + b^2}\right) + \left(\frac{-b}{a^2 + b^2}\right)i = c + di$$

Der tiefere Grund, warum es in beiden Fällen so einfach funktioniert, ist letztlich die Tatsache, dass sowohl i als auch $\sqrt{7}$ Lösungen einer quadratischen Gleichung sind ($x^2 - 7 = 0$ bzw. $x^2 + 1 = 0$).

Anspruchsvoller wird die Struktur von $\mathbb{Q}(\sqrt{3}, \sqrt{7})$, denn hier können auch weitere Terme auftreten, z.B. $\sqrt{3} + \sqrt{7}$, der sich nicht weiter vereinfachen lässt, und $\sqrt{3} \cdot \sqrt{7} = \sqrt{21}$. Trotzdem kann man auch hier alle Terme letztlich vereinfachen (auch die Quotienten) und findet, dass alle Zahlen in diesem Körper die folgende Form haben:

$$\mathbb{Q}(\sqrt{7},\sqrt{3}) = \{a + b\sqrt{7} + c\sqrt{3} + d\sqrt{21} \mid a,b,c,d \in \mathbb{Q}\}$$

Für die Multiplikation zweier Elemente können Sie das zur Vergewisserung noch rechnerisch prüfen, für die Division bzw. die Inversenbildung ist es aber eine anspruchsvollere Tätigkeit, zu zeigen, dass z.B.

$$\frac{1}{a + b\sqrt{7} + c\sqrt{3} + d\sqrt{21}} = e + f\sqrt{7} + g\sqrt{3} + h\sqrt{21} \quad \text{mit} \quad a,b,c,d,e,f,g,h \in \mathbb{Q}.$$

Diese Erweiterung von $\mathbb{Q}$ um einzelne Wurzeln hat deutlich gemacht, dass eine Erweiterung der rationalen Zahlen auf die reellen Zahlen $\mathbb{R}$ (wie es in der Schule gebräuchlich ist) oder gar auf die komplexen Zahlen $\mathbb{C}$ möglicherweise einem Schießen mit Kanonen auf Spatzen gleichkommt. Um quadratische Gleichungen oder Gleichungen höheren Grades zu lösen, muss man „nur" die fehlenden Lösungen dieser Gleichungen zu den rationalen Zahlen hinzunehmen. Die nötigen Erweiterungen von $\mathbb{Q}$ sind also gar nicht $\mathbb{R}$ oder $\mathbb{C}$, sondern nur recht sparsame Körpererweiterungen der Form $\mathbb{Q}(a)$ – man spricht das „Q adjungiert a".

Die Lösung von quadratischen Gleichungen der Form $x^2 = a$ erfordert beispielsweise die Hinzunahme von Zahlen wie i oder $\sqrt{a}$. Wenn man auch Gleichungen der Form $x^3 = a$ lösen möchte, benötigt man wiederum das i und dazu noch Kubikwurzeln $\sqrt[3]{a}$.

Eigentlich muss man es sogar umgekehrt sehen: Zahlen wie $\sqrt{2}$, $\sqrt[3]{2}$ oder i sind eigentlich – so wie die negativen Zahlen und die Brüche – zunächst einmal nur neue Symbole, deren Bedeutung gerade darüber definiert ist, dass sie bestimmte Gleichungen lösen. Man gibt dem „Lösungsloch", welches bei der Verwendung von nur rationalen Zahlen auftritt, also einfach einen passenden Namen und fragt dann, wie man mit diesen „neu erdachten" Zahlen konsistent und sinnvoll weiterrechnet. Wurzeln kommen also ebenso als Erfindungen auf die Welt wie negative und imaginäre Zahlen. Sie haben sich nur schon geschichtlich früher einen festen Platz im Bewusstsein der Mathematiker gesichert, weil sie eine anschauliche Existenz führen (zumindest die Quadratwurzeln als Längen der ebenen Geometrie)

Alle Zahlen, die als Lösungen von polynomialen Gleichungen der Form

$$x^n + a_{n-1}x^{n-1} + \ldots + a_1 x + a_0 = 0 \quad \text{mit} \quad a_i \in \mathbb{Q}$$

Auftreten, nennt man *algebraische Zahlen*:

$$\mathbb{A} = \left\{ x \in \mathbb{C} \mid \exists f \in \mathbb{Q}[x], f(x) = 0 \right\}$$

Algebraische Zahlen sind z.B. $\sqrt{a}, \sqrt[n]{a}$ oder i, aber z.B. auch Wurzeln von Wurzeln wie z.B. $\sqrt{1+\sqrt{2}}$.

Der Beweis, dass $(\mathbb{A}, +, \cdot)$ tatsächlich einen Körper bildet, ist nicht ganz einfach: Wenn Sie algebraische Zahlen x mit $P(x) = 0$ und y mit $Q(y) = 0$ haben, so müssten $x + y$, $x \cdot y$, $-x$ oder x^{-1} wieder in $\mathbb{A}$ liegen. Aber welches sind die Gleichungen, deren Lösung sie sind? Wie findet man z.B. ein Polynom mit $R(x + y) = 0$? Das ist eine gar nicht triviale Frage, die an dieser Stelle aber nicht weiter verfolgt wir. Ob es auch algebraische Zahlen gibt, die sich nicht mithilfe von Wurzeln schreiben lassen, wird eine zentrale Frage im letzten Kapitel sein.

Algebraische Zahlen bilden eine Erweiterung der rationalen Zahlen. Alle nicht-rationalen Zahlen, also z.B. die Wurzeln, werden auch als irrationale Zahlen bezeichnet. In der Schule kann man den Eindruck gewinnen, dass man mit den Wurzeln als erstes Beispiel für irrationale Zahlen bereits alle noch fehlenden Zahlen „erwischt" hat. Damit ist man aber weit weg von der Wahrheit, wie im Folgenden klar werden wird.

Dass die meisten Wurzeln nicht rational sind, sich also nicht als *ratio* (lateinisch für „Verhältnis") ausdrücken lassen, war schon für die Griechen eine nicht zu leugnende, aber wundersame Einsicht. Will man sich den Wurzeln rational (also über Brüche) nähern, so kann man sich ihnen in einem unendlichen Prozess immer feiner in Dezimalbrüchen annähern, z.B. $\sqrt{2} = 1 + \frac{1}{2} - \frac{1}{24} + \frac{13}{246} - \ldots$ Solche Annäherungen sind aber nicht nur bei Wurzeln möglich, sondern definieren noch viel mehr irrationale Zahlen, wie z.B. die Kreiszahl $\pi = 4(1 - \frac{1}{3} + \frac{1}{5} - \frac{1}{7} + \ldots)$ oder die Eulersche Zahl $e = 1 + \frac{1}{1!} + \frac{1}{2!} + \frac{1}{3!} + \ldots$ Das Besondere an diesen beiden letzten irrationalen Zahlen ist aber, dass sie gerade *nicht* Lösungen von algebraischen Gleichungen, sondern nur definierbar sind als Lösungen von Polynomen von sozusagen „unendlichem Grad", z.B.:

- $e + 1$ ist eine Lösung von $x - \frac{1}{2}x^2 - \frac{1}{3}x^3 + \frac{1}{4}x^4 - \ldots = 0$.

- π ist *eine* Lösung von $x - \frac{1}{3!}x^3 + \frac{1}{5!}x^5 - \frac{1}{7!}x^7 + \ldots = 0$.

Man nennt solche Funktionen „nicht-algebraisch" oder auch *transzendente Funktionen* und die genannten Zahlen entsprechend *transzendente Zahlen*. Diese Zahlen transzendieren („übersteigen") also das, was man mit der endlichen Algebra beschreiben kann. Man darf also mit Fug und Recht sagen, dass die reellen Zahlen $\mathbb{R}$ eigentlich ein ganz anderes Problem lösen als die algebraischen Zahlen $\mathbb{A}$: Letztere vervollständigen die rationalen Zahlen $\mathbb{Q}$ um Lösungen von algebraischen Gleichungen. Die reellen Zahlen $\mathbb{R}$ vervollständigen die rationalen Zahlen $\mathbb{Q}$ um alle Zahlen, die sich als Grenzwert von konvergenten Zahlenfolgen oder als Lösungen von transzendenten Gleichungen darstellen lassen. Wurzeln als besonderer Fall von irrationalen Zahlen werden dabei sozusagen „gratis mitgeliefert". Sie stellen sogar nur einen verschwindend kleinen Teil der irrationalen Zahlen dar.

Algebraische und reelle Zahlen ergänzen und vervollständigen die rationalen also mit unterschiedlichem Ziel und auf unterschiedliche Weise. Das Bild von S. 208 müsste also in etwa so fortgesetzt werden:

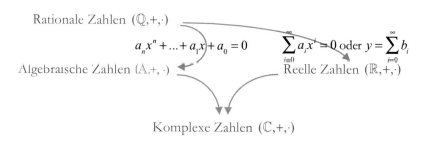

Mit den konvergenten Zahlenfolgen, den transzendenten Funktionen und den reellen Zahlen haben wir allerdings das Gebiet der Algebra verlassen, denn hier geht es nicht mehr um Operationsstrukturen, sondern um infinitesimale Prozesse, um eine Annäherung an das unendlich Kleine. Um die hiermit zusammenhängenden Fragen kümmert sich nicht die Algebra, sondern die Analysis (auch wenn es viele Überschneidungspunkte gibt, wie z.B. die Theorie der sogenannten Lie-Gruppen).

Historisch gesehen muss man allerdings zugeben, dass die Vollständigkeit der reellen (und der komplexen) Zahlen im Sinne der Grenzwertprozesse eine wichtige Rolle auch bei der Frage der Lösung algebraischer Gleichungen gespielt hat. Zunächst einmal helfen Grenzwertprozesse natürlich dabei, zu verstehen, was z.B. eine Wurzel „ist“. $\sqrt{7}$ ist eben nicht nur ein algebraisches Symbol, das man immer zu 7 umformen kann, wenn es quadriert auftritt, sondern auch eine Zahl, die man zwischen Brüchen beliebig genau einschachteln kann. Das liegt daran, dass man die definierende Gleichung $x^2 - 7 = 0$ eben sowohl auf algebraische als auch auf analytische Weise lesen kann. Gleiches gilt aber auch für komplexere Gleichungen wie $x^4 + x^3 + 1 = 0$. Auch hier kann man auf die analytische Leseweise, also auf reelle und komplexe Zahlen zurückgreifen, um die Lösungen zu finden und zu verstehen, was nachfolgend klar wird.

Die komplexen Zahlen haben sich historisch zum ersten Mal bemerkbar gemacht, als es um die Lösung kubischer Gleichungen ging. Sie haben dann auch gleich die Lösungsvielfalt quadratischer Gleichungen erhöht: Für die besonders einfachen Gleichungen wie $x^n - 1 = 0$ haben sie jeweils gleich n Lösungen produziert. Die Vermutung liegt nahe, dass *jede* Polynomgleichung der Form

$$x^n + a_{n-1}x^{n-1} + \ldots + a_1 x + a_0 = 0$$

eine Lösung, möglicherweise sogar n Lösungen besitzt. Für Gleichungen mit einer ungeraden höchsten Potenz haben Sie vermutlich noch das Argument aus der Schule in Erinnerung: Eine solche Funktion verläuft, wenn man sie nur im

Reellen betrachtet, von $-\infty$ nach ∞ und muss die x-Achse mindestens einmal kreuzen. Die Funktion mit gerader höchster Potenz $x^2 + 1$ tut dies nicht, hat aber immerhin die komplexen Nullstellen i und $-i$. Erst wenn man ein Polynom als Funktion, die für alle $z = a + bi$ auf der komplexen Zahlenebene definiert ist, auffasst, kann man hoffen, immer eine Nullstelle zu finden.

Je mehr die Mathematiker des 18. und 19. Jahrhunderts mit den komplexen Zahlen vertraut wurden, desto sicherer wurden sie, dass tatsächlich *jede* Polynomfunktion *mindestens* eine Nullstelle besitzt. Außer der Erfahrung und vielen Beispielen fehlte aber ein vollständig überzeugender Beweis für diese Behauptung. Erst Carl Friedrich Gauß hat diese Tatsache (zwischen 1799 und 1849 gleich viermal) auf heutzutage befriedigende Weise bewiesen.

In der nachfolgenden Erkundung können Sie sich auf die Suche nach Nullstellen beliebiger Polynome machen. Die dabei entwickelte Strategie ist zugleich auch der Kern eines allgemeinen Beweises.

Erkundung 8.7: Finden Sie eine Lösung für die Gleichung $f(z) = z^4 + z + 2 = 0$, die keine reelle Nullstelle besitzt, indem Sie das Programm erkunden.

→ *Programm* Fundamentalsatz

- Die komplexe Zahl z im Bild (blau) läuft dabei auf einem Kreis um den Nullpunkt mit einem kleinen Radius $R = 0{,}4$. Die Werte $f(z)$ liegen auf der grünen Kurve. Erklären Sie die Lage und den ungefähren Verlauf der Kurve anhand des Polynoms.

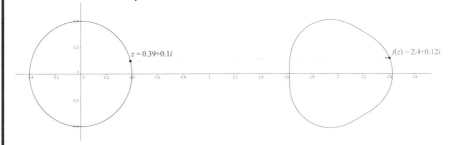

- Wenn man einen großen Radius einstellt (im Bild rechts $R = 4$), verläuft die Kurve anders. Erklären Sie auch diesen Verlauf mit der Struktur des Polynoms.
- Finden Sie auf grafischem Wege eine Lösung z der Gleichung $f(z) = 0$, indem Sie den Radius R passend variieren.

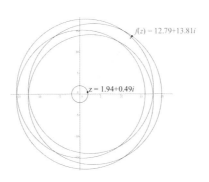

Wie können Sie aus diesem Beispiel ganz allgemein begründen, dass jedes Polynom eine Nullstelle hat?

Wenn Sie das Verhalten der Kurve, die als Bild des Kreises entsteht, für verschiedene Polynome untersucht haben, haben Sie wahrscheinlich einige grundsätzliche Eigenschaften gefunden: Für kleine R wird das Polynom vor allem durch den Term mit der kleinsten Potenz bestimmt, die höheren Potenzen werden bei immer kleinerem z irrelevant. Für kleine z ist also $f(z) \approx z + 2$, daher dreht sich die Bildkurve einmal um 2. Für große z dominiert der Summand mit der größten Potenz, hier also $f(z) \approx z^4$. Daher rotiert die Bildkurve viermal um den Nullpunkt mit einem großen Radius von etwa R^4. Unabhängig von der genauen Struktur des Polynoms ist dieses Verhalten immer ähnlich: Für sehr kleine R kreist die Bildkurve um einen Punkt außerhalb von 0 und schließt die 0 nicht ein. Für sehr große R hingegen umkreist sie den Nullpunkt. Wenn man nun kontinuierlich von einem sehr kleinen R zu einem sehr großen R übergeht, muss es ein R geben und ein z mit $|z| = R$, bei dem $f(z) = 0$ ist.

So wie Sie in der Schule für *reelle* Polynome mit ungeradem Grad mit einem *Kontinuitätsargument* die Existenz einer *reellen* Nullstelle begründet haben, wird in dieser Situation ein Kontinuitätsargument für alle komplexen Polynome konstruiert, das die Existenz einer *komplexen* Nullstelle begründet. Dass eine solche Nullstelle immer existiert, wird als *Fundamentalsatz der Algebra* bezeichnet. Dies ist natürlich nur die Grundidee eines Beweises für diesen Fundamentalsatz, den man natürlich noch im Detail ausführen muss. Insbesondere muss man dazu die kontinuierliche Bewegung der Kurven und die Aussage, dass diese um die 0 herumlaufen, mathematisch präziser beschreiben (wie z.B. bei Courant & Robbins 1941, S. 268).

8.5 Zahlen und Polynome hängen zusammen

Algebraische Zahlen sind eine praktische Sache: Sie beheben *per Definition* das Problem der Lösbarkeit polynomialer Gleichungen. Sobald man eine Gleichung vorliegen hat, gibt man ihrer Lösung einfach einen passenden Namen und rechnet geeignet mit ihr weiter. Das hat in den beiden folgenden Fällen bereits gut funktioniert: Man nennt eine Lösung von $x^2 - 5 = 0$ einfach $X = \sqrt{5}$ und fügt diese den rationalen Zahlen hinzu. Im Körper $\mathbb{Q}(\sqrt{5}) = \{a + b\sqrt{5} \mid a, b \in \mathbb{Q}\}$ rechnet man dann so, dass immer wenn $X^2 = (\sqrt{5})^2$ auftritt, dieses wegen $X^2 - 5 = 0 \Leftrightarrow X^2 = 5$ durch 5 ersetzt wird. Der zweite Fall: Eine Lösung von $x^2 + 1 = 0$ nennt man $i = \sqrt{-1}$ und fügt diese den rationalen Zahlen hinzu. Im Körper $\mathbb{Q}(i) = \{a + bi \mid a, b \in \mathbb{Q}\}$ rechnet man dann so, dass immer wenn $i^2 = (\sqrt{-1})^2$ auftritt, dieses wegen $i^2 + 1 = 0 \Leftrightarrow i^2 = -1$ durch -1 ersetzt wird.

Es gibt also so etwas wie eine enge Beziehung zwischen den Nullstellen von rationalen Polynomen $f \in \mathbb{Q}[x]$ (also Lösungen von *algebraischen Gleichungen* $f(x) = 0$) und den durch sie definierten, nicht mehr rationalen Zahlen X. Die Struktur der neuen Zahlen (*algebraische Zahlen*) und die Umformungsregeln (*algebraische Regeln*) werden alle durch entsprechende Erweiterungen des Grundkörpers der rationalen Zahlen $\mathbb{Q}(X)$ (*algebraische Körpererweiterungen*) beschrieben:

$$f(x) \in \mathbb{Q}[x] \quad \leftrightarrow \quad f(X) = 0 \quad \leftrightarrow \quad \mathbb{Q}(X)$$
$$x^2 + 1 \quad \leftrightarrow \quad i^2 + 1 = 0 \quad \leftrightarrow \quad \mathbb{Q}(i) = \{a + bi\}$$

Die bisher betrachteten Fälle waren allerdings immer nur quadratische Polynome bzw. Gleichungen der Form $x^2 - a = 0$. Es lohnt sich zu prüfen, wie die Beziehungen zwischen Zahlen und Polynomen in reichhaltigeren Situationen aussehen. Wie sehen die Lösungen z.B. von $x^4 + x^3 + 1 = 0$ aus? Dass es solche Lösungen geben muss, sichert der Fundamentalsatz der Algebra, aber was ist, wenn es *mehrere* Lösungen gibt? Wie viele Lösungen gibt es überhaupt und wie hängen sie zusammen? Erfüllen sie alle dieselben Regeln? Einen etwas tieferen Einblick in den Kosmos der Strukturen algebraischer Zahlen wird das Kapitel 9 geben. Einen ersten Eindruck bekommen Sie aber schon, wenn Sie an einigen konkreten Beispielen die Beziehung zwischen den Gleichungen (Polynomen) und ihren Lösungen (Zahlen) untersuchen.

Bei quadratischen Polynomen kennen Sie schon den Satz von Vieta, haben aber womöglich noch nie wahrgenommen, welche weit tragende Grundidee in ihm steckt: Wenn man eine Gleichung wie $x^2 - 5x + 6 = 0$ gelöst hat, kann man sie als Produkt von sogenannten Linearfaktoren schreiben: $x^2 - 5x + 6 = (x - 2)(x - 3)$. Man kann es aber auch so sehen: Wenn man ein Polynom in zwei Linearfaktoren zerlegt hat, kann man die Lösung sofort ablesen: $(x - 2)(x - 3) = 0 \Rightarrow x = 2$ oder $x = 3$. Die vollständige Zerlegung eines Polynoms in „lineare Polynome" und die Bestimmung seiner Nullstellen gehen also Hand in Hand. Wenn man besser verstehen will, wie die oben angedeutete Beziehung zwischen Polynomen und den durch sie bestimmten Zahlen ist, kann man an dieser Stelle ansetzen. In der folgenden Erkundung gewinnen Sie hierzu Erkenntnisse, indem Sie einmal in die weniger übliche umgekehrte Richtung denken und zu einer Zahl ein passendes Polynom suchen.

Erkundung 8.8: Zu den folgenden Zahlen sind jeweils möglichst einfache Polynome mit ausschließlich rationalen Koeffizienten gesucht, welche diese als Nullstelle besitzen:

$$\alpha = \sqrt{2} \qquad \beta = i\sqrt{2} \qquad \gamma = 1 + \sqrt{3} \qquad \delta = i\sqrt[4]{2} \qquad \varepsilon = \sqrt{2} + \sqrt{7}$$

a) Finden Sie jeweils ein Polynom $f \in \mathbb{Z}[x]$ mit $f(...) = 0$. Hier folgen zwei mögliche Vorgehensweisen. Vorgehen 1: Bilden Sie schrittweise Potenzen, Produkte und Summen mit der jeweiligen gegebenen Zahl und rationalen Zahlen, bis Sie eine rationales Ergebnis haben: Für $\gamma = 1 + \sqrt{3}$ kommt man beispielsweise mit $(\gamma - 1)^2 = 3$ weiter. Vorgehen 2: Nutzen Sie die Grundidee des Vietaschen Satzes und konstruieren Sie das gesuchte Polynom als Produkt von Linearfaktoren: $(x - \alpha) \cdot (...)$

b) Haben Sie das *kleinste* Polynom gefunden, das α als Nullstelle besitzt? Gibt es weitere?

c) Welche weiteren Nullstellen hat das Polynom? Wie sieht eine vollständige Faktorisierung in Linearfaktoren aus? Was können Sie anhand Ihrer Beispiele über die Struktur aller Nullstellen zu einer gegebenen Zahl sagen?

Das erste Beispiel haben Sie schon zuvor in fast allen Aspekten durchgearbeitet. Das einfachste „Nullpolynom" für α lautet $x^2 - 2$. Seine zweite Nullstelle ist $-\sqrt{2}$ und daher besitzt es die Zerlegung $x^2 - 2 = (x - \sqrt{2})(x + \sqrt{2})$. Ein Polynom kleineren Grades kann es nicht geben, denn sonst wäre α rational.

Ein Nullpolynom für das zweite Beispiel findet man wegen $\beta^2 = i^2 \sqrt{2}^2 = -2$ als $x^2 + 2$. Die Zahl β hat offensichtlich mit anderen algebraischen Zahlen wie $\sqrt{2}$ und i gemein, dass sie Nullstelle eines quadratischen Polynoms ist. Auch hier bilden die Linearfaktoren zu den beiden verbundenen (man sagt auch „konjugierten") Nullstellen das Nullpolynom $x^2 + 2 = (x - i\sqrt{2})(x + i\sqrt{2})$.

Möglicherweise haben Sie „sicherheitshalber" gleich die vierte Potenz von β gebildet und als Nullpolynom entsprechend $x^4 - 4$ erhalten. Die Zerlegung dieses Polynoms $x^4 - 4 = (x^2 - 2)(x^2 + 2) = (x - \sqrt{2})(x + \sqrt{2})(x - i\sqrt{2})(x + i\sqrt{2})$ zeigt jedoch, dass man hier zu viel des Guten getan hat. β ist bereits Nullstelle des zweiten quadratischen Faktors und nur dieser ist fest mit β verbunden. Der andere Faktor ist rein willkürlich, beispielsweise hätte auch das Polynom $(x^2 + 1)(x^2 + 2) = x^4 + 3x^2 + 2$ die Nullstelle β.

Beim Versuch, bei γ die Wurzel zum Verschwinden zu bringen, kann man auf folgende Rechnung stoßen: $(\gamma - 1)^2 = 3$. Ein mögliches Nullpolynom für γ hat daher die Form $(x - 1)^2 - 3 = x^2 - 2x - 2$. Will man dieses Polynom zerlegen, so benötigt man noch eine zweite Nullstelle. Mit $-\gamma = -1 - \sqrt{3}$ hat man hier allerdings keinen Erfolg, sondern findet als die zu γ „konjugierte" Nullstelle $1 - \sqrt{3}$ und damit $x^2 - 2x - 2 = (x - 1 - \sqrt{3})(x - 1 + \sqrt{3})$. Bei $\delta = i\sqrt[4]{2}$ ist eine solche quadratische Struktur nicht zu erwarten. Wegen $\delta^4 = i^4 \sqrt[4]{2}^4 = 2$ kann man sich als Nullpolynom $x^4 - 2$ vorstellen. Mit der mehrfachen Anwendung der dritten binomischen Formel lassen sich auch alle anderen Linearfaktoren finden:

$$x^4 - 2 = (x^2 - \sqrt{2})(x^2 + \sqrt{2}) = (x - \sqrt[4]{2})(x + \sqrt[4]{2})(x - i\sqrt[4]{2})(x - i\sqrt[4]{2})$$

Hier gibt es also insgesamt vier zueinander „konjugierte Nullstellen" und man benötigt auch alle vier Linearfaktoren, um wieder ein rationales Polynom wie $x^4 - 2$ zusammenzusetzen.

Schließlich mussten Sie vielleicht für $\varepsilon = \sqrt{2} + \sqrt{7}$ ein wenig herumprobieren, z.B. so: Zunächst bekommt man durch Potenzbildung nicht beide Wurzeln zugleich zum Verschwinden, sondern hat erst einmal $(\sqrt{2} + \sqrt{7})^2 = 2 + 2\sqrt{14} + 7$. Damit kann man im nächsten Schritt dieses finden: $(\varepsilon^2 - 9)^2 = 56$ und hat damit als Nullpolynom $(x^2 - 9)^2 - 56 = x^4 - 18x^2 + 25$.

Beim Versuch einer Zerlegung in Linearfaktoren kann man dies entweder als biquadratische Gleichung lösen und muss dann die vier Lösungen $\pm\sqrt{9\pm2\sqrt{14}}$ wieder vereinfachen. Oder man macht sich die Erfahrungen aus den quadratischen Fällen zunutze und findet durch Probieren:

$$x^4 - 18x^2 + 25 = (x - \sqrt{2} - \sqrt{7})(x - \sqrt{2} + \sqrt{7})(x + \sqrt{2} - \sqrt{7})(x + \sqrt{2} + \sqrt{7})$$

Dieses Beispiel zeigt, dass das gefundene Polynom nicht nur für $\varepsilon = \sqrt{2} + \sqrt{7}$, sondern auch für die drei konjugierten Werte ein Nullpolynom darstellt.

Die hier gefundenen Phänomene repräsentieren ganz allgemein den Zusammenhang zwischen algebraischen Zahlen und Polynomen. Jede algebraische Zahl ist Nullstelle eines passenden Polynoms. Wenn man dessen Grad so klein wie möglich und den höchsten Koeffizienten als 1 wählt, so ist dieses Polynom auch eindeutig (ohne dass hier schon ein Beweis dafür angedeutet wäre). Man nennt dieses Polynom auch *Minimalpolynom* der Zahl. Wenn es den Grad n hat, so ist es Nullpolynom für insgesamt n verschiedene algebraische Zahlen, und diese bezeichnet man als *Konjugierte*. Der Grad des Minimalpolynoms einer Zahl X wird auch als Grad der algebraischen Zahl bezeichnet, und er ist auch ausschlaggebend dafür, wie der Körper $\mathbb{Q}(X)$ aussieht, der neben den rationalen Zahlen insbesondere auch die Zahl X enthält.

Alle Polynome aus der vorherigen Erkundung konnte man, wenn man erst alle Nullstellen identifiziert hatte, vollständig als Produkt von Linearfaktoren schreiben. Dieses Phänomen kannten Sie aus der Schule über den Satz von Vieta schon für alle quadratischen Polynome mit zwei reellen Lösungen und – seit Sie die komplexen Zahlen kennen – für beliebige quadratische Polynome. Der Fundamentalsatz der Algebra besagt, dass es bei jedem Polynom wenigstens immer *eine* Nullstelle geben muss. Ganz so wie bei der Zerlegung der natürlichen Zahlen in Primfaktoren kann man sich hier schrittweise zu einer vollständigen Zerlegung in Linearfaktoren und zu allen Nullstellen vorarbeiten:

Wie lautet eine Faktorisierung von	Wie lautet eine Faktorisierung von
$f(x) = x^4 - 4x^3 - x^2 + 16x - 12$?	$n = 15873$?
Auf irgendeinem Wege (z.B. probeweises Einsetzen) habe ich eine Nullstelle $x = 1$, also einen Faktor $q(x) = (x - 1)$ gefunden.	Auf irgendeinem Wege (z.B. Quersummenregel) habe ich einen Faktor, nämlich $p = 3$ gefunden.
Ich weiß also: $f(x) = (x-1)q(x)$	Ich weiß also: $n = 3 \cdot q$
Das $q(x)$ kann ich einfach finden durch Division: $q(x) = f(x) : (x - 1)$	Das q kann ich einfach finden durch Division: $q = n : 3$
Nun habe ich nur noch ein kleineres Polynom zu faktorisieren ... und komme, wenn ich so fortfahre, schließlich an bei: $f(x) = (x-1)(x-2)(x+2)(x+3)$	Nun habe ich nur noch eine kleinere Zahl zu faktorisieren ... und komme, schließlich an bei: $n = 3 \cdot 11 \cdot 13 \cdot 37$

Die Parallelität ist verblüffend: Polynome verhalten sich weitgehend wie Zahlen. Der Polynomring $\mathbb{Q}[x]$ hat offensichtlich viele Eigenschaften, die man von den ganzen Zahlen $\mathbb{Z}$ kennt. Die scheinbar einfache schrittweise Lösung hat allerdings einen Pferdefuß: In der Regel gibt es leider kein sicheres Verfahren, wie man *eine* Lösung finden kann. *Eine* Lösung „auf irgendeinem Wege" zu finden, ist bei den meisten Polynomen meistens genauso schwierig wie *alle* Lösungen zu finden – es sei denn, die Lösungen haben eine bestimmte einfache Struktur. Dafür ist das Vorgehen an anderer Stelle einfacher, als Sie vermuten würden: Die Division der Zahl durch einen gefundenen Teiler $15873 : 3$ ist für Sie eine klare Sache – wenn kein Taschenrechner verfügbar ist, greift das Verfahren der schriftlichen Division. Die Division eines Polynoms durch ein anderes Polynom – ein Linearfaktor ist ja auch nur ein Polynom ersten Grades –, also im Beispiel $(x^4 - 4x^3 - x^2 + 16x - 12) : (x - 1)$, funktioniert nach demselben einfachen System wie die Division von Zahlen: In jedem Schritt fragt man, wie oft der Divisor in die höchste Stelle passt. Diese Analogie sehen Sie bei den beiden folgenden Aufgaben.

$x^4 - 16$ hat die Lösung $x = 2$. Also enthält es den Faktor $(x - 2)$.	40007 hat die alternierende Quersumme 11 $(4 - 0 + 0 - 0 + 7 = 11)$, ist also durch 11 teilbar.
$(x^4 - 16) : (x - 2) =$ $(x^4 + 0x^3 + 0x^2 + 0x^1 - 16):(x–2)= x^3+2x^2+4x+8$ $\underline{x^4 - 2x^3}$ $\quad 2x^3 + 0x^2$ $\quad \underline{2x^3 - 4x^2}$ $\qquad 4x^2 + 0x^1$ $\qquad \underline{4x^2 - 8x^1}$ $\qquad\qquad 8x - 16$ $\qquad\qquad \underline{8x - 16}$ $\qquad\qquad\qquad 0$	$40007 : 11 = 3637$ $\underline{33}$ $\quad 70$ $\quad \underline{66}$ $\qquad 40$ $\qquad \underline{33}$ $\qquad\qquad 77$ $\qquad\qquad \underline{77}$ $\qquad\qquad\qquad 0$

Übung 8.1: Analysieren Sie das Beispiel und lernen Sie es verstehen, indem Sie selbst Polynomdivisionen durchführen. Beispielsweise können Sie mit einem Partner einen Lösungswettbewerb veranstalten. Stellen Sie einander jeweils fünf Gleichungen fünften (oder geringeren) Grades und schauen Sie, wer die Lösungen schneller findet. Natürlich sollten Sie selbst die Lösungen zu Ihren Gleichungen kennen. Da Sie anders als die Mathematiker im 16. Jahrhundert nicht um Ihren Ruhm als Rechenkünstler streiten müssen, können Sie diesen Wettbewerb etwas pädagogischer gestalten, zunächst mit einfachen Gleichungen beginnen und die Schwierigkeit langsam steigern. Übrigens funktioniert das Verfahren auch mit komplexen oder irrationalen Nullstellen. Sie können beispielsweise einmal versuchen, aus $x^3 - 3x^2 + x - 3 = (x - 3)(x - i)(x + i)$ einen Linearfaktor $(x - i)$ herauszudividieren.

Nimmt man diese beiden Erfahrungen zusammen (es gibt immer eine Nullstelle, und wenn es eine Nullstelle gibt, kann man ja einen Linearfaktor abspalten),
so kommt man nach endlich vielen Schritten zu einer vollständigen Zerlegung
eines Polynoms in komplexe Linearfaktoren. Auch diese stärkere Aussage wird
als Fundamentalsatz der Algebra bezeichnet.

Fundamentalsatz der Algebra

Jedes Polynom mit komplexen Koeffizienten $f(x) \in \mathbb{C}[x]$ vom Grad n besitzt genau n, möglicherweise mehrfach zu zählende komplexe Nullstellen und zerfällt daher vollständig in Linearfaktoren:

$$f(x) = (x - x_1) \cdot \ldots \cdot (x - x_n) \text{ mit } x_i \in \mathbb{C}$$

Liest man diese Eigenschaft als Aussage über den Ring aller komplexen Polynome $f(x) \in \mathbb{C}[x]$ und vergleicht dies mit dem Ring der ganzen Zahlen $\mathbb{Z}$, so
erkennt man eine umfassende Analogie: In beiden Ringen kann man die Ele-
mente in ein Produkt aus Primfaktoren zerlegen (bei $\mathbb{Z}$ sind es die Primzahlen,
bei $\mathbb{Q}[x]$ sind es die irreduziblen Polynome). In beiden Fällen sind die Zerlegungen zudem eindeutig (was hier nicht bewiesen wurde). Am Beispiel des
Rings der Gaußschen Zahlen $\mathbb{Z}[i]$ haben Sie gesehen, dass es nicht unbedingt
so sein muss.

Die doppelte Perspektive auf algebraische Strukturen, einmal aus Sicht des
Zahlenkörpers und einmal aus Sicht des Polynomrings, ist auch Gegenstand
dieser letzten erkundenden Übung.

Übung 8.2: Im vorigen Kapitel haben Sie für jede natürliche Zahl n die sogenannten n-ten Einheitswurzeln, also die n verschiedenen Lösungen der Gleichung $x^n - 1 = 0$ bestimmt. Sie lauteten (für ein gegebenes festes n):

$$E_n = \{\zeta_k = \exp(2\pi i \frac{k}{n}) \mid \text{ mit } k = 0, \ldots, n-1\}$$

$n = 3$ $n = 4$ $n = 5$

Die Polynome $x^n - 1$ werden wegen der geometrischen Interpretation ihrer
Nullstellen auch *Kreisteilungspolynome* genannt. Diese Situation sollen Sie nun aus
zwei Perspektiven untersuchen: einmal aus der Körper-Perspektive der komplexen Zahlen $\mathbb{C}$ (von denen E_n eine Untermenge ist) und einmal aus der
Ring-Perspektive der komplexen Polynome $\mathbb{C}[x]$ (von denen $x^n - 1$ eines ist).

a) Zeigen Sie, dass $(E_n, \cdot)$ eine Gruppe bildet. Hinweis: Zeigen Sie dazu zuerst die nützliche Eigenschaft, dass $\zeta_j \zeta_k = \zeta_{j+k \bmod n}$. Was bedeutet diese Relation geometrisch für die Einheitswurzeln auf dem Einheitskreis?

b) Je nach Wert von n gibt es mehr oder weniger Einheitswurzeln, die die gesamte Gruppe erzeugen, d.h. für die gilt: $\langle \zeta_k \rangle = \{(\zeta_k)^i \mid i \in \mathbb{Z}\} = E_n$. Wurzeln, die die Gruppe erzeugen, heißen auch *primitive* Einheitswurzeln. Untersuchen Sie, für welche k und n dies gilt. Hinweis: Sie können sich die Produkte bzw. Potenzen von Einheitswurzeln gut am Einheitskreis geometrisch vorstellen. Welchen Gruppentyp haben Sie wiedererkannt?

c) Nach dem Fundamentalsatz der Algebra müsste das Polynom $x^n - 1$ genau in die n Linearfaktoren zu den n Einheitswurzeln zerfallen. Prüfen Sie rechnerisch (ggf. zunächst für feste, kleine n) nach, dass tatsächlich gilt:

$$x^n - 1 = (x - \zeta_0)(x - \zeta_1) \cdot \ldots \cdot (x - \zeta_{n-1})$$

d) Nun sollen Sie umgekehrt, d.h. von den Polynomen $x^n - 1$ ausgehen. Diese haben unabhängig von n immer die Nullstelle $x = 1$. Finden Sie entsprechend die Zerlegung des Kreisteilungspolynoms $x^n - 1 = (x - 1) \cdot g(x)$ in einen Linearfaktor und ein Polynom $g(x) \in \mathbb{Z}[x]$ vom Grad $n - 1$ (ggf. erst einmal für bestimmte n).

e) In bestimmten Fällen kann man $g(x)$ weiter in rationale Polynome zerlegen. Zerlegen Sie so weit wie möglich die Polynome $x^2 - 1$, $x^3 - 1$, $x^4 - 1$, $x^5 - 1$ und $x^8 - 1$. Hinweis: $x^{2n} - 1 = (x^n)^2 - 1 = (x^n - 1)(x^n + 1)$

f) Die Zerlegungen in e) helfen Ihnen, einige Einheitswurzeln als Lösungen von Polynomen auch in Form von Wurzeln zu bestimmen. Zeigen Sie:

$$E_3 = \left\{ 1, \frac{-1 + i\sqrt{3}}{2}, \frac{-1 - i\sqrt{3}}{2} \right\}, \quad E_4 = \{1, -1, i, -i\}$$

$$E_5 = \left\{ 1, \frac{u\sqrt{5} - 1}{4} + vi\sqrt{\frac{5 + u\sqrt{5}}{8}} \,\middle|\, u, v = \pm 1 \right\} \text{ (nicht ganz leicht!)}$$

g) Welche der Wurzeln aus f) sind die primitiven Einheitswurzeln aus c)? Von welchen Faktoren der Polynomzerlegung aus e) sind die primitiven Einheitswurzeln die Nullstellen? Formulieren Sie eine allgemeine Vermutung.

In diesem Kapitel konnten Sie sehen, wie reichhaltig die Welt der Strukturen wird, wenn man über die Gruppenstruktur mit einer Operation hinausgeht und untersucht, wie mathematische Strukturen aussehen können, wenn sie *zwei* Operationen miteinander verbinden. Auch wenn Sie bislang nur erste Blicke auf Ringe und Körper geworfen haben, so ahnen Sie doch, welcher Reichtum an Mustern und Strukturen hier noch verborgen liegt. In diesem Buch ist nun aber nur noch Raum für einen einzigen systematischen Vorstoß zur Aufklärung algebraischer Strukturen. Im nachfolgenden letzten Kapitel werden sich bei diesem Vorhaben noch einmal Strukturen aus allen vorhergehenden Kapiteln zusammenfinden.

8.6 Übungen

Übung 8.3: In diesem Kapitel ging es fast ausschließlich um Zahlenräume, die die natürlichen Zahlen als Kern besitzen und damit unendlich groß sind. Natürlich kann man auch im Endlichen nach Ringen und Körpern suchen und deren Zusammenhänge untersuchen:

a) Welche der Strukturen $(\mathbb{Z}_n, +, \cdot)$ sind Ringe, welche sogar Körper?

b) Welche der Elemente aus $\mathbb{Z}_n$ sind Einheiten (d.h. invertierbar), welche sind Nullteiler?

c) Kann man aus einem $\mathbb{Z}_n$, welches kein Körper ist, durch Herausnehmen der Nicht-Einheiten einen Körper $\mathbb{Z}_n^*$ erzeugen?

d) Bilden die Strukturen der Form $\mathbb{Z}_n \times \mathbb{Z}_m$ einen Ring oder einen Körper?

e) Welche Form haben die Elemente der Menge $\mathbb{Z}_7(\sqrt{6})$, die entsteht, wenn man der Restklassenmenge noch ein Objekt $\sqrt{6}$ mit der Eigenschaft $(\sqrt{6})^2 = \bar{6}$ hinzufügt? Zeigen Sie, dass hier ein Körper vorliegt. Wie viele Elemente hat er?

Übung 8.4: Untersuchen Sie die Menge der Funktionen $F = \{f : \mathbb{R} \to \mathbb{R}\}$ zusammen mit den Verknüpfungen $+$, $\cdot$ (elementweise Addition/Multiplikation, d.h. $(f + g)(x) = f(x) + g(x)$) und $\circ$ (Verkettung).

a) Mit welchen Operationen bildet $(F, \_, \_)$ einen Ring?

b) Mit welchen Operationen bildet $(F, \_, \_)$ einen Körper?

c) Geben Sie Typen von Funktionen an, für die das Distributivgesetz $f \circ (g + h)(x) = (f \circ g + f \circ h)(x)$ gilt.

Übung 8.5: Die linearen Abbildungen des $\mathbb{R}^2$ (die man sich als Matrizen vorstellen kann) bilden eine additive Gruppe $(\mathbb{M}_2, +)$ und eine multiplikative Halbgruppe $(\mathbb{M}_2, \circ)$. Wenn man sich auf die invertierbaren Matrizen $GL(2)$ als Untermenge einschränkt, hat man sogar eine Gruppe $(GL(2), \circ)$. Wieso erhält man trotzdem keinen Ring? Untersuchen Sie dies an Beispielen von Matrizen, die Sie mit $+$ und $\circ$ verknüpfen.

Übung 8.6: Finden Sie Primzahlen in $\mathbb{N}$, die in $\mathbb{Z}[i]$ keine Primzahlen mehr sind. Finden Sie Zahlen in $\mathbb{Z}[i]$, die zwei oder sogar mehr verschiedene Primfaktorzerlegungen (bis auf Einheiten) besitzen.

Übung 8.7: Untersuchen Sie den Ring $\mathbb{Z}[\sqrt{2}] = \{a + b\sqrt{2} \mid a, b \in \mathbb{Z}\}$. Finden Sie Primzahlen in $\mathbb{N}$, die in $\mathbb{Z}[\sqrt{2}]$ keine Primzahlen mehr sind. Zerlegen Sie Zahlen in $\mathbb{Z}[\sqrt{2}]$ in Primfaktoren. Finden Sie Beispiele für mehrdeutige Zerlegungen?

Übung 8.8: Beweisen Sie die Aussagen zu den Polynomzerlegungen auf S. 199.

Übung 8.9: Finden Sie für verschiedene Werte der Koeffizienten (vielleicht sogar ganz allgemein) eine Darstellung ohne Nenner für das inverse Element $(a + b\sqrt{7} + c\sqrt{3} + d\sqrt{21})^{-1}$.

9 Gleichungen durchschauen

Die Symmetrie einer Gleichung

Galois' Ideen, welche für Jahrzehnte ein Buch mit sieben Siegeln blieben [...], findet man in einem Abschiedsbrief, den er am Vorabend seines Todes – mit 21 Jahren in einem dummen Duell – an einen Freund schrieb. Beurteilt man diesen Brief nach der Neuheit und Tiefgründigkeit der in ihm enthaltenen Ideen, so ist es vielleicht das gehaltvollste Schriftstück in der gesamten Literatur der Menschheit.

Hermann Weyl, „Symmetry" (1952)

Ihre Erkundungen in der Welt der mathematischen Operationen erreichen in diesem letzten Kapitel einen „dramatischen" Höhepunkt. Dramatisch wird es zunächst aus mathematischer Sicht, denn die vielen Ideen, Konzepte und Zusammenhänge der letzten Kapitel treffen hier zusammen: Gleichungen und ihre Lösungen, Zahlenräume mit irrationalen und komplexen Zahlen sowie das Konzept der Gruppe als abstrakte Beschreibung mathematischer Operationen.

Dramatisch wird es aber auch aus ideengeschichtlicher Sicht: Wir befinden uns an einem Wendepunkt der Mathematikgeschichte, einem Kulminationspunkt der *klassischen Algebra*, die mit Variablen und Gleichungen arbeitet und sich über tausend Jahre mit der Lösbarkeit von Gleichungen beschäftigt hat. In diesem Kapitel erfahren Sie, wie die abschließende und vollständige Antwort auf die über viele Jahrhunderte treibende Frage nach Lösungsformeln von rationalen Gleichungen dritten, vierten und höheren Grades lautet. Eine vielleicht ironische Wendung besteht darin, dass es ausgerechnet dieser Abschluss des Kernproblems der klassischen Algebra war, bei dem die „Gruppe" als neues mathematisches Konzept das Licht der Welt erblickte. Damit war der Ausgangspunkt geschaffen für die Entwicklung der sogenannten *modernen Algebra*, die nicht mehr das Lösen von Gleichungen, sondern die Tiefenstruktur mathematischer Operationen zum Gegenstand hat.

Dramatisch sind schließlich auch die historischen Umstände, unter denen dies alles geschah. Beide Ereignisse, die endgültige Klärung der Existenz von Lösungsformeln und die Erfindung der Gruppentheorie, sind die Leistungen des französischen Mathematikers Évariste Galois (1811–1832). Seine Lebensgeschichte ist voller tragischer Wendungen, wie man sie weniger in einer Mathematikerbiografie als in einem Abenteuerroman erwartet: Paris, Revolution, Gefängnis,

verkanntes Genie, enttäuschte Liebe und mit zwanzig Jahren gewaltsamer Tod im Duell – das sind die Ingredienzien des kurzen Lebens des Évariste Galois[1]. Trotz dieser wenigen Jahre, die ihm als forschendem Mathematiker gegönnt waren, haben wir ihm den Geniestreich zu verdanken, der heutzutage seinen Namen trägt: die nach ihm benannte *Galois-Theorie*. Doch bevor Sie seine Leistung würdigen können, müssen Sie erst einmal ein Gefühl für das Problem entwickeln, das Galois in jungen Jahren so sehr herausgefordert hat.

9.1 Auf der Suche nach Lösungsstrukturen

Wenn man die Lösungen von Gleichungen sucht, kann man dies auch näherungsweise und auf numerischem Wege tun. Man kann einen Computer auf die Suche nach reellen Nullstellen schicken, z.B. durch Verfahren der schrittweisen Intervallhalbierung. Für Lösungen in der komplexen Zahlenebene wird es technisch etwas komplizierter, aber auch hier gibt es effiziente Rechenverfahren (z.B. das Weierstraß-Verfahren). Was dann herauskommt, sind natürlich keine Lösungsformeln, sondern – je nach Genauigkeit des eingesetzten Programms – genäherte Werte für Nullstellen, wie z.B. $z = -0.721125 + 1.24902i$. Hiermit lassen sich aber möglicherweise Vermutungen über die Lage von Lösungen verschiedener Gleichungen entwickeln.

→ *Programm*
Komplexe
_Nullstellen

Erkundung 9.1: Untersuchen Sie, wie sich die Lage der Nullstellen in Abhängigkeit der Koeffizienten bei Gleichungen ersten bis fünften Grades verhält. Welche Symmetrien können Sie entdecken?

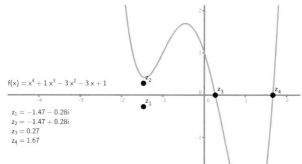

$f(x) = x^4 + 1\,x^3 - 3\,x^2 - 3\,x + 1$

$z_1 = -1.47 - 0.28i$
$z_2 = -1.47 + 0.28i$
$z_3 = 0.27$
$z_4 = 1.67$

Bitte beachten Sie, dass die beiden Achsen zwei Bedeutungen haben: Für den reellen Funktionsgraphen $y = f(x)$ stellen sie die beiden reellen Werte x und y dar. Für die komplexen Nullstellen z, für die $f(z) = 0$ gilt, bezeichnen sie deren Real- und Imaginärteil in der komplexen Zahlenebene. Jedes Bild enthält also eigentlich zwei verschiedene Darstellungen übereinandergelegt.

---

[1] Lesetipp: „Évariste Galois oder das tragische Scheitern eines Genies" von Bernd Klein, frei zugänglich samt vieler weiterer Informationen zu Galois unter www.galois-group.net.

Wenn Sie schon einmal reelle Nullstellen von reellen Funktionen in Abhängigkeit von bestimmten Parametern untersucht haben, dann sind Ihnen bestimmte Phänomene vielleicht bereits vertraut, beispielsweise dass Nullstellen bei quadratischen Funktionen verschwinden oder zusammenfallen, wenn man einen Parameter mal größer oder kleiner wählt. Das alles ist aber wenig aufregend im Vergleich zu dem „Ballett der Nullstellen", das sich zeigt, wenn Sie auch die komplexen Nullstellen hinzunehmen und dann auch noch Funktionen höheren Grades betrachten. Hier folgt nur ein Streiflicht auf das, was Sie hier alles entdeckt haben könnten.

(1) Eine Gleichung vom Grad n hat in der Regel auch n verschiedene Lösungen. Die Situationen, in denen Lösungen mehrfach zählen (zu erkennen in der Faktorisierung in Linearfaktoren), sind eine Ausnahme und Folge eines besonderen Zusammentreffens von zwei Lösungen. Dies kann man dann auch als besondere Symmetrie der Gleichung auffassen.

(2) Am auffälligsten ist wohl die durchgehende Spiegelsymmetrie der Lösungen bezüglich der reellen Achse. Jede Lösung $z = x + iy$ besitzt einen Zwillingspartner an der „konjugierten" Position $\bar{z} = x - iy$. Dies liegt daran, dass das Polynom nur reelle Koeffizienten besitzt und folglich für eine Nullstelle $f(z) = 0$ gilt: $0 = \overline{f(z)} = \overline{z^n + \ldots + a_0} = \overline{z^n} + \ldots + \overline{a_1 z} + a_0 = \bar{z}^n + \ldots + a_1 \bar{z} + a_0 = f(\bar{z})$.

Eine ganz ähnliche Symmetrie kann auch zwischen zwei *reellen* Lösungen bestehen, also z.B. zwischen $x_1 = -1 + \sqrt{5}$ $x_2 = -1 - \sqrt{5}$. Diese Symmetrie ist allerdings an der Position der Lösungen auf der reellen Achse nicht zu erkennen. Dass zwei irrationale Lösungen symmetrisch zu einer rationalen Zahl (hier zu −1) liegen, ist dennoch eine Besonderheit, die sich bei zwei beliebig gewählten irrationalen oder gar reellen Zahlen nicht zeigen würde.

(3) Eine dynamische Betrachtung, also die Beobachtung, wie sich die Nullstellen verschieben, wenn man einen Koeffizienten kontinuierlich variiert, zeigt noch einmal, auf welch vertrackte Weise die verschiedenen Lösungen zusammenhängen bzw. auseinander hervorgehen werden können. Als Beispiel soll die folgende kubische Funktion dienen, die durch Vergrößern und Verkleinern des Parameters c bei fester Form entlang der y-Achse verschoben wird:

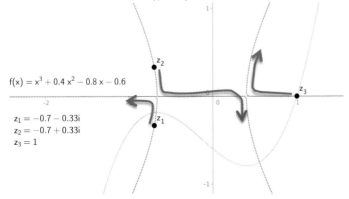

$f(x) = x^3 + 0.4\,x^2 - 0.8\,x - 0.6$

$z_1 = -0.7 - 0.33i$
$z_2 = -0.7 + 0.33i$
$z_3 = 1$

Die komplexen Nullstellen z_1 und z_2 laufen zunächst aufeinander zu und werden zu einem Paar reeller Nullstellen, sobald der Graph von $f(x)$ wieder Schnittpunkte mit der x-Achse hat. Danach läuft z_2 auf z_3 zu, der Graph verliert seine beiden reellen Nullstellen, es entsteht wieder ein komplexes Nullstellenpaar. Auch wenn gerade alle drei Nullstellen reell sind, ist anzunehmen, dass sie in irgendeiner Beziehung zueinander stehen. Eine reine Paarbeziehung zwischen z_1 und z_2 könnte im Verlauf der Bewegung zu einer neuen Paarbeziehung z_2 und z_3 überwechseln. Das könnte beispielsweise für $c = 0$ bei $f(x) = x^3 + 0{,}4x^2 - 0{,}8x = x\,(x^2 + 0{,}4x - 0{,}8)$ der Fall sein. Dort sind zwei Lösungen durch eine quadratische Gleichung verbunden, sodass dort $x_{1,2} = 0{,}2(-1 \pm \sqrt{21})$ gilt, während die dritte $x_3 = 0$ rational ist. Es könnte bei anderen Werten von c aber auch eine Art „Dreiersymmetrie" bestehen, die alle drei Lösungen in Beziehung setzt. Vielleicht haben Sie ja sogar herausgefunden, dass $z_1 + z_2 + z_3 = -\frac{4}{10}$ ist – weiter unten werden Sie den Grund für diese Symmetrie anhand einer genaueren Betrachtung der Lösungsterme verstehen.

(4) An einem letzten Beispiel für eine Gleichung zum Grad 5 wird noch einmal deutlich, wie grazil das „symmetrische Ballet der Nullstellen" aussehen kann. Diesmal wird der lineare Koeffizient (im Bild $d = -1$) verändert, was dazu führt, dass der linke „Buckel" des Funktionsgraphen zunächst unter die x-Achse taucht. Die beiden Nullstellen z_3 und z_4 werden zu einem konjugierten Paar, wandern auf dem „Ei" nach links. Dort taucht der Buckel dann wieder auf und das Nullstellenpaar wird wieder reell. Später, wenn der Buckel weiter rechts wieder abtaucht, verschmelzen z_4 und z_5 und werden wieder zu einem komplex konjugierten Paar, das auf der rechten Kurve auseinanderläuft.

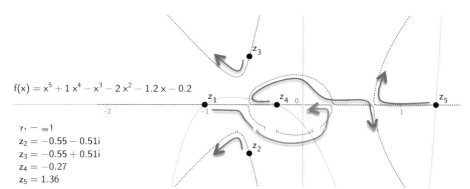

$f(x) = x^5 + 1\,x^4 - x^3 - 2\,x^2 - 1.2\,x - 0.2$

$z_1 = -1$
$z_2 = -0.55 - 0.51i$
$z_3 = -0.55 + 0.51i$
$z_4 = -0.27$
$z_5 = 1.36$

Diese außerordentlich faszinierende „Kartografie" komplexer Nullstellen ist damit bei Weitem nicht erschöpfend verstanden. Für die Frage nach der Symmetrie einer Gleichung ergab sich aber immerhin diese Einsicht: Reelle Nullstellen verschwinden nicht, sie leben in den komplexen Zahlenebenen als komplex konjugierte Paare weiter und sichern damit die Gültigkeit des Fundamentalsatzes der Algebra: Die Anzahl der Nullstellen bleibt erhalten und ist, bis auf die Ausnahme des Zusammentreffens, gleich dem Grad des Polynoms. Mög-

licherweise haben Sie aus der „Vogelperspektive der komplexen Zahlenebene"
noch einmal besser verstanden, was Sie als „reeller Fußgänger" schon erlebt
haben, nämlich was genau vorgeht, wenn eine Funktion mal mehr und mal
weniger reelle Nullstellen besitzt.

Allerdings erhält man durch diese numerische Herangehensweise nur sehr be-
grenzt Einsichten darüber, *warum* sich die Lösungen so verhalten. Was bedeutet
es, wenn Lösungen miteinander zusammenhängen und verschiedene Beziehungen eingehen? Es führt wohl kein Weg daran vorbei, sich die Lösung anhand
algebraisch exakter Lösungsformeln und nicht nur anhand numerisch genäher-
ter Werte anzusehen.

In der nächsten Erkundung können Sie Erfahrungen damit sammeln, was alles
geschehen kann, wenn man versucht, polynomiale Gleichungen mit rationalen
Koeffizienten mittels algebraischer Mittel, d.h. mit Formeln und insbesondere
unter Zuhilfenahme von Wurzeln, zu lösen. In Kapitel 7 und 8 haben Sie dazu
bereits erste Erkenntnisse gewonnen und insbesondere gesehen, dass es nützlich ist, sich sowohl im Körper der komplexen Zahlen als auch im Ring der
Polynome sicher bewegen zu können.

Erkundung 9.2: Spekulieren Sie einmal, welche der folgenden Gleichungen
einfache oder komplexe Lösungsformeln besitzt. Entscheiden Sie intuitiv, ob
Sie die Gleichung als sehr einfach ☺, relativ einfach ☺, eher schwierig ☹ oder
unanständig schwierig ☠ einsortieren würden.

(1) $x^2 + 2x + 3 = 0$	☺☺☹☠	(4) $x^3 - 1 = 0$ ☺☺☹☠
(2) $x^2 + 2x - 3 = 0$	☺☺☹☠	(5) $x^3 - 3x + 2 = 0$ ☺☺☹☠
(3) $x^2 + 2x - 4 = 0$	☺☺☹☠	(6) $x^3 - 3x - 1 = 0$ ☺☺☹☠

(7) $x^4 - 4x^3 + 27 = 0$	☺☺☹☠	(12) $x^4 - 2x^3 - 3 = 0$ ☺☺☹☠
(8) $x^4 - 4x^2 + 27 = 0$	☺☺☹☠	(13) $x^5 - 2x^3 - 3 = 0$ ☺☺☹☠
(9) $x^4 - 4x^3 + 2 = 0$	☺☺☹☠	(14) $x^6 - 2x^3 - 3 = 0$ ☺☺☹☠
(10) $x^4 - 4x^2 + 2 = 0$	☺☺☹☠	
(11) $x^4 - 4x + 2 = 0$	☺☺☹☠	

Prüfen Sie dann Ihre Einschätzung, indem Sie die Gleichungen tatsächlich
lösen. (z.B. durch Erraten von Nullstellen und Abspalten von Linearfaktoren
oder durch Substitution von $y = x^2$). Wenn Sie sich einen Überblick verschafft
haben, können Sie erste Vermutungen anstellen: Woran kann man die Komplexität einer Lösung festmachen? Woran liegt es jeweils, dass die Lösungsstruktur mal einfacher und mal komplizierter ist?

Zum Warmwerden haben Sie zu Beginn noch einmal ein paar *quadratische* Gleichungen gelöst. Glücklicherweise gibt es dazu die übersichtliche Lösungsformel, die bei jeder quadratischen Gleichung anwendbar ist. Es lohnt sich aber,
die Lösungen selbst noch einmal genauer unter der Fragestellung anzusehen:

Woran erkennt man, ob die Lösungen eine einfache oder eine komplexe Struktur besitzen? Offensichtlich gibt es hier Lösungen mit einem unterschiedlichen Grad an Symmetrie:

(1) $x^2 + 2x + 3 = 0$, $x_{1,2} = -1 \pm \sqrt{1-3} = -1 \pm i\sqrt{2}$

(2) $x^2 + 2x - 3 = 0$, $x_{1,2} = -1 \pm \sqrt{1+3} = -1 \pm 2$ $\Rightarrow$ $x_1 = 1$, $x_2 = -3$

(3) $x^2 + 2x - 4 = 0$, $x_{1,2} = -1 \pm \sqrt{1+4} = -1 \pm \sqrt{5}$

Wenn beide Lösungen wie in (2) rational sind, lässt sich keine besondere Symmetrie erkennen: schließlich kann man anstelle von 1 und −3 jedes Paar ganzer Zahlen als Lösungen einer passenden quadratischen Gleichungen erhalten. Bei der Lösung von (3) drängt sich dem Betrachter allerdings eine gewisse Symmetrie auf, die sich durch das Auftreten derselben Wurzel in beiden Lösungen offenbart: $-1-\sqrt{5}$ und $-1+\sqrt{5}$. Die beiden Lösungen sind nun nicht mehr rational, aber sie liegen spiegelsymmetrisch um eine rationale Zahl, hier −1. Andere Lagen wären theoretisch denkbar, wie z.B. $1+\sqrt{3}$ und $1-\sqrt{2}$ als Lösungen einer Gleichung. Solche Lösungspaare tauchen aber als Lösungen von quadratischen Gleichungen mit rationalen Koeffizienten niemals auf! Warum eigentlich nicht? Haben Sie sich darüber nicht schon einmal gewundert?

Noch augenscheinlicher wird diese Symmetrie bei (1), wenn die „Irrationalitäten", die beim Lösen auftreten, sogar die reelle Zahlenmenge verlassen. In der komplexen Zahlenebene liegen die beiden Lösungen einer quadratischen Gleichung dann nicht irgendwo, sondern immer spiegelsymmetrisch zur reellen Achse, wie im Beispiel $-1+i\sqrt{2}$ und $-1-i\sqrt{2}$.

Der Gleichung selbst $x^2 + px + q = 0$ mit ihren Koeffizienten p und q sieht man diese Symmetrien nicht an: Die zu lösenden Gleichungen (1), (2) und (3) unterscheiden sich auf den ersten Blick nicht voneinander. Den Unterschied macht offenbar weniger die Struktur der Gleichung als die *Symmetrie der Lösungen* aus. Den Koeffizienten der Gleichung entlockt man die Art der vorliegenden Symmetrie am besten, wenn man sich in der Lösungsformel die „Zahl unter der Wurzel", die sogenannte *Determinante* $D = \frac{p^2}{4} - q$ anschaut (dass sie die Art der Lösung *determiniert*, ist der Grund für ihren Namen):

$$x_{1,2} = -\frac{p}{2} \pm \sqrt{D} \text{ mit } D = \frac{p^2}{4} - q$$

Ist D eine Quadratzahl, so sind alle Lösungen rational, ansonsten benötigt man genau *eine* irrationale Zahl, nämlich die Wurzel aus D, um alle Lösungen darzustellen. Ist D negativ, wird außerdem noch die imaginäre Einheit i benötigt.

Auch bei den drei kubischen Gleichungen haben Sie möglicherweise festgestellt: Der Gleichung selbst kann man nicht ansehen, wie kompliziert ihre Lösungen werden. Die Symmetrien der Lösungen können auch hier ganz unterschiedlich ausfallen:

(4) $x^3 - 1 = (x-1)(x^2 + x + 1) = 0 \implies x_1 = 1, x_{2,3} = \dfrac{-1 \pm i\sqrt{3}}{2}$

(5) $x^3 - 3x + 2 = (x-1)(x^2 + x - 2) = (x-1)(x-1)(x+2) = 0 \implies x_1 = 1, \ x_2 = 1, \ x_3 = -2$

(6) $x^3 - 3x - 1 = 0 \implies ?$

Gleichung (4) hat *eine* rationale Lösung und ist darüber hinaus eigentlich nur eine „getarnte quadratische Gleichung". Die beiden anderen Lösungen besitzen entsprechend die bereits beschriebene Spiegelsymmetrie einer quadratischen Gleichung. Gleichung (5) hat sogar *nur* rationale Lösungen – haben Sie es der Gleichung schon angesehen? Wohl kaum, denn die nur wenig verschiedenen Koeffizienten der Gleichung (6) erzeugen bereits die volle Komplexität einer „echten" kubischen Gleichung. Sie verlangen nach der Cardanischen Lösungsformel (S. 174) – oder nach einem Computeralgebrasystem (CAS), das dies für uns ausführt.[2]

```
In:    Solve[x^3-3x-1==0,x]
```

Out: $x_1 = \sqrt[3]{\tfrac{1}{2}\left(1+i\sqrt{3}\right)} + \dfrac{1}{\sqrt[3]{\tfrac{1}{2}\left(1+i\sqrt{3}\right)}}$, $x_2 = -\tfrac{1}{2}\left(1-i\sqrt{3}\right)\sqrt[3]{\tfrac{1}{2}\left(1+i\sqrt{3}\right)} - \left(\tfrac{1}{2}\left(1+i\sqrt{3}\right)\right)^{2/3}$, $x_3 = -\dfrac{\left(1+i\sqrt{3}\right)^{4/3}}{2\sqrt{2}} - \dfrac{1-i\sqrt{3}}{2^{2/3}\sqrt[3]{1+i\sqrt{3}}}$

Hoppla! – Die Ausgabe des CAS ist nicht gerade dazu geeignet, mit dem bloßen Auge Symmetrien zu entdecken. Allenfalls können Sie feststellen, dass hier bestimmte irrationale Terme immer wieder auftreten, so z.B. das $1 + i\sqrt{3}$ aus der viel einfacheren Gleichung (4). Zusätzlich findet man hier aber auch noch ein $\sqrt[3]{2}$ in allen möglichen Varianten. Man müsste hier wohl die Cardanische Lösungsformel noch einmal näher betrachten, um ihr Symmetrien zu entlocken.

Es käme nun nicht unerwartet, wenn die Gleichungen vierten Grades in ihrer Komplexität noch einmal gegenüber denen dritten Grades zulegten. Das ist aber nicht notwendigerweise so. Die Gleichung (7) ist nach Entdeckung einer doppelten Nullstelle bei $x = 3$ wieder nur eine versteckte quadratische und besitzt entsprechend einfache Lösungen:

(7) $x^4 - 4x^3 + 27 = (x-3)(x-3)(x^2 + 2x + 3) \implies L = \{3, -1 - i\sqrt{2}, -1 + i\sqrt{2}\}$

Die Gleichung (8) konnten Sie vielleicht lösen, nachdem Sie sie als *biquadratische Gleichung* von der Form $x^4 + bx^2 + c = 0$ identifiziert hatten. Wenn man erst $y = x^2$ und entsprechend $y^2 = x^4$ substituiert, ist die entstehende Gleichung nur noch quadratisch in y. Die Lösungen sind daher in der Regel Quadratwurzeln aus Quadratwurzeln, sogenannte „geschachtelte Wurzeln".

(8) $x^4 - 4x^2 + 27 = 0 \implies L = \left\{ -\sqrt{2 - i\sqrt{23}}, \sqrt{2 - i\sqrt{23}}, -\sqrt{2 + i\sqrt{23}}, \sqrt{2 + i\sqrt{23}} \right\}$

---

[2] Wer kein eigenes Computeralgebrasystem wie *Maple* oder *Mathematica* besitzt, kann online bei WolframAlpha (www.wolframalpha.com) vieles berechnen lassen.

Aber schon die kleine Veränderung von x^3 zu x im mittleren Term sorgt dafür, dass solche einfachen Ansätze zusammenbrechen und man eine Lösungsformel für Gleichungen vierten Grades braucht. Ein ähnliches Phänomen zeigen auch die folgenden Lösungen: (10) ist wieder eine biquadratische Gleichung, (9) und (11) haben Sie vermutlich nicht von Hand lösen können.

$$(9)\ x^4 - 4x^3 + 2 = 0 \Rightarrow L = \left\{ 1 - \sqrt{2} - i\sqrt{-1+\sqrt{2}}, 1 - \sqrt{2} + i\sqrt{-1+\sqrt{2}}, 1 + \sqrt{2} - \sqrt{1+\sqrt{2}}, 1 + \sqrt{2} + \sqrt{1+\sqrt{2}} \right\}$$

$$(10)\ x^4 - 4x^2 + 2 = 0 \Rightarrow L = \left\{ \sqrt{2-\sqrt{2}}, \sqrt{2-\sqrt{2}}, -\sqrt{2+\sqrt{2}}, \sqrt{2+\sqrt{2}} \right\}$$

$$(11)\ x^4 - 4x + 2 = 0 \Rightarrow L = \left\{ \frac{1}{\sqrt{3}} \left(\sqrt{\frac{\sqrt[3]{9-\sqrt{57}} + \sqrt[3]{9+\sqrt{57}}}{2}} + i\sqrt{\frac{\sqrt[3]{9-\sqrt{57}} + \sqrt[3]{9+\sqrt{57}}}{2} + 3\sqrt{\frac{2}{\sqrt[3]{9-\sqrt{57}} + \sqrt[3]{9+\sqrt{57}}}}} \right), \dots \right\}$$

Von der Gleichung (11) – hier hat wieder ein CAS geholfen – ist nur noch eine Lösung abgedruckt. Vielleicht haben Sie bei der Struktur des Terms aufgemerkt: Die geschachtelten Wurzeln sind nicht etwa *vierte* Wurzeln, wie man bei einer Gleichung *vierten* Grades erwarten würde, sondern Quadratwurzeln aus Kubikwurzeln (also *dritten* Wurzeln) aus Quadratwurzeln. Das lässt sich zunächst gar nicht verstehen und fordert dazu heraus, ein besseres Verständnis für die Struktur der Lösungen zu entwickeln.

Die letzte Gruppe von Gleichungen zeigt noch einmal, dass allein der Grad der Gleichung nicht ausschlaggebend ist. (12) bis (14) unterscheiden sich nur nach der Potenz des ersten Summanden, und trotzdem sind nur die Gleichungen (12) und (14) lösbar, wenn man erst einmal ihre Struktur erkannt hat.

$$(12)\ x^4 - 2x^3 - 3 = (x+1)((x-1)^3 - 2) = 0 \Rightarrow L = \left\{ -1, 1 + \sqrt[3]{2}, 1 - \frac{1 - i\sqrt{3}}{\sqrt[3]{4}}, 1 - \frac{1 + i\sqrt{3}}{\sqrt[3]{4}} \right\}$$

$$(13)\ x^5 - 2x^3 - 3 = 0 \Rightarrow \text{ keine Lösung?}$$

$$(14)\ x^6 - 2x^3 - 3 = 0 = (x^3)^2 - 2(x^3) - 3 = 0 \Rightarrow L = \left\{ -1, \frac{1 + i\sqrt{3}}{2}, \frac{1 - i\sqrt{3}}{2}, \sqrt[3]{3}, \sqrt[3]{3} \frac{-1 + i\sqrt{3}}{2}, \sqrt[3]{3} \frac{-1 - i\sqrt{3}}{2} \right\}$$

Gleichung (13) stellt hingegen auch ein heutiges Computeralgebrasystem, das zu allen anderen Gleichungen dieser Erkundung mit Leichtigkeit Lösungen liefert, vor Probleme: *Mathematica* gibt z.B. folgende etwas kryptisch anmutende Antwort:

```
{{x->Root[-3-2#1^3+#1^5&,1]},{x->Root[-3-2#1^3+#1^5&,2]}, ...
```

Das bedeutet letztlich: Es gibt fünf Lösungen (auch als „Wurzeln", engl. root, bezeichnet), und da das Programm sie nicht mit geschachtelten Wurzeln ausgeben will (oder kann?), umschreibt es sie einfach noch einmal. Mit diesen Ausdrücken kann das Programm weiterrechnen (z.B. in diese oder andere Gleichungen einsetzen und das Beste daraus machen), aber einen expliziten Ausdruck für die Lösungen bekommen wir nicht aus ihm heraus.

Die Untersuchung der vielen konkreten Gleichungen, sowohl auf numerische als auch auf algebraische Weise, hat erkennen lassen, dass das Problem der Suche nach Nullstellen offensichtlich kein triviales ist. Vor diesem Hintergrund kann man verstehen, warum die Frage eine treibende Kraft für die Mathematik seit Beginn der Renaissance ist. In Kapitel 7 haben Sie gesehen, wie die Lösungssuche zur Entwicklung neuer Zahlen, den negativen und den komplexen Zahlen – beides Beispiele für algebraische Zahlen – angeregt hat und wie sich daraus – immerhin schon einmal in Form des Fundamentalsatzes der Algebra – die *Existenz* von Lösungen ergeben hat. Für die konkrete *Form* der Lösungen stagnierte der Fortschritt allerdings für fast drei Jahrhunderte, nachdem Gerolamo Cardano und Ludovico Ferrari im Jahre 1545 Lösungsformeln für Gleichungen dritten und vierten Grades gefunden und veröffentlicht hatten. Der Wissensstand war, in moderner Schreibweise kurz zusammengefasst, ungefähr dieser:

Quadratische Gleichungen: $x^2 + a_1 x + a_0 = 0$

$$\Rightarrow x_i = -\frac{a_1}{2} + (-1)^i \sqrt{D} \ \text{ mit } i = 0,1 \text{ und } D = \left(\frac{a_1}{2}\right)^2 - a_0$$

Kubische Gleichungen: $x^3 + a_2 x^2 + a_1 x + a_0 = 0$

$$\Rightarrow x_i = -\frac{a_2}{3} + \omega^i \sqrt[3]{A + \sqrt{D}} + (\omega^2)^i \sqrt[3]{A - \sqrt{D}} \ \text{ mit } i = 0,1,2$$

$$A = -\frac{a_2^3}{27} + \frac{a_1 a_2}{6} - \frac{a_0}{2}, \ B = \frac{a_1}{3} - \frac{a_2^2}{9}, \ D = A^2 + B^3 \ \text{ und } \ \omega = \frac{-1 + i\sqrt{3}}{2}$$

Quartische Gleichungen: $x^4 + a_3 x^3 + a_2 x^2 + a_1 x + a_0 = 0 \Rightarrow$

$$x_i = -\frac{a_3}{4} \pm \frac{1}{2}\sqrt{A + \frac{\sqrt{B + \sqrt{B^2 - 4C^3}}}{3\sqrt[3]{2}} + \frac{\sqrt[3]{2}C}{3\sqrt[3]{B + \sqrt{B^2 - 4C^3}}}} \pm \frac{1}{2}\sqrt{2A - \frac{\sqrt{B + \sqrt{B^2 - 4C^3}}}{3\sqrt[3]{2}} - \frac{\sqrt[3]{2}C}{3\sqrt[3]{B + \sqrt{B^2 - 4C^3}}} + \frac{-a_3^3 + 4a_2 a_3 - 8a_1}{4\sqrt{A + \frac{\sqrt{B + \sqrt{B^2 - 4C^3}}}{3\sqrt[3]{2}} + \frac{\sqrt[3]{2}C}{3\sqrt[3]{B + \sqrt{B^2 - 4C^3}}}}}}$$

$$\text{mit } A = \frac{a_3^2}{4} - \frac{2a_2}{3}, \ B = 2a_2^3 - 72 a_0 a_2 - 9 a_1 a_3 a_2 + 27 a_1^2 + 27 a_0 a_3^2, \ C = a_2^2 + 12 a_0 - 3 a_1 a_3$$

Diese Lösungsformeln sind nicht völlig „sauber", da noch zu definieren ist, welche Wurzeln jeweils zu nehmen sind, wenn in Zwischenschritten negative oder komplexe Zahlen auftreten. Sie stellen auch nur *eine* Art dar, die Lösungen aufzuschreiben. Sie werden bei einer Recherche noch viele andere Formen finden – übrigens nirgends eine so längliche Darstellung der Lösungen der quartischen Gleichung wie hier. Diese Form soll zeigen, welche Wurzelstruktur die Lösungen der allgemeinen Gleichung vierten Grades besitzen: In der dargestellten Form werden für Gleichungen dritten Grades Kubikwurzeln von Quadratwurzeln gebildet. Bei Gleichungen vierten Grades sind es schon Quadratwurzeln von Quadratwurzeln von Kubikwurzeln von Quadratwurzeln (also insgesamt eine Wurzeltiefe von $2 \cdot 2 \cdot 3 \cdot 2 = 24$). Angesichts dieser Formeln könnte man vermuten, dass es für jede polynomiale Gleichung, also auch für die fünften Grades, solche Lösungsformeln gibt, dass also algebraische Zahlen immer als geschachtelte Wurzeln geschrieben werden können, auch wenn das möglicherweise unanständig kompliziert werden kann.

Falls Sie den Ausgang der Suche nach der Lösungsformel für die Gleichung fünften Grades noch nicht kennen, sei er Ihnen an dieser Stelle verraten: Erst nach beinahe dreihundertjähriger Suche gelang im Jahre 1824 dem norwegischen Mathematiker Niels Henrik Abel (1802–1829) der endgültige Nachweis: Eine allgemeine Formel für Gleichungen fünften (und auch höheren) Grades ist prinzipiell nicht möglich. Während man noch für alle Gleichungen zweiten bis vierten Grades alle Lösungen mit geschachtelten Wurzeln angeben kann, konnte Abel zeigen, dass sich die mögliche Komplexität von Gleichung fünften und höheren Grades als letztlich zu groß für eine solche Lösungsdarstellung erweist. Wer sich für Abels Geschichte (auch er ist jung gestorben, wenn auch nicht an einer Pistolenkugel, sondern an Tuberkulose) und seine mathematischen Ideen interessiert, kann dies bei Pesic (2005) nachlesen.

Mit diesem Ergebnis hat Abel jede weitere Suche nach Lösungsformeln für überflüssig erklärt. Allerdings ist es typisch für die Mathematik, dass an einer solchen Stelle das Interesse nicht etwa erlischt und die Entdeckerlust erlahmt. Im Gegenteil – jede Antwort wirft neue Fragen auf: *Warum* geht es ausgerechnet beim fünften Grad nicht mehr? Warum geht es *trotzdem* bei bestimmten Gleichungen fünften und höheren Grades? Beispielsweise hat $x^5 - 5x + 12$ als eine Lösung:

$$x = -\sqrt{\frac{\left(\sqrt{5}+\sqrt{5-\sqrt{5}}\right)^2\left(-\sqrt{5}+\sqrt{5+\sqrt{5}}\right)}{25}} - \sqrt{\frac{\left(-\sqrt{5}+\sqrt{5+\sqrt{5}}\right)^2\left(\sqrt{5}-\sqrt{5-\sqrt{5}}\right)}{25}} - \sqrt{\frac{\left(-\sqrt{5}+\sqrt{5+\sqrt{5}}\right)^2\left(\sqrt{5}+\sqrt{5-\sqrt{5}}\right)}{25}} - \sqrt{\frac{\left(\sqrt{5}-\sqrt{5-\sqrt{5}}\right)^2\left(-\sqrt{5}-\sqrt{5+\sqrt{5}}\right)}{25}}$$

Wovon hängt es ab, ob eine solche Lösungsformel existiert und wie komplex sie ist? Sie haben gesehen, dass die Betrachtung der Funktionsgraphen, der numerischen Werte oder der Koeffizienten einer Gleichung wenig direkten Aufschluss darüber gibt, welche Struktur man bei den Lösungen jeweils erwarten kann. Daher werden Sie sich im folgenden Abschnitt den Lösungen selbst zuwenden und deren Symmetrien erkunden.

An dieser Stelle sollen die vorangehenden Erkenntnisse zur Struktur von Lösungsformeln allerdings noch einmal in der Sprache der Zahlbereiche ausgedrückt werden. In Kapitel 7 haben Sie festgestellt, dass die rationalen Zahlen nicht ausreichen, um quadratische Gleichungen der Form $x^2 - a = 0$ zu lösen. Das Problem kann behoben werden, wenn man die Lösungen solcher Gleichungen wie z.B. $\sqrt{-1} = i$ oder $\sqrt{2}$ formal hinzunimmt – man sagt auch zu den rationalen Zahlen *adjungiert* – und mit ihnen wieder einen Körper bildet, z.B. $\mathbb{Q}(i, \sqrt{2})$. Wenn man *alle* denkbaren Lösungen aller denkbaren rationalen Gleichungen $a_n x^n + ... + a_1 x + a_0 = 0$ hinzunimmt, so gelangt man zum Körper der algebraischen Zahlen $\mathbb{A}$. Die algebraischen Zahlen blieben in Kapitel 8 aber noch recht abstrakt, solange man nicht wusste, wie sie konkret aussehen. Die

Lösungsformeln für algebraische Gleichungen in diesem Kapitel haben Ihnen dann vor Augen geführt, wie man einige konkrete algebraische Zahlen aufschreiben kann, nämlich als Terme, die durch das Bilden von Summen, Differenzen, Produkten und Quotienten sowie durch Wurzelziehen entstehen. Solche Terme wurden meist als „geschachtelte Wurzeln" bezeichnet. Das Einbeziehen aller Wurzeln (Quadratwurzeln, Kubikwurzeln usw..) sowie aller Wurzeln von Wurzeln etc. führt auf einen recht umfangreichen Zahlbereich – bezeichnen wir ihn einmal suggestiv mit $\sqrt{\mathbb{Q}}$, auch wenn das kein in der Mathematik übliches Symbol ist. Die Hoffnung, auf diese Weise alle Lösungen aller Gleichungen jeden Grades schreiben zu können, ist gleichbedeutend mit der Aussage, dass man mit $\sqrt{\mathbb{Q}}$ alle algebraischen Zahlen gefunden hat. Der Satz von Abel besagt allerdings, dass es algebraische Zahlen, also Lösungen von Gleichungen fünften oder höheren Grades gibt, die gerade *nicht* in $\sqrt{\mathbb{Q}}$ liegen. Die bisherige Übersicht über die Zahlbereichserweiterungen (S. 174) lässt sich also folgendermaßen ausdifferenzieren:

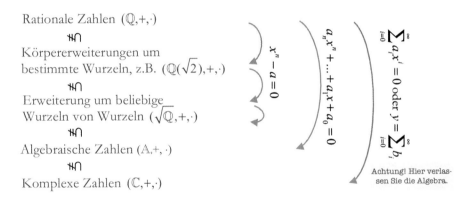

9.2 Lösungen und ihre Symmetrien

Die naive Hoffnung, aus der Lösungsformel für Grad 2 und 3 irgendwie auf eine Lösungsformel für höhere Grade zu schließen, wurde enttäuscht. Manchmal aber ist eine Gleichung aber auch nur scheinbar kompliziert und ihre Lösungen sind unerwartet einfach. Wovon hängt das ab? Wann sind die Lösungen eher kompliziert, wann besonders einfach? Wo genau stecken die „heimlichen" Symmetrien einer Gleichung, die dieses Verhalten lenken? Wie kann man diesen Symmetrien auf die Spur kommen? Évariste Galois hatte Ihnen, als er seine Ideen zu diesen Fragen entwickelte, einiges voraus: Er hatte durch die intensive Lektüre der zu seiner Zeit vorliegenden Literatur (vor allem durch die systematisierenden Vorarbeiten von Joseph-Louis Lagrange, 1736–1813) und durch eigene Untersuchungen viele Erfahrungen mit konkreten Beispielen gemacht. Ein wenig Gespür für die Phänomene, die bei der Lösung polynomialer Gleichungen auftreten können, haben Sie inzwischen durch die letzten Erkundungen und die vielen Erfahrungen mit Symmetriephänomenen der vorigen Kapitel gewinnen können. Damit können Sie nun versuchen, auf den Spuren von Galois die Symmetrien von Gleichungen aufzudecken.

Die Lösungen, die bei einer quadratischen Gleichung entstehen, haben in der Regel die übliche vertraute Struktur

$$x^2 + 2x + 3 = 0 \Rightarrow x_{1,2} = -1 \pm \sqrt{1-3} = -1 \pm i\sqrt{2} \,,$$

bei der man eine gewisse Symmetrie, hier bezüglich des Ausdrucks $i\sqrt{2}$, erkennen kann. Während der Teilterm -1 noch eine rationale Zahl ist, muss man $i\sqrt{2}$ hinzufügen, um die Lösungen aufzuschreiben. Anders ausgedrückt: Während die Gleichung in $\mathbb{Q}$ keine Lösung besitzt, hat sie in der Körpererweiterung $\mathbb{Q}(i\sqrt{2})$ zwei Lösungen. Zur Erinnerung: Mit $\mathbb{Q}(i\sqrt{2})$ (gesprochen „$\mathbb{Q}$ adjungiert $i\sqrt{2}$") meint man den kleinsten Körper, der neben allen Zahlen aus $\mathbb{Q}$ auch noch $i\sqrt{2}$ enthält. Man kann sich vergewissern, dass alle Zahlen dieser Menge so aussehen: $\mathbb{Q}(i\sqrt{2}) = \{a + bi\sqrt{2} \mid a, b \in \mathbb{Q}\}$

Die Symmetrie zwischen den beiden Lösungen kann man auch auf eine Weise aufschreiben, die keinen expliziten Gebrauch von diesen neuen Zahlen (Wurzeln und imaginäre Einheit) macht, sondern nur *rationale* Zahlen und *rationale* Rechnungen (also die Grundrechenarten und keine Wurzeln) verwendet:

$$x_1 + x_2 + 2 = 0, \quad x_1 \cdot x_2 - 3 = 0$$

Diese beiden Beziehungen verbinden die Lösungen miteinander und zeigen die rechnerischen Symmetrien zwischen ihnen: Das Austauschen der beiden Lösungen x_1 und x_2 verändert diese beiden Beziehungsgleichungen nicht. Formal kann man das aufschreiben, indem man die Permutation (12) (als Kurzfassung für $1 \leftrightarrow 2$) auf die Terme wirken lässt:

$$(12)(x_1 + x_2 + 2) = x_2 + x_1 + 2 = x_1 + x_2 + 2 = 0,$$
$$(12)(x_1 \cdot x_2 - 3) = x_2 \cdot x_1 - 3 = x_1 \cdot x_2 - 3 = 0$$

Das wirkt an dieser Stelle noch etwas „überkandidelt", wird aber in komplexeren Situationen ausgesprochen nützlich. Grafisch kann man diese Symmetrie zwischen zwei Lösungen wie im nebenstehenden Bild andeuten.

Erkundung 9.3: Woher kommen diese beiden Beziehungen $x_1 + x_2 + 2 = 0$ und $x_1 \cdot x_2 - 3 = 0$? Rechnen Sie sie am konkreten Beispiel nach und versuchen anhand anderer Gleichungen und ihrer Lösungen herauszufinden, wie die Beziehungen dort jeweils aussehen. Sind sie immer symmetrisch?

Suchen Sie weitere rationale Beziehungen zwischen den beiden Lösungen der obigen Gleichung. Denken Sie daran, dass Sie nur rationale Zahlen und rationale Rechenausdrücke (also die Grundrechenarten) verwenden. In welcher Beziehung stehen die weiteren Beziehungen zu den beiden obigen? Können Sie angeben, wie die Menge *aller* möglichen rationalen Beziehungen zwischen den beiden Lösungen aussieht?

Vielleicht haben Sie es beim Einsetzen der Lösungen in die Beziehungen bemerkt, oder anhand anderer Beispiele oder auch der Lösungsformel allgemein hergleitet: Die beiden Symmetriebeziehungen fallen tatsächlich nicht vom Himmel, sondern sind Bestandteil der Lösungsstruktur *jeder* quadratischen Gleichung. Mit einem Blick sieht man dies, wenn man sich die Gleichung als bereits gelöst, also als in zwei Linearfaktoren zerfallen vorstellt:

$$(x - x_1)(x - x_2) = 0 \quad \Leftrightarrow \quad x^2 - (x_1 + x_2) \cdot x + x_1 x_2 = 0$$

Diese Lösungsstruktur quadratischer Gleichungen kennen Sie bereits als *Satz von Vieta* (nach François Viète, lat. Vieta, 1540–1603): Die Koeffizienten der Gleichung sind die (negative) Summe der Lösungen und das Produkt der Lösungen.

$$x_1 + x_2 = -2, \quad x_1 \cdot x_2 = 3$$

Diese beiden Symmetrien stellen also keine Eigenheit einer einzelnen quadratischen Gleichung dar. Dennoch darf man sich daran ergötzen, wie zwei Lösungen

$$x_{1,2} = -1 \pm i\sqrt{2} \,,$$

die beide eine Erweiterung des Zahlkörpers auf $\mathbb{Q}(i\sqrt{2})$ benötigen und damit die Situation eigentlich komplizierter machen, dennoch auf eine einfache Weise, nämlich über rationale Beziehungen, miteinander zusammenhängen, die nur $\mathbb{Q}$ benötigen.

Wie steht es um weitere rationale Beziehungen zwischen x_1 und x_2? Vielleicht haben Sie folgende oder ähnliche gefunden:

$$x_1^2 + x_2^2 = -1, \qquad (x_1 - x_2)^2 = -2$$

Beide sind wieder symmetrisch in den beiden Lösungen x_1 und x_2. Auch alle anderen rationalen Beziehungen, die Sie gefunden haben, werden mit ziemlicher Sicherheit diese Eigenschaft haben. Weitere Rechnungen mit den Lösungen, die Sie möglicherweise untersucht haben, führen nicht zu rationalen Beziehungen, wie z.B.:

$$x_1 - x_2 = 2i\sqrt{2}, \quad (x_1 - x_2)(x_1 + x_2) = x_1^2 - x_2^2 = 4i\sqrt{2}, \qquad x_1 + 2x_2 = -3 - 2i\sqrt{2}$$

Dass es keine rationalen Beziehungen gibt, die *nicht* symmetrisch sind, ist allerdings nun doch eine besondere Eigenschaft der untersuchten quadratischen Gleichung. Auch bei anderen quadratischen Gleichungen werden Sie auf dieses Phänomen stoßen – aber nicht bei allen. Es gibt quadratische Gleichungen, die eine solche Symmetrie nicht besitzen, wie z.B.:

$$x^2 + 4x - 5 = 0, \quad x_{1,2} = -2 \pm \sqrt{4 - (-5)} = -2 \pm 3$$

Diesmal braucht man für die beiden Lösungen keine Größen, die aus $\mathbb{Q}$ herausführen. Dafür gibt es zusätzliche rationale Beziehungen, wie z.B.:

$$5x_1 + x_2 = 0 \,, \; x_1 - 1 = 0 \,, \; x_2 + 5 = 0$$

Diese Beziehungen brechen die perfekte Symmetrie. Sie sind nicht mehr symmetrisch in den beiden Lösungen und ein Austauschen der Variablen macht sie ungültig:

$$(12)(5x_1 + x_2) = 5x_2 + x_1 = -24 \neq 0 \,,$$
$$(12)(x_1 - 1) = (x_5 - 1) = -6 \neq 0$$

Eine solche Symmetriebrechung wird auch in der nebenstehenden Figur dargestellt. Dadurch, dass die beiden Variablen individuelle, verschiedene Beziehungen erfüllen, werden sie in $\mathbb{Q}$ unterscheidbar. Auf eine eben solche Weise verliert die Figur ihre Spiegelsymmetrie, wenn die beiden Seiten unterschiedliche Eigenschaften haben.

Diese Einsichten zu rationalen Beziehungen von Lösungen quadratischer Gleichungen erscheinen möglicherweise etwas „aufgebauscht" und es ist für Sie vielleicht noch nicht ersichtlich, wie diese Symmetrieperspektive nützlich für ein Verständnis jedweder polynomialer Gleichung werden kann. Das wird erst dann ersichtlich, wenn man sich einen eher nicht-trivialen Fall vornimmt. Aus diesem Grunde sollen Sie im Folgenden einige Gleichungen *vierten* Grades darauf untersuchen, wie sich die hier angedeuteten Symmetriegumente anwenden lassen. Die Beispiele werden alle biquadratische Gleichungen von der Form $x^4 + ax^2 + b = 0$ sein. Diese sind einerseits einfach genug, um sie mit schulmathematischen Mittel zu untersuchen, andererseits werden Sie aber ein komplexes, vielfältiges Verhalten bezüglich Symmetrie vorfinden.

Vorweggeschickt sei noch ein Hinweis auf das „Symmetriepotenzial", das in jeder Gleichung vierten Grades steckt. Wenn man die gelöste, also in Linearfaktoren zerfallende Gleichung analog zum Satz von Vieta ausmultipliziert, erhält man dies: Für die Lösungen x_1, x_2, x_3, x_4 einer Gleichung vierten Grades gilt

$$(x - x_1)(x - x_2)(x - x_3)(x - x_4) = 0 \rightarrow \; x_1 x_2 x_3 x_4 = b$$
$$x_1 x_2 x_3 + x_1 x_2 x_4 + x_1 x_3 x_4 + x_2 x_3 x_4 = 0$$
$$x_1 x_2 + x_1 x_3 + x_1 x_4 + x_2 x_3 + x_2 x_4 + x_3 x_4 = a$$
$$x_1 + x_2 + x_3 + x_4 = 0 \,.$$

Diese vier Gleichungen sind alle vollständig symmetrisch bezüglich *jeder* Permutation der vier Lösungen, z.B. $(12)(34)(x_1 x_2 x_3 x_4) = x_2 x_1 x_4 x_3 = x_1 x_2 x_3 x_4 = b$. Man kann also alle 24 Permutationen der Symmetrischen Gruppe S_4 auf diese Beziehungen anwenden, ohne sie zu verändern oder ihre Gültigkeit zu zerstören.

Man nennt die vollständig symmetrischen Kombinationen von n Variablen, wie sie hier für $n = 2$ und $n = 4$ dargestellt wurden, auch die *elementarsymmetrischen Funktionen*. Anders als die Polynome in *einer* Variablen x, zu denen hier Nullstellen gesucht werden, sind die elementarsymmetrischen Funktionen Polynome in *mehreren* Variablen und können als Elemente eines Raumes $\mathbb{Q}(x_1,...,x_n)$ aufgefasst werden.

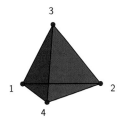

Die hier beschriebenen Austauschsymmetrien von Termen mit vier Variablen sind übrigens gerade auch die Symmetriegruppe eines regelmäßigen Tetraeders (vgl. S. 78 ff.) – ein schönes Beispiel dafür, wie der Blick über Symmetrien die enge Verwandtschaft von Algebra und Geometrie erkennen lässt. Sie können dies bei der folgenden Erkundung zur Veranschaulichung nutzen.

Erkundung 9.4: Biquadratische Gleichungen erfüllen wie alle Gleichungen vierten Grades (sogenannte *quartische* Gleichungen) die elementarsymmetrischen Beziehungen. Aber sie sind ja spezielle quartische Gleichungen mit einer einfacheren Koeffizientenstruktur ($a_3 = a_1 = 0$) und konsequenterweise einer einfacheren Lösungsstruktur – man braucht für sie entsprechend auch nicht die allgemeine Lösungsformel. Diese Lösungsstruktur biquadratischer Gleichungen kann aber je nach Koeffizienten noch verschiedene Stufen der Komplexität aufweisen. Das zeigt sich dann daran, dass es weitere rationale Beziehungen zwischen den Lösungen gibt, die bestimmte Permutationen nicht mehr zulassen und damit die Symmetrie reduzieren. Untersuchen Sie dazu die folgenden Beispiele:

a) Welche rationalen Beziehungen zwischen den Lösungen lassen sich aufstellen? Suchen Sie vor allem solche, die nicht vollständig symmetrisch in allen Lösungen sind. Das können auch Beziehungen sein, die nur einige der vier Lösungen miteinander verknüpfen.

b) Untersuchen Sie dann anhand der gefundenen Beziehungen, welche Symmetrien (d.h. welche Vertauschungen der Lösungen) noch möglich sind, ohne dass die Beziehungen „zusammenbrechen". Welche Symmetrien fallen heraus? Wie sieht die Gruppe aller Symmetrien im Fall jedes Beispiels aus?

c) Wie sieht eine Tetraederfigur aus, bei der dieselbe Art von Symmetriebrechung stattgefunden hat? Sie können dazu Kanten oder Ecken auf besondere Weise kennzeichnen.

Die zur Untersuchung vorgeschlagenen Beispiele lauten wie folgt (natürlich können Sie auch weitere eigene hinzuziehen). Spielen Sie ein wenig mit den Wurzeltermen in den Lösungen, indem Sie sie quadrieren, multiplizieren und anders verrechnen.

(1) $x^4 - 6x^2 + 2 = 0 \quad \Rightarrow \quad x_{1,2,3,4} = \pm\sqrt{3 \pm \sqrt{7}}$

(2) $x^4 - 5x^2 + 6 = (x^2 - 2)(x^2 - 3) = 0 \;\Rightarrow\; x_{1,2,3,4} = \pm\sqrt{\frac{5}{2} \pm \sqrt{\frac{1}{4}}} = \pm\sqrt{\frac{5}{2} \pm \frac{1}{2}}$.

(3) $x^4 - 4x^2 + 3 = 0 = (x-1)(x+1)(x^2-3) \;\Rightarrow\; x_{1,2,3,4} = \pm\sqrt{2 \pm \sqrt{1}} = \pm\sqrt{2 \pm 1}$

(4) $x^4 - 4x^2 + 1 = 0 \;\Rightarrow\; x_{1,2,3,4} = \pm\sqrt{2 \pm \sqrt{3}}$

(5) $x^4 - 4x^2 + 2 = 0 \;\Rightarrow\; x_{1,2,3,4} = \pm\sqrt{2 \pm \sqrt{2}}$

Gleich an der ersten Gleichung können Sie die generische Lösungsstruktur aller biquadratischen Gleichungen erkennen ($\pm\sqrt{a \pm \sqrt{b}}$). Diese typische einfache Schachtelung von Quadratwurzeln ist natürlich auf die biquadratische Struktur zurückzuführen, die man mit einer Substitution $z = x^2$ lösen kann.

(1) $x^4 - 6x^2 + 2 = 0 \;\Rightarrow\; x_{1,2,3,4} = \pm\sqrt{3 \pm \sqrt{7}}$

Diese Struktur ermöglicht auch die folgenden rationalen Beziehungen, die für jede biquadratische Gleichung gelten (bei geeigneter Nummerierung der Lösungen):

$$x_1 + x_2 = 0, \; x_3 + x_4 = 0$$

Die Kopplung zweier Lösungspaare bricht die Symmetrie auf spezielle Weise. Die beiden Beziehungen bleiben bei den Permutationen (12) und (34) identisch erhalten. Weil aber die beiden Beziehungen die gleiche Form haben, funktioniert auch der gleichzeitige Tausch (12)(34) und das gemeinsame Austauschen der beiden Paare (13)(24), (14)(23), (1324), (1423).

Genau dieser Symmetriebruch liegt auch beim Tetraeder vor, wenn man je zwei Eckenpaare miteinander auf dieselbe Weise verkoppelt – hier ausgeführt durch die Kennzeichnung zweier Diagonalen durch grüne Linien. Damit ein solchermaßen modifiziertes Tetraeder nach einer Bewegung wieder aussieht wie zuvor, müssen die gekennzeichneten Linien nachher wieder an denselben Stellen liegen, sie dürfen allerdings ihre Plätze tauschen. Im Bild ist die Permutation (12)(34) dargestellt:

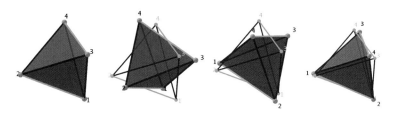

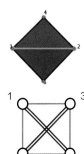

Etwas einfacher kann man dies aufzeichnen, wenn man sich vorstellt, das Tetraeder mit einem Blick von oben auf die Kante 34 zu betrachten. Dann sieht es aus wie das rechts abgebildete Quadrat, bei dem die Eckenverbindungen nun durch Doppellinien dargestellt sind. Jeder dieser Eckenverbindungen entspricht eine der beiden Beziehungen $x_1 + x_2 = 0$ und $x_3 + x_4 = 0$.

Die Tatsache, dass beide Beziehungen dieselbe Form haben, wird durch die identische Form der Doppellinie wiedergegeben.

Durch Multiplikation der Lösungen

$$x_1 x_3 = \sqrt{3+\sqrt{7}}\,\sqrt{3-\sqrt{7}} = \sqrt{9-7} = \sqrt{2} \;\text{ und }\; x_1 x_2 = -\sqrt{3+\sqrt{7}}\,\sqrt{3+\sqrt{7}} = 3+\sqrt{7}$$

kann man weitere rationalen Beziehungen finden:

$$x_1 x_3 - x_2 x_4 = 0\,,\quad x_1 x_4 - x_2 x_3 = 0 \;\text{ oder }\; x_1 x_2 + x_3 x_4 - 6 = 0\,,$$

die aber allesamt auch die bisher gefundenen Vertauschungen erlauben. Nicht möglich sind hingegen Vertauschungen, die die Paarbildung verletzen, wie z.B. die „Drehung" von drei Lösungen (123), denn:

$$(123)(x_1 + x_2) = x_2 + x_3 = \sqrt{3+\sqrt{7}} + \sqrt{3-\sqrt{7}}$$

Diese Drehung würde auch das Tetraeder nicht invariant lassen, wie die Abbildung rechts zeigt.

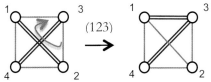

Die Menge aller Permutationen, die *alle* möglichen rationalen Beziehungen zwischen den Lösungen einer Gleichung erfasst, beschreibt auf umfassende Weise die Symmetrie der Gleichung. Die Menge von Permutationen wird auch die *Galoisgruppe einer Gleichung* genannt. Es handelt sich tatsächlich nicht nur um eine Unter*menge*, sondern eine Unter*gruppe* aller Permutationen, denn die Elemente drücken ja Invarianzen aus. Ganz wie bei den Deckabbildungen ist daher die Verknüpfung zweier Invarianzen wieder eine Invarianz.

Bis zu diesem Punkt kann man die Vermutung haben, dass es sich bei der Galoisgruppe G für diese Gleichung um die folgende Untergruppe der S_4 handelt:

$$G \subseteq \{\,(1), (12), (34), (12)(34), (13)(24), (14)(23), (1324), (1423)\,\} = D_4$$

Es sind dies genau die Deckabbildungen des Tetraeders, die die beiden herausgehobenen gegenüberliegenden Kanten nicht an andere Stellen bewegen, wohl aber ggf. miteinander tauschen oder in sich drehen lassen. Die dreizähligen

Symmetrien des Tetraeders (also die Dreierzykeln unter den Permutationen) sind herausgefallen, weil sie einige rationalen Beziehungen zerstört haben. Was bleibt, ist eine Untergruppe, die eine „vierzählige Untersymmetrie" des Tetraeders widerspiegelt. Das „unberührte Tetraeder", welches noch die volle Symmetrie einer allgemeinen quartischen Gleichungen beschreibt, ist durch die spezielle Symmetriebrechung der biquadratischen Gleichungen gewissermaßen zu einem Quadrat geworden – jedenfalls was seine Symmetrien angeht.

Es wäre allerdings an dieser Stelle äußerst schwierig zu zeigen, dass die Galoisgruppe G wirklich *gleich* der Diedergruppe D_4 ist. Es wäre ja denkbar, dass sich noch weitere rationale Beziehungen entdecken lassen, die noch weitere Symmetrien brechen. Es sei allerdings ohne Beweis verraten, dass das in diesem Beispiel nicht der Fall ist.

(2) Eine andere biquadratische Gleichung bringt aber genau diesen Fall hervor:

$$x^4 - 5x^2 + 6 = (x^2 - 2)(x^2 - 3) = 0 \;\Rightarrow\; x_{1,2,3,4} = \pm\sqrt{\tfrac{5}{2} \pm \sqrt{\tfrac{1}{4}}} = \pm\sqrt{\tfrac{5}{2} \pm \tfrac{1}{2}}$$

Die Gleichung zerfällt in zwei rationale quadratische Faktoren, sodass zu den „biquadratischen Symmetriebrechungen" aus dem vorigen Beispiel noch weitere hinzukommen: Die einzelnen Lösungen sind nicht mehr nur paarig, die spezielle Struktur der Gleichung führt auch dazu, dass die Lösungsausdrücke besonders einfach werden, da eine Ebene der Wurzelschachtelung wegfällt. Das erlaubt neue Beziehungen:

$$x_1 + x_2 = 0, \; x_3 + x_4 = 0 \;\text{ sowie }\; x_{1,2}{}^2 - 3 = 0 \quad x_{3,4}{}^2 - 2 = 0$$

Der Symmetriebruch ist diesmal drastischer, denn die beiden Paare können nicht mehr untereinander ausgetauscht werden – sie erfüllen miteinander nicht vereinbarte unterschiedliche Beziehungen. Die Galoisgruppe kann also keine Elemente wie (1423) oder ähnliche mehr enthalten.

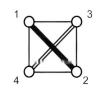

Das Tetraeder, das diese Lösungssymmetrie wiedergibt, zeigt dies dadurch an, dass die Paarbeziehungen nun verschieden markiert sind und dass Drehungen um ein Viertel nicht mehr möglich sind.

Man kann sich hier also sicher sein, dass die Galoisgruppe G dieser Gleichung in der Kleinschen Vierergruppe V_4 enthalten ist:

$$G \subseteq \{\,(1), (12), (34), (12)(34)\,\} = V_4$$

(3) Ein weiterer Symmetriebruch findet statt, wenn die Gleichung noch weitere Besonderheiten enthält wie etwa folgende:

$$x^4 - 4x^2 + 3 = (x-1)(x+1)(x^2-3) = 0 \Rightarrow x_{1,2,3,4} = \pm\sqrt{2\pm\sqrt{1}} = \pm\sqrt{2\pm1}$$

$$x_{1,2}{}^2 - 3 = 0, \ x_3 + 1 = 0, \ x_4 - 1 = 0$$

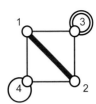

Nun sind bereits zwei Lösungen rational und werden daher durch lineare rationale Gleichungen (sozusagen Beziehungen mit sich selbst) von allen anderen Lösungen unterschieden. Die ausgesprochen spezielle Struktur der Lösungen spiegelt sich auch im entsprechenden Tetraeder wider: Die beiden verschiedenen Kreislinien sorgen dafür, dass die Ecken 3 und 4 nicht mehr miteinander oder mit anderen Ecken vertauschbar sind. Die Symmetrie ist nun nur noch die der einfachen Galoisgruppe:

$$G \subseteq \{(1), (12)\} = \mathbb{Z}_2$$

Sie ahnen schon, was passiert, wenn die Gleichung im Extremfall vier verschiedene, ausschließlich rationale Lösungen besitzt: Das Aufschreiben der Lösungen benötigt keine Wurzeln mehr, jede Lösung führt zu einer eigenen rationalen Beziehung, alle Symmetrien werden verhindert, jede Ecke des Tetraeders erhält eine eigene Kennzeichnung, Deckabbildungen sind nicht mehr möglich, die Galoisgruppe ist die triviale Gruppe $G = \{(1)\}$.

Es können beim biquadratischen Gleichungstyp allerdings auch noch zwei weitaus weniger offensichtliche Situationen mit interessanter Symmetrie auftreten. (Falls Sie sie nicht schon selbst in der Erkundung identifiziert haben, können Sie vielleicht auf der Basis des nun erworbenen Wissen einen neuen Versuch starten, bevor Sie weiterlesen).

(4) Die Gleichung

$$x^4 - 4x^2 + 1 = 0 \quad \Rightarrow \quad , \ x_{1,2,3,4} = \pm\sqrt{2\pm\sqrt{3}}$$

enthält so spezielle Zahlen in der Lösung, dass neben den üblichen biquadratischen Beziehungen weitere konstruiert werden können:

$$x_1 x_3 = \sqrt{2+\sqrt{3}}\sqrt{2-\sqrt{3}} = \sqrt{4-3} = 1$$

$$x_1 x_3 - 1 = 0 \quad x_1 x_4 + 1 = 0 \quad x_2 x_3 + 1 = 0 \quad x_2 x_4 - 1 = 0$$

Die Multiplikation der beiden Lösungen mit umgekehrtem Vorzeichen unter der äußersten Wurzel führt zu einem quadratischen Term *innerhalb* der Wurzel und damit zu einer neuen Art von Beziehung.

Diese Beziehung bricht die Diedersymmetrie der allgemeinen biquadratischen Gleichung, weil nun bestimmte Permutationen nicht mehr möglich sind. Im Tetraeder entspricht dies Beziehungen zwischen den biquadratischen Lösungspaaren *überquer*. Das Ergebnis ist eine reduzierte Galoisgruppe, die wieder isomorph zur Kleinschen Vierergruppe V_4, aber nicht identisch mit der anderen V_4 aus dem obigen Beispiel ist:

$$G \subseteq \{ (1), (12)(34), (13)(24), (14)(23) \} \cong V_4$$

(5) Das abschließende Beispiel

$$x^4 - 4x^2 + 2 = 0 \implies x_{1,2,3,4} = \pm\sqrt{2 \pm \sqrt{2}}$$

besitzt Koeffizienten, die zu noch „gewitzteren" Beziehung zwischen den Lösungen führen:

$$x_1^2 - x_1 x_3 = \sqrt{2+\sqrt{2}}\sqrt{2+\sqrt{2}} - \sqrt{2+\sqrt{2}}\sqrt{2-\sqrt{2}} = (2+\sqrt{2}) - \sqrt{4-2} = 2$$

Die beiden Wurzeln, die sich im letzten Schritt gegeneinander wegheben, stammen aus verschiedenen Verschachtelungstiefen! Die dadurch möglichen rationalen Beziehungen lauten:

$$x_1^2 - x_1 x_3 - 2 = 0, \; x_2^2 - x_2 x_4 - 2 = 0 \text{ oder } x_4^2 - x_4 x_1 - 2 = 0$$

Sie haben eine zyklische Struktur und erlauben daher eher „Rotationen" der Lösungen als „Spiegelungen". Die Analyse, welche Beziehungen erhalten bleiben, liefert z.B.

$$(1324)(x_1^2 + x_1 x_3 - 2) = x_3^2 + x_3 x_2 - 2 = 0 \text{ usw.}$$

Die Galoisgruppe reduziert sich dabei auf (höchstens):

$$G \subseteq \{ (1), (12)(34), (1324), (1423) \} = \mathbb{Z}_4$$

Beim Tetraeder kann man eine solche Symmetrie ermöglichen und zugleich Spiegelsymmetrien brechen, indem man die Kanten mit Pfeilen versieht.

Alle vorangehenden Beispiele in diesem Abschnitt behandeln nur einen bestimmten Typ von Gleichungen vierten Grades, noch dazu solche, die mit elementaren Mitteln lösbar sind. Sie geben aber einen Eindruck davon, was die Symmetrie einer Gleichung bedeuten kann, und öffnen nun eine Tür zur generellen Analyse von Gleichungsstrukturen im Allgemeinen und Lösbarkeit durch Wurzelterme im Speziellen. Zentral ist dabei die *Galoisgruppe*, die auf besonders schöne Weise die „Gestalt" der Symmetrie einer Gleichung wiedergibt – und das Erkennen einer Gestalt, so lehrt die kognitive Psychologie, ist oft der wesentliche Schritt zur Lösung eines Problems.

Tatsächlich stellt diese Gruppe und ihre Eigenschaften bzw. Bezüge auch den mathematischen Kern der Galoisschen Analyse der Lösbarkeit von Gleichungen dar. Vor dieser Anwendung soll die Definition der Galoisgruppe, die das zentrale Symmetriekonzept darstellt, daher noch einmal präzise notiert werden:

Zu einer polynomialen Gleichung $f(x) = x^n + a_{n-1}x^{n-1} + \ldots + a_0 = 0$ vom Grad n mit den n komplexen Lösungen $x_1, \ldots, x_n$ kann man die Menge aller *rationalen Beziehungen zwischen den Lösungen von f* (also z.B. $(x_1^2 + x_2^2)x_3 - 1 = 0$) betrachten:

$$B_{\mathbb{Q}}(f) = \{P \in \mathbb{Q}[X_1, \ldots, X_n] \mid P(x_1, \ldots, x_n) = 0\}$$

Von allen möglichen Permutationen von Lösungen (S_n) wird nur die Untermenge von Permutationen betrachtet, die *alle* Beziehungen aus $B_{\mathbb{Q}}(f)$ erhält:

$$Gal(f, \mathbb{Q})$$
$$= \{\sigma \in S_n \mid \forall P \in \mathbb{Q}[X_1, \ldots, X_n] : P(x_1, \ldots, x_n) = 0 \in \mathbb{Q} \Rightarrow P(x_{\sigma(1)}, \ldots, x_{\sigma(n)}) = 0\}$$

Diese Menge G bildet eine Gruppe und wird *Galoisgruppe der Gleichung* genannt. Da es sich eigentlich um eine Aussage über die *Lösungen* einer Gleichung handelt, also über den Körper, den man erhält, wenn man alle Lösungen zu den rationalen Zahlen adjungiert, spricht man auch von der *Galoisgruppe der Körpererweiterung* $\mathbb{Q}(x_1, \ldots, x_n)$ und schreibt:

$$Gal(\mathbb{Q}(x_1, \ldots, x_n) / \mathbb{Q})$$

Dies ist – in moderner Schreibweise – auch genau die Definition, die Galois in seinem Artikel von 1831 zugrunde legte. Sein Text wurde mehrfach zur Überarbeitung an ihn zurückgesandt und ging schließlich im Begutachtungsprozess verloren. Erst 1846, 14 Jahre nach Galois' Tod, stieß Joseph Liouville (1809–1882) wieder auf den Artikel, bereitete ihn auf und ließ ihn in einer Zeitschrift abdrucken. Hier der Auszug mit der entscheidenden Passage zur Definition der Galoisgruppe:

PROPOSITION I.

THÉORÈME. « Soit une équation donnée, dont a, b, c, ... sont les
» m racines. Il y aura toujours un groupe de permutations des lettres
» a, b, c,... qui jouira de la propriété suivante :
» 1°. Que toute fonction des racines, invariable [*] par les substi-
» tutions de ce groupe , soit rationnellement connue ;
» 2°. Réciproquement, que toute fonction des racines, déterminable
» rationnellement, soit invariable par les substitutions. »

PROPOSITION I

SATZ. Es sei eine Gleichung gegeben, von der a, b, c, ... die m Lösungen sind. Es wird immer eine Gruppe von Vertauschungen der Buchstaben a, b, c ... geben mit der folgenden Eigenschaft:
1) dass jede Funktion der Lösungen, die invariant gegenüber den Vertauschungen dieser Gruppe sind, rational bekannt ist;
2) umgekehrt, dass jede Funktion der Lösungen, die rational bestimmbar sind, unveränderlich bei den Vertauschungen ist.

Galois musste zum Glück nicht erklären, wie er jeweils *alle* rationalen Beziehungen der Lösungen auffindet, da er in seinem Artikel einen Weg beschreibt, wie man die Struktur dieser Gruppe ganz allgemein untersuchen kann. Seine besondere Leistung besteht aber darin, dass er nicht direkt auf die Struktur von Lösungsformeln zusteuert, sondern zunächst fragt, wie man die Struktur der Lösungen am besten beschreiben kann. Dies leisten in seiner Herangehensweise die rationalen Beziehungen zwischen den Lösungen und die erlaubten Permutationen. Damit hat er eine Brücke gebaut von der klassischen Algebra (Lösungen und Beziehungen zwischen ihnen als Terme mit Variablen) zur modernen Algebra (Verknüpfungsstrukturen von Permutationen in Form von Gruppen). Während die Suche nach Lösungsformeln eine Sackgasse darstellte –

diese waren zu kompliziert und existierten auch nicht immer –, öffnete die Untersuchung der Symmetrien einer Gleichung anhand der Galoisgruppe viele neue Türen.

Man kann aber davon ausgehen, dass auch bei Galois diese Ideen nicht als fertige Eingebung vom Himmel fielen, sondern dass er vor einer solchen Analyse des allgemeinen Falles umfangreiche Erfahrungen mit den Symmetrien und Strukturen von vielen konkreten Beispielen, wie sie auch in diesem Buch untersucht wurden, sammeln konnte. Außerdem konnte er zurückgreifen auf systematisierende Analysen des Wissensstandes wie die von Lagrange (1770). Dass Galois sich auf neuem Territorium bewegte, zeigt sich auch daran, dass er noch etwas unschlüssig ist in der Verwendung von Begriffen wie „groupe", „permutations" und „substitutions". Allerdings stand er auch erst ganz am Anfang der Entwicklung einer systematischen Theorie von Gruppen. Die Erfahrungen im Zusammenhang mit Gruppen, auf die Sie an dieser Stelle schon zurückgreifen können, also insbesondere Symmetrie- und Permutationsgruppen, wurden ja erst in den Jahrzehnten nach Galois systematisch entwickelt. Galois selbst musste solche Strukturen und den Umgang damit für seine Zwecke erst erfinden.

Wenn Sie einen etwas tieferen Einblick in die Ideen von Galois gewinnen wollen, so sind Sie mit diesen ersten Erfahrungen gerüstet für ausführlichere Darstellungen der Galois-Theorie in ihrem historischen Kontext (z.B. Tignol 2001, Edwards 1984, Bewersdorff 2002) – vielleicht auch für die Originalschrift von Galois (deutsche Übersetzung: Galois 1889).

Die Galois-Theorie hat sich in den ersten 50 Jahren nach der Erstpublikation von Galois' Artikel im Jahre 1846 immer mehr von den rationalen Gleichungen (also z.B. $f(x) = x^2 + 2 = 0$), von deren Untersuchung sie motiviert war, gelöst und stattdessen die dabei entstehenden Körpererweiterungen (also z.B. $\mathbb{Q}(i\sqrt{2})$) zum Gegenstand gemacht. Anstelle des Umformens von Gleichungen und Aufstellens von Lösungsformeln im Sinne der „klassischen Algebra" ging es um eine allgemeineren Theorie von Körperstrukturen, die Erweiterung des Grundkörpers $K = \mathbb{Q}$ auf den um alle Lösungen einer Gleichung erweiterten Körper $L = \mathbb{Q}(x_1, ..., x_n)$, also um eine „moderne Algebra" der Verknüpfungsstrukturen. Die klassische Sicht wurde in diesem Zusammmhang zu einem Spezialfall.

Die Galoisgruppe in der modernen Fomulierung erfasst dabei die Symmetrie der Erweiterung eines *beliebigen* Körpers K auf einen umfassenderen Körper L, indem sie nicht mehr die Permutationen spezieller einzelner Elemente – der Nullstellen eines Polynoms –, sondern die Gruppe *aller* Permutationen *aller* Elemente aus L ($\varphi: L \to L$) untersucht. Da es aber nicht um Permutationen einer strukturlosen Menge L, sondern um die Strukturen des Körpers L geht, werden nur solche Permutationen betrachtet, die die Körperstrukturen beachten, also konkret:

$$\varphi(a+b) = \varphi(a) + \varphi(b), \quad \varphi(a \cdot b) = \varphi(a) \cdot \varphi(b) \text{ und zusätzlich } \varphi(k) = k \; \forall k \in K,$$

d.h. Permutationen, die den Unterkörper K elementweise festlassen. Solche Abbildungen nennt man *K*-Automorphismen $Aut(L/K)$ und Sie kennen sie bereits: Beispielsweise ist

$\varphi(x+iy)=x-iy$ ein solcher Automorphismus für die Erweiterung $\mathbb{Q}\subset\mathbb{Q}(i)$. Er lässt alle rationalen Zahlen gleich, also insbesondere $\varphi(1)=1$, und er bildet das adjungierte Element auf sein Negatives ab: $\varphi(i)=-i$. Mit diesen beiden Werten und den Automorphismeneigenschaften oben ist φ vollständig festgelegt. Die Galoisgruppe wird dann definiert als die Menge aller dieser K-Automorphismen der

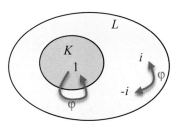

Körpererweiterung: $Gal(L/K)=Aut(L/K)$. Diese zunächst viel abstraktere Definition ist für den Spezialfall der Erweiterung von $\mathbb{Q}$ um alle Lösungen einer Gleichung völlig gleichwertig mit der klassischen Sicht der Galoisgruppe als Permutation von Lösungen:

$$Gal(\mathbb{Q}(x_1,\ldots,x_n)/\mathbb{Q})=Aut(\mathbb{Q}(x_1,\ldots,x_n)/\mathbb{Q})$$

(1) Wenn ein Polynom nur Koeffizienten in $\mathbb{Q}$ hat, dann bildet jeder $\mathbb{Q}$-Automorphismus φ Nullstellen auf Nullstellen ab:

$$f(x)=x^n+\ldots+a_1x+a_0=0$$
$$\Rightarrow \quad \varphi(x^n+\ldots+a_1x+a_0)=\varphi(0)$$
$$\Rightarrow \quad \varphi(x^n)+\ldots+\varphi(a_1x)+\varphi(a_0)=\varphi(0)$$
$$\Rightarrow \quad \varphi(x)^n+\ldots+\varphi(a_1)\varphi(x)+\varphi(a_0)=\varphi(0)$$
$$\Rightarrow \quad \varphi(x)^n+\ldots+a_1\varphi(x)+a_0=0$$
$$\Rightarrow \quad f(\varphi(x))=0$$

Wenn also $x_1,\ldots,x_n$ alle Nullstellen von $f(x)$ sind, so gilt dies auch für die Bilder des Automorphismus $\varphi(x_1),\ldots,\varphi(x_n)$. Jedes Element φ der abstrakten Galoisgruppe ist also insbesondere eine Permutation der Nullstellen.

(2) Wenn man umgekehrt eine Permutation σ der Nullstellen eines Polynoms hat, so kann man diese zu einem $\mathbb{Q}$-Automorphismus φ auf ganz $\mathbb{Q}(x_1,\ldots,x_n)$ erweitern, indem man für jedes Element $\varphi(\alpha_1x_1+\ldots+\alpha_nx_n)=\alpha_1\sigma(x_1)+\ldots+\alpha_n\sigma(x_n)$ definiert. Natürlich muss man dazu noch zeigen, dass sich jedes Element so schreiben lässt und dass die Abbildung damit wohldefiniert und ein Automorphismus ist.

Die moderne Auffassung der Galoisgruppe als Automorphismengruppe ist damit allgemeiner anwendbar, sie bleibt aber konsistent mit den klassischen Definitionen, die für die Frage der Struktur von Lösungen polynomialer Gleichungen erfunden wurden. Diese Form der Galois-Theorie begegnet uns heute auch noch regelmäßig im Mathematikstudium und geht auf einen von Emil Artin 1942 entwickelten Ansatz zurück. In dieser Form geraten allerdings die ursprünglichen Kernideen von Galois etwas in den Hintergrund.

9.3 Gleichungen lösen = Symmetrien brechen

In diesem letzten Abschnitt des Kapitels kommen nun fast alle Ideen und Konzepte dieses Buches zusammen, um die Frage zu klären: *Wann genau gilt für eine Gleichung, dass sich ihre Lösungen durch geschachtelte Wurzelausdrücke von rationalen Zahlen darstellen lassen?* Zur Beantwortung hinzugezogen werden dabei Gruppen und Untergruppen, Normalteiler, Permutationen, Gleichungen und irrationale wie komplexe Zahlen, Körper und Körpererweiterungen. Vieles davon sind Konzepte, die erst in dem Jahrhundert nach Galois' Tod systematisch entwickelt, präzisiert und zufriedenstellend definiert wurden. Galois selbst konnte auf sie nur in Vorformen zurückgreifen und hat einige von ihnen sogar erst selbst für seine Zwecke neu erfinden müssen. Aus heutiger Sicht erscheint es daher umso mehr als Geniestreich, dass er zum Kern der Frage durchgedrungen ist und eine so vollständige Antwort darauf gefunden hat.

Eine erste Kernidee der Galois-Theorie haben Sie in den vorausgehenden Abschnitten bereits praktisch erleben können. Folgende Phänomene stehen in enger Beziehung:

Erste Kernidee der (klassischen) Galois-Theorie

komplexe Lösungsformeln
(mit vielfach geschachtelten Wurzeln)

↕ *gehen einher mit*

wenigen rationalen Beziehungen zwischen den Lösungen
(kaum Symmetriebrechungen)

↕ *gehen einher mit*

hoher Symmetrie zwischen den Lösungen
(große Galoisgruppe)

Dieser Zusammenhang deutet schon an, welche zentrale Rolle die Galoisgruppe als „Symmetriemaß" spielt: Wenn eine Gleichung keine besonderen Eigenschaften hat, so besteht zwischen den Lösungen eine perfekte Symmetrie. Die Lösungen sind nur durch totalsymmetrische Beziehungen wie $x_1 + x_2 + x_3 + x_4 = 0$ miteinander verbunden. Die Galoisgruppe der Gleichung enthält alle Permutationen der vollständigen Symmetrischen Gruppe S_n. Beispielsweise hat die allgemeine Gleichung vierten Grades $x^4 + a_3 x^3 + a_2 x^2 + a_1 x + a_0 = 0$, von der man nichts weiter über ihre Koeffizienten weiß, die S_4 mit allen $4! = 24$ Permutationen als Galoisgruppe. Wenn aber die Gleichung besondere Eigenschaften hat, wie z.B. $a_1 = a_3 = 0$ bei einer biquadratischen Gleichung der Form $x^4 + a_2 x^2 + a_0 = 0$, dann findet man besondere Beziehungen zwischen den Lösungen, in diesem Fall beispielsweise $x_1 + x_2 = 0$. Das bricht einige Symmetrien, reduziert die Galoisgruppe und lässt eine einfachere Lösungsformel erwarten. Mit der Feststellung, dass eine Gleichung bereits eine bestimmte gebrochene Symmetrie besitzt, hat man somit ein Maß dafür gefunden, wie weit man von der vollständigen Lösung entfernt ist. Im obigen Beispiel (3) $x^4 - 4x^2 + 3 = 0$ gab es beispielsweise die zusätzlichen Beziehungen $x_{1,2}{}^2 - 3 = 0$, $x_3 + 1 = 0$, $x_4 - 1 = 0$.

Dadurch war die Galoisgruppe auf $\{(1), (12)\} = \mathbb{Z}_2$ reduziert und tatsächlich ist man von der vollständigen Lösung nur noch einen Schritt entfernt. Wenn man auch die Zahl $\sqrt{3}$ als bekannt annimmt, kann man die beiden zusätzlichen Gleichungen

$$x_1 - \sqrt{3} = 0 \text{ und } x_2 + \sqrt{3} = 0$$

aufstellen und ist bei der Lösung angekommen. Durch Erweitern von $\mathbb{Q}$ zu $\mathbb{Q}(\sqrt{3})$ erhält man in diesem Fall also weitere Beziehungen, die die einzig verbleibende Symmetrie zwischen x_1 und x_2 brechen.

Im letzten Abschnitt hatte man gefunden, dass die Galoisgruppe durch *rationale* Beziehungen, also Symmetriebrechungen gegenüber der vollen S_4 reduziert war. Nun kommt eine neue Strategie hinzu: Man bricht systematisch weitere Symmetrien, indem man *nicht-rationale* Beziehungen mit bestimmten Wurzeln erlaubt. Dieses Vorgehen wird beschrieben durch eine *zweite Kernidee der Galois-Theorie*:

Zweite Kernidee der (klassischen) Galois–Theorie

eine polynomiale Gleichung lösen

↕ *bedeutet dasselbe wie*

schrittweise Wurzeln hinzunehmen

↕ *bedeutet dasselbe wie*

die Symmetriegruppe schrittweise reduzieren
(„Galoisgruppe auflösen")

Der hiermit angedeutete Zusammenhang wird bei der Untersuchung eines konkreten Beispiels deutlicher:

Erkundung 9.5: Untersuchen Sie das obige erste Beispiel (1) $x^4 - 6x^2 + 2 = 0$ darauf, wie man durch irrationale Beziehungen weitere Symmetrien bricht und dabei die Symmetrien verkleinert.

Zwischen den Lösungen der Gleichung bestehen zunächst einmal die rationalen Beziehungen $x_1 + x_2 = 0$ und $x_3 + x_4 = 0$, wodurch die Galoisgruppe von vornherein auf $D_4 = \{(1), (12), (34), (12)(34), (13)(24), (14)(23), (1324), (1423)\}$ reduziert ist. Wie weit man nun in Richtung der vollständigen Lösung kommt, hängt davon ab, welche Wurzelausdrücke man zulässt, um weitere nicht-rationale Symmetriebrechungen zu erzeugen. Nachfolgend finden Sie einige Vorschläge für die weitere Untersuchung.

a) Stellen Sie die folgenden Wurzelausdrücke als Kombinationen aus den vier Lösungen dar. Suchen Sie dabei möglichst einfache Darstellungen.

$$\sqrt{7} = \ldots x_1, x_2, x_3, x_4, \ldots \qquad \sqrt{3 + \sqrt{7}} = \ldots x_1, x_2, x_3, x_4, \ldots \qquad \sqrt{3 - \sqrt{7}} = \ldots x_1, x_2, x_3, x_4, \ldots$$

$$\sqrt{2} = \ldots x_1, x_2, x_3, x_4, \ldots \qquad \sqrt{14} = \ldots x_1, x_2, x_3, x_4, \ldots$$

b) Untersuchen Sie dann in jedem der fünf Fälle, welche Permutationen aus D_4 den Wert des Terms nicht verändern. In welchem Fall haben Sie eine neue symmetriebrechende Beziehung gefunden?

c) Überprüfen Sie die folgende Feststellung: Wenn Sie sowohl $\sqrt{7}$ als auch $\sqrt{3+\sqrt{7}}$ hinzunehmen, ist (i) die Symmetrie vollständig gebrochen, es gibt keine erlaubte Permutation mehr und (ii) man kann alle vier Lösungen explizit aufschreiben.

Eine einfache Darstellung für $\sqrt{7}$ lautet $\sqrt{7} = x_1^2 - 3$. Möglicherweise haben Sie aber auch $\sqrt{7} = -x_1 x_2 - 3$ gefunden. In beiden Fällen können Sie ausprobieren, welche Permutationen aus D_4 den Wert des Terms ändern und welche nicht:

$$(1)\sqrt{7} = x_1^2 - 3 = \sqrt{7} \qquad (34)\sqrt{7} = x_1^2 - 3 = \sqrt{7}$$

$$(12)\sqrt{7} = x_2^2 - 3 = \sqrt{7} \qquad (12)(34)\sqrt{7} = x_2^2 - 3 = \sqrt{7}$$

$$(13)(24)\sqrt{7} = x_3^2 - 3 = -\sqrt{7} \qquad (1324)\sqrt{7} = x_3^2 - 3 = -\sqrt{7}$$

$$(14)(23)\sqrt{7} = x_4^2 - 3 = -\sqrt{7} \qquad (1423)\sqrt{7} = x_4^2 - 3 = -\sqrt{7}$$

Nur die Hälfte der Permutationen lässt die $\sqrt{7}$ invariant und führt zu symmetriebrechenden Beziehungen wie $x_1^2 - 3 - \sqrt{7} = 0$. Interessant ist, dass die anderen Permutationen zwar keine solchen Invarianzen hervorbringen, aber auch nicht *beliebige* andere Werte erzeugen, sondern lediglich das Negative von $\sqrt{7}$! Dieses Phänomen wird noch eine besondere Bedeutung erlangen. Diesen Fall zusammenfassend kann man sagen: Lässt man die $\sqrt{7}$ zu, so reduziert sich die Symmetrie auf die Untergruppe $V_4 = \{(1), (12), (34), (12)(34)\}$. Die Symmetriebeziehungen, die sich dabei ergeben, führen im nächsten Schritt auch schon auf zwei der vier Lösungen.

Die komplexere Wurzel $\sqrt{3+\sqrt{7}} = x_1$ lässt auf eine stärkere Symmetriebrechung hoffen. Mit ihr hat man ja auch schon zwei Lösungen explizit vorliegen. Entsprechend direkt kann man auch ihr Verhalten bei Permutation finden:

$$(1)\sqrt{3+\sqrt{7}} = x_1 = \sqrt{3+\sqrt{7}} \qquad (34)\sqrt{3+\sqrt{7}} = x_1 = \sqrt{3+\sqrt{7}}$$

$$(12)\sqrt{3+\sqrt{7}} = x_2 = -\sqrt{3+\sqrt{7}} \qquad (12)(34)\sqrt{3+\sqrt{7}} = x_2 = -\sqrt{3+\sqrt{7}}$$

$$(13)\sqrt{3+\sqrt{7}} = x_3 = \sqrt{3-\sqrt{7}} \qquad \text{usw.}$$

Die mithilfe der Doppelwurzel mögliche Beziehung $\sqrt{3+\sqrt{7}} = x_1$ bricht sechs der acht Symmetrien und lässt nur noch $\mathbb{Z}_2 = \{(1), (34)\}$ zu. Es ist nicht verwunderlich, dass auch die Symmetrien des vorigen Falles mitgebrochen werden, denn mit dem irrationalen Term $\sqrt{3+\sqrt{7}}$ ist in der Körpererweiterung ja notwendigerweise auch $(\sqrt{3+\sqrt{7}})^2 - 3 = \sqrt{7}$ enthalten.

Der dritte Vorschlag, die $\sqrt{2}$, erscheint auf den ersten Blick verwunderlich, denn sie ist in den Lösungstermen, wie Sie sie aufgeschrieben haben, gar nicht explizit zu erkennen. Sie entsteht aber durch Multiplikation zweier Lösungen:

$$\sqrt{2} = \sqrt{3+\sqrt{7}} \cdot \sqrt{3-\sqrt{7}} = x_1 x_3$$

Entsprechend reduziert sich die Galoisgruppe auf die folgenden Permutationen:

$$(1)\sqrt{2} = (12)(34)\sqrt{2} = (13)(24)\sqrt{2} = (14)(23)\sqrt{2} = x_1 x_3 = x_2 x_4 = \sqrt{2} \,,$$

während

$$(12)\sqrt{2} = (34)\sqrt{2} = (1324)\sqrt{2} = (1423)\sqrt{2} = x_2 x_3 = x_1 x_4 = -\sqrt{2} \,.$$

Also findet auch hier durch Hinzunehmen einer Wurzel eine Halbierung der Symmetrie statt.

Das *gemeinsame* Hinzunehmen von $\sqrt{7}$ und $\sqrt{3+\sqrt{7}}$ als mögliche Terme für Beziehungen zwischen den Lösungen führt allerdings noch nicht zur vollständigen Aufhebung der Symmetrie, weil die Lösung $\sqrt{3-\sqrt{7}}$ immer noch nicht aus den anderen beiden herleitbar ist.

Mit diesen Erfahrungen kann man sich das vollständige Auflösen bzw. Symmetriebrechen nun allerdings in *drei* Schritten so vorstellen:

$$\mathbb{Q} \quad \longrightarrow \quad \text{dazu } \sqrt{7} \longrightarrow \text{ dazu } \sqrt{3+\sqrt{7}} \quad \longrightarrow \quad \text{dazu } \sqrt{3-\sqrt{7}}$$

$$D_4 \quad \longrightarrow \quad V_4 \quad \longrightarrow \quad \mathbb{Z}_2 \quad \longrightarrow \quad \text{E}$$

$$= \{(1), (12), (34), (12)(34)\} \qquad = \{(1), (34)\} \qquad = \{(1)\}$$

Was genau ist hier passiert? Das schrittweise Auflösen der Gleichung $x^4 - 6x^2 + 2 = 0$ kann man gleichzeitig aus drei Perspektiven betrachten:

Perspektive 1: Die Lösungsformel wird schrittweise durch Wurzelziehen (man sagt auch durch *Bilden von Radikalen*) aus zuvor ausgeschriebenen Termen aufgebaut:

$$3, 7 \to \sqrt{7} \to \sqrt{3+\sqrt{7}} \to \sqrt{3-\sqrt{7}}$$

Dieses Vorgehen kann man in die Sprache der Körpererweiterungen übersetzen:

Perspektive 2: Dem Körper der rationalen Zahlen werden schrittweise Wurzeln aus den im vorigen Schritt bekannten Zahlen hinzugefügt:

$$\mathbb{Q} \rightarrow \mathbb{Q}(\sqrt{7}) \rightarrow \mathbb{Q}(\sqrt{7}, \sqrt{3+\sqrt{7}}) \rightarrow \mathbb{Q}(\sqrt{7}, \sqrt{3+\sqrt{7}}, \sqrt{3-\sqrt{7}})$$

Im letzten Körper ist die Gleichung dann vollständig lösbar. Die Hinzunahme führt aber gleichzeitig auch zu einer Reduktion der Symmetrien. Das ist auch schon ...

Perspektive 3: Die Symmetrien zwischen den Lösungen werden schrittweise gebrochen durch Hinzunahme weiterer Beziehungen (welche jeweils Wurzeln aus der Perspektive 2 verwenden). Die einzelnen Schritte werden im Folgenden in drei Tabellenspalten parallel dargestellt.

Zahlen, die in diesem Schritt als bekannt angenommen werden	einige Beziehungen zwischen den Lösungen	Symmetrie (unter Berücksichtigung der zusätzlichen Symmetriebrechungen)
$\mathbb{Q}$ – nur die rationalen Zahlen	$x_1 + x_2 = 0$, $x_3 + x_4 = 0$ $x_1 x_3 - x_2 x_4 = 0$ und viele weitere (s.o.)	$D_4 = \{(1), (12), (34), (12)(34), (13)(24), (14)(23), (1324), (1423)\}$ – die Galoisgruppe der Erweiterung

Im nächsten Schritt wird die erste neue Zahl $\sqrt{7}$ adjungiert. Dadurch, dass sie als bekannte Zahl angenommen wird, tauchen neue Beziehungen zwischen den Lösungen auf, welche die Symmetrie brechen und die Galoisgruppe reduzieren:

$\mathbb{Q}(\sqrt{7})$ $= \{a + b\sqrt{7} \mid a, b \in \mathbb{Q}\}$	$x_1 x_2 - 3 - \sqrt{7} = 0$ als Beispiel für eine neue Beziehung	$V_4 = \{(1), (12), (34), (12)(34)\}$ – dies ist nur noch eine Untergruppe der Galoisgruppe.

Dieses Vorgehen kann man fortsetzen. Durch Adjungieren von $\sqrt{3+\sqrt{7}}$ ist bereits *eine* Lösung explizit erreicht. Die Symmetrie bezüglich *dieser* Lösung ist vollständig gebrochen. Die Lösungen $x_{3,4} = \pm\sqrt{3-\sqrt{7}}$ sind jedoch weiterhin nicht unterscheidbar, alle Beziehungen, die man findet, sind trotz der neuen Zahlen immer symmetrisch in diesen beiden Lösungen. Die Symmetrie (34) bleibt daher noch erhalten:

$\mathbb{Q}(\sqrt{7})(\sqrt{3+\sqrt{7}})$	$x_1 - \sqrt{3+\sqrt{7}} = 0$ als neue Beziehung	$\mathbb{Z}_2 = \{(1), (34)\}$ – dies ist eine weiter reduzierte Untergruppe.

In einem letzten Schritt wird durch Adjungieren von $\sqrt{3-\sqrt{7}}$ auch die letzte Symmetrie gebrochen. Jede Lösung kann nun durch Wurzelausdrücke geschrieben werden:

$\mathbb{Q}(\sqrt{7})(\sqrt{3+\sqrt{7}})(\sqrt{3-\sqrt{7}})$	$x_3 - \sqrt{3-\sqrt{7}} = 0$ als zusätzliche Beziehung	$E = \{(1)\}$ – die vollständige Reduktion der Galoisgruppe ist erreicht.

Zusammengefasst sieht dieser Prozess aus Perspektive 2 und 3 so aus:

$$\mathbb{Q} \subset \mathbb{Q}(\sqrt{7}) \subset \mathbb{Q}(\sqrt{7})(\sqrt{3+\sqrt{7}}) \subset \mathbb{Q}(\sqrt{7})(\sqrt{3+\sqrt{7}})(\sqrt{3-\sqrt{7}})$$
$$D_4 \quad > \quad V_4 \quad > \quad \mathbb{Z}_2 \quad > \quad E$$

Im letzten Körper ist die Symmetrie vollständig gebrochen und die Gleichung vollständig lösbar.

Eine solche Analyse des Aufbaus einer konkreten Lösungsformel liefert noch keine fertige Theorie über einen möglichen *allgemeinen* Lösungsweg. Wohl aber versteht man nun besser, wie der Aufbau einer Formel mit einer schrittweisen Erweiterung der rationalen Zahlen um immer tiefer geschachtelte Wurzeln zusammenhängt. Hat man genügend Wurzeln adjungiert, so erhält man einen Körper, in dem die Lösung (vielleicht sogar *alle* Lösungen der Gleichung) darstellbar ist. Wegen des lateinischen Begriffs *radix* für Wurzel bezeichnet man dieses Vorgehen auch als *Lösung durch Radikale* (aus der Perspektive der Lösungsformel) und als *Radikalerweiterung* (aus der Perspektive der Körpererweiterung).

Eine Körpererweiterung heißt *Radikalerweiterung*, wenn sie ausschließlich durch schrittweises Adjungieren von Wurzeln aus den vorherigen Körpern entsteht:

$$K_0 = \mathbb{Q}$$
$$K_1 = K_0(\sqrt[n]{a}) \text{ mit } a \in K_0, n \in \mathbb{N}$$
$$K_2 = K_1(\sqrt[m]{b}) \text{ mit } b \in K_1, m \in \mathbb{N}$$
usw.

Die Frage nach einer Lösungsformel für eine Gleichung fünften Grades lautet also: Gibt es eine Radikalerweiterung, die eine oder am besten gleich alle Lösungen der Gleichung enthält?

Für die Grade 1 bis 4 ist das zu bejahen, denn dort existieren ja Lösungsformeln. Für höhere Grade kennt man Lösungsformeln nur für bestimmte Gleichungen, etwa $x^8 - 2 = 0$.

Im vorliegenden Beispiel führt eine solche Radikalerweiterung also zu einem Körper, in dem auch der Term der Lösungsformel aufgeschrieben werden kann:

$$\mathbb{Q} \subset \mathbb{Q}(a_1) \subset \mathbb{Q}(a_1, a_2) \subset \mathbb{Q}(a_1, a_2, a_3) \quad \text{mit } a_1 = \sqrt{7}, a_2 = \sqrt{3+\sqrt{7}}, a_3 = \sqrt{3-\sqrt{7}}$$

Der letzte Körper der Kette enthält außerdem nicht nur *eine* Lösung, sondern gleich *alle* Lösungen der Gleichungen. Mit den Elementen des Körpers kann man daher das Polynom vollständig in Linearfaktoren zerlegen:

$$x^4 - 6x^2 + 2 = (x - x_1)(x - x_2)(x - x_3)(x - x_4),$$

weswegen man ihn auch den *Zerfällungskörper des Polynoms* nennt. Es gilt also $\mathbb{Q}(x_1,x_2,x_3,x_4) \subseteq \mathbb{Q}(a_1,a_2,a_3)$ (in diesem Beispiel sogar mit „=").

Jede Erweiterung des Körpers hat zu einer Reduzierung der Symmetriegruppe geführt. Dies kann man auch mithilfe der Galoisgruppe schreiben, die ja alle zulässigen Vertauschungen enthält – nur dass nun nicht nur rationale Beziehungen zwischen den Lösungen erlaubt sind, sondern auch Beziehungen mit Zahlen aus Erweiterungskörpern $K_i = \mathbb{Q}(a_1,...,a_i)$. Man hat also so etwas wie eine „relative Galoisgruppe", die die Symmetrien bezogen auf einen größeren Grundkörper beschreibt. Sauber notiert sieht das so aus:

> Bei der Bildung von Beziehungen zwischen Lösungen einer Gleichung kann man nicht nur rationale Beziehungen zulassen, sondern auch solche, deren Zahlen aus Erweiterungskörpern $K_i = \mathbb{Q}(a_1,...,a_i)$ stammen:
>
> $$Gal(f,K_i) = \{\sigma \in S_n \mid \forall P \in \mathbb{Q}[X_1,...,X_n]: P(x_1,...,x_n)=0 \in K_i \Rightarrow P(x_{\sigma(1)},...,x_{\sigma(n)})=0\}$$
>
> Zu einer Kette von immer größer werdenden Erweiterungskörpern
>
> $$K_0 = \mathbb{Q} \subset K_1 = \mathbb{Q}(a_1) \subset ... \subset K_m = \mathbb{Q}(a_1,...,a_m)$$
>
> gehört dann eine Kette von immer kleiner werdenden Untergruppen
>
> $$G_0 = Gal(\mathbb{Q}(x_1,...,x_n)/\mathbb{Q}) > G_1 = Gal(\mathbb{Q}(x_1,...,x_n)/K_1) > ... > G_m.$$
>
> Wenn eine solche Kette von Erweiterungen dazu führt, dass alle Lösungen des Polynoms schließlich in einer Körpererweiterung liegen, also
>
> $$\mathbb{Q}(x_1,...,x_n) \subseteq \mathbb{Q}(a_1,...,a_m),$$
>
> dann endet die Kette mit der neutralen Gruppe
>
> $$G_m = Gal(\mathbb{Q}(x_1,...,x_n)/\mathbb{Q}(a_1,...,a_m)) = E.$$

Diese etwas formalere Beschreibung zeigt noch einmal zusammenfassend und allgemein, was Sie im konkreten Fall gesehen haben: Das Vorliegen einer Lösungsformel bedeutet für die Galoisgruppe die Möglichkeit einer sukzessiven Reduktion der Symmetrie bis zur deren vollständiger Aufhebung *durch Hinzunahme von Radikalen.*

Im konkreten Beispiel sieht das, mit diesen Schreibweisen ausgedrückt, so aus: Zunächst einmal sind die drei Radikalen $a_1 = \sqrt{7}, a_2 = \sqrt{3+\sqrt{7}}, a_3 = \sqrt{3-\sqrt{7}}$ so gewählt, dass mit ihnen alle Lösungen geschrieben werden können, in Kurzschreibweise lautet das folgendermaßen: $\mathbb{Q}(x_1,x_2,x_3,x_4) = \mathbb{Q}(a_1,a_2,a_3)$. Die schrittweisen Körpererweiterungen $\mathbb{Q} \subset \mathbb{Q}(a_1) \subset \mathbb{Q}(a_1,a_2) \subset \mathbb{Q}(a_1,a_2,a_3)$ führen dann zu Galoisgruppen, die der Reihe nach Untergruppen der vorhergehenden sind:

$$Gal(\mathbb{Q}(a_1,a_2,a_3)\,/\,\mathbb{Q}) = D_4 =$$
$$\{(1), (12), (34), (12)(34), (13)(24), (14)(23), (1324), (1423)\;\}$$

$$< \; Gal(\mathbb{Q}(a_1,a_2,a_3)\,/\,\mathbb{Q}(\sqrt{7})) = V_4 = \{(1), (12), (34), (12)(34)\}$$

$$< \; Gal(\mathbb{Q}(a_1,a_2,a_3)\,/\,\mathbb{Q}(\sqrt{7},\sqrt{3+\sqrt{7}}\,) = \mathbb{Z}_2 = \{(1), (34)\}$$

$$< \; Gal(\mathbb{Q}(a_1,a_2,a_3)\,/\,\mathbb{Q}(\sqrt{7},\sqrt{3+\sqrt{7}},\sqrt{3-\sqrt{7}}\,)) = E = \{(1), (34)\}$$

In dieser Kette ist jede Gruppe nur noch halb so groß wie die vorige. Das scheint damit zusammenzuhängen, dass jeweils eine Quadratwurzel adjungiert wurde – so suggeriert es jedenfalls das Beispiel oben, bei dem die Hinzunahme von $\sqrt{7}$ dazu führte, dass gerade die Hälfte der Permutationen die $\sqrt{7}$ invariant ließ.

Im folgenden Bild kann man die schrittweise Auflösung der Galoisgruppe noch einmal an der Verknüpfungstafel verfolgen:

$\circ$	(1)	(13)(24)	(13)	(24)	(12)(34)	(14)(23)	(1432)	(1234)
(1)	(1)	(13)(24)	(13)	(24)	(12)(34)	(14)(23)	(1432)	(1234)
(13)(24)	(13)(24)	(1)	(24)	(13)	(14)(23)	(12)(34)	(1234)	(1432)
(13)	(13)	(24)	(1)	(13)(24)	(1432)	(1234)	(12)(34)	(14)(23)
(24)	(24)	(13)	(13)(24)	(1)	(1234)	(1432)	(14)(23)	(12)(34)
(12)(34)	(12)(34)	(14)(23)	(1234)	(1432)	(1)	(13)(24)	(24)	(13)
(14)(23)	(14)(23)	(12)(34)	(1432)	(1234)	(13)(24)	(1)	(13)	(24)
(1432)	(1432)	(1234)	(14)(23)	(12)(34)	(13)	(24)	(13)(24)	(1)
(1234)	(1234)	(1432)	(12)(34)	(14)(23)	(24)	(13)	(1)	(13)(24)

Es war Galois' Leistung, dass er in dieser Gruppenstruktur ein allgemeines Kriterium dafür erkannte, wann eine beliebige gegebene Gleichung aufgelöst, wann also ihre Lösungen mithilfe einer Kette von Radikalerweiterungen dargestellt werden können. Das Hinzufügen einer dritten Wurzel etwa sollte analog zu einer Verdreifachung der Symmetrie führen, also zu einer Drittelung der Galoisgruppe. Außerdem erkannte Galois noch, dass die entstehenden Untergruppen zu einer Radikalerweiterung noch eine zusätzliche Eigenschaft besitzen – in heutiger Formulierung, dass sie „normale Untergruppen", in heutigem Sprachgebrauch also Normalteiler sind (s. S. 124). Zusammengefasst lautet das so beschriebene „Galois-Kriterium" für das Vorliegen einer Radikalerweiterung:

Wird ein Körper erweitert, $K_1 \subset K_2$, so verkleinert sich die Gruppe der Symmetrien $G_1 = Gal(\mathbb{Q}(x_1,\ldots,x_n)/K_1) > G_2 = Gal(\mathbb{Q}(x_1,\ldots,x_n)/K_2)$.

Es liegt genau dann eine Radikalerweiterung $K_2 = K_1(\sqrt[p]{a})$ um eine p-te Wurzel (mit einer Primzahl p) und einer Zahl $a \in K_1$ vor, wenn die Untergruppe G_1 die folgenden beiden Eigenschaften besitzt:

(i) G_2 ist eine spezielle Art von Untergruppe, ein Normalteiler: $G_2 \triangleleft G_1$

(ii) G_1 hat Primzahlindex, d.h. enthält ein p-tel der Elemente: $p \cdot |G_2| = |G_1|$

Wenn Ihnen dieses Kriterium plausibel erscheint, können Sie die folgende Beweisskizze zunächst einmal überspringen und die nachfolgenden konkreten Anwendungen auf Gleichungen verschiedener Grade ansehen.

Die hinter diesem Kriterium steckenden Phänomene haben Sie in der letzten Erkundung schon anhand der Wirkung der Permutation auf die adjungierte $\sqrt{7}$ wahrgenommen. Schauen Sie sich also einmal eine solche *quadratische Radikalerweiterung* und ihre Wirkung auf die Symmetrie im Allgemeinen an. Zum Körper K (also z.B. $\mathbb{Q}$) wird eine Quadratwurzel $\sqrt{a}$ hinzugenommen, also eine Lösung der Gleichung $x^2 - a = 0$ mit $a \in K$, aber $\sqrt{a} \notin K$. Stellt man sich vor, wie diese Wurzel aus aus den Lösungen der Gleichung zusammengesetzt ist, $\sqrt{a} = P(x_1,\ldots,x_n)$, und wendet hierauf eine Permutation $\sigma \in G$ aus der Galoisgruppe an, so kann man feststellen, dass für $\sigma\sqrt{a}$ gilt: $(\sigma\sqrt{a})^2 = \sigma\sqrt{a} \cdot \sigma\sqrt{a} = \sigma(\sqrt{a} \cdot \sqrt{a}) = \sigma a = a$

Man stelle sich dazu in jedem Schritt vor, wie man $\sqrt{a} = P(x_1,\ldots,x_n)$ als Kombination der x_i schreiben kann. Aus dieser Gleichung folgt, dass das Ergebnis von $\sigma\sqrt{a}$ nur $\sqrt{a}$ oder $-\sqrt{a}$ sein kann. Unterteilt man die Gruppe G nun nach Permutationen, die entweder $\sqrt{a}$ festlassen oder das Vorzeichen umkehren, so erhält man $G = U \cup V$. U soll dabei alle Symmetrien von $x^2 - a = 0$ enthalten, also alle Permutationen, die $\sqrt{a}$ festlassen, V soll die übrigen Permutationen enthalten. Nun kann man sich davon überzeugen, dass diese Aufteilung genau eine Halbierung der Gruppe darstellt und dass U nicht nur Untergruppe, sondern auch Normalteiler in G ist.

Untergruppe: $\sigma, \tau \in U \Leftrightarrow \sigma(\sqrt{a}) = \tau(\sqrt{a}) = +\sqrt{a} \Rightarrow \tau \circ \sigma(\sqrt{a}) = \tau(\sqrt{a}) = \sqrt{a}$

Normalteiler: $\sigma \in U, \tau \in G \Leftrightarrow \sigma(\sqrt{a}) = +\sqrt{a}, \tau(\sqrt{a}) = \pm\sqrt{a} \Rightarrow \tau \circ \sigma \circ \tau^{-1}(\sqrt{a}) = \sigma\sqrt{a}$

Größe: $\tau \in V \Rightarrow G = U \cup V = U \cup \tau U \Rightarrow |G| = |U| + |\tau U| = 2|U|$

Wenn man Dasselbe für Radikale mit höherer Primzahlpotenz durchführt, hat man es mit entsprechend mehr verschiedenen Mengen zu tun. Die obige Gleichung für die Symmetrie der Quadratwurzel verallgemeinert sich zu $(\sigma\sqrt[p]{a})^p = \sigma((\sqrt[p]{a})^p) = \sigma a = a$. Aus dieser Gleichung folgt, dass das Ergebnis von $\sigma\sqrt[p]{a}$ von der Form $\zeta\sqrt[p]{a}$ ist, wobei $\zeta = \exp(2\pi\frac{i}{p})$ eine p-te Einheitswurzel ist. Nun kann man die Permutationen in G danach unterteilen, *welche* der Einheitswurzeln $\sigma\sqrt[p]{a}$ als Ergebnis hat, und erhält ganz analog p verschiedene Mengen mit jeweils gleich vielen Permutationen: die Untermenge U, die $\sqrt[p]{a}$ festlässt, und $p - 1$ weitere. Auch hier ist U wieder Normalteiler von G und man kann finden, dass die Gruppe entsprechend zerfällt:

$$\tau \notin U \Rightarrow G = U \dot{\cup} \tau U \dot{\cup} \ldots \dot{\cup} \tau^{p-1} U \Rightarrow |G| = p\,|U|\,.$$

Die bisherigen Argumente haben gezeigt, dass eine Radikalerweiterung mit Primzahlgrad zu einer bestimmten Untergruppe führt. In der Formulierung des Galois-Kriteriums oben („genau dann, wenn") ist aber auch die Umkehrung enthalten, d.h. dass das Vorliegen einer solchen Gruppe impliziert, dass es sich um eine entsprechende Radikalerweiterung handelt. Auch dies kann man zeigen, wenn man ein $\theta \in K_2 \setminus K_1$, ein $\sigma \in G_1$ und eine passende p-te Einheitswurzel ζ wählt und daraus die folgende Zahl konstruiert:

$$a = \theta + \zeta \cdot \sigma\theta + \zeta^2 \cdot \sigma^2\theta + \ldots + \zeta^{p-1} \cdot \sigma^{p-1}\theta$$

Für diese Zahl kann man zeigen (allerdings nicht mit den hier zur Verfügung stehenden Mitteln), dass sie das gesuchte Radikal für die Erweiterung ist, d.h. dass einerseits $\sigma(a^p) = a^p \Rightarrow a^p \in K_1$ gilt und andererseits $K_2 = K_1(a)$.

Alle hier angedeuteten Beweisideen funktionieren übrigens nur bei Radikalerweiterungen mit Primzahlwurzeln. Sie setzen außerdem voraus, dass die Einheitswurzeln, die hier benötigt werden, schon im ursprünglichen Körper vorhanden sind. Beides sind kleine „Schönheitsfehler", die man aber reparieren kann und die keine Rolle für die prinzipielle Argumentation spielen.

Auflösung einer biquadratischen Gleichung

Für das konkrete Beispiel der Auflösung einer biquadratischen Gleichung $D_4 > V_4 > \mathbb{Z}_2 > E$ trifft das Galois-Kriterium tatsächlich in jedem Schritt zu: Jede Untergruppe besitzt genau halb so viele Elemente wie die vorhergehende, sie hat also einen Primzahlindex mit $p = 2$. Jede Gruppe ist außerdem nicht nur Untergruppe, sondern auch Normalteiler der vorherigen Gruppe: $D_4 \rhd V_4 \rhd \mathbb{Z}_2 \rhd E$. An der Verknüpfungstafel kann man das daran erkennen, dass jeder Schritt zu einer Zerlegung der Gruppentafel in kleinere Quadrate führt.

Eine Gruppe, die eine solche Kette von Normalteilern mit Primzahlindex besitzt, nennt man auch eine *auflösbare Gruppe* – der historische Grund für diese Bezeichnung liegt auf der Hand, denn die Galoisgruppen, die zu „auflösbaren Gleichungen" gehören, sind nach dem Kriterium von Galois auflösbar.

Auflösung einer allgemeinen Gleichung dritten Grades

Um das Gleichungsauflösen noch einmal in einem anderen Fall aus der Perspektive des Auflösens der Galoisgruppe zu sehen, sei das Beispiel einer Gleichung dritten Grades betrachtet. Bei diesen, die keine weiteren Symmetrien haben, ist die Galoisgruppe gleich der gesamten Symmetrischen Gruppe S_3. Man könnte es mit der Auflösung $S_3 > \mathbb{Z}_2 > E$ versuchen. Ihr würde eine Reduktion von 6 auf 2 und dann von 2 auf 1 Symmetrien entsprechen. Zunächst würde also eine dritte Wurzel (6→2), danach eine Quadratwurzel (2→1) adjungiert. Die bekannte Cardanische Lösungsformel hat aber eine andere Struktur: Im ersten Schritt wird *zuerst* eine Quadratwurzel hinzugenommen und dann erst eine Kubikwurzel gebildet. Und in der Tat erfüllt die obige Kette zwar das Kriterium des Primzahlindex in jedem Schritt, aber die $\mathbb{Z}_2$ ist, wie in Kapitel 5 schon einmal gesehen (siehe auch nachfolgendes Bild), kein Normalteiler der S_3, kann also nicht durch Radikalerweiterung entstehen.

∘	(1)	(12)	(23)	(123)	(13)	(132)
(1)	(1)	(12)	(23)	(123)	(13)	(132)
(12)	(12)	(1)	(123)	(23)	(132)	(13)
(23)	(23)	(132)	(1)	(13)	(123)	(12)
(123)	(123)	(13)	(12)	(132)	(23)	(1)
(13)	(13)	(123)	(132)	(12)	(1)	(23)
(132)	(132)	(23)	(13)	(1)	(12)	(123)

Hingegen wäre $S_3 \triangleright \mathbb{Z}_2 \triangleright E$ eine geeignete Auflösungskette von Normalteilern, die auch zur tatsächlichen Lösungsformel für kubische Gleichungen passt (vgl. z.B. S. 227). Die Galois-Theorie erklärt also ziemlich genau die Struktur der Lösungsformel.

Auflösung einer allgemeinen Gleichung vierten Grades

Entsprechend kann man eine Vermutung aufstellen, welche Struktur die allgemeine Lösungsformel für Gleichungen vierten Grades hat. Wenn diese keine weiteren Symmetrien haben, ist die Galoisgruppe gleich der gesamten Symmetrischen Gruppe S_4 mit 24 Elementen. Eine mögliche Kette von Untergruppen könnte so aussehen: $S_4 \triangleright A_4 \triangleright V_4 \triangleright \mathbb{Z}_2 \triangleright E$ mit der jeweiligen Größenreduktion $24 \to 12 \to 4 \to 2 \to 1$. Man erwartet also bei der Lösung eine schrittweise Adjunktion folgender Wurzeln: Quadratwurzel – Kubikwurzel – Quadratwurzel – Quadratwurzel (siehe z.B. die Lösung auf S. 227). Das erklärt, warum bei der Lösungsformel für eine Gleichung *vierten* Grades *dritte* Wurzeln auf der *zweiten* Ebene von unten entstehen.

Auflösung einer allgemeinen Gleichung fünften Grades

Was liegt näher, als sich nun auch für Gleichungen fünften Grades eine Auflösung der Galoisgruppe zu erarbeiten. Wenn die Gleichungen besondere Symmetrien haben und die Galoisgruppen kleiner ausfallen, ist das auch sicher praktisch denkbar. Im schlimmsten Fall hat eine Gleichung fünften Grades mit fünf Nullstellen insgesamt $5! = 120$ Permutationen in ihrer Galoisgruppe! Eine Lösungsformel könnte entlang der Normalteilerkette $S_5 \triangleright A_5 \triangleright ? \triangleright D_5 \triangleright \mathbb{Z}_5 \triangleright E$ mit den Größen $120 \to 60 \to 20 \to 10 \to 5 \to 1$ verlaufen. Auf der Suche nach dem „?", also einem passenden Normalteiler der Gruppe A_5, stößt man auf ein Problem: Die A_5 hat keinerlei Untergruppen mit 20 Elementen. Natürlich könnte man einen anderen Weg versuchen, z.B. $S_5 > S_4 \triangleright D_4 \triangleright V_4 \triangleright \mathbb{Z}_2 \triangleright E$ mit einer Reduktion auf ein Fünftel gleich im ersten Schritt. Leider ist die hier probierte S_4 kein Normalteiler der S_5 und kann folglich auch nicht durch Radikalerweiterung mit einer fünften Wurzel entstehen.

Eine gründliche Suche nach möglichen Normalteilerketten für die S_5 führt zur erstaunlichen Feststellung, dass es nur einen einzigen nicht-trivialen Weg gibt:

$$S_5 \triangleright A_5 \qquad S_5 \triangleright \{1\} \qquad A_5 \triangleright \{1\}$$

Damit kann man leider keine Normalteilerkette mit Primzahlindex bilden und so die S_5 auflösen. Zusammengefasst lautet die Antwort auf die Frage nach der Existenz von Lösungformeln also:

> Die Symmetrie einer Gleichung wird beschrieben durch ihre Galoisgruppe $Gal(\mathbb{Q}(x_1,\ldots,x_n)/\mathbb{Q})$. Sie erfasst, welche Symmetrien rationale Beziehungen zwischen Lösungen haben können.
>
> Die Existenz einer Lösungsformel mit geschachtelten Wurzeln (Radikalerweiterungen mit Grad p_i) spiegelt sich in der Galoisgruppe wider durch die Existenz einer Kette von Normalteilern mit Primzahlindex p_i.
>
> Ab einem Grad von $n = 5$ können Galoisgruppen von Gleichungen mit hoher Symmetrie jedoch eine Alternierende Gruppe A_5 enthalten. Deren Elemente sind so komplex ineinander verflochten, dass sie keine solche Auflösung der Gruppe mehr gestatten und daher auch keine Auflösung der Gleichung durch Radikale.

Die gegenläufige Struktur von Körpererweiterungen und Gruppenverkleinerungen

$$K_0 = \mathbb{Q} \qquad\qquad \subset \quad K_1 = \mathbb{Q}(a_1) \qquad\qquad\qquad \subset \quad \ldots$$
$$\updownarrow \qquad\qquad\qquad\qquad\qquad\qquad \updownarrow$$
$$G_0 = Gal(\mathbb{Q}(x_1,\ldots,x_n)/\mathbb{Q}) \quad > \quad G_1 = Gal(\mathbb{Q}(x_1,\ldots,x_n)/K_1) \quad > \quad \cdots$$

findet man auch bei komplexeren Situationen – auch dann, wenn die Zwischenschritte nicht entlang einer Kette liegen, und sogar dann, wenn es sich nicht um Radikalerweiterungen handelt. Man kann zeigen, dass man eine solche Eins-zu-eins-Beziehung zwischen allen Unterkörpern – in obigem Beispiel also von $\mathbb{Q}(\sqrt{7})(\sqrt{3+\sqrt{7}})(\sqrt{3-\sqrt{7}})$ – und allen Untergruppen der Galoisgruppe – in diesem Beispiel also von D4 – findet. Diese Beziehung wird auch als „Fundamentalsatz der Galois-Theorie" oder „Galois-Korrespondenz" bezeichnet und ist in ihrem Kern bereits im Originalartikel von Galois angedeutet.

Zum Abschluss dieses Kapitel können Sie diese Korrespondenz einmal für das Beispiel in ihrer ganzen Schönheit genießen.

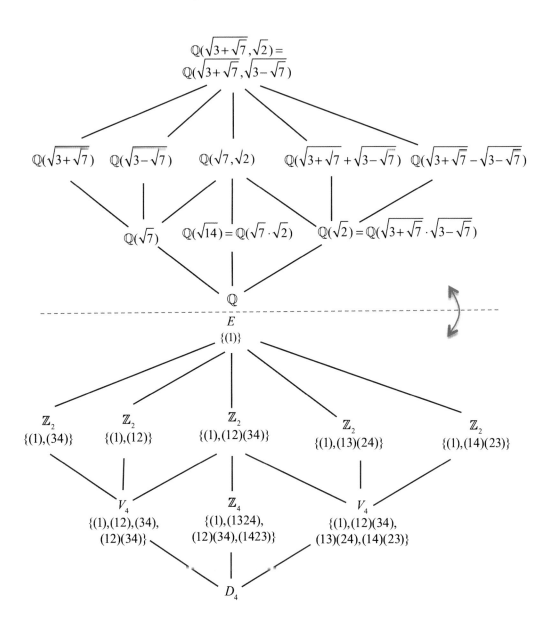

Die beiden Diagramme zeigen zur Gleichung $x^4 - 6x^2 + 2 = 0$ zwei analoge Strukturen: Oben sieht man alle Zwischenkörper, die zwischen den rationalen Zahlen $\mathbb{Q}$ und dem Körper $\mathbb{Q}(\sqrt{3+\sqrt{7}}, \sqrt{3-\sqrt{7}})$, in dem die Gleichung vollständig lösbar ist, liegen. Unten sieht man alle Untergruppen der Galoisgruppe der Gleichung. Die Galois-Korrespondenz besagt, dass zwischen diesen beiden Strukturen eine vollkommene Analogie besteht. Diese Korrespondenz ist die

Frucht einer verallgemeinernden Sicht auf die Strukturen, welche die Untersuchungen der Symmetrien von Lösungen eröffnet haben.

Übung 9.1: Wenn Sie die beiden Diagramme auch aktiv durchdringen wollen, können Sie auf die Suche nach den Beziehungen zwischen Lösungen gehen, die die jeweiligen Symmetrien brechen. Konzentrieren Sie sich jeweils auf korrespondierende Paare von Körpern und Gruppen:

$$\mathbb{Q}(\sqrt 7,\sqrt 2) \qquad\qquad \mathbb{Z}_2 = \{(1),(12)(34)\}$$

$$\mathbb{Q}(\sqrt{14}) = \mathbb{Q}(\sqrt 7 \cdot \sqrt 2) \qquad \mathbb{Z}_4 = \{(1),(1324),(12)(34),(1423)\}$$

Stellen Sie Zahlen aus dem Unterkörper durch Zahlen aus dem Oberkörper dar, die nicht im Unterkörper liegen. Untersuchen Sie dann, wie sich die Ausdrücke bei Anwenden von Permutationen aus der größeren Gruppe verhalten. Welche Beziehungen zwischen Lösungen können Sie auf diese Weise finden? Welche gelten nur für den kleineren und welche auch für den größeren Körper?

9.4 Mathematische Strukturen und die Wirklichkeit

Die in diesem Kapitel behandelte, auf Galois zurückgehende Theorie ist nur ein Beispiel dafür, wie in der Mathematik Bemühungen um die Aufklärung fundamentaler Fragen – wie hier die nach der Lösung polynomialer Gleichungen – zur Triebfeder für die Entwicklung mathematischer Theorien und Konzepte werden. Besonders prominent waren in diesem Buch dabei zwei Typen von Strukturen: zum einen *Gruppen*, mit denen man ausgesprochen flexibel die Symmetrien ganz unterschiedlicher Situationen beschreiben kann, und zum anderen *Körper*, die festlegen, was die jeweils interessierenden Zahlbereiche sind. Beide Strukturen sind das Ergebnis eines Entwicklungsprozesses, an dem viele Mathematikerinnen und Mathematiker im 19. und 20. Jahrhunderts beteiligt waren und der zu einem großen, immer einheitlicheren Blick auf viele Gebiete der Matheamtik geführt hat. Wie die Suche nach übergreifenden Strukturen auch um die Wende zum 21. Jahrundert weitergeht, kann man in der sehr lesenswerten Schilderung von Edward Frenkel mit dem Titel „Love and Math" (2013, dt. Übersetzung 2014 bei Springer Spektrum) erfahren.

Erstaunlicherweise haben die mathematischen Strukturen und insbesondere die Symmetrien, die bei solchen Untersuchungen entdeckt wurden, auch immer wieder den Weg für Entdeckungen in der ganz realen Welt geebnet. Die Anwendung der Gruppe *SU*(3) – ein komplexzahliger Verwandter der dreidimensionalen Drehungen *O*(3) – hat zum Beispiel zur Vorhersage von Quarks geführt (s. Abbildung links oben auf S. 1). Die Analyse von Symmetrien von Raum und Zeit führten zur Formulierung der Relativitätstheorie. Theorien über die Struktur unserer Welt entstehen also durchaus aus zunächst rein mathematischen Überlegungen, lange bevor sie sich einer experimentellen Überprüfung stellen.

Sie haben in diesem Buch sowohl die Produkte solcher mathematischen Erforschungen kennengelernt als auch selbst aktiv die mathematischen Erkundungsprozesse, die mit solchen Entdeckungen verbunden sind, erlebt und hoffentlich ein wenig von der Faszination gespürt, die in diesen abschließenden Worten mitschwingt:

> Die Tatsache, dass diese hochabstrakten Begriffe in solch perfekter Harmonie miteinander verschmelzen, ist absolut schwindelerregend. Dies weist auf etwas Reiches und Geheimnisvolles hin, das unter der Oberfläche lauert, so als wäre ein Vorhang angehoben worden und hätte einen kurzen Blick auf eine Realität erlaubt, die sorgfältig vor uns verborgen war. Dies sind die Wunder der modernen Mathematik und der modernen Welt.
> *Edward Frenkel, „Love and Math"* (2013, S. 91)

9.4 Übungen

Übung 9.2: Das Aufbauen einer Lösungsformel lässt sich auffassen als das schrittweise Hinzufügen von Wurzeln aus den im vorhergehenden Schritt bereits bekannten Ausdrücken. Am Beispiel der wohl kompliziertesten Formel in diesem Buch sieht das so aus:

$$\left\{\frac{1}{\sqrt[3]{3}}\left(\sqrt{\frac{\sqrt[3]{9-\sqrt{57}}+\sqrt[3]{9+\sqrt{57}}}{2}}+i\sqrt{\frac{\sqrt[3]{9-\sqrt{57}}+\sqrt[3]{9+\sqrt{57}}}{2}+3\cdot\sqrt{\frac{2}{\sqrt[3]{9-\sqrt{57}}+\sqrt[3]{9+\sqrt{57}}}}}\right),\dots\right\}$$

a) In welchen Schritten würden Sie welche Wurzelausdrücke zu den rationalen Zahlen $K_0 = \mathbb{Q}$ hinzufügen, bis diese Lösungsformel möglich ist? (Es gibt durchaus verschiedene Entscheidungen.)

b) Zeigen Sie, dass man nur eine der beiden Kubikwurzeln $\sqrt[3]{9+\sqrt{57}}$ und $\sqrt[3]{9-\sqrt{57}}$ adjungieren muss. Hinweis: Bilden Sie einmal das Produkt der beiden.

Übung 9.3: Wie sehen die Körpererweiterungen genau aus, die entstehen, wenn man zu den Lösungen der Gleichung

$$x^4 - 6x^2 + 2 = 0 \Rightarrow x_{1,2,3,4} = \pm\sqrt{3 \pm \sqrt{7}}$$

gelangen will?

a) Ausgegangen wird vom Körper $K_0 = \mathbb{Q}$, dem eine Wurzel adjungiert wird. Damit erreicht man $K_1 = \mathbb{Q}(\sqrt{7}) = \{a + b\sqrt{7} \mid a, b \in \mathbb{Q}\}$. Machen Sie sich mit diesem Körper vertraut und zeigen Sie, dass jedes Element von der angedeuteten Form $a + b\sqrt{7}$ ist, egal ob man zwei Zahlen aus dem Körper addiert, subtrahiert, multipliziert oder sogar dividiert.

b) Wird im nächsten Schritt auf $K_2 = \mathbb{Q}(\sqrt{7})(\sqrt{3 + \sqrt{7}})$ erweitert, so treten neue Zahlen hinzu. Wie kann man *jede* Zahl des Körpers aufschreiben? Das wird durchaus rechnerisch anspruchsvoll!

c) Ist für die Lösungsformel die fehlende Zahl $\sqrt{3 - \sqrt{7}}$ schon in K_2 enthalten? Oder muss man sie zusätzlich adjungieren? Zeigen Sie, dass man stattdessen auch $\sqrt{2}$ adjungieren könnte, also $K_3 = K_2(\sqrt{2}) = \mathbb{Q}(\sqrt{7})(\sqrt{3 + \sqrt{7}})(\sqrt{2})$ die fehlende Zahl enthält.

Übung 9.4: Das folgende Bild zeigt die Struktur der Körpererweiterungen und Galoisgruppen zum Polynom $x^3 - 2 = 0$. Finden Sie die konkrete Bedeutung der Zahlen ω, θ und der Permutationen f, g.

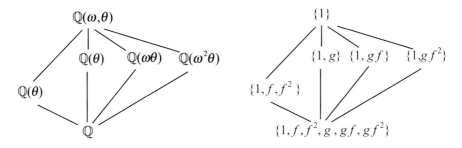

Übung 9.5: Zeigen Sie, dass die Gleichung $x^5 - 5x^4 - 10x^3 - 10x^2 - 5x - 1 = 0$ die schöne Lösung $x = 1 + \sqrt[5]{2} + \sqrt[5]{4} + \sqrt[5]{8} + \sqrt[5]{16}$ besitzt.

Übung 9.6: Die Zahlenmengen der Folge $\mathbb{N} \subset \mathbb{Z} \subset \mathbb{Q} \subset \sqrt{\mathbb{Q}} \subset \mathbb{A} \subset \mathbb{C}$ sind alle unendlich groß. Bekanntlich gibt es aber verschiedene Grade von Unendlichkeit. Welche der Mengen sind abzählbar unendlich und welche sind überabzählbar?

Übung 9.7: Welche der folgenden Wurzelausdrücke können auch ohne Schachtelung aufgeschrieben werden?

$$\sqrt{2+\sqrt{11}} \ , \ \sqrt{6+\sqrt{11}} \ , \ \sqrt{11+6\sqrt{2}} \ , \ \sqrt{11+\sqrt{6}}$$

Können Sie auch diese Vereinfachungen nachweisen?

$$\sqrt[3]{\sqrt[3]{2}-1} = \sqrt[3]{1/9} - \sqrt[3]{2/9} + \sqrt[3]{4/9}$$

$$\sqrt{\sqrt[3]{5}-\sqrt[3]{4}} = 1/3(\sqrt[3]{2}+\sqrt[3]{20}-\sqrt[3]{25})$$

Übung 9.8: Im Bild unten sind die Galoisgruppen von Gleichungen fünften Grades der Form x^2+px+q dargestellt (nach E.W. Weisstein, „Quintic Equation": http://mathworld.wolfram.com/QuinticEquation.html). In der Legende findet man neben den vertrauten Abkürzungen noch „R = reduzibel", „M_n = Metazyklische Gruppe" und „C_n = zyklische Gruppe = $\mathbb{Z}_n$". Versuchen Sie für einige besondere Fälle nachzuweisen, dass die hier angezeigte besondere Symmetrie vorliegt.

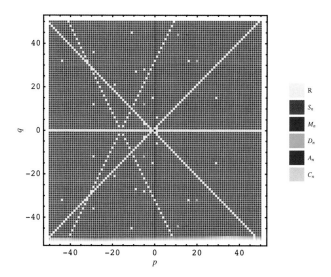

Anhang

Literatur

Alten, H. W., Naini, A. D., Folkerts, M., Schlosser, H., Schlote, K. H., & Wu-ßing, H. (2008). 4000 Jahre Algebra: Geschichte. Kulturen. Menschen. Springer.

Bewersdorff, J. (2002). Algebra für Einsteiger. Vieweg.

Courant, R., & Robbins, H. (1941). What Is Mathematics. Oxford University Press.

Edwards, H. M. (1984). Galois theory. Springer.

Frenkel, E. (2014). Liebe und Mathematik: im Herzen einer verborgenen Wirklichkeit. Springer.

Galois, É. (1846). Oeuvres mathématiques d'Évariste Galois. Journal des mathématiques pures et appliquées, XI, 381–444. Deutsch in: Abel, N. H./Galois, E. (1889). Abhandlungen über die Algebraische Auflösung von Gleichungen. Deutsch ed. H. Maser. Berlin. Online unter: https://archive.org/details/abhandlungenber01galogoog (letzter Zugriff 28.6.2015)

Gauss, C. F. (1863). Werke, 12 Bände. Teubner.

Gowers, T. (2011). Is mathematics discovered or invented? In J. C. Polkinghorne (Hrsg.), Meaning in Mathematics. Oxford University Press. 3–12.

Hefendehl-Hebeker, L. (1989). Die negativen Zahlen zwischen anschaulicher Deutung und gedanklicher Konstruktion – geistige Hindernisse in ihrer Geschichte. Mathematik lehren, 35, 6–12.

Irving, R. (2013). Beyond the quadratic formula. The Mathematical Association of America.

Johnson, W.E. & Story, W. E. (1879). Notes on the "15" Puzzle. American Journal of Mathematics, 2(4), 397–404.

Jörgensen, D.(1999). Der Rechenmeister. Rütten & Loenig.

Joyner, D. (2008). Adventures in group theory: Rubik's Cube, Merlin's machine, and other mathematical toys. JHU Press.

Leuders, T. (2010). Erlebnis Arithmetik – zum aktiven Entdecken und selbstständigen Erarbeiten. Spektrum Akademischer Verlag.

Ludwig, M. (1997). Projekte im Mathematikunterricht des Gymnasiums. Franzbecker.

Malle, G. (1993). Didaktische Probleme der elementaren Algebra. Vieweg.

Pesic, P. (2005). Abels Beweis (S. 85–94). Springer Berlin Heidelberg.

Sonar, T. (2011). 3000 Jahre Analysis: Geschichte, Kulturen, Menschen. Springer.

Stewart, I. (2008). Die Macht der Symmetrie: warum Schönheit Wahrheit ist. Spektrum Akademischer Verlag.

Tignol, J.-P. (2001). Galois' theory of algebraic equations. World Scientific.

Weber, H. (1893). Leopold Kronecker. Mathematische Annalen, 43(1), 1–25.

Zagier, D. (1977). The first 50 million prime numbers. The Mathematical Intelligencer, 1, 7–19.

Zeki, S., Romaya, J. P., Benincasa, D. M., & Atiyah, M. F. (2014). The experience of mathematical beauty and its neural correlates. Frontiers in human neuroscience, 8.

Bildnachweise

Stichwortverzeichnis

Printing: Ten Brink, Meppel, The Netherlands
Binding: Ten Brink, Meppel, The Netherlands